高等学校教学用书

精细化学品的现代分离与分析

陈立功　张卫红　冯亚青等　合编

化学工业出版社
教材出版中心
·北　京·

图书在版编目（CIP）数据

精细化学品的现代分离与分析/陈立功等合编．—北京：化学工业出版社，2000.6（2024.2重印）
高等学校教学用书
ISBN 978-7-5025-2653-5

Ⅰ．精…　Ⅱ．陈…　Ⅲ．①化工产品-分离-高等学校-教材②化工产品-工业分析-高等学校-教材　Ⅳ．TQ064

中国版本图书馆 CIP 数据核字（2000）第 08037 号

责任编辑：何　丽　何曙霓　徐雅妮　　　　责任校对：洪雅姝
装帧设计：田彦文

出版发行：化学工业出版社　教材出版中心（北京市东城区青年湖南街 13 号　邮政编码 100011）
印　　装：北京虎彩文化传播有限公司
787mm×1092mm　1/16　印张 16½　字数 408 千字　　2024 年 2 月北京第 1 版第 15 次印刷

购书咨询：010-64518888　　　　售后服务：010-64518899
网　　址：http://www.cip.com.cn
凡购买本书，如有缺损质量问题，本社销售中心负责调换。

定　　价：49.00 元

前　言

综观化学尤其是有机化学、药物化学、精细化学品化学等学科的发展过程，在某种意义上可以说就是化合物的分离和分析的发展史。1828年德国化学家维勒第一次人工合成了尿素，并给以结构鉴定，从此揭开了有机化学的发展史。目前已发现和合成的有机化合物数以百万计，并且每年有数以万计的新有机化合物在国内外期刊上发表。数量如此之大的化合物是如何分离、分析和结构鉴定的呢？早期的化合物的分析是通过燃烧、容量分析等技术来鉴定化合物的结构。从范·海尔蒙、卡尔·弗雷德里契·莫尔、波义尔、拉瓦锡等的经典分析化学到近代的米哈依尔·茨维特所发现的色谱技术，海洛夫斯基所发明的极谱技术，20世纪50年代发明的核磁共振波谱仪等一直发展到现代有机分析化学。后者科学的把传统的有机化合物系统鉴定法与近代的仪器分析结合起来，弥补了单一采用化学分析或仪器分析的不足。

目前，国际上发达国家的实验室中都普遍使用各种分析仪器，尤其是核磁共振波谱仪和各种分析波谱（如红外、紫外与可见、质谱等），但国内有关医药和精细化学品的仪器分离、分析的教科书却比较欠缺。为此，本书拟着眼于教学与科研相结合，内容包括了仪器分离（如薄层、柱层析、气相、液相等现代分离仪器）和仪器分析（红外、紫外、质谱、核磁等分析方法）在医药和精细化学品中的应用。

本书体现了20世纪90年代此领域的发展水平，内容新颖、系统性强，不仅可用作综合性理工科大学、医学院、农学院和师范大学本科生的教材，而且可作为从事有机合成、精细化工、医药制备、食品、农药、染料等领域的科学工作者的参考书。

本书的第一章由陈立功编写，第五、八章由陈立功、冯亚青合编，第二章由王东华编写，第三章由刘东志编写，第四章由张卫红编写，第六、七章由宋健编写。本书在编写过程中得到了天津大学化工学院精细化工专业全体师生的真诚帮助，在此表示衷心的感谢。

由于本书内容涉及面广，篇幅所限，不能面面俱到。加之作者水平所限，书中不妥之处，敬请广大读者不吝指教，以便在今后再版时加以更正。

编者

2000.3

目　　录

第一章 绪 论

1.1 精细化学品的范畴和发展

精细化学品是化学工业中用来与通用化工产品及大宗化学品相区别的一个专用术语，至今尚无严格的定义。一般认为，精细化学品是由初级和次级化学品进行深加工而制得的具有特定功能、特定用途的小批量生产的系列产品。大多数欧美国家将中国和日本所称的精细化学品又分为精细化学品和专用化学品。销售量小的化学型产品为精细化学品，强调的是其规格和纯度而不是特殊的功能和专用性；销售量小的功能型产品为专用化学品，强调的是其特殊的功能和专用性而不是规格和纯度。事实上，在欧美国家广泛使用专用化学品一词，很少使用精细化学品这个词，这可能是因为广泛使用的是大量的具有特殊功能的专用化学品而非精细化学品所致。

生产精细化学品的工业通称为精细化学工业，简称精细化工。精细化工是随人们生活水平的不断提高，科学技术的迅猛发展而从化学工业中分离出来的一支新兴产业。由于一些新的精细化工行业正在不断出现，且又与许多学科相互交叉，所以很难确定其准确的范畴。各国对精细化工范畴的规定有着一定的差别，而且在不同年代其范畴也是不同的。日本1984年版《精细化工年鉴》中共分为35个行业类别，而到了1985年就增加到51个类别。

中国为了统一精细化学品的生产范畴，调整产品的结构，1986年原化学工业部首先对精细化学品的分类作了暂行规定，包括了11类产品：1）农药，2）染料，3）涂料，4）颜料，5）试剂和高纯物，6）信息用化学品，7）食品和饲料添加剂，8）粘合剂，9）催化剂和各种助剂，10）化学药品和日用化学品，11）功能高分子材料。必须指出的是，上述分类并未包含精细化学品的全部，例如医药、酶、化妆品、精细陶瓷等。

近十几年来，精细化学品的发展之迅速，应用领域之广泛都是其他工业难以相比的。尤其是20世纪70年代“石油危机”以来，化工产品的精细化是发达国家化学工业发展的一个重要标志，已经形成了与基础化学工业相对应的诸多分支。除了传统的精细化工行业，如医药、染料、颜料、涂料、油墨、农药、香料、粘合剂、化妆品等进一步发展外，纸张化学品、汽车化学品、表面活性剂、油田化学品建筑材料化学品以及助剂工业都得到了极大的发展。据统计，仅抗氧剂的有关研究报道在1990～1994年间就有十多万篇。而近年来许多新兴的精细化工新领域也正在迅速地发展建立起来，尤其是在功能材料领域，包括光敏、热敏、压敏与光电磁材料、功能树脂、精密陶瓷、信息储存及传输材料、能量转换及储存材料、有机导体和半导体材料、以及医用高分子材料和智能材料等。由此可见，精细化工具有广阔的覆盖面，它是化学工业中最具生命力、最有前途的行业之一。

从世界范围来看，精细化学品在化学工业中是更新速度最快、技术含量最丰、附加价值最高的产品之一；同时技术垄断性强，新品种开发费用高，国内外竞争激烈，这使得精细化工在化学工业中成为发展最快的领域之一。发达国家化学工业的精细化率均已超过50%，与国外相比，中国的精细化学品工业还处于初级发展阶段，化学工业的精细化率较低，1980年时仅为19%，1985年上升到23%。基于以上情况，原化学工业部计划建立一批以中小城市为主的精细化工发展基地，并建立100个精细化工重点企业，以使得我国化学工业的精细化率在2000年达到40％～45％的水平。

精细化学品的发展史是与化合物的分离和分析技术的发展紧密联系的，在某种意义上甚至可以说就是化合物分离和分析技术的发展史，分离和分析技术及设备的每一次突破和飞跃，都促进了精细化学品的进一步发展。对于任何一种精细化学品，不管是合成的、复配的、抑或是天然提取的，如果不能分离并确定反应混合物中各组分的结构，复合物中各组分的含量；如果不能分离并确定天然产物中的有效成分，则此精细化学品就无法生产，或者不可能优化其生产工艺条件。例如，芳香化合物的氯化是农药、染料等生产中经常采用的反应，众所周知，它是一个经过σ-配合物的两步历程，其重要的根据之一就是成功的分离并确定了其不稳定中间体σ-配合物的结构；而且上述反应是一串联反应，如果没有相应的分离和分析方法，那就无法知道反应液的组成，也无法实现工业化生产。再如中草药的分离亦是如此。

总之，精细化学品的发展是极为迅速的，也是国民经济发展中不可或缺的部分；而分离和分析设备及技术对于精细化学品的发展至关重要，所以作为化学及化工工艺专业的学生，特别是学习精细化工类的学生，掌握并熟悉现代分离和分析设备及技术就是十分必要的。

1.2 分离和分析方法的发展史

有关分离的历史已很悠久。在早期的炼金术和范·海尔蒙时代，人们在长期的实践中就已经采用了简单的精馏、结晶、升华、沉降、过滤等分离技术。在化学发展的早期，由于人们对自然界中许多能刺激人们感官的物质产生兴趣，如天然色素、天然香料、尤其是炼金术和炼丹术等，于是人们就想方设法分离并确定这些化合物的结构。首先就是利用物质的物理和化学性质的不同而对不同的化合物进行分离与分析。例如，利用不同化合物的沸点、熔点、气味以及在一定溶剂中溶解度的不同进行分离和定性分析，从而就产生了精馏、重结晶、萃取的分离方法。当然这些传统的技术经过数百年，已发展成为现代的分离工程，例如现在的吸附精馏、膜精馏、分子精馏、膜分离、分步结晶等。这些分离方法在工业生产中已得到了广泛的应用，但是它们对于天然化合物的提出、微量化合物的分离则显得无能为力。因此这些分离方法不是本书要讨论的范畴。

在化学发展的早期，化合物的分析主要是通过分析燃烧和焙烧所产生的气体和固体来推测化合物的结构。到了19世纪末20世纪初，以德国的利比西和费歇尔为代表的化学家所采用的确定化合物结构的方法则是利用化合物的特征反应和降阶反应。例如，芳胺的重氮化和偶合反应。但是，对于一个未知的、复杂的或物化性质十分接近的体系，采用上述经典的分离和分析方法则很难达到目的。例如，合成哌嗪的反应混合物中，未反应的原料羟乙基乙二胺和副产品羟乙基哌嗪的熔点、沸点及其在各种熔剂中的溶解度均十分接近，其化学性质也十分相似，采用经典的方法来分离和分析此混合物是十分困难的。又如，在研究多烯酰基自由基环合生成甾族化合物的过程中，发现此反应给出的是性能十分接近的旋光异构体，如图1-1所示。只有采用了现代的分离和分析手段，才能给出准确结构的化合物[1]。

为了解决上述难题，自20世纪初，许多化学家就致力于此领域的工作。1903年俄国植物学家茨维特（Tswett）在研究分离叶绿素的过程中首次采用了色谱技术。事实上，色谱就是因为他用石油醚洗脱碳酸钙柱上的植物色素而形成的不同颜色的谱带而得名。从而发现了色谱技术。但遗憾的是，直到1931年库恩等人采用此技术再次成功地分离了胡萝卜素才引起人们的重视。随后人们根据不同的化合物在固定相上吸附作用的差别发现了吸附色谱；根据混合

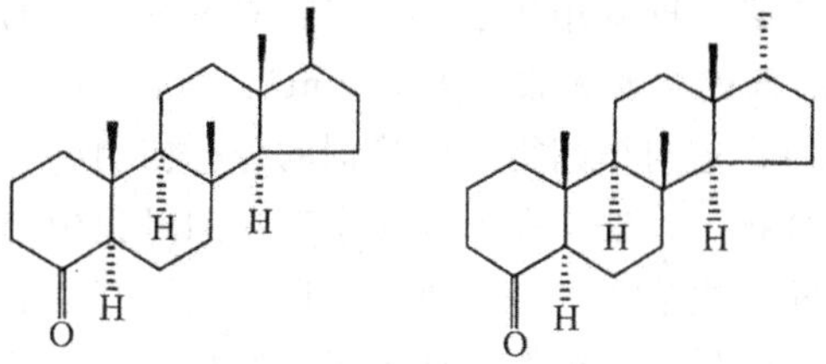

图 1-1

物各组分在两种互不相溶的液体中溶解度的差别发明了分配色谱等，如纸色层、薄板色层、柱层析、气相色谱（GC）、高效液相色谱（HPLC）、反相色谱、凝胶渗透色谱，离子交换色谱等。自此为有机化合物的有效分离开辟了一个新局面。在化合物的分析和结构确定方面，这曾经是经典有机化学中的重要内容之一。那时主要是通过被测化合物在一系列典型反应中的行为来推断它的结构，这就需要大量的试样，高度的智慧和技巧，以及大量的工作量。例如，鸦片中吗啡碱的分离、结构测定及合成，自 1805 年始历时近 60 年才得以完成。随着分析仪器和方法的发展，先后发明了紫外（UV）、红外（IR）和原子吸收光谱、质谱（MS）、X-射线衍射、元素分析等强有力的分析工具，借助化合物的物理性质来测定化合物的分子结构；更令人鼓舞的是 1946 年人们发现了核磁共振现象，并经过近 20 年的努力制造出了核磁共振（NMR）波谱仪。正是由于它的出现，使得化合物的分析与鉴定发生了翻天覆地的变化，并已成为了有机化合物分析中最基本、最有力的工具。从此以后在发达国家的实验室中 NMR、IR、MS 均成为基本的分析仪器。近些年来，分离和分析仪器的联用进一步提高了它们的应用范围，例如，GC-MS、HPLC-MS、IR-MS 等。

1.3 仪器分离与分析在精细化学品中的应用[2]

精细化学品和专用化学品的应用非常广泛，涉及到人们日常生活的各个方面，且对于国民经济的发展影响很大，所以精细化学品和专用化学品的研究开发、生产以及产品质量标准的控制均是十分重要的。专用化学品既有单一化合物，也有混合物；既有人工合成的，也有天然提取的。无论是研究开发新的专用化学品品种，或是老品种的生产控制以及产品质量的检测，均涉及到精细化学品和专用化学品的分离与鉴定。例如，γ-丁内酯是一种重要的专用化学品，在国外普遍采用顺酐部分还原的工艺路线，在新工艺的研究开发过程中，可以采用 GC-MS 来分离和分析产品混合物中各组分的情况，并用气相色谱控制反应，就很容易得到反应的最佳工艺条件。

在国外发达国家的实验室中已普遍具备气相、液相和离子交换色谱，红外、紫外与可见、核磁、质谱、以及元素分析等仪器条件。所以，当今培养的学生至少应熟悉各种分离和分析设备的特点，尤其是能够解析各种谱图。一般而言，气相、液相和离子交换色谱是用于混合物的分离和含量分析；而红外、紫外与可见、核磁、质谱、以及元素分析则用于化合物的结构鉴定和定性分析。红外主要可用于化合物的官能团的确定，核磁可用于确定不同氢、碳的归属，质谱可用于确定化合物的相对分子质量、碎片的荷质比，元素分析主要用于确定化合物的实验式和检测化合物的纯度。

在确定一复杂化合物的结构时往往需要联合使用上述的分析仪器。对于某一样品，一般是先要用分离仪器进行分离，制备出一定量的纯样品，然后再进行各组分的分析鉴定。例如，脱模剂是光电二极管生产中必需的专用化学品，将除去溶剂前后的脱模剂采用红外光谱图进行分析比较，就不难发现溶剂的主要吸收峰为 710cm^{-1}、1082cm^{-1}、1380cm^{-1}、1442cm^{-1}。可以初步推测溶剂为甲基氯仿，这与精馏得到的溶剂的分析相吻合。再据脱模剂的红外光谱图就可认为它是某种硅油化合物。又如，在研究无水哌嗪的过程中，采用色质联机分析反应混合物，发现在反应过程中除了生成主产品哌嗪外，还生成了其他的副产品，经与标准谱图比较，可以基本确定其结构，然后通过精馏、柱层析或液相制备色谱便得到各个组分，再经核磁和红外，就确定了在反应过程中主要生成羟乙基哌嗪和未反应的羟乙基乙二胺，以及少量的 1,2-二哌嗪基乙烷等副产品。这样就可以有的放矢地进行工艺条件的优化，从而得到了最佳的工艺条件。

中草药是中国重要的文化瑰宝，但由于其使用不便而难以向国外推广。为此，近些年来许多科技工作者积极的对此进行研究，以确定各种中草药中的有效成分，制成便以服用的新制剂。所以对中草药中有效成分的分离和分析确定，各种现代的分离和分析设备都是不可缺少的，尤其是在实验室的研究中。例如抗癌药物紫杉醇就首先是从紫杉树皮中经连续萃取，再经柱层析而分离得到的，然后经红外、核磁、质谱、元素分析等分析手段和核磁中特殊技术而确定了其结构。在 20 世纪 80 年代末以前，仅采用^{13}C 核磁共振技术探讨紫杉醇中碳的归属的学术论文就有数十篇。对于云南白药也曾有人进行了分离和分析。同样，对于化妆品、食品工业，分离和分析仪器也是十分重要的。

由于本书的目的旨在培养精细化工类和制药工程类的学生熟悉并能运用分离和分析仪器于科研与生产中，所以本书的内容主要包括：分离仪器（薄层、柱层析、气相和液相色谱等）的基本原理，主要用途和使用条件的选择，以及它们在精细化学品及医药工业中的应用；红外、紫外、核磁、质谱等分析仪器的基本原理，所获得谱图的解析，以及它们在精细化学品和医药领域的应用；同时还将涉及到某些仪器的联用，如色质联机、液质联机等新型分离和分析仪器。本书将尽力结合实际例子，以说明分离和分析对于精细化学品和医药工业的重要性。

参 考 文 献

1 Andrei Batsanov, Ligong Chen, G. Bryon Gill and Gerald Pattenden. J. Chem. Soc. . Perkin Trans. 1, 1996(1), 45～55; Ligong Chen, G. Bryon Gill and Gerald Pattenden. Tetrahedron Lett. , 1994, 35(16), 2593～2596

2 游效曾．结构分析导论．北京：科学出版社，1980

第二章　现代分离方法

2.1　色谱法概述

分离科学是自然科学和应用科学的一个重要分支，化学的发展离不开分离科学。

分离科学中的各种分离方法，按其性质可以分为物理分离法和化学分离法两大类。物理分离法是以被分离对象所具有的不同物理性质为依据，采用合适的物理手段进行分离。这类方法中常用的有：气体扩散法，离心分离法，色谱分离法，过滤，萃取，精馏等。化学分离法主要按被分离的对象在化学性质上的差异，通过合适的化学过程使它们获得分离。这类方法常见的有：沉淀和共沉淀，溶剂萃取法，离子交换法等。在所有的这些分离方法中，色谱分离分析法是一种十分重要且很有效的分离技术。它也是一门新兴的学科，广泛应用于各个领域，如有机合成、精细化工、生理生化、医药卫生等。

色谱法是分离混合物、提纯物质以及结构同一性鉴定的有效方法之一。20 世纪初由俄国植物学家 Tswett 创立。Tswett 让从绿叶中提取出来的色素石油醚溶液，通过一根填满碳酸钙的细长的玻璃柱，然后用纯净的石油醚加以冲洗，结果在玻璃柱内的植物绿叶色素就被分离成几个具有不同颜色的谱带，然后按谱带颜色对混合物进行鉴定分析。当时，Tswett 将这种分离方法命名为色谱法，分离出的谱带称为色谱。

色谱自从诞生后逐步发展完善。1935 年，Adams 和 Holmes 合成了离子交换剂并用于色谱分离，从而诞生了离子交换色谱。

1938 年，Izmailov 等将糊状氧化铝铺于玻璃板上形成薄层，以分析药用植物的萃取物，建立了薄层色谱法。

1941 年，Martin 和 Synge 设计了一个萃取容器，将乙酰化氨基酸从水相中萃取到有机相，使其离析出来。不久又用填充颗粒硅胶的色谱柱代替这种萃取器，奠定了液液分配色谱的基础。

1944 年，Consden 等人将纤维纸做成滤纸形式，利用毛细管作用使溶剂在滤纸上移动。由于混合物中各组分在两相中溶解度的差异使它们以不同速率穿过滤纸，从而得到分离。由此而创立纸色谱法。

1952 年，Jomes 和 Martin 在惰性载体表面涂布一层薄而均匀的有机化合物液膜，并以气体作冲洗剂，从而产生了气-液色谱。

1953 年，Janak 根据某些固体物质能吸附气体而发展了气-固色谱法。

1959 年，Porath 和 Flodin 提出了大小排阻色谱法，其原理是基于柱内多孔填料对大小不同的分子具有选择渗透作用。

20 世纪 60 年代早期，Giddings 等将气-液色谱重要理论用于液相色谱，同时出现了高效能液相色谱填料。到 60 年代末，Kirkland 等研制了高效液相色谱仪。使液相色谱的分离效率和速度大大提高。

现在的色谱法是指这样的一种物理分离方法，它是根据不同的物质在由两相构成的体系中具有不同的分配系数而分离。当两相作相对运动时，这些物质也随流动相一起运动，并在两相间进行多次反复的分配，这样就使得那些分配系数只有微小差别的物质在移动速度上能产生很大差别，从而使各组分达到完全分离（见图 2-1）。

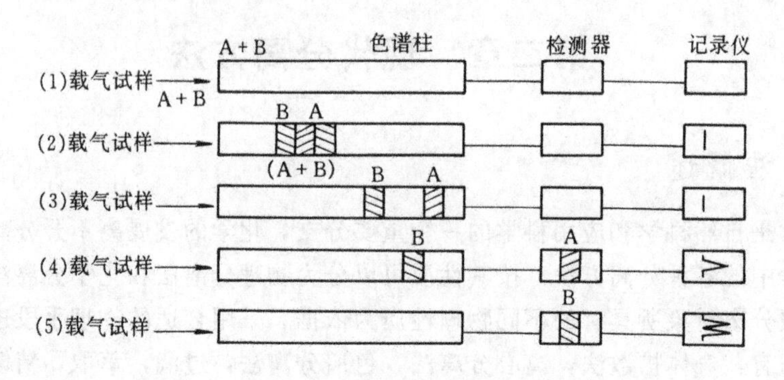

图 2-1 色谱分离示意图

2.1.1 色谱分析方法的分类

2.1.1.1 按两相状态分类

色谱中共有两相——固定相和流动相。用液体作为流动相的称为液相色谱，用气体作为流动相的称为气相色谱，用超临界流体作流动相的称为超临界流体色谱。若考虑到固定相的两种状态——固体吸附剂和载体固定液，则又可将色谱按两相状态分为五类：即气相色谱，包括气-固色谱和气-液色谱；液相色谱，包括液-固色谱和液-液色谱；以及超临界流体色谱。

2.1.1.2 按固定相性质分类

（1）柱色谱 共分为两大类：一类是固定相装在一根玻璃或金属管内，称为“填充柱色谱”；另一类是固定相附在管子的内壁，中心是空的，称为“空心柱色谱”，或习称为“毛细管柱色谱”。

（2）纸色谱 利用滤纸作为固定相，让样品溶液在纸上展开，根据纸上斑点的位置和大小进行鉴定和定量分析。

（3）薄层色谱 将吸附剂研成粉末，在玻璃或瓷板上涂成薄薄一层，然后采取与纸色谱类似的操作方法。

（4）棒色谱 类似薄层色谱，将吸附剂研碎后涂敷在石英棒上，再进行色谱操作。

2.1.1.3 按分离过程的物理化学原理分类

（1）吸附色谱 利用吸附剂表面对不同组分具有的不同吸附能力，达到分离目的。

（2）分配色谱 利用不同组分在给定的两相中具有不同的分配系数而使混合物实现分离与测定的方法。

（3）其他色谱法 利用离子交换原理的离子交换色谱法；利用化学反应的反应色谱法；利用胶体的电动效应建立的电色谱（纸上电泳）法等。

2.1.1.4 按色谱动力学过程分类

按色谱动力学过程可分为冲洗法，顶替法（也叫排代法），迎头法（也称前沿法）。这种分类法并不常用。

2.1.2 色谱法和其他分析方法的比较

2.1.2.1 与经典的化学分析方法比较

化学分析方法是根据物质具有某种独特的化学性质来进行分析的方法。其特点是所用仪器简单、价廉、操作也不复杂，可进行同族、同系物的总含量测定（如滴定、氧化、还原等方法），对于单个组分的测定大都是准确可靠的；但是难以测定化学性质迟钝或性质极为相近的复杂物质，且有时费时很长。色谱法则具有高效、高选择与快速的特点，能使许多化学性质相似的复杂组分相互分离。例如，各种烃类异构体、光学对映体等，用化学分析法难以分析，用色谱法则可很好地分析分离。但如需测水中总酸度或气体中总含硫量等，在不必将各组分分离的情况下，采用化学分析法则更为方便。色谱法仪器较昂贵，在定量时要做校正因子、校正曲线，即使分析一个样品也要这样做，因而比较费事，而且难以分析腐蚀性或反应性较强的物质，如 HF、O_3、过氧化物等。在处理一些特殊样品的定性、定量工作中，亦需与化学法结合起来才可解决，如羧酸酯化，羟基硅醚化等。

2.1.2.2　与光谱、质谱分析法比较

光谱、质谱主要为定性分析的工具，色谱则主要是分离分析的工具。色谱法的最大优点是能分离、分析多组分混合物，这是光谱、质谱法所不及的。一般色谱法的灵敏度与质谱法接近，比光谱要高；而色谱仪的价格比质谱与光谱仪要低。色谱法难以分析未知物，如没有已知的纯样品或纯样品的色谱图与之对照，则很难判断色谱峰所代表的组分；而质谱仪能分析多组分混合物，且可测定出未知物的相对分子质量。用光谱法可推测出未知物分子中所含的官能团。这些色谱法均难以做到。因而它们之间有一种互补作用，可将色谱与质谱、光谱联用，以更好地对未知物进行分析。

2.1.2.3　与精馏法比较

色谱柱的分离过程比精馏法快，得到纯物质的纯度也比分馏法高，但处理量小，因而尚未能在工业上广泛应用。

2.1.2.4　与经典的物化常数测定法比较

气相色谱法设备简单，操作方便，可同时测定两种或多种物化常数相差微小的物质；而经典的物化常数测定则需用纯物质，同时手续多，时间较长。但在用色谱法测定物化常数计算时需作一些简化假设，如需假定载气与固定相不相互作用，载体无吸附性等，而且在作数学处理时需解一系列复杂的偏微分方程，数学精度也较差。

2.2　色谱理论

在讨论色谱理论时，一般以柱色谱为例。

2.2.1　分离原理[1]

在色谱分析中，当流动相携带样品通过色谱的固定相时，样品分子与固定相分子之间发生相互作用，使样品分子在流动相和固定相之间进行分配。与固定相分子作用力越大的组分向前移动速度越慢，与固定相分子作用力越小的组分向前移动速度越快，经过一定的距离后，由于反复多次的分配（柱色谱为 10^3～10^6次），使原本性质（沸点、极性等）差异很小的组分之间也可得到很好的分离。

2.2.2　分配平衡

2.2.2.1　分配系数（K）

在一定的温度和压力下，当分配体系达到平衡时，组分在两相中的浓度之比为一常数，这个常数称为分配系数。即

$$K=\frac{\text{组分在固定相中的浓度}}{\text{组分在流动相中的浓度}}=\frac{c_s}{c_m} \tag{2-1}$$

分配系数与组分和固定相的热力学性质相关，随柱温而变化，而与两相的体积无关。在

液相色谱中分配系数还决定于流动相的性质。

当色谱体系和分离对象给定以后，K 值便只与柱温相关，其关系为：

$$\ln K=-\frac{\Delta G^{\ominus}}{RT_{\mathrm{C}}} \tag{2-2}$$

式中　$\Delta G^{\ominus}$——相对于标准状态的组分自由能；

R——气体常数；

T_{C}——柱温，K。

2.2.2.2　分配比（k）

分配比是指在一定温度和压力下，组分在两相间达到分配平衡时分配在固定相和流动相中的总量之比，即

$$k=\frac{c_{\mathrm{s}}V_{\mathrm{s}}}{c_{\mathrm{m}}V_{\mathrm{m}}}=K\frac{V_{\mathrm{s}}}{V_{\mathrm{m}}} \tag{2-3}$$

式中　V_{s} 与 V_{m}——分别表示色谱中固定相与流动相的体积。

V_{s} 在不同类型色谱中的含义不同，分配色谱中指固定液体积，吸附色谱中为吸附剂表面积，离子交换色谱中为离子交换剂的交换容量。它是指真正参与组分在两相间分配的那一部分有效体积。

V_{m} 包括两个部分：一是在固定相颗粒间的流动相，是流动的；一是多孔固定相颗粒内部孔隙中的流动相，是静止的。

分配比是衡量分离体系对组分保留能力的重要参数，分配比不仅取决于组分和两相性质，而且与两相的体积相关。分配比越大，则停留在固定相中的分子数越多，组分移动得越慢。

2.2.3　色谱流出曲线

样品进入色谱柱后在色谱柱的两相之间反复多次分配而彼此分离，分离后的组分依次离开色谱柱进入检测器而形成了色谱流出曲线图。色谱流出曲线图是以组分的浓度或质量变化为纵坐标、以出峰时间为横坐标的，如图 2-2 所示。

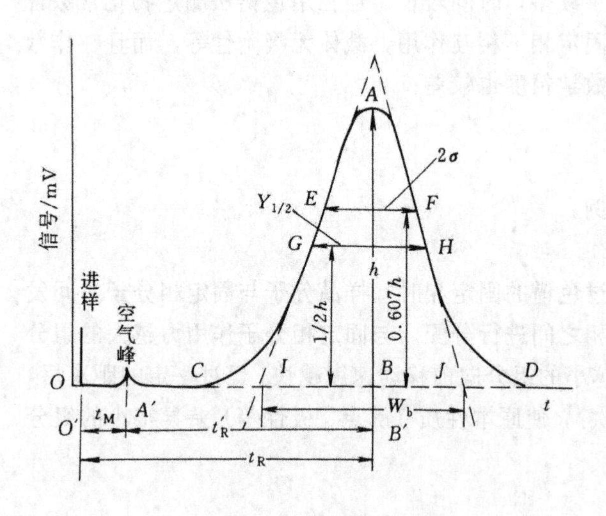

图 2-2　色谱流出曲线图

2.2.3.1　基线

在只有流动相通过检测器时所得到的信号。通常为一水平线，如图中 OC 线。

2.2.3.2　峰

当流动相含有组分时通过检测器所得到的信号，对峰的描述主要有峰宽、峰高、半峰宽。

（1）峰宽（W_{b}）　峰两侧曲线在拐点作切线而在基线上相交的线段，如图中 IJ。

（2）峰高（h）　峰最高点至峰底的垂直距离，以 h 表示，如图中 AB。

（3）半峰宽（$Y_{1/2}$）　峰高的一半处峰的宽度，如图中 GH。

（4）标准偏差 σ：0.607 倍峰高处色谱峰宽的一半，如图中的 $1/2EF$

2.2.3.3 保留值

保留值是色谱定性的主要依据，主要包括以下方面。

(1) 死时间(t_M) 惰性物质(与固定相无相互作用的物质)从进样开始到出现峰极大值时所需的时间，如图中$O'A'$。

(2) 保留时间(t_R) 试样组分从进样开始到出现最高峰时所需的时间称为保留时间，如图中$O'B'$。

(3) 调整保留时间(t'_R) 扣除了死时间的保留时间称为调整保留时间，如图中$A'B'$。

$$t'_R = t_R - t_M \tag{2-4}$$

(4) 死体积(V_M) 色谱柱中未被固定相占据的空隙体积，包括进样器和检测器的空间体积及从进样器到柱和从柱到检测器的连接管路的体积。死体积由下式计算：

$$V_M = t_M \cdot F_c \tag{2-5}$$

式中 F_c——柱压与柱温下校正后的流动相体积流速，ml/min。

(5) 保留体积(V_R) 从进样开始到试样色谱峰出现最高点时所流过的流动相的体积。即

$$V_R = t_R \cdot F_c \tag{2-6}$$

V_R是一个与流动相流速无关的参数。

(6) 调整保留体积(V'_R) 调整保留体积是扣除了死体积后剩下的保留体积。即

$$V'_R = V_R - V_o = (t_R - t_M)F_c \tag{2-7}$$

(7) 相对保留值(r_{12}) 色谱中采用一种物质为标准，其他物质的调整保留值对此标准物质的调整保留值的比值，称为相对保留值。即

$$r_{12} = \frac{t'_{R1}}{t'_{R2}} = \frac{V'_{R1}}{V'_{R2}} \tag{2-8}$$

式中下标1表示其他组分，下标2表示被约定的标准物。

(8) 保留指数(I) 保留指数是国际上公认并广泛使用的定性指标，是以紧接组分的两个正构烷烃为基准进行计算的：

$$I_X = 100 \times \left(\frac{\lg t'_{RX} - \lg t'_{Rn}}{\lg t'_{Rn+1} - \lg t'_{Rn}} + n \right) \tag{2-9}$$

式中 I_X——被测物X的保留指数；

t'_{RX}——被测物X的调整保留时间；

t'_{Rn}——具有n个碳原子的正构烷烃的调整保留时间；

t'_{Rn+1}——具有$n+1$个碳原子的正构烷烃的调整保留时间；

n——正构烷烃的碳原子数。

2.2.4 色谱法基本理论

色谱理论研究的主要目的是解释色谱流出曲线的形状；探求影响色谱区域宽度扩张的因素和机理，从而为获得高效能色谱柱系统提供理论上的指导。

最早出现的色谱理论是1940年Wilson提出的平衡色谱理论，这种理论对于谱线移动的速度和非线性分配等温线时的流出曲线形状能给予较好的说明；但该理论忽略了传质速率有限性与物质分子纵向扩散性的影响，因而对在线性色谱条件下区域扩张的现象不能给予解释。1941年Martin和Synge在色谱中引入理论塔板的概念。在该理论中他们将色谱过程比作精馏

过程，在色谱柱足够长，理论塔板高度足够小，分配等温线呈线性的情况下，对色谱流出曲线分布和谱带移动规律以及柱长和理论塔板高度对区域扩张的影响均等给予了近似说明。但塔板理论只是一个半经验理论，对影响理论塔板高度的各种因素未从本质上考虑。

首次揭露影响色谱区域宽度内在因素的是纵向扩散理论和速率理论。其后随着对色谱过程研究的深入，在气相色谱方面又出现了同时考虑传质速率和纵向扩散影响的 Van Deemter 方程式及进一步考察径向扩散的 Golay 毛细管色谱方程式等。而在液相色谱方面，根据其特点也提出了一些理论，更深入地揭露色谱本质，如 Horrath 和 Lin 根据间隙流滞流体模型导出描述液固色谱塔板高度关系式等。

这里主要介绍塔板理论和速率理论。

2.2.4.1 气相色谱法理论

(1) 塔板理论　该理论是在将色谱柱与精馏塔类比的基础上提出的半经验式的理论。它设想色谱柱是由若干小段组成，在每一小段内，一部分空间为固定相占据，另一部分空间充满流动相。组分随流动相进入色谱柱后，就在两相间进行分配而达到分配平衡。经过多次分配平衡，达到分离的目的。塔板理论是建立在如下假设的基础上的[2]：

a. 假设物质在一小段内两相之间能够很快达到平衡，这样的一个小段称作一个理论塔板，一小段的长度称作理论塔板高度，用 H 来表示；

b. 假设流动相通过色谱柱时不是连续式而是脉冲式；

c. 假设流动相不可压缩；

d. 组分在开始时均存在于第零块塔板上；

e. 物质分配系数不随浓度而变，同时忽略纵向分子扩散；

f. 假设柱内各处塔板高度 H 为常数。

塔板理论中柱效率可用理论塔板数 n 或理论塔板高度 H 表示。柱效率的高低反映组分在柱内两相间的分配情况和组分通过色谱柱后峰加宽的程度。在实际应用中柱效率用有效塔板数和有效塔板高度表示。

① 理论塔板数和理论塔板高度　由塔板理论可导出理论塔板数 n 的计算公式为：

$$n=5.54\left(\frac{t_R}{Y_{1/2}}\right)^2=16\left(\frac{t_R}{W_b}\right)^2 \tag{2-10}$$

式中 t_R 也可用 V_R 或 d_R（长度）代替。由于 n 为无因次量，因而 $Y_{1/2}$、W_b 也应采用相应的时间、体积、长度单位。

对于一根长为 L 的色谱柱，其理论塔板高度为：

$$H=\frac{L}{n} \tag{2-11}$$

对于长度相同的色谱柱，理论塔板高度 H 越小，理论塔板数 n 就越多，组分在柱内达到分配平衡的次数就越多，色谱柱效率就越高，色谱峰就越窄，峰形越对称。

② 有效塔板数和有效塔板高度　由于理论塔板数 n 在计算时采用的是保留时间，未将不参加柱中分配的死时间扣除，因而往往使理论塔板数与理论塔板高度不能真实地反映色谱柱的分离效能。为此采用有效塔板数和有效塔板高度来表示柱效率。

$$n_{有效}=5.54\left(\frac{t'_R}{Y_{1/2}}\right)^2=16\left(\frac{t'_R}{W_b}\right)^2 \tag{2-12}$$

$$H_{有效}=\frac{L}{n_{有效}} \tag{2-13}$$

由此可得理论塔板数与有效塔板数关系：

$$n_{有效}=\left(\frac{k}{1+k}\right)^2 n \tag{2-14}$$

其中

$$k=\frac{t'_R}{t_M}$$

塔板理论在解释流出曲线的形状，色谱峰极大点的位置及计算评价柱效率的塔板数等方面是有效的。但它不能反映塔板高度的实质，不能找出影响塔板高度的因素，也不能说明色谱峰为何会扩展，难以解释在不同流速下测得的理论塔板数为何不同，更无法提出降低塔板高度的措施。

(2) 速率理论[3] 该理论是1956年荷兰学者Van Deemter等人在研究气液色谱时提出的色谱过程的动力学理论。它是在吸收了塔板理论中塔板高度概念的同时，考虑了影响塔板高度的动力学因素，指出理论塔板高度是峰展宽的量度，导出了塔板高度 H 与载气线速度 u 的关系式。即

$$H=A+B/u+C_g u+C_L u \tag{2-15}$$

式中 A——涡流扩散项；

B/u——分子纵向扩散项；

$C_g u$——气相传质阻力项；

$C_L u$——液相传质阻力项；

u——载气线速度，cm/s。

此关系式被称为速率理论方程式，简称为范氏方程。

由于降低塔板高度 H 是提高柱效率、减少色谱峰扩展的有力途径，因而尽力减小关系式中各项的数值就很必要。下面分别讨论各项的意义。

① 涡流扩散项 A 对 H 的影响 涡流扩散项 A 与固定相颗粒大小及填充的均匀性有关：

$$A=2\lambda d_p \tag{2-16}$$

式中 λ——填充不规则因子；

d_p——填充物颗粒的平均直径。

当流动相随组分通过色谱柱时，随时会碰到固定相而改变流动方向，使组分在流动相中形成紊乱的类似“涡流”的流动。由于填充物颗粒大小的不同以及填充的不均匀性，使得组分分子在通过填充柱时的路径长短不同，结果同一组分的不同分子在柱内停留的时间不同，到达检测器的时间也有先有后，从而造成了色谱峰的展宽，如图2-3。

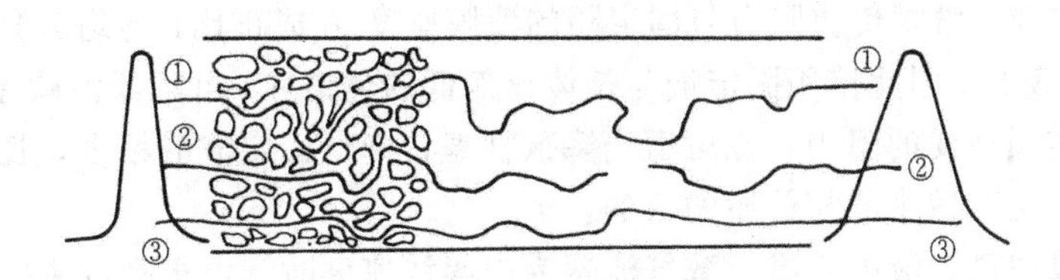

图2-3 涡流扩散对峰展宽的影响

①②③—分别为组分分子通过填充柱时的三种不同路径

为了减小涡流扩散，应选用形状一致（最好为球形）、大小均匀（在10目范围内）的细粒填充物，色谱柱要装得均匀。

② 分子扩散项(B/u) 在气相色谱操作中，样品被注入柱内是以塞子的形式存在于柱内

的某一段空间，这时在塞子前后沿轴的方向存在着浓度梯度，使组分由高浓度向低浓度方向扩散，引起色谱峰的扩展，称为纵向分子扩散。其计算为：

$$\frac{B}{u}=\frac{2rD_g}{u} \tag{2-17}$$

式中 D_g——组分分子在载气中的扩散系数，cm/s；

r——弯曲因子，表示组分在柱中流路弯曲的情况，填充柱 $r=0.5\sim0.7$，无填充物的空心柱 $r=1$；

B——分子扩散项系数。

组分分子在载气中的扩散系数 D_g 与组分的性质、载气的性质、组分在气相中的停留时间及柱温等因素有关。组分的相对分子质量越大，D_g 就越小；载气的相对分子质量大，D_g 也小。D_g 随柱温升高而增大。

③ 气相传质阻力项对 H 的影响　在气液填充色谱柱中，气相传质阻力是由于组分从气相移动到气液两相界面进行浓度分配时形成的。

$$C_g u=\frac{0.01k^2}{(1+k)^2}\cdot\frac{d_p^2}{D_g}\cdot u \tag{2-18}$$

式中 k——分配比；

d_p——填充物颗粒直径；

D_g——组分在气相中的扩散系数；

u——载气线速度；

C_g——气液传质阻力系数。

从气相到气液界面所需时间越长，则传质阻力就越大，引起色谱峰的扩展越严重。

由于气相传质阻力与填充物颗粒直径的平方成正比，与组分在气相中的扩散系数成反比，因此采用粒度小的填充物和相对分子质量小的气体（如 H_2）作载气，可减小 C_g，提高柱效。

④ 液相传质阻力项对 H 的影响　液相传质阻力是指组分从固定液的气液界面移动到固定液内部达到分配平衡后，又扩散到气液界面的传质过程中组分分子所受到的阻力。

$$C_L u=\frac{2}{3}\ \frac{kd_f^2}{(1+k)^2 D_L}\cdot u \tag{2-19}$$

式中 D_L——组分分子在液相中的扩散系数；

d_f——固定液的液膜厚度；

C_L——液相传质阻力系数。

从式中可以看出，液相传质阻力与固定相的液膜厚度 d_f 成正比，与组分分子在固定液内的扩散系数 D_L 成反比。因此使用固定液与担体比例低的色谱柱，可降低液膜厚度，减小组分分子在固定液中传质所受的阻力，也可适当降低柱温，降低固定液的粘度，提高组分在固定液中的扩散系数，达到减小液相传质的目的。

当固定液含量较高、液膜较厚、载气流速为中等线速度时，塔板高度主要受液相传质阻力系数 C_L 的控制。此时气相传质阻力系数 C_g 值很小，可以忽略。而当采用低固定液含量和高载气线速度进行分析时，气相传质阻力系数就会成为影响塔板高度的重要因素。

⑤ 载气线速度 u 对 H 的影响　在进行色谱分析时，如果柱温和进样量一定，则 A、B、C_g、C_L 四项均不变，柱效率的高低取决于载气的流速。图 2-4 是塔板高度与载气线速度的关系图。

曲线上最低点所对应的流速叫最佳流速（$u_{最佳}$），对应的板高称为最小板高（$H_{最小}$）。$H_{最小}$

可由式（2-15）对 u 微分求得：

$$-\frac{B}{u^2}+(C_g+C_L)=0$$

因此 $$u_{最佳}=\sqrt{\frac{B}{C_g+C_L}}$$

而 $$H_{最小}=A+2\sqrt{B(C_g+C_L)}$$

当载气流速控制在 $u_{最佳}$时，板高最小，柱效率最高。然而为了缩短分析时间，可将载气流速调整到略高于 $u_{最佳}$。

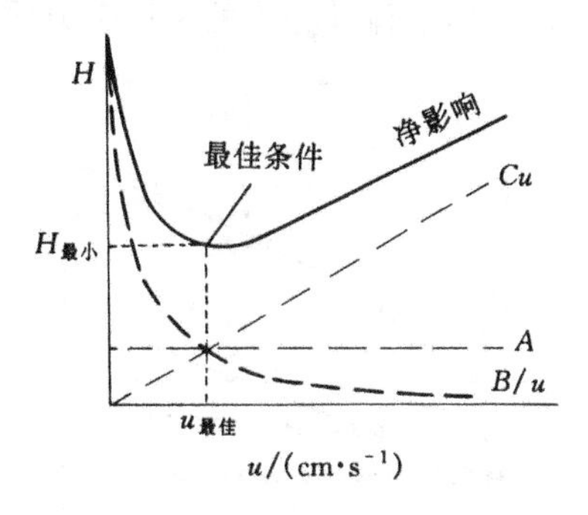

图 2-4 气相色谱的 H-u 曲线
图中 $Cu=(C_g+C_L)u$

2.2.4.2 液相色谱理论[4]

高效液相色谱法完全沿用了气相色谱法的概念和理论，如保留参数、柱效率、理论塔板数、分离度等概念以及塔板理论和速率理论。液相色谱也可用范氏方程来研究峰的变宽。液相色谱用液体做流动相，与气相色谱的气相相比，其特点是：液体的扩散系数只有气体的 $1/10^4$ 至 $1/10^5$；而密度大约比气体大 1000 倍，这导致气相色谱与液相色谱分析过程的不同。

速率理论对色谱峰的扩展及色谱分离的影响可讨论如下。

（一）液相色谱的速率方程

$$H=2\lambda d_p+\frac{C_dD_m}{u}+\frac{\phi d_p^2}{D_m}\cdot u+C_s\frac{d_f^2}{D_s}\cdot u+C_{sm}\frac{d_p^2}{D_m}\cdot u \tag{2-20}$$

（1）涡流扩散项 $2\lambda d_p$　式中 λ 为填充因子，d_p 为填料直径。液相色谱的涡流扩散项含义与气相色谱相同，它与载液流速无关。若柱子装填均匀，填料的颗粒也均匀，那么 λ 值小，H 值就小，柱效率高；若装填不均匀，λ 值大，H 值增大，柱效率低，色谱峰变宽。

（2）纵向扩散相 $\frac{C_dD_m}{u}$　式中 D_m 为分子在流动相中的扩散系数，C_d 为一常数。纵向扩散相是当试样分子在色谱柱内被流动相带向前时，由分子本身运动所引起的纵向扩散会引致色谱峰的扩展。由于分子在液体中的扩散系数比气体中要小 4～5 个数量级，因而在液相色谱中纵向扩散项是可以忽略的。

（3）传质阻力项　传质阻力项包括固定相传质阻力项和流动相传质阻力项。

① 固定相传质阻力项 $C_s\frac{d_f^2}{D_s}\cdot u$　式中 d_f 为固定相的平均膜厚，D_s 为溶质分子在固定相中的扩散系数，C_s 为常数。被分离组分随载液流经色谱柱时，一些分子会很深地渗入固定相中，分子的进出耗费时间长，沿柱子下移距离短。反之，一些分子较浅地渗入固定相，分子在颗粒的孔隙中停留时间短，出来后沿柱子下移的距离长，引起色谱峰变宽。在高效液相色谱中，d_f 一般很小，此项可忽略。

② 流动相传质阻力项　包括流动的流动相中的传质阻力项和滞留的流动相中的传质阻力项。

a. 流动的流动相中的传质阻力项 $\frac{\phi d_p^2}{D_m}\cdot u$，式中 C_{sm}为柱系数，是容量因子的函数；D_m 为分子在流动相中的扩散系数；u 为流动相速度，被分离组分在同流路的不同位置具有不同的流速，靠近颗粒的载液流动慢，分子移动距离短，相反，在流路中间的分子移动距离长，会造成色谱峰变宽。

b. 滞留的流动相中的传质阻力项 $C_{sm}\frac{d_p^2}{D_m}\cdot u$，式中 C_{sm} 为柱系数，它与流动相在固定相颗粒孔中所占的分数及容量因子有关。一些流动相会滞留在固定相颗粒的孔内，某些分子在滞留的流动相中扩散距离近，能较快地从孔中再扩散出来回到流动相中，沿柱下移较长的距离。另一些分子在滞留的流动相中扩散距离远，从孔中出来较慢，沿柱下移距离短，造成峰的变宽。若担体颗粒大，则微孔深，传质速率就小，色谱峰变宽就严重。一般应采用颗粒小、微孔浅、孔径大的担体。

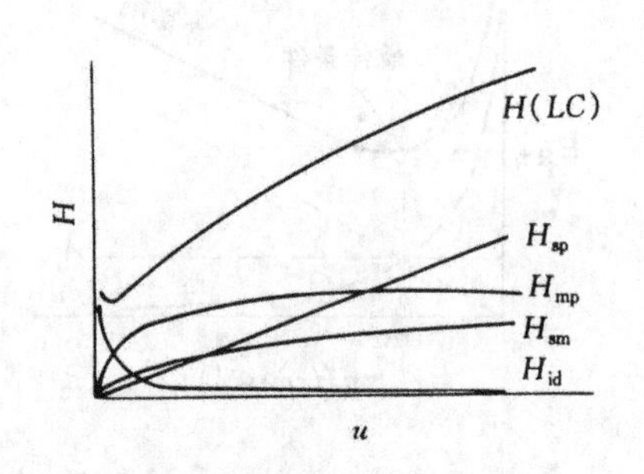

图 2-5　液相色谱的 H-u 曲线

H_{id}——纵向扩散相 $\frac{C_d D_m}{u}$；

H_{mp}——流动的流动相中的传质阻力项 $\frac{\phi d_p^2}{D_m}\cdot u$；

H_{sm}——滞留的流动相中的传质阻力项 $C_{sm}\frac{d_p^2}{D_m}\cdot u$；

H_{sp}——固定相传质阻力项 $C_s\frac{d_f^2}{D_s}\cdot u$

（二）液相色谱的 H-u 曲线

从图 2-5 看出，液相色谱的 H-u 曲线与气相色谱的 H-u 曲线明显不同。在气相色谱的 H-u 曲线中，有一个 $u_{最佳}$，对应一个 $H_{最小}$，当载气流速小于 $u_{最佳}$ 时，分子扩散显得很突出，柱效率明显下降，谱峰严重变宽。对液相色谱来讲，流动相的流速愈小，H 值逐渐减小，柱效率提高，但很难找出 H 的极小值，因为在很小的流速下，分子扩散不明显，对 H 值没什么影响。另外，液相色谱的 H-u 曲线比较平坦，可以使用较高的流速，柱效率损失不大，有利于实现快速分离。

2.2.5　色谱分析

2.2.5.1　分离度

（1）定义　分离度 R 是色谱柱总分离效率的指标。它表明了两种难分离的组分通过色谱柱后能否被分离，两组分形成的峰距离的远近以及色谱柱的柱效率等。

分离度定义为相邻两色谱峰保留值之差与两峰底宽度总和的一半的比值，即

$$R=\frac{t_{R2}-t_{R1}}{\frac{1}{2}(W_1+W_2)}=\frac{2(t_{R2}-t_{R1})}{W_1+W_2} \tag{2-21}$$

式中　t_{R2}、t_{R1}——分别为组分 2 和组分 1 的保留时间；

W_2、W_1——分别为组分 2 和组分 1 的峰宽。

组分的保留值与峰底宽度要采用相同的计量单位。

R 值越大，表明相邻两组分分离得越好。一般而言，$R<1$ 时，两峰会有部分重叠，$R=1$ 时，两峰稍有重叠，$R>1.5$ 时，两峰才能完全分离。见图 2-6。

当峰形不对称或两峰稍有重叠时，测量峰底宽度比较困难，可用半峰宽代替，此时：

$$R=\frac{t_{R2}-t_{R1}}{Y_{1/2(1)}+Y_{1/2(2)}} \tag{2-22}$$

式中　$Y_{1/2(1)}$、$Y_{1/2(2)}$——分别为组分 1 和组分 2 的半峰宽。

（2）分离度与柱效率和选择性的关系　分离度 R 综合考虑了色谱的选择性和柱效率两方面的因素。

衡量柱效率的指标是 $n_{有效}$ 或 $H_{有效}$，它表明了柱效率的高低，即色谱峰的扩展程度，却反映不出两种组分直接分离的效果。选择性以两个难分离物质的相对保留值 r_{21} 表示。它体现了

固定液对难分离物质对的选择保留作用，r_{21}越大，两组分分离得越好，但它不能反映柱效率的高低。

分离度（R）与柱效率（$n_{有效}$）和选择性（r_{21}）关系为：

$$n_{有效}=16R^2\left(\frac{r_{21}}{r_{21}-1}\right)^2 \tag{2-23}$$

分离所需柱长计算为：

$$L=16R^2\left(\frac{r_{21}}{r_{21}-1}\right)^2 H_{有效} \tag{2-24}$$

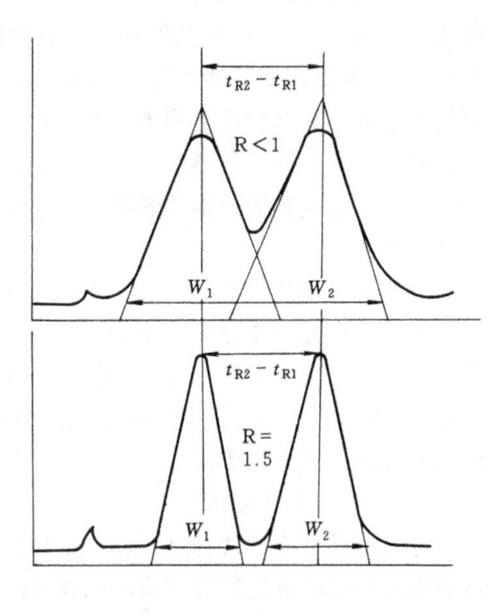

图 2-6　分离度示意图

2.2.5.2　色谱定性分析

气相色谱定性的方法可分为两类：一类是将未知组分保留值作为定性的标准来鉴别；另一类是将色谱数据与从其他仪器方法或化学方法获得数据加以比较鉴别。

（一）利用保留值定性

（1）利用已知物对照定性　在固定相和操作条件不变时，将已知物的保留值与未知组分的保留值进行比较，若二者相同，则可判断未知组分可能是该已知物。采用这种方法的前提是对样品的组成有比较清楚的了解，同时还要获得需要定性的已知物。

（2）利用加入已知物增加峰高定性　测定时首先作出未知样品的色谱图，然后将已知物直接加入未知样品中得色谱图。将两色谱图比较，则峰高增加的组分可能为该已知物。这种方法一般适用于相邻两组分的保留值接近且操作条件不稳的情况。

（3）利用相对保留值和保留指数定性　当色谱的填充密度、固定液配比、载体惰性、柱使用时间长短以及其他操作条件有差异时，即使固定相相同，同一组分的保留值也会不同。为消除许多实验条件不一致而造成的误差，一般采用相对保留值来定性。

相对保留值 r_{12}是指组分 1 与基准物 2 的调整保留值的比值。即

$$r_{12}=\frac{t'_{R1}}{t'_{R2}}=\frac{V'_{R1}}{V'_{R2}} \tag{2-25}$$

许多色谱手册上均列有相对保留值的数据以供使用。通常选用与被测组分保留值相近的物质作基准物。如正丁烷、正戊烷、苯、对二甲苯、环己酮等。

利用保留指数定性可以不使用纯物质，而是利用文献上发表的数据。利用保留指数定性的准确度和重现性较好，误差小于 1%。但在测定保留指数时一定要重现文献上的实验条件（如柱温）、固定液及其配比、载体等，而且要用已知组分验证在该条件下所测得的保留指数与文献值的吻合程度。现在利用保留指数定性已成为国际上公认的定性指标。

（4）利用多柱定性　不同组分有可能在同一柱上具有相同的保留值，因此未知组分与已知物的保留值一致，以致难以进行定性分析。而在复杂样品中经常会有许多性质类似的组分，它们具有相同或相近的保留值。利用双柱或多柱进行同一样品的分离，使原来具有相同保留值的组分可能以不同保留值出现，然后进行定性分析，这就叫多柱定性。

（二）其他方法

(1) 利用选择性检测器定性　选择性检测器是指在相同条件下，它对两类物质的响应值之比至少是 10∶1，即对某类物质特别敏感，响应值很高。常见的有：电子捕获（对电负性物质敏感）、火焰光度（对含硫、磷物质敏感）、碱盐离子化（对含氮、磷物质敏感）等检测器。使用时可将一种选择性检测器与另一种非选择性检测器平行安装，让柱后流出物分为两部分分别输入两个不同检测器中，对所得到的两个不相同的色谱图进行对照鉴定。

(2) 色谱与其他仪器的联用　色谱与质谱、红外光谱等仪器联用，可对组分进行高效的定性分析。

色谱的突出特点是分离能力强、效率高；但对复杂的混合物的鉴定则较为困难。而质谱、红外光谱等仪器的特点是鉴别能力强，适合于单一组分的定性分析；但对复杂混合物既无分离能力，也无鉴别能力。因而利用色谱-质谱联机或色谱-红外联机，既发挥了色谱仪的高效分离能力，又充分利用了质谱、红外光谱的高鉴别能力。现在，这种方法已成为剖析复杂未知物的最有效的近代分析手段。

2.2.5.3　色谱定量分析

色谱定量分析的依据是：在一定的操作条件下被测组分的质量或在载气中的浓度与它在检测器上产生的响应信号（峰面积或峰高）成正比，可用下式来表示：

$$m_i = f_i A_i \tag{2-26}$$

或

$$m_i = A_i / S_i$$

式中　m_i——被测组分 i 的质量；

A_i——被测组分 i 的峰面积；

f_i——被测组分 i 的绝对质量较正因子，即单位峰面积所代表的物质质量；

S_i——被测组分 i 对检测器的绝对灵敏度。

数值上

$$S_i = 1/f_i \tag{2-27}$$

灵敏度也被称为响应值或应答值。

显然，进行定量分析时首先要准确测定峰面积（或峰高），测定校正因子，然后选择合适的定量计算方法进行计算。

（一）峰面积的测量方法

峰面积的测量方法分为近似测量法和真实峰面积测量法。

(1) 近似测量法　一般有三种情况。

① 峰高乘半峰宽法　当色谱峰呈现正态分布时，其峰面积近似等于峰高乘半峰宽，即

$$A = hY_{1/2} \tag{2-28}$$

这样求得的峰面积偏低，实际峰面积应为：

$$A = 1.065h \cdot Y_{1/2} \tag{2-29}$$

式中　A——峰面积，cm^2；

h——峰高，cm；

$Y_{1/2}$——半峰宽，cm。

在相对计算时，1.065 可略去。此法不适用于不对称峰、很窄或很小的峰。

② 峰高乘平均峰宽法　此法适用于不对称峰，在峰高的 15% 和 85% 处分别测出该处峰的宽度，取平均值与峰高相乘而得到峰面积。

$$A = \frac{1}{2}(Y_{0.15} + Y_{0.85}) \cdot h \tag{2-30}$$

③ 峰高乘保留时间法　此法适用于一些比较拥挤或狭窄的峰。

由于在一定操作条件下，同系物的半峰宽与保留时间成正比，即

$$Y_{1/2}=bt_R \tag{2-31}$$

因此

$$A=hbt_R$$

式中　b——常数。

当样品中各组分含量相差很大及不属于同系物的峰时，不可用此法。

（2）真实峰面积测量法　常用第二种方法。

① 剪纸称重法　用剪刀将色谱峰沿峰曲线剪下来，分别在分析天平上称重，以每个峰的质量替代峰面积，此法少用。

② 数字积分仪法　使用数字积分仪对峰面积进行测量计算，快速准确。

（二）校正因子

色谱定量分析的基础是峰面积与被测物质成正比，但由于峰面积的大小与物质的性质有关，因此同一种检测器对同一质量的不同物质产生的峰面积往往不相等，这样就不能直接利用峰面积计算物质的含量，必须对峰面积进行校正，因此引入校正因子的概念。

（1）绝对校正因子　是指某组分通过检测器的量与检测器对该组分的响应信号的比值，对于组分 i，其绝对校正因子 f_i 为：

$$f_i=\frac{m_i}{A_i} \tag{2-32}$$

（2）相对校正因子　是某物质的绝对校正因子与某标准物质的绝对校正因子的比值。

$$f_i'=\frac{f_i}{f_s} \tag{2-33}$$

式中　f_i'——被测物质的相对校正因子；

f_i、f_s——分别为被测物质与标准物质的相对校正因子。

相对校正因子表示方法，分为以下几种：

① 相对质量校正因子（$f'_{(m)}$）

$$f'_{(m)}=\frac{f_{i(m)}}{f_{s(m)}}=\frac{A_s m_i}{A_i m_s} \tag{2-34}$$

式中　m_i、m_s——分别为被测物质与标准物质的质量；

A_i、A_s——分别为被测物质与标准物质的峰面积。

② 相对摩尔校正因子（f'_M）

$$f'_M=\frac{f_i(M)}{f_s(M)}=\frac{A_s m_i M_s}{A_i m_s M_i}=f'_m\frac{M_s}{M_i} \tag{2-35}$$

式中　M_i、M_s——分别为被测物质和标准物质的摩尔质量。

③ 相对体积校正因子（f'_V）

$$f'_V=\frac{f_{i(V)}}{f_{s(V)}}=\frac{A_s m_i M_s\times 22.4}{A_i m_s M_i\times 22.4}=f'_M \tag{2-36}$$

相对校正因子通常可由文献查出，也可通过测定得出。在分析天平上准确称量被测组分与标准物质，混合均匀后进样，测量对应的峰面积，然后按式（2-32）、式（2-33）计算。

（3）相对响应　相对响应值 S_i' 是指物质 i 与标准物质 s 的响应值之比。S_i' 与 f_i' 互为倒数，即

$$S_i'=\frac{S_i}{S_s}=\frac{1}{f_i'} \tag{2-37}$$

相对响应值也称相对灵敏度。

（三）定量分析方法

（1）归一化法　当样品中的所有组分都能产生可测量的色谱峰时，可使用归一化法进行计算。

$$P_i\%=\frac{m_i}{m}\times100\%=\frac{m_i}{\sum_{i=1}^{n}m_i}\times100\%=\frac{f_i'A_i}{\sum_{i=1}^{n}f_iA_i}\times100\% \tag{2-38}$$

式中　$P_i\%$——被测组分 i 的含量（质量分数）；

m——样品质量；

f_i'——组分 i 的相对校正因子；

A_i——组分 i 的峰面积。

当试样中各组分的校正因子很接近时，可直接把峰面积归一化，则上式简化为：

$$P_i\%=\frac{A_i}{\sum_{i=1}^{n}A_i}\times100\% \tag{2-39}$$

归一化法比较简便，进样量多少与定量分析结果无关。但必须在所有组分均出峰时才可使用。

（2）内标法　当试样中各组分不能全部出峰或只需对试样中某几个有色谱谱峰的组分进行定量时，可采用内标法。

内标法是称取一定质量的某纯物质作为内标物，加入到已知质量的样品中，混合均匀后进样分析。根据样品及内标物的质量和峰面积以求出待测组分的含量。

$$P_i\%=\frac{m_i}{m}\times100\%=\frac{A_if_i'm_s}{A_sf_s'm}\times100\% \tag{2-40}$$

式中　m_s——内标物质量；

m——样品质量；

f_s'、f_i'——分别为内标物 s 与待测组分 i 的相对较正因子。

如果以内标物作为测定校正因子的基准物，则 $f_s'=1$，上式可简化为：

$$P_i\%=\frac{f_1'A_im_s}{A_sm}\times100\% \tag{2-41}$$

如果再固定试样的称取量，加入恒量的内标物，则上式简化为：

$$P_i\%=\frac{A_i}{A_s}\times 常数 \tag{2-42}$$

以 $P_i\%$ 对 $\frac{A_i}{A_s}$ 作图，可得到一条通过原点的直线，即内标法标准曲线见图 2-7。利用内标曲线确定组分含量，可免去计算的麻烦。

（3）外标法　外标法也称为已知样校正法或标准曲线法，是工厂控制分析中常用的一种简便的定量方法。

外标法的操作是：取纯物质配成一系列不同浓度的标准溶液，分别取一定体积注入色谱仪，得到色谱图，测出峰面积，作出峰面积（或峰高）和浓度的关系曲线，即外标法标准曲线见图 2-8。然后在同样操作条件下进入相同量（一般为体积）的未知试样，从色谱图上测出峰面积（或峰高），由上述标准曲线查出待测组分的浓度。

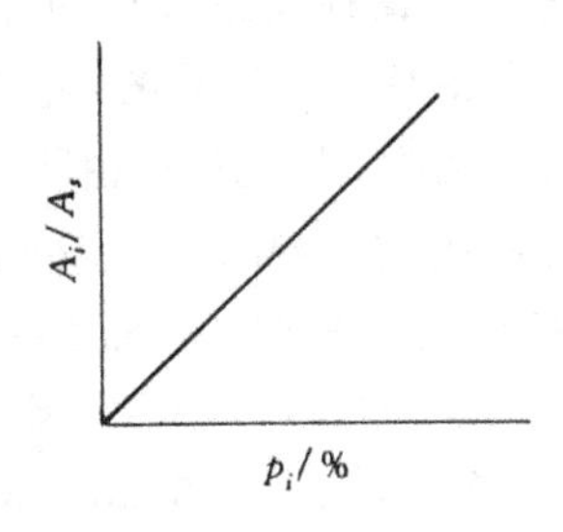

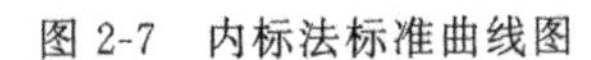
图 2-7　内标法标准曲线图

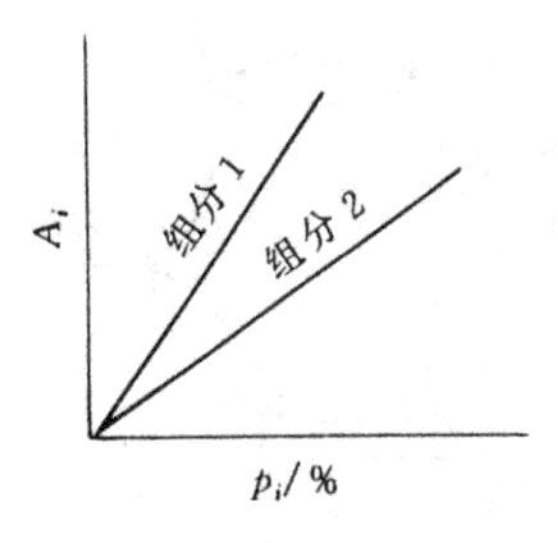

图 2-8　外标法标准曲线图

外标法操作和计算均简便，不必使用校正因子，但要求操作条件稳定，进样量重复性好，否则对分析结果影响较大。

2.3　气相色谱法

气相色谱法（Gas Chromatography）是一种具有高分离效能的分析技术，是最常用的分析分离方法之一。

2.3.1　气相色谱仪[5]

气相色谱仪是生产、教学、科研单位所用的重要分析仪器之一。常用的气相色谱仪的主要部件和分析流程如图 2-9 所示。

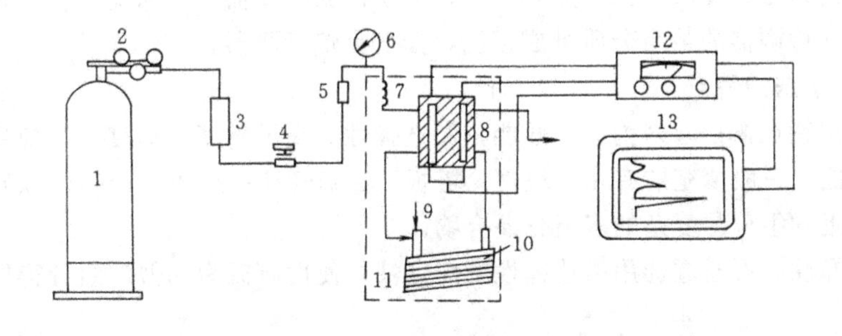

图 2-9　气相色谱流程示意图

1—载气钢瓶；2—减压阀；3—净化干燥管；4—针型阀；5—流量计；6—压力表；
7—预热管；8—检测器；9—进样器和气化室；10—色谱柱；
11—恒温箱；12—测量电桥；13—记录仪

一般而言，气相色谱仪由五个部分组成：气路系统、进样系统、分离系统、温控系统及检测和记录系统。

（1）气路系统　包括气源和流量的调节与测量元件，一般由气源钢瓶、稳压恒流装置、净化器、压力表、流量计和供载气连续运行的密封管路组成。气相色谱分析中一般采用不干扰样品分析的气体作载气，常用载气有氮气、氢气、氦气。载气由高压气瓶供给，由高压气瓶出来的载气需净化，并采用稳压阀、稳流阀或自动流量控制装置，以确保流量恒定。

（2）进样系统　包括进样器和气化室。液体样品一般采用微量注射器；气体样品可用注射器进样，也可用定量阀进样，见图 2-10。

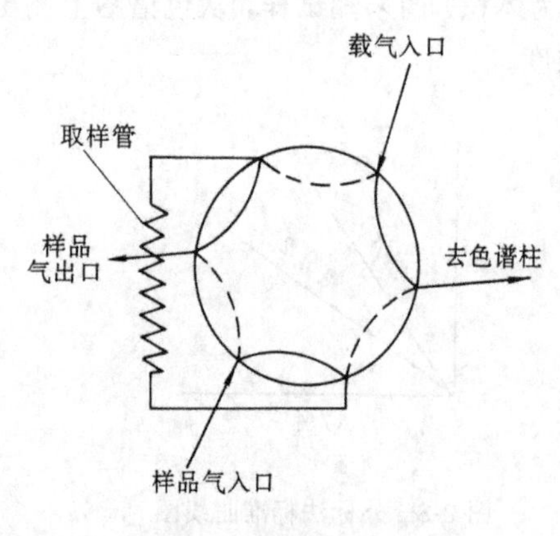

图 2-10 定量阀示意图

样品进入汽化室后在一瞬间就被汽化，然后随载气进入色谱柱。

(3) 分离系统 色谱柱是色谱仪的分离系统，试样中的各组分在色谱柱中进行分离。色谱柱可分为填充柱和毛细管柱两类。填充柱可由不锈钢、铜、玻璃或聚四氟乙烯制成，柱内径约 2～4mm，柱长为 1～10m。色谱柱有 U 型、W 型、螺旋形数种。毛细管柱一般是螺旋形，是用玻璃、弹性石英、不锈钢管拉制成的。柱内径为 0.2～0.5mm，长度 30～300mm。

(4) 温控系统 色谱仪通过温控系统设定、控制和测量色谱炉（柱箱）、气化室和检测器三处的温度。控温方式有恒温和程序升温两种。通常采用空气恒温来控制柱温和检测器温度；而对于沸点范围宽的混合物，为了改善分离效果，缩短分析时间，可采用程序升温。气化室温度设定的原则是样品在此温度下可瞬间气化而又不分解，一般比柱温高 10～50℃。对于检测室的温度，由于除氢火焰离子化检测器外，所有检测器都对温度变化敏感，因此必须精密控制检测室的温度。

(5) 检测和记录系统 组分分离后进入检测器，检测器将各组分的量的变化转化为电压或电流的变化，经放大后由记录仪绘出色谱图。

检测器按响应特性可分为浓度型检测器与质量型检测器两类。浓度型检测器的响应信号与进入检测器的组分浓度成正比，如热导池、电子俘获检测器。质量型检测器的响应信号与单位时间内进入检测器的某组分质量成正比，如氢火焰检测器。

2.3.2 气相色谱法的特点

气相色谱法特点概括起来为：高效能，高选择性，高灵敏度，速度快，应用广。

(1) 高效能 一般填充柱有几千块理论塔板，毛细管柱一般为 10^5～10^6 块理论板，因此可分析沸点相近的组分与复杂的多组分混合物。

(2) 高选择性 可通过选用高选择性的固定液，使性质极为相似的组分得以分离（如烃异构体等）。

(3) 高灵敏度 指检测器可测出 10^{-11}～10^{-13}g 物质。

(4) 分析速度快 一次分析时间仅为几分钟到几十分钟。

(5) 应用范围广 气相色谱法可分析气体和易挥发或可转化为易挥发的液体和固体。

2.3.3 气相色谱固定相

气相色谱的固定相主要分为固体固定相和液体固定相两类。

2.3.3.1 固体固定相

固体固定相主要用于气-固色谱中，包括吸附剂和聚合物两类。

(1) 吸附剂 吸附剂通常是一些多孔、表面积大、具有吸附活性的固体物质，与组分之间的作用主要是表面吸附。常用的吸附剂有活性炭、硅胶、氧化铝、分子筛等。固体吸附剂对永久性气体和气态烃有很好的分离效果，同时有良好的热稳定性，价格低廉，色谱制作简单；但品种少，应用范围有限，活性中心易中毒，色谱峰易对称和产生拖尾等。

（2）聚合物固定相　以高分子多孔微球为代表，它是一种以苯乙烯为单体、二乙烯基苯为交联剂所形成的共聚物，是一种性能良好的吸附剂，既可直接用作固定相使用，也可作为担体使用。高分子多孔微球与羟基的亲合力极小，对组分的分离基本是以相对分子质量顺序进行分离，故适合于有机物中痕量水的测定。也可用于多元醇、脂肪酸、腈类等的分离分析。国内主要有 GDX 系列。

2.3.3.2　液体固定相

液体固定相是以惰性固体微粒（称为担体或载体）作支持剂，在其表面涂渍一种高沸点的液体有机化合物而制成。将涂渍了固定液的担体作为固定相装填于柱中构成了气-液色谱的色谱柱。

（1）担体　其作用是提供一个较大的惰性表面，使固定液能以液膜状态均匀地分布在其表面上。一般要求担体尽量不参与色谱分配过程，对各类样品呈化学惰性，比表面积大，化学稳定性及热稳定性好，粒度均匀，有足够的机械强度。常用的担体分硅藻土和非硅藻土两类。

① 硅藻土类担体　天然硅藻土经煅烧等处理，得到具有一定粒度的多孔性颗粒，其主要成分是二氧化硅和少量无机盐。按其制造方法的不同，可分为红色担体和白色担体两种。红色担体因煅烧后含有少量氧化铁而呈红色，如 201、202、6201、C-22 保温砖和 Chromosorb-P（A，R）等担体都属此类。这类担体孔径较小，表面积大，强度较高，吸附性和催化性较强，适用于分离非极性化合物，但对醇、胺、酸等极性化合物会因吸附产生严重拖尾。白色担体是在煅烧时加入了少量的 Na_2CO_3 助熔剂，使红色氧化铁转变为白色的铁硅酸钠，如 101、102 系列和 Chromosorb-W（G，N）等担体。这类担体表面积较小，强度较低，吸附性和催化性较弱，但化学惰性较好，适用于分离极性化合物。

② 非硅藻土类担体　常用的主要有玻璃微球、石英微球和聚四氟乙烯担体等。这类担体表面积小、耐腐蚀，适用于分离腐蚀性样品，但柱效较低。

此外，硅藻土类担体由于表面并非完全惰性，导致分离极性组分时吸附这些组分造成色谱峰拖尾；担体含矿物杂质也可能使组分或固定液发生催化降解作用，影响分离。为此，在涂渍固定液前，应对载体进行预处理，使其表面钝化，处理方法有酸洗、碱洗、硅烷化及添加减尾剂等。

（2）固定液

① 对固定液的要求　气相色谱固定液主要是一些高沸点的有机化合物。作为固定液用的有机化合物必须具备下列条件：

a. 沸点高，挥发性小，热稳定性好，在操作温度下不发生热分解，且有较低的蒸气压；

b. 化学稳定性好，不与被分离组分发生不可逆的化学反应；

c. 粘度和凝固点要低；

d. 对载体具有良好的浸润性，以形成均匀的薄膜；

e. 选择性高，对各组分的分配系数有较大的差别。

② 固定液与组分分子间的作用力　气相色谱试样中各组分通过色谱柱时的保留时间与组分和固定液分子间作用力的大小不同有关，作用力大的组分后流出色谱柱；反之，作用力小的组分先流出。

分子间的作用力主要包括静电力、诱导力、色散力和氢键力等。在色谱分析中，只有当组分与固定液分子间作用力大于组分分子之间的作用力时，组分才能在固定液中进行分配，达到分离的目的。

③ 固定液的分类　其分类方法主要有两种：按相对极性分类和按化学类型分类。

a. 固定液按相对极性（ρ）分类是由 Rohrschneider 提出并发展起来的。此法规定强极性固定液 β,β'-氧二丙腈的相对极性为100，非极性固定液角鲨烷的相对极性为0，然后选择一对物质（如正丁烷-丁烯）为分离物质对，分别测定这一对物质在 β,β'-氧二丙腈、角鲨烷及欲测极性固定液的色谱柱上的相对保留值，这样测得的各种固定液的相对极性值均在0～100之间。一般将其分为五级，每20单位为一级，用"＋"表示。相对极性（ρ）在0～＋1间的叫非极性固定液，＋1～＋2为弱极性固定液，＋3为中等极性固定液，＋4～＋5为强极性固定液。表2-1列出了一些常用固定液的相对极性数据。

表 2-1　常用固定液的极性数据

固定液	ρ	级别	固定液	ρ	级别
角鲨烷	0	0	XE-60	52	＋3
阿皮松	7～8	＋1	新戊二醇丁二酸聚酯	58	＋3
SE-30，OV-1	13	＋1	PEG-20M	68	＋4
DC-550	20	＋2	PEG-600	74	＋4
己二酸二辛酯	21	＋2	己二酸聚乙二醇酯	72	＋4
邻苯二甲酸二辛酯	28	＋2	己二酸二乙二醇酯	80	＋4
邻苯二甲酸二壬酯	25	＋2	双甘油	89	＋5
聚苯醚 OS-124	45	＋3	TCEP	98	＋5
磷酸三甲酚酯	46	＋3	β,β'-氧二丙腈	100	＋5

b. 固定液按化学类型分类就是将具有相同官能团的固定液分为一类，如表2-2。

表 2-2　按化学结构分类的固定液

固定液的结构类型	极　性	固定液举例	分离对象
烃类（烷烃、芳烃及聚合物）	最弱极性	角鲨烷、阿皮松、石蜡油、聚苯乙烯	非极性化合物
聚硅氧烷	极性范围广	甲基聚硅氧烷、苯基聚硅氧烷、卤烷基聚硅氧烷	不同极性化合物
醇类和醚类	强极性	聚乙二醇	强极性化合物
酯类和聚酯类	中强极性	邻苯二甲酸二壬酯	应用较广
腈类和腈醚	强极性	β,β'-氧二丙腈、苯乙腈	极性化合物

④ 固定液的选择　选择固定液时，一般是根据"相似相溶"的原则来选择。即固定液的性质与被分离组分之间有某些相似（如极性、官能团、化学键等），这样分子间的作用力就强，分配系数大，以便实现良好的分离。具体来说，可从以下几个方面进行选择。

a. 分离非极性组分，一般选用非极性固定液，如角鲨烷、甲基硅油、阿皮松等。试样中各组分基本上按沸点从低到高的顺序流出色谱柱。

b. 分离中等极性组分，应选用中等极性固定液，如邻苯二甲酸二壬酯、聚乙二醇己二酸酯等，此时当组分的沸点有较大差别时，试样中各组分基本上按沸点从低到高的顺序流出色谱柱。沸点相近时，与固定液分子间作用小的组分先出峰。

c. 分离非极性和极性物质的混合物时，一般选用极性固定液，这时非极性组分先出峰，极性组分后出峰。

d. 分离强极性组分，可选择强极性固定液，如β，β'-氧二丙腈，聚丙二醇己二酸酯等，试样中各组分主要按极性强弱顺序分离。极性弱的先流出，极性强的后流出。分离能形成氢键的组分，应选择氢键型的固定液，如腈醚和多元醇等，试样中各组分按与固定液形成氢键的能力大小先后流出，不易形成氢键的先流出，最易形成氢键的最后流出。

2.3.4 气相色谱分离操作条件的选择

在气相色谱分析中，分离操作条件的选择主要包括六个方面：载气及其流速的选择，柱温的选择，固定液配比的选择，担体粒度的选择，柱长和柱内径的选择，进样条件的选择等。

（1）载气及其流速的选择　对一定的色谱柱和试样，载气及其流速是影响柱效率的主要因素。当流速较小时，分子扩散成为色谱峰扩展的主要因素，此时应采用相对分子质量较大的N_2、Ar 等作载气，使组分在载气中有较小的扩散系数，有利于降低组分分子的扩散，减小塔板高度。而当流速较大时，传质阻力成为主要的影响因素，此时宜采用相对分子质量较小的H_2、He 等作载气，使组分在载气中有较大的扩散系数，有利于减小气相传质阻力，提高柱效。此外，选择载气时还必须考虑与所用的检测器相适应，如对热导池检测器，应选用H_2或He，对氢火焰离子化检测器，一般选用N_2。

（2）柱温的选择　柱温是改进分离的重要的操作参数，柱温的选择直接影响柱的选择性、柱效率和分析速度。

提高柱温，可以加速组分分子在气相和液相中的传质速率，减小传质阻力，有利于提高柱效；但提高柱温也加剧了分子的纵向扩散，导致柱效下降。另一方面，提高柱温可以缩短分析时间，但会降低柱的选择性。此外，柱温不能高于固定液的最高使用温度，否则会造成固定液大量挥发流失。

柱温的选择常采用较低的固定液配比与较低的柱温相配合的方法，以利于提高柱的选择性，分析时间也不会太长。此外，选择柱温还应考虑试样的沸点。

对于多组分、宽沸程的试样，一般采用程序升温的方法进行分析。即柱温按预定的加热速度随时间作线性增加，这样，在初始的温度下低沸点的组分最先流出，随着柱温的升高，高沸点的组分也能较快流出。采用程序升温法能使不同沸点的组分在其最佳柱温条件下获得良好的分离。

（3）固定液配比的选择　各种担体表面积大小不同，固定液配比（固定液与担体的质量比）也不同。一般说来，对于表面积大的担体，例如硅藻土，配比可以大一些（不超过30%）；而表面积较小的担体，例如聚四氟乙烯担体，其配比一般小于10%。此外，还要考虑分析样品的沸点范围，当样品是高沸点化合物，最好采用低配比，对于气体和低沸点样品，可采用高配比，当样品的沸点范围很宽时，宜采用高配比。

（4）担体的选择　当固定液配比不变时，担体粒度越小，表面积越大，液膜厚度越小，柱效越高；但担体过细会使柱渗透性变坏。一般是根据柱径来选择担体的粒度，保持担体的直径约为柱内径的1/20为宜。常用60～80目及80～100目的担体。

（5）柱的选择　色谱柱多由不锈钢或玻璃制成。不锈钢坚固、具有惰性，但不适合于填充多孔高聚物固定相。玻璃管具有惰性，柱效高，但在进行某些痕量分析时，由于表面存在有害的硅醇基团，最好先作硅烷化处理。

由于分离度与柱长的平方根成正比，所以增加柱长对分离有利。但柱长增加会使各组分的保留时间增加，延长分析时间。一般常用的填充柱长为1～3m。色谱柱内径增加，会使柱效下降。常用的填充柱内径一般为3～6mm。

(6) 进样条件的选择　进样量随柱内径、柱长及固定液用量的不同而异，柱内径大，固定液用量多，可适当增加进样量。但进样量过大，会造成色谱柱超负荷，使柱效下降、峰形变宽；进样量太少，则会使含量少的组分因检测器灵敏度不够而不出峰。因此，最大允许进样量应控制在峰面积或峰高与进样量呈线性关系的范围内。液体试样一般进样 0.5～5μL，气体试样 0.1～10mL。

另外，气化温度对色谱分离操作也有影响，它取决于样品的挥发性、沸点范围、稳定性及样品量等因素。一般取样品沸点或高于其沸点，以保证液体试样进样后能瞬间气化。在保证试样不被分解的情况下，适当提高气化温度对分离和分析有利。气化温度一般要比柱温高 10～50℃。

2.3.5 检测记录系统

从色谱柱流出的各个组分，通过检测器把浓度信号变成电信号，经放大后送到记录器，得到色谱图。色谱仪的检测器种类很多。按其响应特征可分为浓度型和质量型两类。

(1) 热导检测器（Thermal Coductivity detector，简称 TCD）其结构简单（见图 2-11），稳定性好，不论对有机物还是无机物都有响应，能进行分析。热导池由池体和热敏元件组成。热敏元件是两根电阻值完全相同的金属丝（钨丝或金丝），作为两个臂接入惠斯顿电桥中，由恒定的电流加热。当热导池只有载气通过时，载气从两个热敏元件带走的热量相同，两个热敏元件的温度变化是相同的，其电阻值变化也相同，电桥处于平衡状态。当样品气混在载气中通过测量池时，由于样品气和载气热导系数不同，两边带走的热量不相等，热敏元件的温度和阻值的变化也就不同，从而使得电桥失去平衡，记录器上就有信号产生。被测物质与载气的热导系数相差愈大，灵敏度也就愈高。此外，载气流量和热丝温度对灵敏度也有较大的影响。热丝工作电流增加 1 倍，可使灵敏度提高 3～7 倍，但是热丝电流过高，会造成基线不稳和缩短热丝的寿命。缺点是灵敏度低。

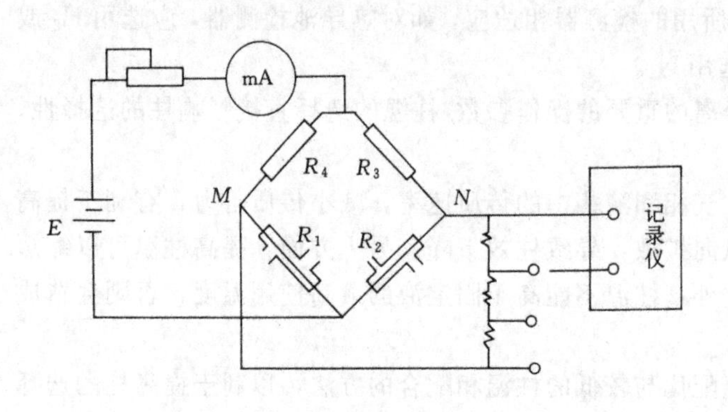

图 2-11　热导检测器电桥线路示意图

(2) 氢火焰离子化检测器（Flame ionization Detector，FID）简称氢焰检测器（见图 2-12）。主要部件是一个用不锈钢制成的离子室。离子室由收集极、极化极（发射极）、气体入口及火焰喷嘴组成。在离子室下部，氢气与载气混合后通过喷嘴，再与空气混合点火燃烧，形成氢火焰。无样品时两极间离子很少，当

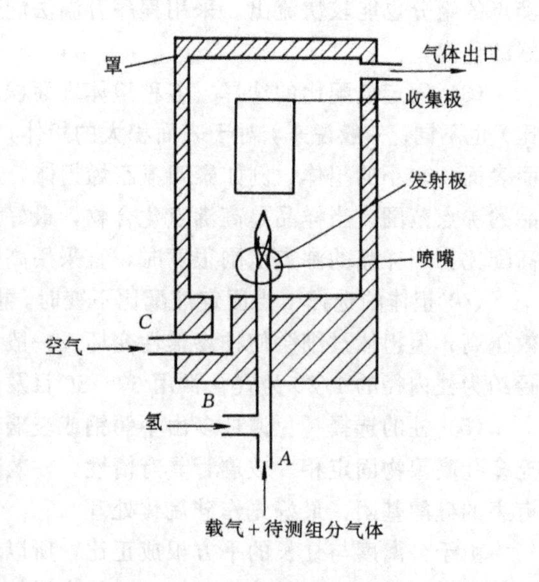

图 2-12　氢焰检测器示意图

有机物进入火焰时，发生离子化反应，生成许多离子。后者在火焰上方收集极和极化极所形成的静电场作用下流向收集极，形成离子流。离子流经放大、收录即得色谱峰。

有机物在氢火焰中离子化反应的过程可用苯的离子化过程为例说明。首先，苯发生高温裂解和氧化反应生成自由基，

$$C_6H_6 \xrightarrow{\text{裂解}} 6CH \cdot$$

自由基又与氧作用产生离子，

$$6CH \cdot + 3O_2 \longrightarrow 6CHO^+ + 6e$$

形成的 CHO^+ 与火焰中水蒸气发生碰撞，发生分子离子反应，产生 H_3O^+ 离子。

$$6CHO^+ + 6H_2O \longrightarrow 6CO + 6H_3O^+$$

由于离子检测器对绝大多数有机物都有响应，死体积小、响应快、稳定性好，其灵敏度比热导检测器要高几个数量级，所以适于进行痕量有机物分析。其缺点是不能检测惰性气体、空气、水、CO、CO_2、NO、SO_2 及 H_2S 等。

(3) 电子捕获检测器　这是一种选择性很强的检测器（见图 2-13)，它只适于含有电负性元素的组分卤素、硫　磷、氮、氧等。

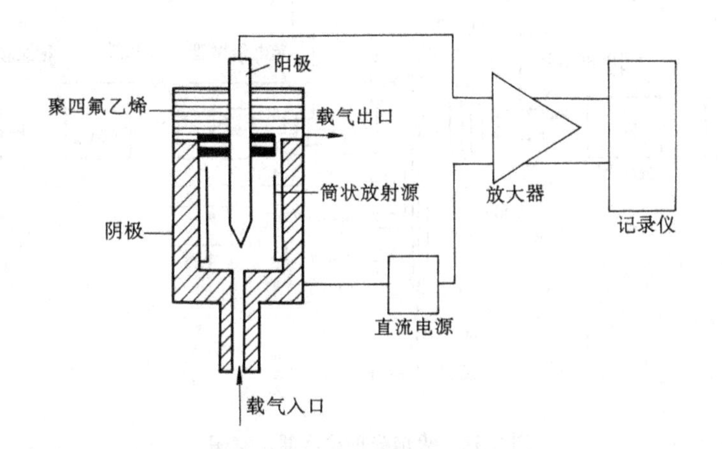

图 2-13　电子捕获检测器示意图

在电子捕获检测器内的一端有一个 β 放射源作为负极，另一端为一正极。两极间加适当电压。当载气（N_2）进入检测器时，受 β 射线的辐照而发生电离：

$$N_2 \xrightarrow{\beta} N_2^+ + e$$

生成的正离子和电子分别向负极和正极移动，形成恒定的基流。含有电负性元素的样品 AB 进入检测器后，就会捕获电子而生成稳定的负离子，生成的负离子又与载气正离子复合，

$$N_2^+ + AB^- = N_2 + AB$$

结果导致基流下降，产生负信号而形成倒峰。因此，样品经过检测器，会产生一系列的倒峰。

电子捕获检测器是常用的检测器之一，其灵敏度高，选择性好。主要缺点是线性范围较窄。

(4) 火焰光度检测器（flame photometic detector，简称 FPD）　主要用于含硫、含磷的化合物的测定，是一种高选择性、高灵敏度的色谱检测器。

火焰光度检测器主要由火焰喷嘴、滤光片和光电倍增管三部分组成，其结构如图 2-14 所

示。含硫或含磷的有机物随载气进入喷嘴与H_2和空气混合，点燃后产生富氢火焰，发生如下反应：

有机硫化物首先被氧化为二氧化硫，二氧化硫被氢还原成S原子，

$$RS+空气+O_2 \longrightarrow SO_2+CO_2$$

$$2SO_2+8H \longrightarrow 2S+4H_2O$$

S原子在适当温度下生成激发态S_2^*分子，当其跃迁回基态时发射出350～450nm波长的特征光。

$$S+S \longrightarrow S_2^*$$

$$S_2^* \longrightarrow S_2+h\nu$$

含磷化合物特征光为526nm。

特征光通过滤光片后投射到光电倍增管的阴极，产生光电流，经放大器后在记录器上记录下含硫或含磷有机物的色谱图。

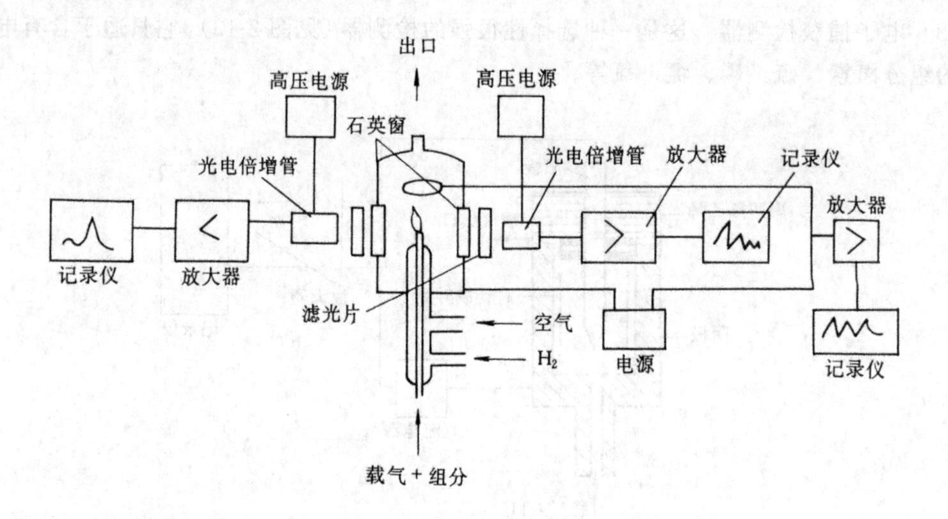

图2-14　火焰光度检测器示意图

（5）检测器性能指标表示方法　通常有三种。

① 灵敏度　单位质量的物质通过检测器时所产生信号的大小，称为该检测器对该物质的灵敏度。灵敏度可用下式表示：

$$S=\frac{\Delta R}{\Delta Q} \tag{2-43}$$

式中　S——灵敏度；

ΔR——记录仪信号变化率；

ΔQ——通过检测器的样品质量的变化率。

② 检测限　检测器的好坏不仅取决于灵敏度，还与噪音大小有关。检测限就是考虑到噪音影响而规定的一项指标。当产生的信号大小为2倍噪音时，通过检测器的物质量（或浓度）叫检测限。

$$D=\frac{2N}{S} \tag{2-44}$$

式中　D——检测限；

N——噪音，即基线波动，mV；

S——灵敏度。

③ 线性范围　指检测器信号大小与被测物质量成线性关系的范围。通常用线性范围内最大和最小样品量之比来表示。线性范围愈大，可以测定的浓度范围就愈大。

2.3.6 毛细管色谱[6]

填充柱气相色谱由于柱内填充的是固定相颗粒，使组分通过色谱柱时产生了涡流扩散，传质阻力也较大，影响了柱效，填充柱色谱理论塔板最高为数千。毛细管色谱柱的出现解决了这个问题，因而可以达到很高的柱效。

2.3.6.1 毛细管柱的分类

(1) 空心毛细管柱（Wall Coated Open Tubular column，简称 WCOT）　它是将固定液直接涂在毛细管内壁表面的一种色谱柱。此类柱子传质阻力小，分离效能高、分析速度快。用它可进行复杂有机物的分析。

(2) 填充毛细管色谱柱（Support Coated Open Tubular Column，简称 SCOT 柱）　先将载体松散地填充在原料管中（一般为玻璃材质），然后拉制成毛细管。它和 WCOT 柱比较，对复杂混合物分离的选择性有所改善，柱容量较大，便于分析极性物质。

(3) 多孔层毛细管色谱柱　它是一种在玻璃管内壁涂一薄层载体后再涂固定液的毛细管柱。分离效能更高，分析速度快，柱容量也较大。

2.3.6.2 毛细管色谱的特点

(1) 柱容量小，允许进样量小　由于毛细管内的固定液含量只有几十毫克，为了能达到微量进样，必须在进样器后装上分流装置。

(2) 渗透率高　由于毛细管柱基本上是根空心柱，比填充柱对气流的阻力要小得多，所以柱的渗透率高，可用较长的柱子和高的载气线速，从而进行快速分析。

(3) 柱效率和分离效率高　分离复杂混合物能力大为提高。

2.3.6.3 毛细管色谱系统

毛细管色谱系统和一般填充柱色谱系统基本相同，不过由于毛细管柱的小容量，出峰快、窄，所以对色谱仪的进样系统、检测器、记录仪等有些特殊要求。

(1) 进样系统　由于毛细管柱容量很小，每次只允许进样 0.01μL，所以要把这极微量样品瞬间引入毛细管柱，一般必须使用分流法进样。即在气化室出口分两路，绝大部分放空，极小部分进柱，这两部分比叫分流比。为了使分流后样品不改变组成，对分流器有如下要求：

① 分流后样品混合物中各峰大小，应与未分流的严格一致；

② 分析不同浓度混合物时，峰面积必须正比于浓度；

③ 柱温、分流比、流速改变时各色谱峰的相对大小要保持恒定。

(2) 检测器　由于毛细管进样量小，出峰快，所以要求高灵敏度快响应的检测器。最适用的是高灵敏度的氢焰离子化检测器。

(3) 记录器　因为毛细管色谱峰非常窄，所以要求有快速记录系统。

(4) 尾吹装置　采用加入补偿气的方法将组分很快吹入检测器，以消除和减少柱后谱图的变宽。

2.4 高效液相色谱法

高效液相色谱法（High Performance Liquid Chromatography，HPLC）亦称高压液相色谱

法或高速液相色谱法，它是70年代才发展起来的一种以液体为流动相的快速分析色谱技术。

(1) 高效液相色谱法的特点　所谓高效，体现在以下几方面。

① 高压　由于溶剂(流动相)的粘度比气体大得多，当溶剂通过柱子时会受到很大阻力，一般1m长的色谱柱的压降为7.5MPa。所以，高效液相色谱都采用高压泵输液，压力可达15～35MPa。

② 高速　溶剂(载液)通过柱子的流量可达1～10mL/min，可以在几分钟或几十分钟分析完一个样品。柱子做成封闭的，可重复使用，在一根柱子上可进行数百次分离。

③ 高柱效　高效液相色谱使用了高效固定相，它们的颗粒均匀，表面孔浅，质量传递快，柱效很高，理论塔板数可达5000～30000塔板/m以上。

④ 高灵敏度　采用高灵敏度的检测器。如紫外吸收检测器的灵敏度可达10^{-10}g/mL。

(2) 高效液相色谱法与气相色谱法的比较

① 气相色谱法要求样品能瞬间气化，不分解，适于低中沸点、相对分子质量小于400而又稳定的有机化合物的分析。液相色谱一般在室温下进行，要求样品能配制成溶液就行，适于高沸点、热稳定性差、相对分子质量大于400的有机物的分离分析。

② 在气相色谱中只有一种可供选择的色谱相，即固定相，难以通过改变载气种类来改变组分的分离度。而在高效液相色谱中有两种可供选择的色谱相，即固定相和流动相。固定相可有多种吸附剂、高效固定相、固定液、化学键合相供选择；流动相有单溶剂、双溶剂、多元溶剂，并可任意调配比例，达到改变载液的浓度和极性，实现分离度的改善。

③ 液相色谱可用于分离制备纯物质，而气相色谱中要想回收被分离组分比较困难。

2.4.1 高效液相色谱法的几种类型

2.4.1.1 *液-固吸附色谱法*

(1) 基本原理　液-固吸附色谱法是基于吸附剂(固定相)表面对样品中不同分子具有的不同吸附能力，而使混合物得到分离。液-固色谱的主要对象是：具有中等相对分子质量的非极性或极性的、非离子型的油溶性样品，只要它们的官能团在性质或数量上有差别，都可用液-固色谱进行分离；此外还适宜分离异构体的样品。

液-固色谱的固定相为固体吸附剂，在其表面具有活力中心。当流动相带着样品分子经过色谱柱时，样品分子被吸附剂所吸附，同时取代了吸附剂表面上早就被吸附的溶剂分子。这样，样品和溶剂分子在吸附剂表面上的活性中心就发生了竞争吸附，同时样品分子中各组分分子之间在吸附剂表面上也发生竞争吸附。这种发生在吸附剂表面上的吸附-解吸平衡，就是液-固色谱分离选择性的基础。当吸附-解吸竞争达到平衡时，可用下式表示：

$$X_m + nY_s \rightleftharpoons X_s + nY_m$$

$$K_c = \frac{[X_s][Y_m]^n}{[X_m][Y_s]^n} \tag{2-45}$$

式中　K_c——吸附平衡常数；

$[X_m]$——平衡时流动相中样品分子的浓度；

$[Y_m]$——平衡时流动相中溶剂分子的浓度；

$[X_s]$——平衡时被吸附在固定相表面上样品分子浓度；

$[Y_s]$——平衡时被吸附在固定相表面上溶剂分子浓度。

由上式可看出，吸附剂对溶剂分子吸附作用强，则对样品分子的吸附能力相对地减弱，保留时间就短。反之，样品分子保留时间长。

(2) 固定相　液-固色谱的固定相吸附剂分为极性和非极性两大类。极性吸附剂包括硅胶、氧化铝、氧化镁等；非极性吸附剂包括活性炭等。

液-固吸附色谱的固定相一般满足如下要求：

① 固定相的颗粒直径越小，颗粒越均匀，柱效就越高；

② 吸附剂表面的孔槽浅一些，有利于柱效的提高；

③ 有一定的强度和刚度，防止在高压下变形和压碎；

④ 寿命长，制作柱子的重复性好；

⑤ 热稳定性好、对流动相和样品不起化学反应。

(3) 流动相　高效液相色谱的流动相即是溶剂，是由洗脱剂和调节剂两部分组成。洗脱剂使试样溶解和分离，调节剂调节洗脱剂的极性和强度，以达到较好的分离效果。

① 对溶剂的要求　一般有以下几个方面。

a. 对样品有足够的溶解能力。

b. 与检测器要匹配。使用紫外吸收检测器时，不能使用对紫外光有吸收的溶剂；用示差折光检测器，溶剂的折光率与样品中被测组分的折光率应有足够大的差别，否则灵敏度太低。

c. 溶剂在使用前应当脱气。因为溶解在溶剂中的气体会在管道或检测器中以气泡的形式逸出，破坏高压泵的正常工作，还会有规则地出现一些假峰。

d. 粘度要小，以提高柱效。

溶剂除符合上述要求外，还要考虑其强度。

② 溶剂强度　流动相的极性强度常用溶剂强度参数ε°表示。ε°表示每单位面积吸附剂表面的溶剂吸附能。ε°值越大，溶剂的极性也越大。用作液-固色谱流动相的溶剂，其极性的顺序如下：

水＞乙酸＞甲醇＞乙醇＞异丙醇＞乙腈＞乙酸乙酯＞丙酮＞二氯甲烷＞
乙醚＞氯仿＞苯＞甲苯＞四氯化碳＞环己烷＞石油醚＞正戊烷＞氟代烷

在液-固色谱中，选择流动相的基本原则是极性大的试样用极性较强的流动相，极性小的则用低极性的流动相。对复杂混合物样品的分离，多采用混合溶剂，特别是二元混合溶剂。

2.4.1.2　*液-液分配色谱法*

(1) 基本原理　液-液分配色谱法是在担体的表面上均匀地涂敷一层固定液作固定相，流动相是一种与固定相不发生反应的溶剂。样品中各组分依靠两相间分配系数的差异来实现分离。

根据固定液和流动相（溶剂）的极性不同，可分为正相液-液分配色谱和反相液-液分配色谱。固定液极性大于流动相极性的称为正相液-液色谱，适用于分离极性化合物；固定液极性小于流动相极性的称为反相液-液色谱，适用于分离非极性化合物。

两相之间的极性是相对的，若固定液是极性的，而流动相是弱极性的，或固定液是强极性的，流动相是弱极性，都属于正相液液色谱。反相色谱的出峰顺序和正相色谱的出峰顺序相反，因为在反相色谱中流动相的极性大于固定相的极性，所以样品中极性大的组分与流动相之间亲和力大，随流动相较早地流出色谱柱。

(2) 固定相　常用的固定液限于几种极性不同的物质，如β，β'-氧二丙腈（ODPN）、聚乙二醇（PEG）和十八烷（ODS）等。常用的担体有：全多孔型担体（固定液的涂敷量为5%～10%），表面多孔型担体（固定液的涂敷量为0.5%～1.5%）。

为解决固定液从担体上流失，满足高速流动相和梯度淋洗的需要而研制了一种新型固定相——化学键合固定相，即利用化学反应将有机分子键合到担体表面上。化学键合固定相具有以下特点：① 传质快；② 稳定性好，寿命长；③ 可通过改变键合的官能团灵活地改变选择性。化学键合固定相按键的类型可分为硅酸酯型（ ≡Si—O—C— ）键合相、硅氧烷型（ ≡Si—O—Si—C— ）键合相、硅碳（ ≡Si—C— ）型键合相和硅氮型（ ≡Si—N═ ）键合相。其中以硅氧烷型键合相（也称烷基硅烷化键合相）在液-液色谱中应用最广，它是将硅胶与有机氯硅烷或烷氧基硅烷通过硅烷化反应制得的。

$$-\overset{|}{\underset{|}{Si}}-OH + X-\overset{R_1}{\overset{|}{\underset{\underset{R_3}{|}}{Si}}}-R_2 \longrightarrow -\overset{|}{\underset{|}{Si}}-O-\overset{R_1}{\overset{|}{\underset{\underset{R_3}{|}}{Si}}}-R_2 + HX$$

式中 X 表示 Cl、OCH_3、OC_2H_5 等。

(3) 流动相　在液-液色谱中要求流动相对固定相的溶解度尽可能小，为此所选用的流动相的极性应与固定相的极性有很大的差别。当固定相为极性物质时应选用非极性溶剂作流动相；当固定相为非极性物质时则应选用极性溶剂作流动相。

2.4.1.3　离子交换色谱法[7]

(1) 基本原理　离子交换色谱法是以离子交换树脂为固定相，用水作流动相的一种高效液相色谱法。在离子交换树脂的网状结构的骨架上，有许多可以与溶液中离子起交换作用的活性基团，被分析物质首先在载液中电离成离子，然后与树脂上带有相同电荷的离子进行交换，根据样品中各种离子对树脂亲和力的不同而将它们分离。

离子交换反应是一个可逆过程，它遵守质量作用定律，当达到交换平衡时：

阳离子交换　$A^-M^+ + Z^+ \rightleftharpoons A^-Z^+ + M^+$

阴离子交换　$B^+Y^- + X^- \rightleftharpoons B^+X^- + Y^-$

其平衡常数分别为：

阳离子交换　$K_{ZM} = \dfrac{[A^-Z^+][M^+]}{[A^-M^+][Z^+]}$

阴离子交换　$K_{XY} = \dfrac{[B^+X^-][Y^-]}{[B^+Y^-][X^-]}$

平衡常数 K 值越大，表示组分的离子与离子交换树脂的相互作用越强。在柱中保留值也就越大。

(2) 固定相　常用的有薄壳型离子交换树脂和全多孔型离子交换树脂。

① 薄膜型离子交换树脂　它是以薄壳玻珠为担体，在其表面上涂约 1% 的离子交换树脂而成。这种树脂的特点是很少发生溶胀，传质速度快、柱效高，但由于交换层较薄，柱容量低，使进样量受到限制。

② 全多孔型离子交换树脂　它是由苯乙烯与二乙烯基苯交联共聚形成的网状结构为基体，在基体上引入各种交换基团制成的球形微粒。这种树脂由于交换基团多，所以有较高的柱容量，且对温度的稳定性好。其主要缺点是在水或有机溶剂中发生溶胀，传质速率慢，柱效较低。

(3) 流动相　离子交换色谱多数是以水溶液为流动相，某些情况下也可使用有机溶剂或混合溶剂（如乙醇的水溶液）。以水溶液为流动相时，峰的保留值用流动相中盐的总浓度及 pH 值来控制。

2.4.1.4 凝胶色谱法

凝胶色谱又叫分子排阻色谱，按流动相的类型可分为凝胶渗透色谱（以有机溶剂为流动相）和凝胶滤过色谱（以水为流动相）。它的分离机理不是根据试样组分与固定相之间的相互作用，而是依据试样分子尺寸大小进行分离的。

凝胶色谱主要用来分离高分子类物质（相对分子质量>2000），测定聚合物的相对分子质量分布，分离相对分子质量相差较大的混合，还可对未知样品进行初步的探索性分离。

（1）分离原理　凝胶是凝胶色谱的固定相，是产生分离作用的基础。凝胶是一种表面惰性，含有大量液体（水），柔软而富于弹性，具有立体网状结构的多聚体。

试样组分进入色谱柱后，随流动相在凝胶外部间隙以及凝胶网孔旁流过。对于那些太大的组分分子由于不能进入网孔而被排斥，随流动相的移动而最先流出；小个的组分分子则能渗入到大大小小的网孔中而完全不受排斥，所以最后流出；中等大小的组分分子可渗入到较大的网孔中，但受到较小网孔的排斥，所以介于二者之间流出。

（2）固定相　根据交联程度和含水量不同，可将凝胶分为软质凝胶、半硬质凝胶和硬质凝胶三种。软质凝胶的交联度小，膨胀度大，容量大，容易被压缩，使用压力小于 3.5×10^5 Pa，常用于含水体系。半硬质凝胶容量较大，渗透性较好，使用压力可达 70×10^5Pa，常用于有机溶剂体系。硬质凝胶称为无机胶，优点是在有机溶剂中不变形，孔径尺寸固定，溶剂互换性好，可耐高压。

（3）流动相　在凝胶色谱中，要求流动相的粘度低和对样品的溶解性好。在使用示差折光检测器时，要求流动相的折光指数与样品的折光指数应有较大的差别。

总之，选择色谱分离方法的一般原则是：对于易挥发、相对分子质量小于 200 的样品，可用气相色谱法；对于相对分子质量在 200～2000 样品宜用高效液相色谱法；对于相对分子质量大于 2000 的样品用凝胶色谱法。

2.4.2 高效液相色谱仪[8]

液相色谱仪包括：输送载液的高压泵、进样器、色谱柱、检测器及记录仪五个主要部分，如图 2-15 所示。

（1）高压泵　它的作用是输送高压无脉动的流动相，驱动样品和流动相以一定的流量经过色谱柱，进行快速高效的分离。高压泵按输液情况，可分为恒压泵和恒流泵两类。

① 恒压泵保持输出压力恒定，流量则随外界阻力变化而变化，因此反压较大。气动泵是恒压泵的一种，其优点是压力稳定，无脉冲，结构简单，操作方便，可以用作制备分离。缺点是流速随溶剂粘性的不同而变。

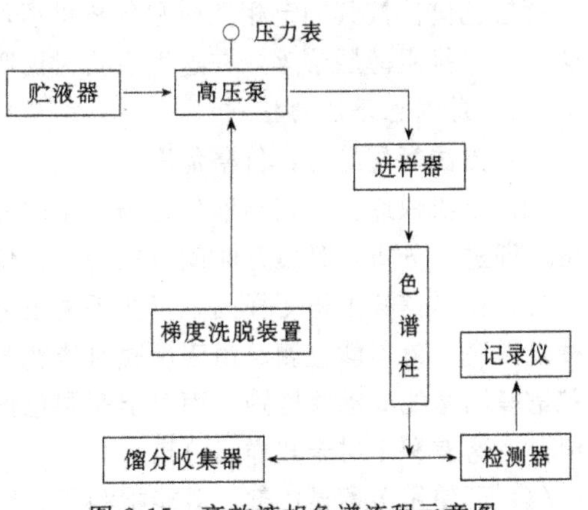

图 2-15　高效液相色谱流程示意图

② 恒流泵保持输出液体的流量恒定，而与外界色谱柱等的阻力无关。往复式柱塞泵及隔膜泵都是恒流泵。往复式柱塞泵的最大优点是泵的液腔体积小，换液清洗方便，且可连续供应，尤其适合于外梯度洗提。缺点是输出液压随柱塞的往复运动有明显的起伏脉动。

（2）进样器和色谱柱　进样器为双层隔膜式，主要有进样器座、隔膜套、导向、螺母、密封螺钉和限位套等。

色谱柱为不锈钢管，柱长为15cm或者20cm，柱内径为2mm或4mm，柱的入口用锥形密封垫和螺母连接在进样器上，柱的出口用聚四氟乙烯接头和螺母与检测器的工作池入口连接。

(3) 检测器

① 紫外检测器　其作用原理是基于很多被分析样品，如苯、联苯、萘、蒽、喹啉、偶氮化物、亚硝基化合物对特定波长的紫外光产生选择性吸收，这可用紫外检测器来检测；而被选作流动相的溶剂则对紫外光基本上不吸收。紫外检测器对样品的吸收服从朗伯-比尔定律，即检测器的输出信号与吸光度成正比，而吸光度与样品中某组分的浓度成正比。

② 示差折光检测器　利用连续测定流通池中溶液折射率的变化来测量样品的浓度。它能连续监测参比流动相和含有样品的流动相之间折射率的差值。不同的组分或同一组分的不同浓度都会引起二元混合物折射率的改变，于是检测器给出不同的响应信号。显然，溶剂与待分离组分的折射率相差愈大，检测器的灵敏度就愈高。示差折光检测器是一种能测定多种样品的通用仪器。其缺点是折光率对温度及流量的波动很灵敏；不适于进行梯度淋洗操作。

2.5 薄层色谱

2.5.1 薄层色谱法的特点、原理及制备

薄层色谱法[9] (thin-layer chromatography，TCL) 又称薄板色谱法。它是将吸附剂（或载体）均匀涂敷在一块光洁的玻璃板（或塑料板或金属板）上形成薄层，通过移动相（展开剂）流经玻璃板上附着的吸附剂（固定相），再借助于吸附剂的毛细管作用使展开剂沿薄层上升，同时，溶解的试样也随展开剂逐渐上升，由于混合物各组分对固定相、移动相相对吸附能力的不同而将其加以分离的方法。

薄层色谱法是在经典色谱法和纸色谱法基础上发展起来的。20世纪70年代后，随着薄层扫描仪和高效薄层色谱法的出现，使之更为快速准确。目前薄层色谱已进入分离高效化、定量仪器化、数据处理自动化的阶段。

薄层色谱法按其固定相性质和分离机理可分为：吸附薄层法，分配薄层法，离子交换薄层法及尺寸排阻薄层法等，在这里主要讨论吸附薄层法。

2.5.1.1 *薄层色谱法的特点*

(1) 方法简便易行，价格低廉。

(2) 分析快速。气相与液相色谱在正式测试前稳定测试条件需比较长的时间；而薄层色谱可立即进行分析，且展开时间也较短，方便迅速。

(3) 在色谱板上检测样品，不会丢失组分。气相与液相色谱均为洗脱分析，如果不从色谱柱上洗脱，就不能检测。由于洗脱时峰宽与保留值成比例，因而很难把保留值太大的物质的色谱峰同基线波动相区别。而对于薄层色谱，由于样品组分都在色谱板上，最终会检测所有组分，这有利于对未知样品分离。

(4) 可使用多种显色剂，既能检测所有组分，也可只检测指定组分。

(5) 可在同一块色谱板上同时分离多个样品。因此，若将样品与标样同时展开，则可定性；若将样品与标样同时展开后的斑点浓度进行测量则可定量；通过样品间的比较，也可追踪反应过程。

(6) 所需样品量很少，通常样品量为5～10mg。

(7) 灵敏度较高。

薄层色谱与高效液相色谱同属于液相色谱的范畴，对它们二者特点的比较有助于更好地认识薄层色谱的特点，见表 2-3。

表 2-3 TLC 与 HPLC 的比较

色谱系统	TCL 开放式	HPLC 闭路	色谱系统	TCL 开放式	HPLC 闭路
展开方式	展开	洗脱	有效板数	<600	10000 左右
流速控制	毛细管作用	泵调节	检测方式	静态	动态
平衡时间	短	不定	溶剂用量	少	多
分析样品数	可同时多个样品	单一样品	溶剂更换	易	难
板高/μm	～30	2～5	固定相	一次性	反复使用

2.5.1.2 *薄层色谱法的基本原理*

薄层色谱是一种物理化学的分离技术，其吸附剂一般是极性的，组分的分离是基于吸附剂、被分离物质、展开剂的性质不同而产生的。当把涂布着极性吸附剂的干薄板放入展开剂时，由于毛细管效应使展开剂开始进入由不同直径的毛细管相互连接的薄板中，其流动速度与展开剂的表面张力、粘度以及吸附剂性质相关。此时，点在薄板上的样品随着展开剂的移动而移动。由于被分离组分的极性差异使它们与吸附剂和展开剂的亲和力产生差别，致使展开时各组分在薄板上移动速度不一样，从而导致展开后各组分移动距离不一样。被分离物质中与吸附剂亲和力强的组分留在接近样品滴加点（原点）较近的地方，而与吸附剂亲合力弱的组分则在离原点较远的地方，从而使各组分分离开。

薄层色谱法基本原理实质上也是吸附、解吸附、再吸附，再解吸附的连续过程。通过不断地往复放大微小差别，从而达到分离的目的。

2.5.1.3 *薄层色谱的固定相*

(1) 薄层色谱分离效率的决定因素　主要有 3 个：① 混合物组分的性质；② 吸附剂（固定相）；③ 展开剂。对于一个确定的混合物，关键在于对吸附剂与展开剂的选择，而吸附剂与展开剂的选择取决于混合物的性质。因而要确定薄层色谱的吸附剂，首先要研究混合物性质与吸附剂选择之间的关系。

混合物性质主要考虑 3 个方面：溶解性，酸碱性，极性。一般而言，选择氧化铝、硅胶、乙酰化纤维素、聚酰胺等来分离亲脂性化合物，而分离亲水性化合物通常选择纤维素、离子交换纤维素、硅藻土及聚酰胺等，氧化铝与硅胶则作为普遍的吸附剂是首先考虑试用的。如果脂溶性化合物不能用于吸附薄层分离，则可试用反相分配薄层。

对于样品的酸碱性，如果试样与吸附剂一为酸性一为碱性，则可能会发生酸碱反应而产生不可逆吸附，使分离过程难以进行。因而吸附剂的酸碱性应与试样保持一致。一般而言，硅胶略带酸性，氧化铝略带碱性，但也可通过某种方式使其酸碱性改变。如将硅胶与氧化铝以 1∶1 量掺和制得中性吸附剂，或用稀碱液制备薄层使硅胶薄层成碱性，或以稀酸制薄层使氧化铝薄层呈酸性。

由于吸附剂一般都是极性物质，因而混合物试样的极性越大，则被吸附剂吸附得越牢，移动速度越慢。一般而言，对于强极性试样，应使用活性低的吸附剂；对于弱极性试样，则应使用活性高的吸附剂。化合物极性顺序如下：

饱和烃<不饱和烃<醚<酯<醛、酮<胺<羟基化合物<酸<离子化合物（如 RN^+H_3、$RCOO^-$ 等）

常见吸附剂吸附能力的比较：

蔗糖＜纤维素＜淀粉＜$CaCO_3$＜$CaSO_4$＜$MgCO_3$＜硅胶＜活性炭＜MgO＜Al_2O_3

（2）薄层色谱对吸附剂的要求　常用薄层色谱吸附剂见表2-4。对其一般要求如下。

① 具有均匀的结构和一定的比表面积。吸附剂的吸附能力同它的比表面积及颗粒细度相关，比表面积越大，颗粒越细，吸附能力就越强。

比表面积是单位质量的吸附剂所具有的表面积，以 m^2/g 表示。

② 具有一定的机械强度和稳定性。对展开剂和样品成分不分解、不破坏。

③ 具有可逆的吸附性。吸附与解吸都较容易。

④ 最好为白色固体，以利于观测。

表 2-4　常用薄层色谱吸附剂（固定相）

固定相	性质	参考用途
硅胶	表面有硅醇基，弱酸性 pH＝4.5	分离酸、中性物质，如酚类、醛类生物碱类、甾体化合物及氨基酸类
氧化铝	表面暴露的铝原子，Al—O键具有吸附作用	碱性氧化铝分离中性或碱性化合物，如多环碳氢化合物类、生物碱类、胺类、脂溶性维生素及醛酮类；中性氧化铝分离酸及对碱不稳定化合物；酸性氧化铝分离酸性化合物
聚酰胺	分子内酰胺基能与某些基团形成氢键	分离酚类、酸类、醌类及硝基化合物
纤维素	有大量羟基亲水基团，亲水性很强	分离亲水性化合物，如氨基酸、核苷酸衍生物、糖等，分析蛋白质、肽以及多糖/核苷酸等

2.5.1.4　薄层色谱的制备与分析

（1）铺层　吸附剂在薄板上的涂敷过程叫铺层。为使样品的分离效果好，R_f 值的重复性好，在涂敷时应使所铺的薄层厚度保持一致，而且要均匀；同时要求薄板表面光滑而平整。涂铺前将薄板（一般为玻璃板）用洗液浸泡或用洗涤液洗净，再用自来水、蒸馏水冲洗，烘干，并用95％乙醇擦1次，以使吸附剂不易脱落。玻板大小根据测试需要及层板槽大小来确定。

涂敷方法一般有以下几种。

① 干法。使用带有套圈的玻璃棒把吸附剂均匀地涂于玻璃板上。硅胶、氧化铝可用干法铺层。套圈厚度一般为薄板厚度，用于定性、定量分析时为0.25～0.5mm，小量制备一般约为1～3mm。吸附剂颗粒为150～200目较好，以使吸附性、流动性、所铺薄层的均匀性兼顾。

② 湿法。将吸附剂加水或加其他溶液（或溶剂），调成糊状再铺层。有的还加少量粘合剂，以增加薄层的牢固性。

湿法铺层有涂铺法和倾倒法。涂铺法使用涂铺器操作，倾倒法则用徒手操作。一般用涂铺器涂铺较均匀，但薄层松，吸附剂易脱落。

③ 烧结玻璃法。该法是用玻璃粉和不同比例的硅胶或氧化铝混合，涂布于玻璃板上，于适当的温度下烧结的方法。由于它不含杂质，机械性能稳定且耐酸耐热，因而便于保存，测试重复性好。

（2）点样　将样品溶液仔细滴加到已制备好的薄层上。一般采用微量吸管或用微量注射器。为求达到分离目的，并使分离效果显著，点样应注意以下几个问题。

① 点样量要适中。点样量太小，会使斑点模糊或不显色；点样量大，则会出现斑点过大或拖层，使分离不完全。

② 控制点样点的大小。点样点过大，会使分离后的斑点不集中，影响分离效果。

(3) 展开　展开的过程是混合物样品分离的过程。

① 展开剂选择的首要目的是使混合物样品的分离效果显著。一般要考虑被分离物质的极性及其和展开剂的亲和力。选择原则为“相似性原则”。强极性试样用强极性展开剂，弱极性试样用弱极性展开剂。常用溶剂极性顺序为：

己烷（石油醚）＜二硫化碳＜苯＜四氯化碳＜二氯甲烷＜乙醚＜乙酸乙酯＜丙酮＜丙醇＜甲醇＜水

由于吸附剂、展开剂的选择以及混合样品的性质有两两相关的关系，因此当混合样品性质确定后，对吸附剂与展开剂的选择范围也就有了一定的依据，它们三者之间关系可用图 2-16 表示。

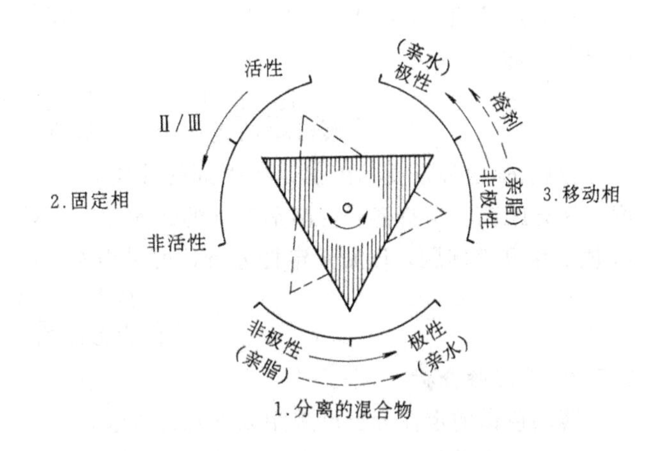

图 2-16　溶剂、吸附剂的选择规律

② 展开方式主要有以下几种。

a. 上行展开和下行展开。展开剂由下往上展开称上行展开，展开剂由上往下展开则称为下行展开。一般薄层与水平面呈 5°～10°角。但可依据需要，根据展开时间、展开效果、薄板性质来调整角度。

b. 一次、二次展开。用展开剂对薄层展开一次称一次展开。如一次展开分离效果不佳，可考虑用同一种展开剂或换一种展开剂再进行展开，这称为二次展开。也可进行多次展开，不过多次展开斑点易扩散，会降低分离效果。

c. 单向展开和双向展开。单向展开是将薄层在一个方向上作一次上行展开或下行展开；而双向展开是根据单向展开的特点而出现的。由于在单向展开时展开后斑点的扩散大都是在展开剂的流动方向上，进行二次展开或多次展开时使 R_f 值相近的物质难以分开，因此，便通过展开方向上的改变来达到物质分离的目的。双向展开是在正方形薄层上将样品点置于邻角处，将薄层放入展开剂中使样品纵向展开一次，挥发掉展开剂后，再将薄层刚才浸入展开剂的一侧边放入展开剂中，重新进行一次展开，这就在一定程度上弥补了二次展开的缺陷。

d. 浓度梯度展开。展开时使展开剂组成随时间而变，使极性差别较大的各种成分混合物也能很好分离。

e. 径向展开。薄层制备后，用小刀刮成一定形状以控制展开剂的展开方式，从而达到分离目的。展开方式的选择是根据需要通过对物质特性的研究来确定的，不可拘泥。

③ 显色的目的是对物质进行鉴定，是定性与定量分析的前提之一。显色技术分为可逆显色与不可逆显色。可逆显色过程主要有 3 种：

a. 用水喷雾，疏水化合物常表现为蜡状；

b. 荧光显色，用于一些吸收紫外光、发出荧光的物质，如萘系，蒽系的磺酸盐等；

c. 用碘，将薄层色谱用 10％碘的甲醇溶液喷雾或在层析室中放少量碘结晶以显色。

由于是显色可逆，故应及时划出显色斑点位置，以便分析。

不可逆显色一般有两种：

a. 用硫酸氧化显色；

b. 使用显色试剂。

2.5.2 薄层色谱的定量分析和定性分析

2.5.2.1 R_f 值

R_f 值又称为比移值，是溶质的运动速度与展开剂的运动速度之比值。

$$R_f=\frac{溶质的运动速度}{展开剂的运动速度}$$

在薄层色谱中，由于一般溶质与展开剂同时由原点运动，因而 R_f 值又可表示为移动距离的比值，即

$$R_f=\frac{溶质的运动速度}{展开剂的运动速度}=\frac{从原点至斑点中心的距离}{从原点至溶剂前沿的距离}$$

影响 R_f 值最重要的因素是吸附剂的性质与展开剂的极性和溶解能力。同时也受薄层厚度、展开距离、层析容器内溶剂蒸气的饱和度、点样量、薄层含水量等因素的影响。为解决 R_f 值的重现性问题，以利于定性分析，可采用相对比移值 R_m 表示。

$$R_m=\frac{化合物的\ R_f}{作为参照物的\ R_f}$$

2.5.2.2 定性分析

薄层色谱的定性分析可采用以下几种方法。

(1) 将样品的 R_f 或 R_m 值与标样的 R_f 或 R_m 值相比较　使用 R_f 值定性时，由于影响 R_f 值的因素很多，常需要在使用两种以上不同组成的展开剂而得到的 R_f 值与标样的 R_f 值一致时，才可认定该斑点与标样是同一化合物。

(2) 将斑点的显色特性与标样的显色特性相比较　以确定化合物性质。

(3) 使用斑点的原位扫描　展开后的斑点用薄层扫描仪作原位扫描可得该斑点的扫描图，当其吸收峰及最大吸收波长与标样一致时，可认为是同一种物质。

(4) 与其他方式联用　将薄层分离后得到的单一斑点收集、洗脱，然后使用GC、HPLC、紫外或红外等方法帮助鉴定。

2.5.2.3 定量分析

薄层色谱的定量方法主要有以下几种。

(1) 目测比较法　样品经层析后，直接观察色点的大小及颜色深浅，并与已知的不同浓度的标准样在相同层析条件下展开所得到的一系列标准色点相比较，近似地判断样品中所测成分的含量。一般采用在同一块薄层上点加样品及标准样，并同时层析的方法，以减少层析条件差异造成的误差，提高方法的准确度。

目测比较法是一种粗略的定量方法，误差较大。

(2) 测量面积法　该法是基于在一定范围内物质质量的对数 ($\lg\overline{W}$) 与斑点面积的平方根 ($\sqrt{A}$) 成正比而得出的。测量时用一张半透明的绘图纸覆盖在薄层上，描出斑点的形状，再移至坐标纸上算出斑点所占的面积，以各标准样所含纯品的质量的对数 ($\lg\overline{W}$) 与斑点面积的平方根 ($\sqrt{A}$) 作图，由试样斑点的面积即可查出试样的含量。也可采用下式计算：

$$\lg\overline{W}=\lg\overline{W}_s+\frac{\sqrt{A}-\sqrt{A_s}}{\sqrt{A_d}-\sqrt{A}}\lg d \tag{2-46}$$

式中　$\overline{W}$——样品溶液（稀释前）中溶质的质量；

A——样品溶液中溶质的斑点面积；

$\overline{W}_s$——标准溶液中溶质的质量；

A_s——标准样斑点面积；

A_d——稀释样品中溶质斑点面积；

d——稀释倍数的倒数。

使用此式的实验方法是在同一块板上同时点上等容量的样品、标准样及样品的稀释液，然后展开。

测量面积法精度高于目测比较法，然而误差仍比较大。

(3) 洗脱测定法　样品经层析分离后，用适当方法定出斑点位置，然后将斑点部位的吸附剂取下，用溶剂将化合物洗脱后使用比色法、分光光度法等测定含量。

洗脱测定法的测量精度较高，但操作复杂，步骤较多，测量时间较长。

(4) 使用薄层扫描仪　薄层扫描仪是20世纪70年代各国学者根据薄层色谱法的特点而设计发展起来的仪器，是微量、快速定量分析的有效手段。它使用一束长宽可以调节的、一定波长、一定强度的光照射到薄层斑点上，进行整个斑点的扫描，同时使用仪器测量通过斑点时光束强度的变化而达到定量的目的。由于测定方式的不同，薄层扫描仪分为吸收测定法与荧光测定法两种。

① 吸收测定法　又分为反射法和透射法两种。它是基于凡在可见或紫外区有吸收的化合物均可用钨灯或氘灯作光源，在波长200～800nm范围内进行测定。反射法通过测量反射光的强度定量分析，透射法是测量透射光的强度。

反射法特点是灵敏度较低，受薄层表面不均匀的影响较大，但对薄层厚度要求不高，基线比较稳定，信噪比较大，重现性好。透射法的特点是灵敏度较高，但薄层的不均匀度及厚度对测定有影响，基线噪音大，信噪比较小，短波长测定时玻璃板对紫外线有吸收，故实际应用较少。

② 荧光测定法　该法光源使用氙灯或汞灯，一般用于测定对紫外有吸收并能放出荧光的化合物。荧光测定法又分直接测定法和荧光减退法两种。

直接测定法是根据在紫外光照射下斑点产生荧光，通过直接测量斑点所产生荧光的强弱而定量。适用于直接测定法的必须符合下面条件：空白薄层部位没有荧光产生；所测定的化合物须是本身就具有荧光的，或是经过适当试剂处理后可生成具有荧光的化合物。

荧光减退法所测的化合物能吸收紫外线，但不产生荧光。当使用混入一定荧光剂的薄层进行层析时，在紫外光照射下薄层产生荧光，而斑点所在位置由于化合物吸收了紫外光而使薄层上荧光物质所接受的紫外光量减少，使荧光强度减弱，通过扫描测量荧光减弱值可以进行定量分析。

薄层扫描仪根据扫描方式的不同可分为：线性扫描和锯齿扫描。线性扫描是用一束比斑点略长的光束对斑点作单向扫描。该法适用于规则圆形斑点或条状斑点。锯齿扫描是用微小的正方形光束在斑点上按锯齿形轨迹同时沿 x 轴和 y 轴两个方向扫描。该法适用于形状不规则与浓度不均匀的斑点。

参 考 文 献

1　天津大学分析化学教研室．实用分析化学．天津：天津大学出版社，1995

2 周申范，宋敬埔，王乃岩编．色谱理论及应用．北京：北京理工大学出版社，1994
3 史坚编．现代柱色谱分析．上海：上海科学技术文献出版社，1988
4 朱明华编．仪器分析．北京：高教出版社，1993
5 邓勃，宁永成，刘密新编．仪器分析．北京：清华大学出版社，1991
6 陆明廉，张叔良主编．近代仪器分析基础与方法．上海：上海医科大学出版社，1993
7 岳慧灵主编．仪器分析．北京：水利电力出版社，1994
8 金恒亮编．高压液相色谱法．北京：原子能出版社，1987
9 林卓坤主编．色谱法．北京：科学出版社，1982

第三章　现代仪器分析的基本原理

正如上章所述的物质分离一样，现代分析仪器的基本原理和所分析的物质的性质密切相关。由于物质的结构和性质的不同，造成了不同物质对光吸收或光辐射的不同，人们就是利用这些不同，把物质相互区分开来以达到分析的目的。本章将针对各种不同物质对紫外可见光吸收的差异，外加磁场造成的分子内质子引起的磁场变化以及电子轰击造成的分子碎片的不同来阐述光谱分析、核磁共振分析以及质谱分析的基本原理，并对其分析方法及常规仪器设备进行简单的介绍。

3.1　吸收光谱[1~5]

3.1.1　电磁辐射的基本性质

电磁辐射又称为电磁波，它是一种能量形式，具有电和磁的特性，其能量范围很宽，从几百万电子伏特的宇宙射线到 10^{-9}eV 的无线电波和核磁共振谱，在波长和频率上大约相差20个数量级，见表 3-1。

表 3-1　电磁波谱

区　域	频率/Hz	波长	跃迁类型	光谱类型
宇宙或γ射线	$>10^{20}$	$<10^{-12}$m	原子核蜕变	中子活化分析，穆斯鲍尔谱
X-射线	$10^{20}\sim10^{16}$	$10^{-3}\sim10$nm	内层电子跃迁	X射线吸收、发射、衍射、荧光光谱、光电子能谱
远紫外	$10^{16}\sim10^{15}$	10～200nm	价电子和非键电子跃迁	远紫外吸收光谱，光电子能谱
紫外	$10^{15}\sim7.5\times10^{14}$	200～400nm		紫外-可见吸收和发射光谱
可见	$7.5\times10^{14}\sim4.0\times10^{14}$	400～750nm		
近红外	$4.0\times10^{14}\sim1.2\times10^{14}$	0.75～2.5μm	分子振动	近红外吸收光谱
红外	$1.2\times10^{14}\sim10^{11}$	2.5～1000μm	分子振动	红外吸收光谱
微波	$10^{11}\sim10^{8}$	0.1～100cm	分子转动、电子自旋	微波光谱，电子顺磁共振
射频	$10^{8}\sim10^{5}$	1～1000m	核自旋	核自旋共振
声波	20000～30	$15\sim10^{6}$km	分子运动	光声光谱

对电磁辐射的认识，人们经历了由经典物理向现代物理的过渡。起初人们把电磁辐射简单地看成是一种平面偏振波，由单一平面上振动的电场矢量和垂直于电场矢量而在另一平面振动的磁场矢量组成，两者又和它们的运动方向垂直，见图 3-1。这种经典的物理图象方便而圆满地解释了电磁辐射的衍射及干涉现象。但随着近代物理学的进展，波动理论在解释光电效应，黑体辐射等现象时遇到了麻烦。随后普朗克提出了朴素的“量子”学说。1905 年爱因斯坦发展了普朗克量子理论，提出了光子学说，认为辐射能的最小单

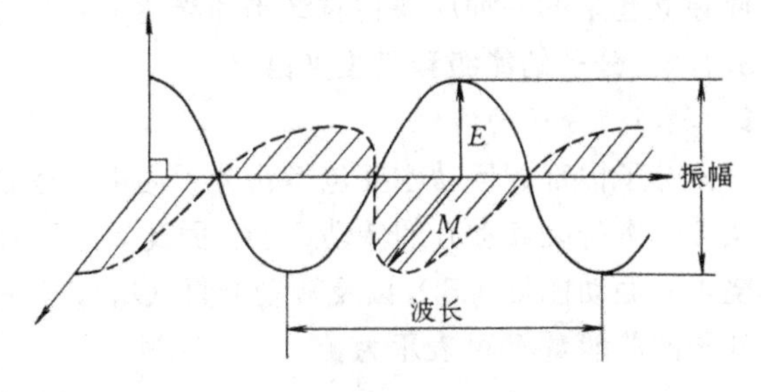

图 3-1　电磁波的经典描述

E—辐射的电场矢量；M—磁场矢量；两者均垂直于波的运动方向，并具有相同的振动频率

位是光子，光子的能量则等于普朗克常数 h 和辐射频率 ν 的乘积，即

$$E=h\nu$$

这样就把波动概念中的振动频率 ν 和粒子的概念“光子”联系起来，形成了现代物理的电磁辐射的“波粒二象性”概念，即电磁辐射既具有波动的性质，又具有粒子的性质。这对于解释电磁辐射与分子间的相互作用奠定了理论基础。

根据电磁波的性质，大致可把电磁波分为三个区域：电子区域，该区域是从交流电到红外辐射边界，在此范围内辐射可通过金属导线直接传播，并可直接观察其频率，如通过示波器可以观察到交流电的波形情况；光学区域，从红外到X-射线，这一区域是在分析化学中应用最为广泛的范围，如红外、近红外区域可用于红外光谱的测试，可见光区可用于紫外-可见吸收和发射光谱，X-射线可用于晶体结构的X-射线衍射分析等；宇宙射线或 γ 射线，在此光谱区域电磁辐射的能量很高，常用于原子核裂变等的非常规分析，应用面较窄。因此，本书将主要是利用光学区域内的电磁波讨论吸收光谱分析方法。

电磁辐射的性质一般采用波长（λ）、频率（ν）、速度（u）、波数（$\bar{\nu}$）以及能量等概念来描述。波长、频率及速度之间的相互关系为：

$$\lambda=\frac{u}{\nu}$$

所有电磁波在真空中的传播速度均为 2.9979×10^7m/s（即光的速度）。频率的单位是赫兹（Hz），波长的单位常用纳米（nm），微米（μm）和厘米（cm），分别对应于X-射线区及紫外-可见光区，红外光区，微波区等。为研究使用方便，定义波长的倒数为波数，即 $\bar{\nu}=1/\lambda$，波数的单位常用 cm^{-1}。此单位在红外光谱中使用。

根据光的波粒二象性，各种不同波长的电磁辐射能量子的能量用 E 表示。能量子的能量与波长或频率的关系为：

$$E=h\nu=hc\bar{\nu}$$

其中 h 为普朗克常数，大小为 6.6262×10^{-34}J·S。从该式亦可以看出，电磁辐射的频率愈高，则能量子的能量就愈高。因此，在上述的三个电磁辐射区域中，γ 射线能量最高，其次为光学区域，电子区域的电磁波能量最低。常用能量单位之间的关系为：

$$1eV=1.6021\times10^{-18}J$$

当电磁辐射作用于物质时，由于其传递的能量的不同，就会产生一系列的现象。比如，引起物质发生能级跃迁，产生吸收光谱；引起物质发生光化学反应，使物质的性质及形态发生质的变化等。下面所要研究的吸收光谱，就是通过电磁辐射引发的物质光物理性质的变化，从而建立起来的一种反映物质结构和光谱关系的分析方法。

3.1.2 分子的能级和吸收光谱

3.1.2.1 分子的能级

分子内部的运动主要包括：分子内电子运动，分子内原子在其平衡位置附近的振动，以及分子本身绕其重心的转动运动。因此，分子的总能量应主要包括电子的能量（E_e）、分子围绕重心振动能量（E_v）以及转动能量（E_r），若不考虑分子内各运动形式之间的相互作用，则分子的总能量 E 可表示为：

$$E=E_e+E_v+E_r$$

粒子运动的本征方程形式为：

$$H\varphi=E\varphi$$

$$H=H_e+H_v+H_r$$

$$\varphi=\varphi_e\varphi_v\varphi_r$$

式中　φ——粒子运动的状态函数；

φ_e，φ_v，φ_r——分别对应电子运动、振动运动以及转动运动的状态函数。

因此，可以得到分子内各种不同运动形式的本征方程。

$$H\varphi_e=E_e\varphi_e$$

$$H\varphi_v=E_v\varphi_v$$

$$H\varphi_r=E_r\varphi_r$$

求解上述各方程，就可阐明分子的电子运动、原子振动以及分子转动的运动形态及相对应的能量和能级。

例如，对于氢原子中电子的运动形态可由如下方程描述，

$$-\frac{h^2}{8\pi^2\mu}\left(\frac{\partial^2}{\partial x^2}+\frac{\partial^2}{\partial y^2}+\frac{\partial^2}{\partial z^2}\right)\psi-\frac{e^2}{\sqrt{x^2+y^2+z^2}}\psi=E\psi$$

其对应的能级为：

$$E=\frac{2\pi^2\mu e^4}{h^2n_1^2}$$

式中　ψ——为电子运动的状态函数；

μ——电子的约化质量；

e——电子的电荷数。

由于 n 为正整数，因此其对应的能量是不连续的，表明当氢原子中的电子由低能级状态 $n=1$跃迁到高能级状态 $n=2$ 时，将吸收一定的能量：

$$\Delta E=E_2-E_1=\frac{2\pi^2\mu e^4}{h^2}\left(\frac{1}{n_1^2}-\frac{1}{n_2^2}\right)=6.8\text{eV}$$

对于双原子分子的刚性转子模型，其体系能级的触量 E_r 有如下解：

$$E_r=\frac{J(J+1)h^2}{8\pi^2I}$$

式中　h——普朗克常数；

J——转动量子数，其值 $J=0$，1，2，…；

I——转动惯量，对特定的分子体系为常数。

E_r 是量子化的，因此对于纯转动跃迁的双原子分子，当由 $J=0$ 能级跃迁到了 $J=1$ 能级时，其能量的变化为：

$$E_1-E_0=\frac{h^2}{8\pi^2I}$$

而要实现这一跃迁，此双原子分子就要吸收$\frac{h^2}{8\pi^2I}$能量的电磁波。

同样，对于双原子分子的简谐振子模型，E_v 有如下解：

$$E_v=h\nu\left(v+\frac{1}{2}\right)$$

式中　v——振动量子数，其值为 $v=0$，1，2，…。

ν 对特定的双原子分子谐振子是常数。可见分子内原子的振动运动也是量子化的，要想实现低能级向高一能级的跃迁，必须吸收能量为 $h\nu$ 的电磁辐射，其吸收光谱亦是一条单独的振

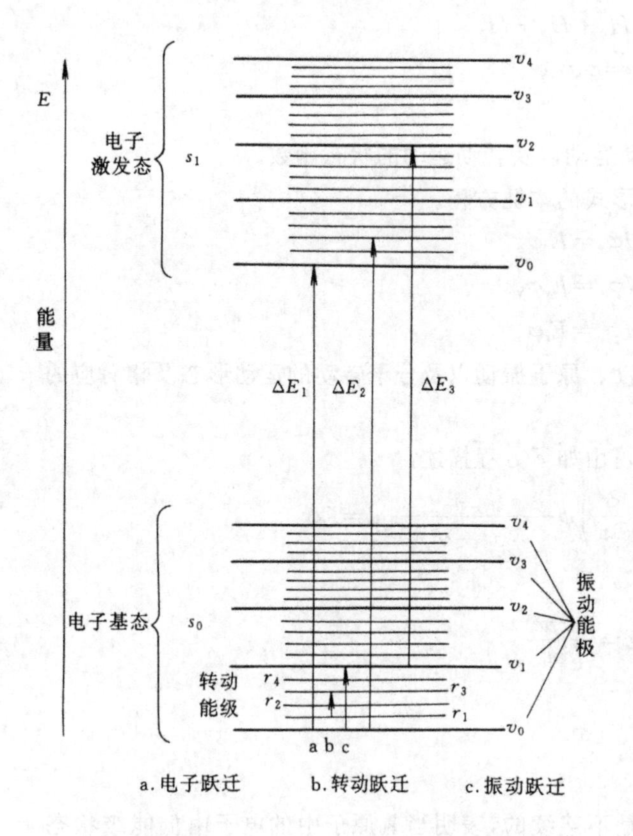

图 3-2 分子内部的能量跃迁

动谱带。

从以上的论述可以看出，无论是分子内电子的运动，或是分子内原子的振动或转动，其对应的能量都是量子化的。总的分子的电子跃迁包含着振动和转动跃迁，相邻能级的跃迁形式如图 3-2 所示。从图中可以看出，在同一电子能级中包含了若干条振动能级，而每一振动能级又包含了若干条转动能级。

在纯转动跃迁的情况下，由于其能量是变化很小（只有 0.01～0.00025eV），不足以导致振动状态和电子运动状态的改变。由于分子振动能级的差异（0.05～1.2eV）大于纯转动状态能级的跃迁，因此分子振动能级的跃迁必然会伴随着转动能级的跃迁；同样道理，分子中电子能级的跃迁也必将同时伴随着振动和转动能级的跃迁。

从能量角度看，实现分子中电子能级的跃迁所需能量最大，一般要 20～200kcal/mol[1]，这一能量恰好落在紫外与可见光谱区，相当于波长为 800～200nm 的电磁波所具有的能量。实现分子振动能级跃迁所需要的能量相对小一些，约为 5kcal/mol，正好落于近红外及中红外区，相当于波长为 1～15μm 的电磁辐射所具有的能量。实现分子的转动能级跃迁所需的能量更小一些，约为 0.1～0.01kcal/mol，相当于波长为 10～10000μm 电磁波所具有的能量，处于远红外区。

3.1.2.2 吸收光谱

常用的紫外-可见光谱及红外光谱均属于吸收光谱的范畴，那么什么叫吸收光谱，它是怎样产生的呢？

当电磁波和物质发生相互作用，将其能量传递给物质的过程称之为吸收，由此也产生了物质的吸收光谱，除非在光能量吸收过程中物质发生了光化学反应。通常所指的分子对电磁辐射的吸收过程一般包括两个过程：其一是当分子吸收了电磁辐射的能量后，它本身由稳定的基态跃迁至不稳定的激发态，即

$$\underset{\text{基态分子}}{M+h\nu} \longrightarrow \underset{\text{激发态分子}}{M^*}$$

激发态分子的寿命约为 10^{-8}～10^{-9}s。因此在瞬间，激发态分子就以几种驰豫过程使激发能转变成热能，或以再发射荧光或磷光的方式回到基态。

$$M^* \longrightarrow M+\text{热}$$

---

❶ 1kJ＝4.1868kcal。

$$M^* \longrightarrow M + \text{荧光或磷光}$$

第一种形式是常见形式;第二种形式可作为发射光谱测试的一部分来定性分析化合物的结构。

分子的电子能级、振动及转动能级都是量子化的，因此要想实现能级的跃迁，只有当电磁辐射的能量恰恰等于两能级能量差且被分子吸收后,分子才能从一较低能级 E_1 跃迁至另一较高能级 E_2，从而产生分子吸收光谱。若光子能量 $E=h\nu$，则有

$$h\nu=E_2-E_1$$

分子吸收的光辐射频率为:

$$\nu=\frac{E_2-E_1}{h}=\frac{(E_2-E_1)_e}{h}+\frac{(E_2-E_1)_v}{h}+\frac{(E_2-E_1)_r}{h}$$

很明显,由于电子跃迁、振动跃迁及转动跃迁能量的差异,电磁辐射或频率的大小就决定了分子产生何种光谱。当以能量接近于转动能级跃迁的远红外辐射或微波作用于分子时,由于其能量不足以引起电子和振动能级的变化,只能激发转动能级的跃迁,这样所得的光谱就称为分子转动光谱,又称为微波谱或远红外光谱。而当以能量接近于振动能级跃迁的中红外和近红外光作用于分子时,由于其能量不足以引起电子能级的跃迁,只能引起振动能级和转动能级的跃迁,此时所得到的分子吸收光谱就称为振动光谱或振动-转动光谱,也就是通常所说的红外光谱。同样,如采用能量接近于电子能级跃迁的紫外及可见光照射分子时,即可引发分子内价电子的能级跃迁,并伴随着振动能级和转动能级的变化。这时产生的光谱则称为电子-振动-转动光谱,简称电子光谱,或称紫外与可见光谱。在这三种吸收光谱中,红外光谱和紫外与可见光谱是本章讨论的重点。

从理论上讲,由于能级跃迁所需能量的不连续性,分子对电磁辐射的吸收是有选择的,因此紫外与可见吸收光谱及红外光谱均应是孤立的吸收谱线。但由于分子振动能级的间隔 ΔE_v 大约比电子能级的间隔 ΔE_e 小十倍,因此假设 ΔE_v 为 0.1eV,则当发生能级间隔为 5eV 的电子跃迁时,得到的就不只是一条波长为 250mm 的谱线,而同时得到了一系列的振动谱线,彼此间隔为 5nm。同样道理,分子转动能级的间隔 ΔE_r 大约比 ΔE_v 小十倍或百倍。这样,当发生如上的电子跃迁时,除得到一系列振动谱线外,还会得到波长间隔为 0.25nm 的转动谱线。由于以上谱线间的波长间隔太小,难以用肉眼分辨,它们连在一起呈现带状,因此,一般见到的紫外可见光谱为带状光谱。同样道理,红外光谱由于只涉及分子的振动及转动能级跃迁,其光谱亦呈带状连续型。但对于气态的简单分子,由于分子间没有干扰,应用高分辨的仪器往往可以获得十分清晰的微细结构谱线。

对于精细有机化学品而言,人们更关注的是有机化合物的吸收光谱。

3.1.3 有机化合物的紫外可见吸收光谱

3.1.3.1 紫外可见光谱的分类

紫外与可见吸收光谱按照电子跃迁的形式主要可分为 8 种类型:

$\pi\rightarrow\pi^*$ 跃迁引起的吸收谱带;

$\pi\rightarrow\sigma^*$ 跃迁引起的吸收谱带;

$n\rightarrow\pi^*$ 跃迁引起的吸收谱带;

$\sigma\rightarrow\sigma^*$ 跃迁引起的吸收谱带;

$\sigma\rightarrow\pi^*$ 跃迁引起的吸收谱带;

$n\rightarrow\sigma^*$ 跃迁引起的吸收谱带;

配位体场跃迁产生的吸收谱带;

电荷转移引起的吸收谱带。

有机化合物的电子跃迁主要集中在前6种，其跃迁方式如图3-3所示。

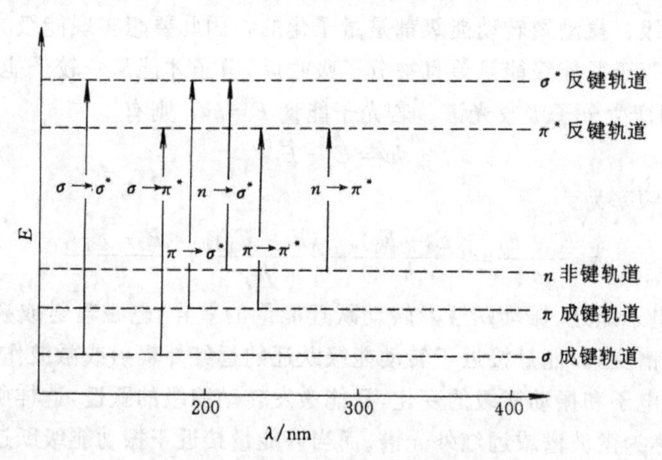

图3-3 有机分子中各种电子跃迁方式

从能量分布可以看出，$\sigma\rightarrow\sigma^*$跃迁能量大，$\sigma\rightarrow\pi^*$，$\pi\rightarrow\sigma^*$跃迁能次之，紫外区域内难以观测到，因此对此跃迁一般不予考虑。$n\rightarrow\sigma^*$跃迁一般由150～250nm的紫外光辐射引起，大多数峰出现在低于200nm处。这类吸收的摩尔消光系数大小适中，一般在100～3000L/(cm·mol)之间。$n\rightarrow\sigma^*$、$\pi\rightarrow\pi^*$跃迁能相对要小，其吸收光谱一般在200～700nm的紫外可见光区域，处在最佳的光谱吸收范围之内，因此对有机化合物的分析，尤其是对带有不饱和官能团的有机化合物的分析均以此为基础。

电荷转移吸收谱带主要存在于电荷转移配合物的吸收光谱中，其对光辐射能的吸收包含了电子从给予体向与受体相联的主要轨道跃迁所需的能量，其跃迁能由于电子给予体和受体之间的电荷转移倾向的不同会有很大区别。配位体场产生的跃迁主要存在于过渡金属与相关有机化合物形成的配位体中，其对光辐射能的吸收主要由d电子和f电子的跃迁造成。本书对这两种跃迁不作为重点讨论。

3.1.3.2 $\pi\rightarrow\pi^*$跃迁和$n\rightarrow\pi^*$跃迁引起的吸收谱带

这是有机化合物电子跃迁的两种最重要的形式。含有π电子的各种发色团，如烯基，炔基等，都会发生$\pi\rightarrow\pi^*$跃迁。在有机物中含有氮、氧、硫以及卤素等杂原子，因其含有n电子，则会发生$n\rightarrow\pi^*$跃迁。而在许多化合物中这两种跃迁往往同时发生。例如，含羧基的化合物就既有π电子又有n电子。在外来辐射作用下，如果π电子受到激发，发生$\pi\rightarrow\pi^*$跃迁，n电子受到激发，则发生$n\rightarrow\pi^*$跃迁，实际上这两种跃迁是同时发生的，并产生两个吸收峰，一个出现在166nm处，一个出现在280nm处，且前者的谱带比后者强。

在以后的章节，将分别讨论各种有机化合物的$\pi\rightarrow\pi^*$跃迁吸收谱带和$n\rightarrow\pi^*$跃迁吸收谱带，并介绍一些根据吸收特性预测未知有机物的结构或者由有机物结构推算其吸收光谱的最大吸收波长的经验规则。这也正是紫外与可见吸收光谱在有机化合物结构测定方面的一个重要贡献。但它只能起到佐证作用，要想完全确定化合物的结构，还需要红外光谱，核磁共振光谱以及质谱等其他技术的紧密配合。

3.1.3.3 溶剂效应对$\pi\rightarrow\pi^*$跃迁和$n\rightarrow\pi^*$跃迁吸收谱带的影响

当物质处于气态时，可观察到它的吸收光谱是由孤立的分子所给出，因而它的振动及转动光谱通过高度精密的仪器也能表现出来，即体现了吸收光谱的精细结构。但是当物质溶解于某溶剂中时，其分子则被溶剂分子包围，使其溶剂化，从而限制了该物质分子的自由转动，使转动光谱不能表现出来。此外，如果溶剂的极性变大，该分子的振动越受到制约，由振动引起的光谱精细结构损失越多，那么由振动引起的光谱的精细结构在光谱中体现的就越少，这时物质表现出的光谱结构和气态时的光谱结构存在较大差异。换言之，某物质在非极性溶剂中的吸收光谱与该物质在气态时的吸收光谱比较相似，而与极性溶剂中的吸收光谱区别则较大。图 3-4 表示了四嗪在不同条件下的吸收光谱。

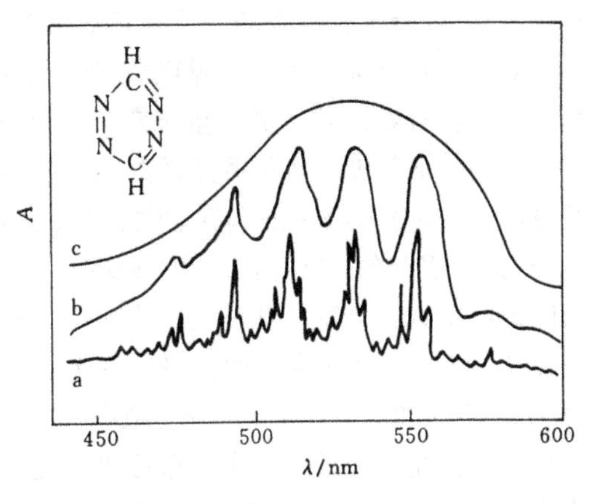

图 3-4 对称四嗪在气态、环己烷及水中的吸收光谱

a—气态；b—环己烷溶液；c—在水中

溶剂是如何对化合物的吸收光谱产生影响的呢？对分子的溶剂化将影响其跃迁能级的分布是导致谱带变化的重要原因。一般而言，改用极性越强的溶剂，将使由 $\pi \rightarrow \pi^*$ 跃迁引起的谱带向长波长方向移动，这种最大吸收波长向长波方向移动的现象称之为红移。与此相反，这种改变将使由 $n \rightarrow \pi^*$ 跃迁引起的谱带向短波长方向移动，这种吸收谱带向短波方向移动的现象则称之为蓝移。

分析原因可以发现，大多数发生 $\pi \rightarrow \pi^*$ 跃迁的分子，其激发态的极性总是比基态的极性大。当在极性溶剂的作用下，基态与激发态的能量均有降低，但激发态降低的能量更大，因此使其能差变小，即跃迁能变小，吸收光谱也就向能量较低的长波长方向移动（图 3-5a）。

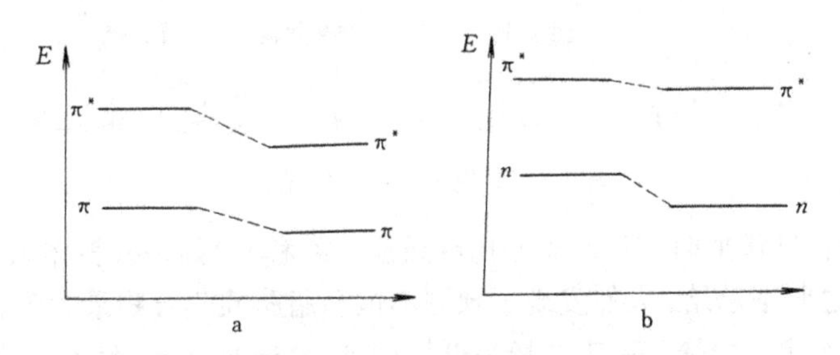

图 3-5 溶剂效应对有机化合物电子跃迁的影响

a. 溶剂效应对 $\pi \rightarrow \pi^*$ 跃迁的影响；b. 溶剂效应对 $n \rightarrow \pi^*$ 跃迁的影响

对于发生 $n \rightarrow \pi^*$ 跃迁的分子，因其含有非键电子，基态时这些电子会与极性溶剂形成氢键，从而降低了基态的能量。也就是说，在极性溶剂中要实现 $n \rightarrow \pi^*$ 跃迁，需要比在非极性溶剂中花费更多的能量，表现在吸收光谱上即发生了蓝移（图 3-5b）。

由于溶剂的极性对 $\pi \rightarrow \pi^*$ 跃迁及 $n \rightarrow \pi^*$ 跃迁的吸收谱带影响不同，常可以利用溶剂效应来区别这两种跃迁引起的吸收谱带。在极性溶剂中测量一化合物的吸收光谱若与非极性溶剂测定的光谱相比较，发生红移的谱带是由 $\pi \rightarrow \pi^*$ 跃迁引起的谱带，而发生蓝移的谱带必定是由 $n \rightarrow \pi^*$ 跃迁引起的谱带。

溶剂效应对紫外可见吸收光谱的影响也提醒人们，在比较化合物的吸收光谱时必须采用相同的溶剂，并尽可能地使用非极性溶剂，以保证测定的紫外可见吸收光谱能尽可能地反映其精细结构，并避免由于红移和蓝移造成较强的 $\pi \rightarrow \pi^*$ 跃迁光谱将较弱的 $n \rightarrow \pi^*$ 跃迁光谱掩盖。

3.1.3.4　各种有机化合物及官能团的紫外可见吸收光谱特点

对于可观测到紫外与可见吸收光谱的有机化合物，大多含有不饱和基团并具有共轭体系。这对认识化合物的结构具有重要意义。由经验得知，如果一种有机化合物在 270～350nm 区域内存在一个低强度（摩尔消光系数 $\varepsilon=10\sim100$）的吸收谱带，而在大于 200nm 区内再无其他的吸收，则该化合物一般具有非共轭的、含有 n 电子的简单不饱和基团，这个弱的吸收带是由 $n\to\pi^*$ 跃迁引起的。反之，如果一种有机化合物存在多个谱带，其中一些谱带甚至出现在可见光区内，则该化合物可能具有一个长链共轭发色团或者多环芳香共轭结构。又如，根据一般的经验，如果一种化合物的主吸收谱带的 ε 值在 10000～20000 之间，则表示存在着一个简单的 α, β-不饱和酮或二烯；如果 ε 值在 100 以下，则表示只存在简单的 $n\to\pi^*$ 跃迁。由此可见，化合物吸收光谱谱带位置和吸收强度与化合物的结构有着密切的关系。下面将分别讨论脂肪族化合物、芳香族化合物、杂环化合物以及不饱和酮类化合物的紫外可见吸收光谱的结构和光谱值的关系。

（1）脂肪族化合物　该类物质主要以不饱和烯烃或炔烃类化合物为代表。乙烯和乙炔是最简单的不饱和脂肪族化合物，它们只存在 $\pi\to\pi^*$ 跃迁，吸收最大波长都在 170nm 附近，ε 值大约为 10000。在不饱和脂肪族化合物中，最重要的是构成较大共轭体系的共轭多烯类化合物。它包括线性共轭，交叉共轭，环二烯、半环二烯，同环二烯以及异环二烯六种可能的结构形式，如图 3-6。

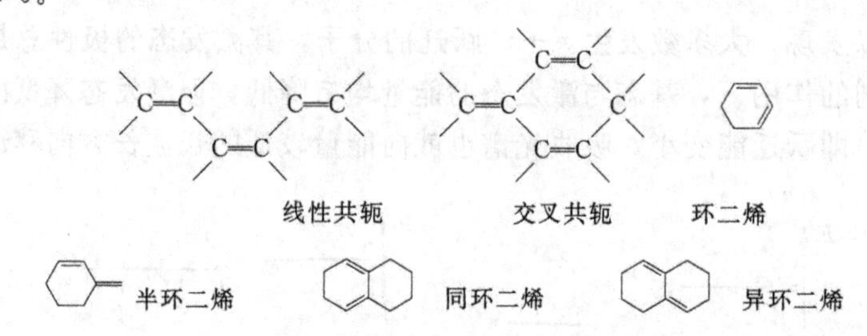

图 3-6　共轭多烯的可能结构

当共轭系统的长度增加时，可观察到向红效应（红移）。如果共轭体系被某些基团取代，也可引起红移。通过归纳总结，人们发现了预测不饱和脂肪族化合物最大吸收波长 λ_{max} 的经验规律，即如果以未取代的二烯——丁二烯为母体，其 $\lambda_{max}=217$nm。每增加共轭系统的一个双键，则化合物的最大吸收波长将增加 30nm；每向共轭系统连接一个烷基，则 λ_{max} 将增加 5nm；如果二烯共轭在同一个环中，则 λ_{max} 将增加 36nm，每个环外双键（即双键接到一个环上），则 λ_{max} 将增加 5nm。通过以上结构的分析，可计算出的最终不饱和脂肪烃化合物的最大吸收波长的精度在 ±5nm 之内。但它不适合交叉共轭系统。

对如下结构的化合物分析其结构可知，它有 3 个烷基取代基和一个酯基取代基连接到共轭系统的双键上，并且有一个环外双键，因此以丁二烯 $\lambda_{max}=217$nm 为基准，同环共轭双烯 $\Delta\lambda_{max}=+36$nm 烷基取代 $\Delta\lambda_{max}=+3\times5nm=15$nm；共轭系统延长一个双键 $\Delta\lambda_{max}=+30$nm，环外双键 $\Delta\lambda_{max}=+5$nm，一般除烷基外其他取代基不引起 $\Delta\lambda_{max}$ 的变化，因此该化合物最大吸收波长的预测值 $\Delta\lambda_{max}=217$nm$+36$nm$+15$nm$+30$nm$+5$nm$+0$nm$=303$nm，该化合物在乙烷

中的实测值 $\Delta\lambda_{max}=304nm$，可见完全符合。

一般情况下，不饱和脂肪烃 λ_{max}与结构的关系如表 3-2 所示。

表 3-2 不饱和脂肪烃 λ_{max}与结构的关系

二烯系统母体值	217nm	二烯系统母体值	217nm
增加值		其他基团	
二烯系统在同一环中	36nm	—ORCO	0nm
(同环共轭二烯)		—OR	6nm
每一个烷基取代基或环残基	5nm	—SR	30nm
环外双键	5nm	—Cl、—Br	5nm
共轭双键延长	30nm	$—NR_2$	60nm

(2) 芳香族有机化合物　最简单的芳香族化合物是苯。苯在紫外区有三个吸收峰。分别对应 $\lambda^{I}_{max}=184nm$，$\varepsilon=50000$；$\lambda^{II}_{max}=203.5nm$，$\varepsilon=7000$；$\lambda^{III}_{max}=254nm$，$\varepsilon=200$，都是由 $\pi\to\pi^*$ 跃迁引起的。当苯环上引入取代基时，一般会使波长向长波方向移动，其规律如表 3-3 所示。

表 3-3 一取代苯苯环上引入取代基后波长的移动

一取代苯	203.5nm 谱带	$\varepsilon_{最大}$	254nm 谱带	$\varepsilon_{最大}$	溶液
$—NH_3^+$	203	7500	254	169	2%甲醇
—H	203.5	7400	254	204	2%甲醇
$—CH_3$	206.5	7000	261	225	2%甲醇
—I	207	7000	257	700	2%甲醇
—Cl	209.5	7400	263.5	190	2%甲醇
—Br	210	7900	261	192	2%甲醇
—OH	210.5	6200	270	1450	2%甲醇
$—OCH_3$	217	6400	269	1480	2%甲醇
$—SO_2NH_2$	217.5	9700	264.5	740	2%甲醇
—CN	224	13000	271	1000	2%甲醇
$—COO^-$	224	8700	268	560	2%甲醇
—COOH	230	11600	273	970	2%甲醇
$—NH_2$	230	8600	280	1430	2%甲醇
$—O^-$	235	9400	287	2600	2%甲醇
—C≡CH	236	15500	278	650	庚烷
$—NHCOCH_3$	238	10500	—	—	水
$—CH=CH_2$	244	12000	282	450	乙醇
$—COCH_3$	240	13000	278	1100	乙醇
—Ph	246	20000	—	—	庚烷
—CHO	244	15000	280	1500	乙醇
$—NO_2$	252	10000	280	1000	己烷
	268.5	7800	—	—	2%甲醇
—N=N—Ph(反式)	319	19500	—	—	氯仿

二取代苯的最大吸收难以预测，一般符合如下规律。

a. 当一个吸电子的基团（如 $—NO_2$，$—\overset{O}{\overset{\|}{C}}—$ 等）和一个给电子的基团（如—OH，$—OCH_3$；—X）互处对位时，苯的最大吸收波长将发生红移；

b. 当一个吸电子基团和一个给电子基团互处间位或邻位时，该光谱与单取代芳香化合物的光谱稍有不同；

c. 当两个吸电子基团或两个给电子基团互处对位时，其表现的紫外可见吸收光谱与单取代基的芳香化合物光谱稍有不同，例如，对二硝基苯的最大吸收 λ_{max}（266nm）与硝基苯的最大吸收（268.5nm）相近，对硝基苯甲酸的最大吸收 λ_{max}（264nm）同样与硝基苯的最大吸收相近，而和苯甲酸的最大吸收（230nm）相差较远，这也说明硝基对化合物吸收光谱的影响较羧基要大；

d. 当两种不同类型的取代基分别处于对位时，该两取代基引起的苯的吸收光谱的变化通常要大于由两个取代基单独取代时引起的变化的总和，例如苯的硝基、氨基取代物，当硝基单独取代时，最大吸收为 268.5nm，当氨基单独取代时，最大吸收则为 230nm，而对硝基苯胺的最大吸收则为 381.5nm，这主要是由于给电子基与吸电子基在单环上的作用，使 π 电子的非定域性增大，跃迁能降低，因此吸收谱带向长波方向移动。

以上是苯系芳香衍生物的紫外与可见光谱的吸收特性。对于由多个苯环组成的稠环芳烃化合物，由于共轭苯环的增加，其引起 $\pi \rightarrow \pi^*$ 跃迁的能量相对于苯要小，因此其吸收波长更是向长波方向移动。表 3-4 列出了几种典型稠环芳烃化合物的吸收波长。

表 3-4　几种稠环芳烃的吸收特性

化合物	结构	谱带Ⅰ		谱带Ⅱ		谱带Ⅲ	
		$\lambda_{最大}$/nm	$\varepsilon_{最大}$	$\lambda_{最大}$/nm	$\varepsilon_{最大}$	$\lambda_{最大}$/nm	$\varepsilon_{最大}$
苯		184	50000	203.5	7000	254	200
萘	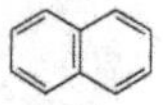	220	110000	275	5600	314	316
蒽	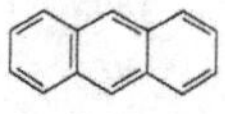	252	200000	375	7900		
菲	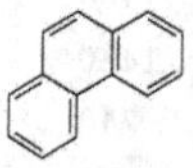	252	50000	295	13000	330	250
芘	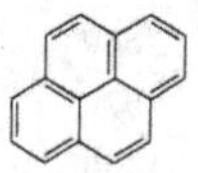	240	89000	334	50000	352	630
䓛	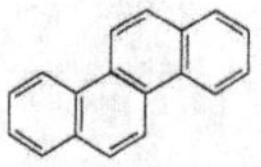	268	141000	320	13000	360	630
并四苯	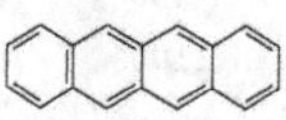	278	130000	473	11000		
并五苯	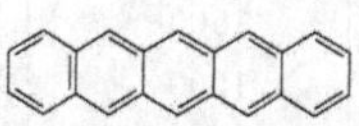			580	12600		

（3）杂环化合物　常见的不饱和五元及六元杂环化合物的吸收特性如表 3-5 及表 3-6 所示。

（4）α,β-不饱和醛及酮类化合物　对于这类结构的化合物（$\rangle C{=}C{-}C{=}O$），$\pi \rightarrow \pi^*$ 跃迁的 λ_{max} 可以用类似计算二烯的方法来预测。该系统的基本值是 215nm，对每一个共轭系统部分的环外双键，在基本值上加 5nm；共轭系统每增加一个共轭双键，在基本值上加 30nm。取代基对吸收的贡献随着取代基位置的不同而改变，见表 3-7。如果化合物为同环二烯系统，则另加 39nm。

表 3-5 某些五元杂环化合物的吸收特性

化合物	$\pi\to\pi^*$ 跃迁		$n\to\pi^*$ 跃迁		溶 剂
	$\lambda_{最大}$/nm	$\varepsilon_{最大}$	$\lambda_{最大}$/nm	$\varepsilon_{最大}$	
环戊二烯	200	10000	238.5	3400	己 烷
呋 喃	200	10000	252	1	环己烷
噻 吩	231	7100	269.5	1.5	己 烷
吡 咯	211	15000	240	300	己 烷
咪 唑	210	5000	250	60	乙 醇
1,2,3-三唑	210	3980	—	—	乙 醇
噻 唑	—	—	240	4000	乙 醇

表 3-6 某些六元环杂环化合物的吸收特性

化合物	$\pi\to\pi^*$ 跃迁		$n\to\pi^*$ 跃迁		溶 剂
	$\lambda_{最大}$/nm	$\varepsilon_{最大}$	$\lambda_{最大}$/nm	$\varepsilon_{最大}$	
苯	255	250	—	—	己 烷
吡啶	256	1860	281	—	环己烷
哒嗪	250	1120	341	282	环己烷
嘧啶	244	3160	267	316	水
吡嗪	258	5620	313	794	环己烷
萘	275	5600	311	320	乙 醇
喹啉	275	4500	311	6300	己 烷
蒽	252	160000	380	6500	乙 醇
氮蒽	252	170000	347	8000	乙 醇

表 3-7 α，β-不饱和酮和醛的吸收规律

取代基对吸收的贡献	增量/nm	取代基对吸收的贡献	增量/nm
每延伸一个共轭双键	30	β 位	30
存在一个环外双键	5	γ 位	17
存在一个同环二烯	39	δ 位	31
取代一个烷基：α 位	10	取代一个酰氧基：α，β 或 δ 位	6
β 位	12	取代一个二烷基胺基：β 位	95
γ 位以上	18	取代一个氯：α 位	15
取代一个羟基：α 位	35	β 位	12
β，γ 位	30	取代一个硫烷基：β 位	85
δ 位	50	取代一个溴：α 位	25
取代一个烷氧基：α 位	35	β 位	30

根据以上规则，可以很容易地计算该类化合物的最大吸收波长，如下面两个化合物。

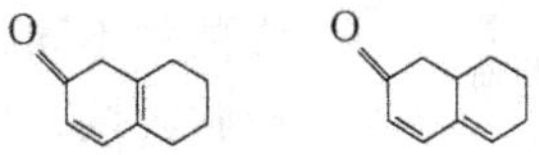

	O	O
母体基本波长	215nm	215nm
取代基贡献 γ	18nm	18nm
δ	2×18nm	18nm
同环二烯	39nm	0nm
环外双键	0nm	5nm
共轭增加	30nm	30nm
吸收计算值为	338nm	286nm

两者的计算结果和实测值的误差均在 5nm 之内。可见尽管两个化合物结构相近，但其吸

收波长有着明显的区别。

α，β-不饱和酸和酯也有上述类似的规律。但这些规律不能适合于交叉共轭系统和芳香体系。

至于饱和的酮类及醛类化合物，由于羰基中π电子及非键n电子的存在，也会引发$\pi\rightarrow\pi^*$跃迁，$n\rightarrow\sigma^*$跃迁以及$n\rightarrow\pi^*$跃迁，分别出现在150nm、190nm及270～300nm附近。但其摩尔消光系数一般极小，因此吸收谱带通常也不明显。

(5) 其他结构有机化合物　在精细化学品中，除上述不饱和化合物及芳香化合物结构外，常见的还有偶氮基、氮氧基以及多重键合的硫基结构。

偶氮基可以看成是用两个共享子电子对替代了具有两个σ键的乙烯键。偶氮化合物的$\pi\rightarrow\pi^*$跃迁引起的吸收谱带出现在真空紫外区。脂肪族偶氮化合物的$n\rightarrow\pi^*$跃迁引起的吸收谱带出现在350nm附近，$\varepsilon_{最大}$一般小于30。反式偶氮苯的$\lambda_{最大}$在320nm，$\varepsilon_{最大}$为21000。

含有氮氧多重键的四种基团是硝基、亚硝基、硝酸根和亚硝酸根。这四种基团在近紫外区都会呈现由$n\rightarrow\pi^*$跃迁引起的吸收谱带。

饱和的亚砜在220nm处呈现由S=O基的$n\rightarrow\pi^*$跃迁引起的吸收谱带。

经常遇到的精细化学品并非是上那种简单结构，而往往是以上多种典型结构的组合，因此在考证一个化合物的紫外与可见吸收光谱时，也往往是各种综合因素的结果。

3.1.4　有机化合物的红外吸收光谱

化合物的红外吸收光谱通常简称为红外光谱。在3.1.2节中已从微观角度讨论了红外吸收光谱，即振-转光谱产生的原因，那么有机化合物红外吸收光谱和结构关系如何呢？

众所周知，分子内原子或官能团之间的相对运动可简单的分为振动和转动两种形式。振动又可分为伸展和弯曲两类。伸展振动是指沿两原子间键轴方向上的原子距离发生变化；弯曲振动则以两个键间夹角的变化为特征。弯曲振动又可分为四种，即剪切振动、摇动、摆动和扭动。其形式如图3-7所示。

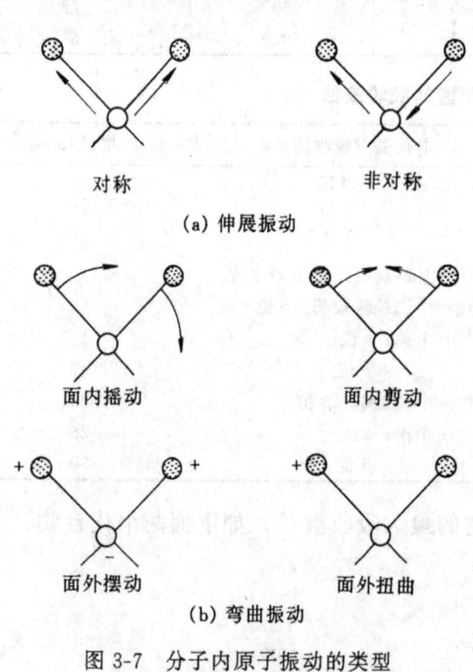

图3-7　分子内原子振动的类型
+表示从纸面向着读者方向的运动；
−表示从纸面向远离读者方向的运动

化合物的红外光谱可以通过量子力学方法求解其运动方程来进行分析，也可以运用分子的对称因素以点阵图解法进行归属。但这些方法只适合于简单分子。而基团频率法则是在分析化合物结构时最常用的方法之一，这是因为不同分子基团的原子质量的不同以及原子间力常数的不同，使得每一个基团都有自己特有的吸收区域，且较为固定，很少受到分子其余部分振动的影响。因此对由不同原子或官能团所引起的特征吸收带的鉴别，可作为解析红外光谱的基础。例如，一般羟基—O—H的伸缩振动在3350cm^{-1}处会引起强的吸收带，因此，若一个化合物在此附近出现强的吸收，就可以基本证明该化合物具有羟基，当然最终的确定还要辅以紫外与可见吸收光谱、核磁等手段。

用于初步鉴别红外光谱的八个最重要的和比较确定的区域如表3-8所示。

表 3-8　红外光谱的八个最重要吸收区域

光谱的区域		引起吸收的键
波长 $\lambda/\mu m$	波数 $\bar{\nu}/cm^{-1}$	
2.7～3.3	3750～3000	O—H,N—H 伸缩振动
3.0～3.3	3300～3010	—C≡C—H, >C=C<(H), Ar—H(C—H 伸缩)
3.3～3.7	3000～2700	CH_3—, >CH_2, >C—H(三取代), —C(=O)—H(C—H 伸缩)
4.2～4.8	2400～2100	C≡C , C≡N 伸缩振动
5.3～6.1	1900～1650	C=O(酸、醛、铜、酰胺、酯、酸酐)伸缩振动
6.0～6.7	1675～1500	>C=C<(脂肪族和芳香族) >C=N— 伸缩振动
6.8～7.7	1475～1300	>C—H(三取代) 弯曲振动
10.0～15.4	1000～650	>C=C<(H) Ar—H 弯曲振动(面外)

图 3-8 为一化合物的红外光谱图，其可能结构为：

呋喃环—CHO　CH_3OCH=CH—C≡CH　CH_3—C(=O)—C≡C—CH_3

从图中可以看出，在 3300cm^{-1}有强的吸收谱，证明有 —C≡C—H 存在。但在 1900～1650cm^{-1}没有 C=O 伸缩振动的特征谱带，因此可以分别排除后两个化合物结构的可能性。

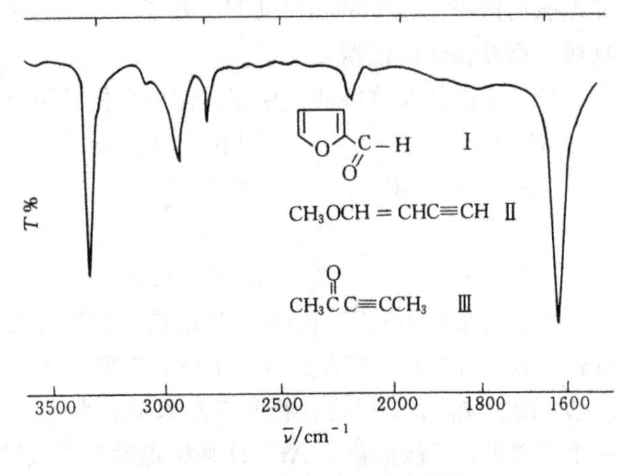

图 3-8　化合物的部分红外光谱图

下面，将根据不同官能团的吸收特征来对化合物的红外光谱予以描述。

(1) C—H 键的伸缩振动及弯曲振动　不同类型的 C—H 键的伸缩振动在特定的频率范围 3300～2700cm^{-1}处出现吸收，而其弯曲振动则出现在 1000～650cm^{-1}的指纹区范围内。根据其母体结构的不同，两种振动出现特征吸收的大致情况分别如表 3-9 及表 3-10 所示。

可以看出，出现在指纹区的碳氢键的弯曲振动频率对于鉴定烯烃及芳烃的精细结构提供了依据。

表 3-9　不同类型 C—H 的伸缩振动

C—H 的类型	$\bar{\nu}/cm^{-1}$	谱带强度情况
Ar—H	3030	中等
C≡C—H	3300	很强
C═C—H	3040～3010	中等
—CH_3	2960 和 2870	很强
—CH_2—	2930 和 2850	很强
	2890	弱
	2820 和 2720	中等

表 3-10　不同类型 C—H 的弯曲振动

C—H 的类型	$\bar{\nu}/cm^{-1}$	谱带强度情况
RCH═CH_2	990,910	强
RCH═CHR	690（顺式）	中等，可变
	970（反式）	中等到强
R_2C═CH_2	890	中等到强
R_2C═CHR	840～790	中等到强
单取代芳烃（5H 邻接）	750,700	中等到强
邻位取代苯	750	中等到强
间位取代苯	810～780，710～690	中等到强
对位取代苯	850～800	中等到强

(2) 双键的伸缩振动　双键伸缩振动的波数范围一般为 1680～1600cm^{-1}，根据组成原子的不同其吸收位置稍有变化，但其强度受化合物环境的影响较大。如碳氮双键的谱带一般出现在 1690～1640cm^{-1}范围内，而氢氮双键的吸收谱带则出现在 1630～1575cm^{-1}范围内。对于比较对称的分子，由于双键的伸缩振动，引起的分子偶极矩较小，因此 C═C 双键的吸收谱带一般很弱；而芳香族共轭体系中的 C═C 双键的伸缩振动吸收一般则在 1600～1450cm^{-1}范围内出现 1～4 个强的谱带。例如，化合物 CH_3CH═$CHCH_2CHO$ 在 3040～3010cm^{-1}范围内有一个谱带（═C—H 的伸缩振动），在 2960～2870cm^{-1}范围有两个吸收峰（—CH_3 的伸缩振动），在 2720cm^{-1}处有一弱谱带（的伸缩振动），在 1680～1620cm^{-1}范围则有一个 C═C 伸缩振动谱带，在 1900cm^{-1}以下还有 C═O 伸缩振动谱带，并在谱图的指纹区可发现该化合物顺、反异构体的证据。

(3) 三键的伸缩振动　根据三键的可能结构情况，一般在如下区域会出现红外谱带吸收。

H—C≡C—R	2140～2100cm^{-1}	强度弱
R—C≡C—R′	2260～2190cm^{-1}	R＝R′无吸收
		R≠R′强度随之发生变化
RC≡N	2260～2240cm^{-1}	强度强（氰基）

化合物结构中共轭键引起这些值向低波数位移。例如，氰基一般在 2260～2240cm^{-1}范围有强吸收，但当其连接在芳香环上时，其吸收向 2240～2190cm^{-1}低波范围移动。说明其吸收红移，跃迁能降低。以化合物间氰基苯甲酸为例，—COOH 的特征吸收在 3000～2500cm^{-1}是一个宽谱带，可能掩盖了 Ar—H 伸缩振动的吸收谱带，氰基的吸收峰出现在 2250cm^{-1}附近，并且在 1600～1450cm^{-1}范围及指纹区可以发现芳香环的特征谱带。但化合物 $C_6H_5—C\equiv C—C_6H_5$ 由于其结构对称，除能找到芳环的一些特征吸收外，不存在氢键的特征伸缩振动吸收峰。

(4) 羟基及氨基的红外光谱　两者的红外吸收谱带均出现在高波数区，即 3750～

3000cm^{-1}范围内，但由于形成氢键及缔合形式的不同，又有很大的区别。

一般情况，游离醇的O—H伸缩振动吸收出现在3700～3500cm^{-1}范围内，游离酚一般出现在3500cm^{-1}附近，且强度相对较低。但若羟基以氢键形式存在，则会在3450～3200cm^{-1}范围内出现相当宽的强吸收谱带。

游离胺在3500～3300cm^{-1}范围出现谱带，而缔合的胺出现谱带的范围变宽为3500～3100cm^{-1}。与羟基的谱带比较，胺的吸收强度弱，但谱带尖锐。

(5) 羰基的红外吸收　羰基是有机化合物中重要基团，涉及到羧酸、醛、酮、酯、酸酐等诸多类型化合物，其主要的特征谱带如表3-11所示。

表3-11　含羰基化合物的红外吸收范围

羰基类型	$\bar{\nu}$/cm^{-1}	谱带强度
饱和醛	1740～1720	强
饱和酸	1725～1700	强
饱和酮	1725～1705	强
六元或七元环酯	1750～1730	强
五元环内酯	1780～1760	强
非环状酯	1740～1710	强
卤代酸	1815～1720	强
酸酐	1850～1800，1780～1740	强（两峰）
酰胺	1700～1640	强

例如，如下结构的三个化合物：

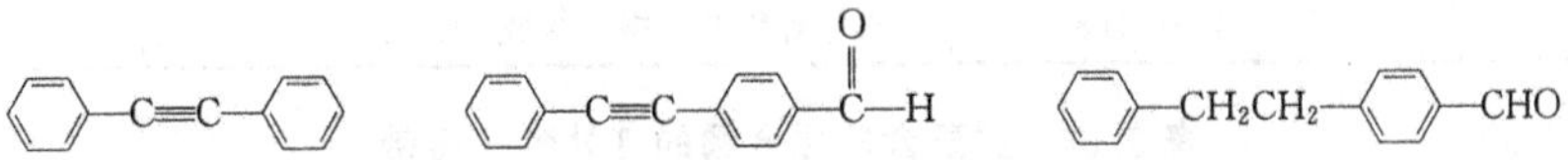

C≡C　　C≡C—C(=O)—H　　—CH_2CH_2—　—CHO

(A)　　(B)　　(C)

从红外光谱分析看，化合物(A)的结构对称，因此A的谱图不出现C—H的伸缩振动吸收；化合物(B)除在2260cm^{-1}～2190cm^{-1}范围内出现一个弱的C≡C吸收谱带外，还会在2720cm^{-1}处出现C═O羧基伸缩振动吸收以及苯环上C—H的伸缩振动及弯曲振动吸收；而化合物(C)除了羧基的特征谱带及苯环上基团的特征吸收外，还会出现—CH_2—的特征吸收，位置在2930cm^{-1}和2850cm^{-1}附近。

羧基的红外特征吸收也受化合物共轭结构的影响，当其处于共轭位置时，其特征波数亦向低波数方向移动。

(6) 含硫、磷、硅及卤素等有机化合物的红外吸收光谱　以上重点介绍了含碳、氢、氧、氮有机化合物的红外光谱特征。在实际应用中，含硫、磷、硅等杂原子的有机化合物亦具有重要的意义。

有机硫化合物主要有巯基化合物、含硫羧基化合物、砜类化合物、亚砜类化合物以及磺酰胺类化合物等。有机膦化合物则在生物化学杀虫剂等领域有着广泛的应用。两类化合物主要特征谱带如表3-12及表3-13所示。

表3-12　主要含硫化合物的红外特征谱带

基团	吸收峰位置/cm^{-1}	特征
S—H	2600～2500	S—H伸展振动吸收，弱，喇曼光谱中呈强吸收
S—CH_3	700～650	C—S伸展振动吸收，弱

续表

基　团	吸收峰位置/cm^{-1}	特　征
—CH_2—S—CH_2—	695～655	C—S—C 伸展振动吸收，弱
—S—CH<	630～600	C—S 伸展振动吸收，弱
C_6H_5—S—	～1090	C—S 伸展振动吸收，强
S═C	1200～1050	C═S 伸展振动吸收，强
S—S	550～450	S—S 伸展振动吸收，弱，喇曼光谱中呈强吸收
S—O	900～700	S—O 伸展振动吸收，强
R>S═O(亚砜)	1065～1030	S═O 伸展振动吸收，强
RSO_2R(砜)	1340～1290	SO_2 反对称伸展振动吸收,强
	1165～1120	SO_2 对称伸展振动吸收,强
RSO_2—N<(磺酰胺)	1380～1310	SO_2 反对称伸展振动吸收,强
	1180～1140	SO_2 对称伸展振动吸收,强
R—SO_2—OH(磺酸)	1352～1342	SO_2 反对称伸展振动吸收,强
	1165～1150	SO_2 对称伸展振动吸收,强
R—SO_2—OR′(磺酸酯)	1375～1335	SO_2 反对称伸展振动吸收,强
	1195～1165	SO_2 对称伸展振动吸收,强
RO—SO_2—OR′(硫酸酯)	1415～1390	SO_2 反对称伸展振动吸收,强
	1200～1187	SO_2 对称伸展振动吸收,强
R—SO_2—Cl(氯化磺酰)	1390～1361	SO_2 反对称伸展振动吸收,强
	1185～1168	SO_2 对称伸展振动吸收,强

表 3-13　主要含磷化合物的红外特征谱带

基　团	吸收峰位置/cm^{-1}	特　征
P—H	2440～2275	P—H 伸展振动吸收,尖,中
	1090～1080	PH_2 剪式振动吸收,中
P═O	1300～1140	P═O 伸展振动吸收，强
P—O—R	1050～970	P—O—C 伸展振动吸收，强
P—O—C_6H_5	1260～1160	C—O 伸展振动吸收，强
	994～855	P—O 伸展振动吸收，强
P—OH	～2600	缔合 OH 伸展振动吸收,中,宽
	～1660	OH 面内弯曲振动吸收,中,宽
	1040～910	P—O 伸展振动吸收，强
P—N	1110～930	P—N 伸展振动吸收，中
P═N(环)	1320～1100	P═N 伸展振动吸收，强
P═S	750～580	P═S 伸展振动吸收，弱
P—F	900～760	P—F 伸展振动吸收，中～强
P—Cl	580～440	P—Cl 伸展振动吸收，强

有机硅化合物的红外吸收特征是吸收强度极强，往往可达常规碳氢化合物的 5 倍，其特征吸收如表 3-14 所示。对于含有卤素化合物的红外吸收，除 C—F 的伸缩振动出现在 1250～960cm^{-1}范围外，C—Cd，C—Br，C—I 的伸缩振动均出现在指纹区并分别对应 830～500cm^{-1}，667～290cm^{-1}，500～2000cm^{-1}的范围。

表 3-14 有机硅化合物的红外特征吸收

基　团	吸收峰位置/cm^{-1}	特　征
Si—H	2250～2100	Si—H 伸展振动吸收，强
	950～800	Si—H 弯曲振动吸收，强
Si—OH	3390～3200	缔合 OH 伸展振动吸收
	910～830	Si—O 伸展振动吸收
Si—O	1100～1000	Si—O 伸展振动吸收，强，宽
Si—O—Si （乙硅醚）	1053	Si—O 伸展振动吸收，强，宽
Si—O—Si （线型聚硅醚）	1080 1025	Si—O 伸展振动吸收，强，两峰强度差不多相等
Si—O—Si （三聚环）	～1020	Si—O—伸展振动吸收，强
Si—O—Si （四聚环）	～1090	Si—O—伸展振动吸收，强
Si—O—R	1110～1000	Si—O—C 伸展振动吸收，强
Si—O—C_6H_5	970～920	Si—O—C 伸展振动吸收，强
Si—C	890～690	Si—C 伸展振动吸收，强
Si—CH_3	～1260	CH_3 对称变形振动吸收，强，尖
	～765	CH_3 平面摇摆振动和 Si—C 伸展振动吸收，强
Si—$(CH_3)_2$	～1260	CH_3 对称变形振动吸收，强，宽
	855 800	CH_3 平面摇摆振动和 Si—C 伸展振动吸收，强
Si—$(CH_3)_3$	～1260	CH_3 对称变形振动吸收
	840 765	CH_3 平面摇摆振动和 Si—C 伸展振动吸收，强
Si—C_6H_5	1632	C═C 伸展振动吸收
	1428	芳环振动吸收，强
	1125	芳环振动和 Si—C 伸展振动吸收，强，$Si(C_6H_5)_2$ 呈双峰出现

通过以上论述，对紫外与可见吸收光谱及红外吸收光谱两种分析方法在微观的分子结构基础上有了明确的规律性认识。那么，对物质本身采用什么宏观的方式进行测量呢？下面将对物质对光的吸收定律进行说明。

3.2 光吸收定律[1~5]

光吸收定律描述物质吸收辐射的定量关系，是研究光吸收的最基本理论。它包括两方面：其一为布格（Bouguer）和朗伯（Lambert）分别于 1729 年和 1760 年发现的入射光被吸收程度和吸收层厚度的关系；二是比尔（Beer）于 1825 年提出的辐射强度和吸收物质浓度的关系。这两条定律是以实验为基础总结出来，并被后人称为朗伯-比尔定律。其数学表达式为：

$$A=\lg \frac{I_0}{I}=\varepsilon lc$$

式中 A——吸光度；

I_0——入射辐射强度；

I——透过辐射强度；

l——吸收层厚度，cm；

c——吸收物的摩尔浓度，mol/L；

ε——物质的摩尔消光系数，L·mol^{-1}·cm^{-1}。

朗伯-比尔定律适用于所有电磁辐射和物质的相互作用，广泛应用于紫外与可见吸收光谱及红外吸收光谱的测量。

3.2.1 光吸收定律的几个重要概念

当一束平行单色光照射到任何非散射的均匀介质时，光的一部分将被反射，一部分被介质吸收，一部分将穿过吸收介质。如果原始入射光强度为I_0，透过光强度为I，反射光强度可忽略，那么可定义透射光强度和入射光强度的比值为透光度或透光率（T）。

$$T=\frac{I}{I_0} \quad 或 \quad T(\%)=\frac{I}{I_0}\times 100\%$$

与之对应，被吸收光的强度与总入射光强度的比称为吸收率A_b。

$$A_b=\frac{I_0-I}{I_0}=1-\frac{I}{I_0}=1-T$$

吸收率和透光率是$A_b+T=1$的关系。

3.2.2 光吸收定律的推导

前面已经提及，物质吸收辐射的过程可以表示为：$M+h\nu \rightarrow M^*$，即物质分子M有选择地吸收到一定能量的光子后转变为激发态M^*，大多数激发态分子或离子不能重新发射吸收的光子，而是通过某种弛豫的方式以热的形式放出能量。因此物质分子与能量子相互“碰撞”是物质进行光吸收的必要条件。其碰撞的次数与光子数（光的强度）和物质的分子数（N）成正比关系。通俗的说，辐射光强度愈大，物质的浓度愈高，电磁辐射与物质之间就愈易发生作用。

当强度为I_0的辐射通过一长度为l（cm）并盛有浓度为c（mol/L）吸收物质的吸收池时，假设所用溶剂对比辐射不产生吸收（实际过程通过参比予以消除），如图3-9所示，截面积为xy，一无限小的薄层dl所吸收的辐射强度为dI，相应于入射辐射减弱dI，反过来说，有dI

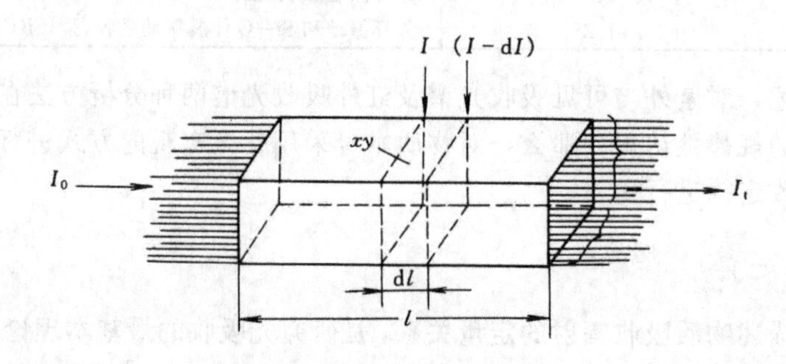

图3-9 吸收过程示意

的光被物质吸收了，于是有：

$$dI \propto NI$$

根据设定 $N=6.02\times 10^{23}\times cxydl=k'cdl$

其中

$$k'=6.02\times 10^{23}xy$$

因此

$$dI \propto NI=k'Icdl$$

$$dI=-kIcdl$$

$$dI/I=-kcdl \quad 式中k为常数。$$

积分可得

$$\ln\frac{I}{I_0}=-klc \text{ 或 } 2.303\lg\frac{I}{I_0}=-klc$$

令

$$I/I_0=T \qquad \varepsilon=k/2.303$$

则 $$-\lg T = \varepsilon lc$$

定义 $-\lg T$ 为吸光度，则

$$A = -\lg T = \varepsilon lc$$

上式表明，当所选的电磁辐射及吸光池长度一定时，透光率、吸光度和浓度的关系如图 3-10 所示。

这就是朗伯-比尔定律的数学推导过程。其中摩尔消系数 ε 表示的是物质浓度为 1mol/L、液层厚度为 1cm 时溶液的吸光度。

显然对于任一化合物，在不同波长的光下可测得不同的 ε，但当确定了测定波长，每一物质都有自己特定的 ε 值。因此，摩尔消光系数表明了物质对某一特定波长光的吸收能力。在同一波长下，ε 值愈大，则表示该物质对该波长光的吸收能力愈强。该参数是定性鉴定化合物特别是有机化合物的重要指标之一，也是选择显色反应和衡量分析灵敏度高低的一个重要依据。

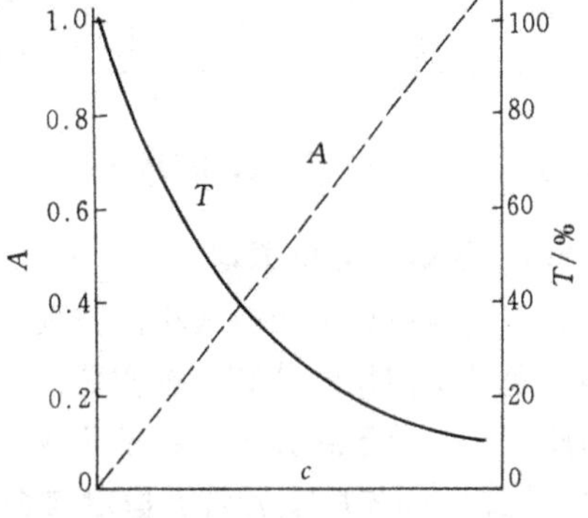

图 3-10　吸光度、透光率与浓度的关系

在可见分光光度分析中，还可用桑德尔 (Sandell) 灵敏度（或称桑德尔指数）表示测量的灵敏度。桑德尔灵敏度规定仪器的检测极限为 $A=0.001$，在此条件下，它表示单位截面积光程内所能检测出来的被测物质的最低含量，一般用 S 表示，单位为 $\mu g/cm^2$。它与摩尔消光系数 ε 的关系为：

$$S = M/\varepsilon \text{（}M\text{ 为被测物质的相对分子质量）}$$

可见 ε 值愈大，S 值则愈小，表明可检测出的物质是愈小，因此灵敏度愈高。

值得注意的是，朗伯-比尔定律必须满足如下条件才能成立：① 入射光（或辐射）必须为单色辐射；② 吸收过程中各物质无相互作用，但各物质的吸光度具有加和性；③ 辐射与物质的作用仅限于吸收过程，没有荧光、散射和光化学现象；④ 吸收物是均匀分布的连续体系。实际工作中，如果偏离以上任一条件，吸光度与浓度或吸收层厚度的线性关系将受到影响，从而影响分析结构的准确度。

通过朗伯-比尔定律的推导，可以发现吸光度具有加和性。即如果在某一波长 λ 下测定紫外与可见吸收光谱，溶液中含有 n 种对光产生吸收的物质，那么该溶液对该波长的光的总的吸光度 A^λ 应等于溶液中每一成分的光度之和。即

$$A^\lambda = \sum_n A_n^\lambda = l \sum_n \varepsilon_n^\lambda c_n$$

通过这种方式可以方便的测定各组分的浓度。即在 n 个不同波长处，测定 n 个吸光度，得到具有几个未知数（浓度）的 n 个方程组，求解后，即可确定各组分的浓度。

3.2.3　光吸收定律在红外光谱中的应用

朗伯-比尔定律同样是红外吸收光谱的定量分析基础。由于红外光的穿透性很强，因此它分析样品的范围很广，包括气体、液体、固体以及聚合物样品，而不象紫外与可见吸收光谱那样只对透明的液体样品才有较好的分析结果。同样红外吸收光谱的吸收强度的量度既可用于定量分析，也是化合物定性分析的主要依据。

在定性分析中，红外光谱的强度多数是粗略的估测，很少进行精确的测定，在实际工作中往往以羰基等的吸收作为最强吸收，其他则与之比较作出定性的划分。亦可粗略估计各吸

收峰的强度，按表 3-15 所列，以表观摩尔消光系数的范围确定强度级别，并用符号表示。

表 3-15　红外吸收强度及其表示符号

表观摩尔消光系数 ε	符　　号	表观摩尔消光系数 ε	符　　号
200	Vs（很强）	5～25	W（弱）
75～200	S（强）	0～5	VW（很弱）
25～75	M（中等强）		

3.3　质谱的基本原理[6,7]

3.3.1　质谱的分析原理

质谱是按粒子质量大小而排列的谱图。确切的表达应该说质谱是带电原子、分子或分子碎片通过质谱仪的分离，按质荷比（或质量）的大小顺序排列的谱。质谱仪器则是一类能使物质粒子（原子或分子）离子化成离子，并通过适当稳定或者变化的电场、磁场将它们按空间位置、时间先后或者轨道稳定与否来实现质荷比分离，检测其强度后进行物质分析的仪器。

从以上定义可以看出，要实现质谱分析，首先要使被分析物质带上电荷，然后对其进行分离，最终确定其质量。这是质谱分析的三个关键环节。

（1）分子或原子的离子化及分离　为使要分析的样品带上电荷，样品一般采用具有 70eV 的电子束进行轰击，这样的能量足以促使分子或原子以其成键或非键轨道上失去电子而离子化成为带有正电荷的分子或原子。如果原来的分子中仅失去一个电子，则生成的离子被称为分子离子或母体离子。与此同时，有些分子离子会进一步断裂成为较小的离子或中性碎片。这些带上电荷的粒子被送入磁场中，依据其质量和带电荷情况在磁场中发生不同程度的偏转。在带有电荷相同的情况下，其质荷比愈大，在磁场中的偏转则愈小，质荷比愈小，在磁场中的偏转就愈大，这样分子离子或离子碎片就被分离开来，完成了分子的离子化和分离过程。

（2）离子接收、测量和记录　被分离的每一个离子束依次经过收集器的狭缝，并打在收集器板上，通过收集器板的处理，以峰大小的形式反映出每束离子相对数目的多寡，为分析分子的结构提供依据。

3.3.2　分析样品的裂解过程

产生质谱，必须首先由最小能量的电子束轰击分析样品以启动离子的产生过程，即

$$M+e \longrightarrow M^{+}+2e$$

其中 M^+ 即是分子离子，随着电子束能量的增加，分子离子的数目就会增大，若大大增加电子束能量，可能造成了分子离子键的断裂而形成许多小的分子碎片，反而会使分子离子的数目降低。其分离过程可以假设成化合物 ABCD 的分裂来说明：

$$ABCD+e \longrightarrow ABCD^{+}+2e \qquad \text{分子离子峰形成}$$

$$ABCD^{+} \longrightarrow BCD\cdot + A^{+}$$

$$ABCD^{+} \longrightarrow CD\cdot + AB^{+};\quad AB^{+} \longrightarrow B\cdot + A^{+};\quad AB^{+} \longrightarrow A\cdot + B^{+} \quad \cdots\cdots$$

$$ABCD^{+} \longrightarrow AB\cdot + CD^{+};\quad CD^{+} \longrightarrow C\cdot + D^{+};\quad CD^{+} \longrightarrow D\cdot + C^{+}$$

单键断裂　　双键断裂　　多键断裂

一个含有多个原子的分子，可能产生许多数目不等的正离子。其分布情形由电子束的能量及分子的分裂情况而定。通常其谱图具有重现性。

对于一个有机分子，其离子化能大约需要10～15eV。但在质谱中，分子则经常受到70eV能量的电子束的轰击而失去电子。通常，电子将从分子中最容易离子化的部位失去，如从具有孤对电子的O、N、S或卤素等原子中失去，或从一个不饱和键上失去。假如分子中没有孤对电子或不饱和部位，则将从σ键上失去电子。分子离子也会由于某些化合物对电荷的离域作用而使之寿命较长，其寿命之长甚至可以导致第二、第三次被电离。此外某些分子离子也会由于受到如此大能量的轰击而导致裂解。

分子离子M^+的质量与其来源化合物的相对分子质量相同，因此它是确定所分析物质的一个重要参数。尤其是有机化合物，大约80%～90%的有机化合物，其分子离子峰很易分辩。

分子的裂解过程是指分子中的一个键被断开，一般具有三种裂解形式：

(1) 均裂　一个σ键断开，每个碎片均保持一个电子，$X—Y \longrightarrow X\cdot + Y\cdot$

(2) 异裂　一个σ键断开，成键电子转到一个碎片上，即

$$X-Y \longrightarrow X^+ + Y^-$$

(3) 半异裂　离子化的σ键断开，即　$X^+-Y \longrightarrow X^+ + Y\cdot$

此时在成键轨道上的一个σ电子转移给了Y。

从以上三种形式可以发现，多数有机化合物是以此三种简单的断裂过程为基础的，但均裂形式不利于质谱的检测，质谱一般利用后两种形式进行化合物的分析。

例如，丙烷的断裂过程：

分子离子　$CH_3CH_2CH_3 \longrightarrow [CH_3CH_2CH_3]^+$

半异裂　$[CH_3CH_2 + \cdot CH_3] \longrightarrow [CH_3CH_2]^+ + \cdot CH_3$

半异裂　$[CH_3CH_2\cdot + CH_3] \longrightarrow CH_3CH_2\cdot + CH_3^+$

异　裂　$CH_3CH_2CH_3 \longrightarrow CH_3CH_2^+ + :CH_3$

均　裂　$CH_3CH_2CH_3 \longrightarrow CH_3CH_2\cdot + \cdot CH_3$

3.3.3 有机化合物简单断裂过程的质谱特征

(1) 饱和烷烃　饱和烃在质谱中生成的游离基正离子由于没有能使电荷稳定的官能团存在，因此σ键断开，生成奇数m/e碎片。

在直链烷烃中，一般首先从分子一端开裂失去一烷基，然后可观察到连续失去—CH_2的峰，出现具有典型结构的同系列峰，如图3-11所示。该系列峰一般在C_6～C_3出现最大峰值，且伴随着失去氢的小峰。

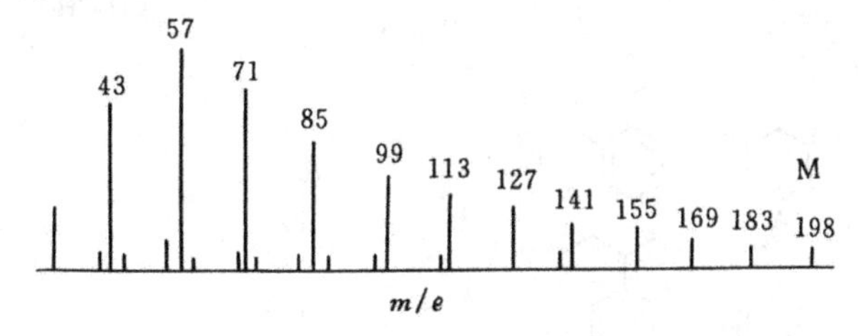

图3-11　直链$G_{14}H_{30}$烷烃的质谱图

具有支链的烃则倾向于在支链位置开裂，因此支链位置很容易从谱图辨别。例如，支链烃的可能的开裂：

$$\left[\begin{array}{c} CH_3 \\ \cdot \\ C_2H_5-\overset{+}{C}-C_3H_7 \\ | \\ CH_3 \end{array}\right] \xrightarrow{-\cdot CH_3} C_2H_5-\underset{\underset{CH_3}{|}}{\overset{+}{C}}-C_3H_7 \quad m/e\ 99$$

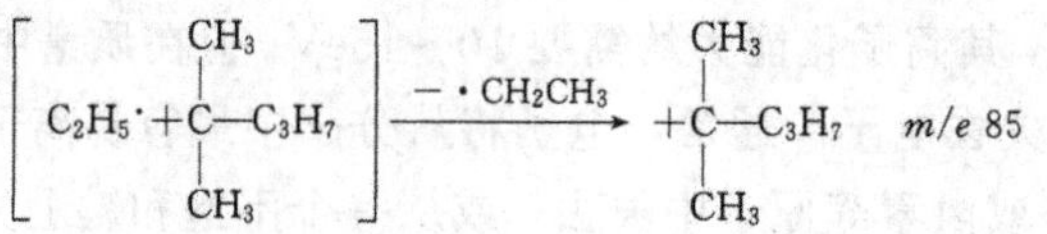

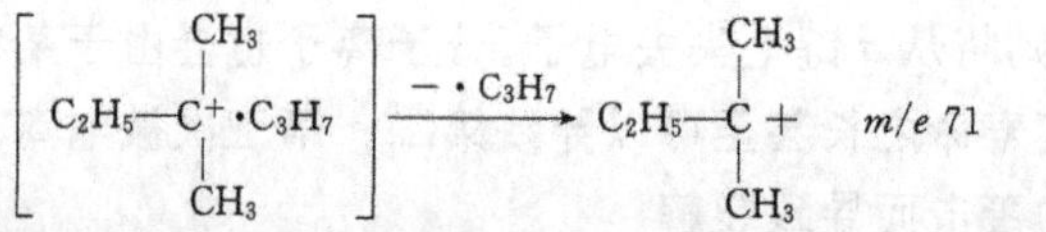

$$\left[C_2H_5\cdot\overset{+}{}C(CH_3)_2-C_3H_7\right] \xrightarrow{-\cdot CH_2CH_3} \overset{+}{C}(CH_3)_2-C_3H_7 \quad m/e\ 85$$

$$\left[C_2H_5-C^{+}(CH_3)_2\cdot C_3H_7\right] \xrightarrow{-\cdot C_3H_7} C_2H_5-\overset{+}{C}(CH_3)_2 \quad m/e\ 71$$

其质荷比为 99、85、71 的峰在质谱图上都有体现，且丰度较大。

（2）不饱和烃　由于不饱和键的存在或离域作用的影响，一般不在不饱和键和 α-碳之间开裂，而在 α-碳和 β-碳之间开裂的可能性最大，容易生成烯丙基正离子，即质荷比为 41 的碎片。如 1-丁烯分子离子的断裂过程为：

$$[CH_2{=}CH-CH_2-CH_3]^{+\cdot} \longrightarrow CH_2{=}CH-\overset{+}{C}H_2 + \cdot CH_3$$

且 m/e 41 峰的强度一般较高，说明该离子较稳定。

同样道理，与芳基相连的烷基的开裂亦倾向于离子碎片稳定的开裂，如，

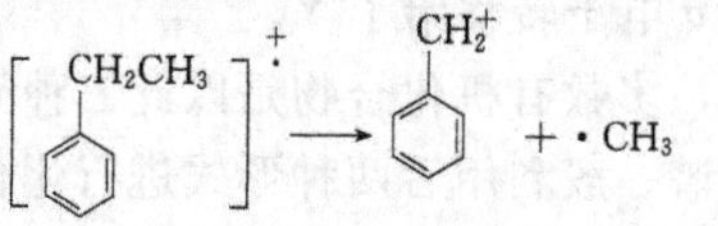

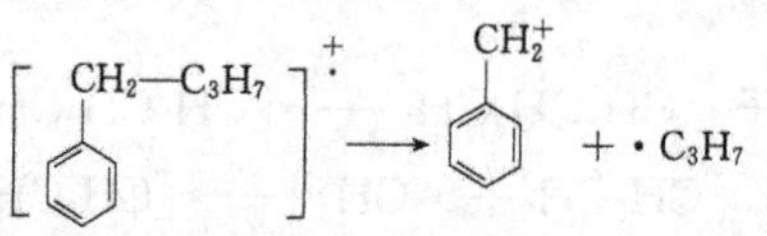

$$[C_6H_5-CH_2CH_3]^{+\cdot} \longrightarrow C_6H_5-CH_2^{+} + \cdot CH_3$$

$$[C_6H_5-CH_2-C_3H_7]^{+\cdot} \longrightarrow C_6H_5-CH_2^{+} + \cdot C_3H_7$$

均为苄基开裂。

当然，芳基化合物与烷烃化合物不同，其在芳基和 α-碳之间的开裂亦是可能的，常见的化合物如 $C_6H_5-CH(CH_3)CH_2CH_3$，其质谱图见图 3-12。其中 m/e 119 和 m/e 105 相当于发生两次苄基开裂分别失去 $\cdot CH_3$ 及 $\cdot CH_2CH_3$ 而出现的峰，而 m/e 77 代表的则是芳基和 α-碳之间开裂的产物。

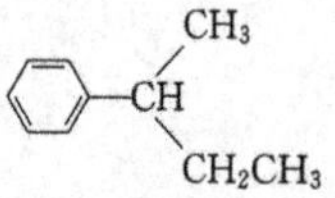

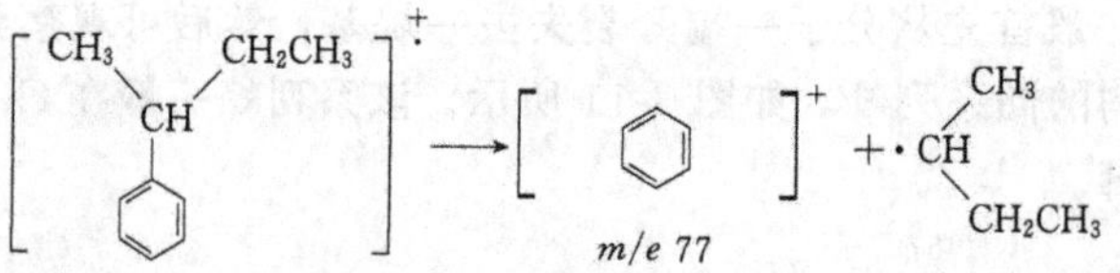

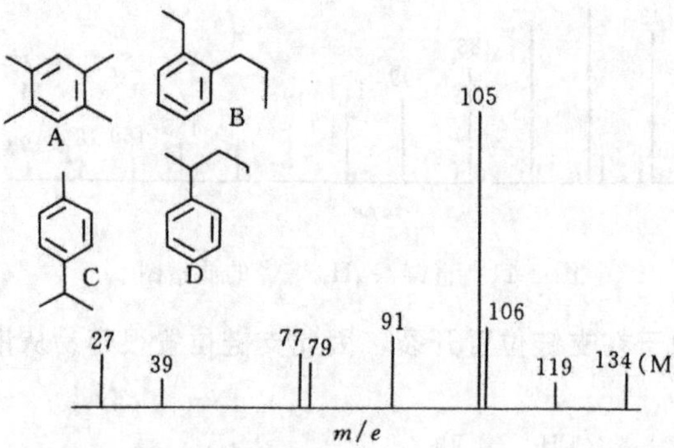

$$[C_6H_5-CH(CH_3)CH_2CH_3]^{+\cdot} \longrightarrow [C_6H_5]^{+} + \cdot CH(CH_3)CH_2CH_3$$

m/e 77

图 3-12　烷基苯的质谱图

（3）醇、胺、醚的开裂　此类化合物分子离子的形成往往是失去氧或氮原子上孤对电子的

一个电子。其裂开过程往往也在 α-和 β-位之间，

$$\overset{\beta}{\text{—C—}}\overset{\alpha}{\underset{|}{\overset{\overset{+\cdot}{\ddot{O}H}}{|}}{C}}\text{—C—}\quad \text{—C—}\underset{|}{\overset{\overset{H\text{—}\overset{+\cdot}{N}\text{—}R}{|}}{C}}\text{—C—}\quad \text{—C—}\underset{|}{\overset{\overset{+\cdot}{\ddot{O}R}}{|}}{C}\text{—C—}$$

$\beta\ \alpha\ \beta \qquad \beta\ \alpha\ \beta \qquad \beta\ \alpha\ \beta$

结果生成的是氧正离子和铵离子。例如：

$$[CH_3CH_2OH]^{+\cdot} \xrightarrow{-\cdot CH_3} CH_2{=}\overset{+}{O}H \quad m/e\ 31$$

$$[CH_3CH_2CH_2NH_2]^{+\cdot} \xrightarrow{-\cdot C_2H_5} CH_2{=}\overset{+}{N}H_2 \quad m/e\ 30$$

$$[C_3H_7OC_3H_7]^{+\cdot} \xrightarrow{-\cdot C_3H_7} {}^{+}OC_3H_7 \quad m/e\ 59$$

（4）酯、醛、酮类化合物的开裂及谱图特征　此类化合物可在羧基碳原子和 α-碳原子之间的键开裂，生成 R^+、$RC{=}O^+$、$^+OR'$ 以及 $O{=}COR'$ 型离子。在酯中还可生成 R' 型离子，即

$$\left[R\underset{\alpha}{\text{—}}\overset{\overset{O}{\|}}{C}\underset{\alpha}{\text{—}}O\text{—}R'\right]^{+\cdot} \longrightarrow R^+ + R'O\text{—}\dot{C}{=}O$$

$$\longrightarrow R^{\cdot} + R'O\text{—}\overset{+}{C}{=}O$$

$$\longrightarrow R\text{—}\overset{\overset{O}{\|}}{C^{\cdot}} + R'O^+$$

$$\longrightarrow R\text{—}\overset{\overset{O}{\|}}{C^+} + R'\text{—}\ddot{O}\cdot$$

$$\longrightarrow R\text{—}\overset{\overset{O}{\|}}{C}\text{—}\ddot{O}\cdot + R'^+$$

$$\left[R\text{—}\overset{\overset{O}{\|}}{C}\text{—}R'\right]^{+\cdot} \longrightarrow R\text{—}\overset{\overset{O}{\|}}{C}\cdot + R'^+$$

$$\longrightarrow R^+ + R'\text{—}\overset{\overset{O}{\|}}{C^{\cdot}}$$

（5）卤化物　卤化物通常的简单断裂过程有 C—X 键的断裂及 α-、β-开裂，生成卤正离子，

$$R\text{—}CR_2\text{—}\overset{\cdot+}{\ddot{X}}\cdot \longrightarrow CR_2{=}\overset{+}{\ddot{X}}\cdot + R\cdot$$

或远端的烷基开裂形成环状卤正离子，即

$$R\text{—}\overset{+\cdot}{X}(\text{链}) \longrightarrow (\text{环})X^+ + R\cdot$$

但对卤代物的质谱分析，其最大特点是同位素的影响。除 F 及 I 外，氧及溴的同位素丰度均很大，因此这个两元素的质谱均并排出现 m/e 峰，溴的两峰高度相同，氯的两峰高度比为 3∶1，这将在后文予以解释。

3.3.4　伴有重排反应的断裂过程

实际上，在许多质谱分析过程中并不仅仅只进行化合物的简单裂解，由于裂解碎片的反应活泼性，有可能相互碰撞而发生重组，也有可能在裂解的过程中伴随有基团的转移过程，因此质谱数据一般很难完全准确的解析出来。一般而言，根据化学反应的知识是可以部分预测伴随着简单断裂而产生的重排过程。

(1) Mclafferty重排　烯烃及其他具有以下通式的不饱和化合物均经历一个烯丙基键的开裂及 γ-H 转移到离子化双键上的过程，这个过程称为 Mclafferty 重排。

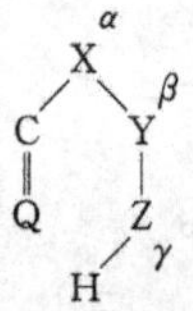

(Q、X、Y、Z 可以由 C、O、N、S 等任何元素替代)

如 1-戊烯游离基正离子断裂成乙烯便具有两个历程，即

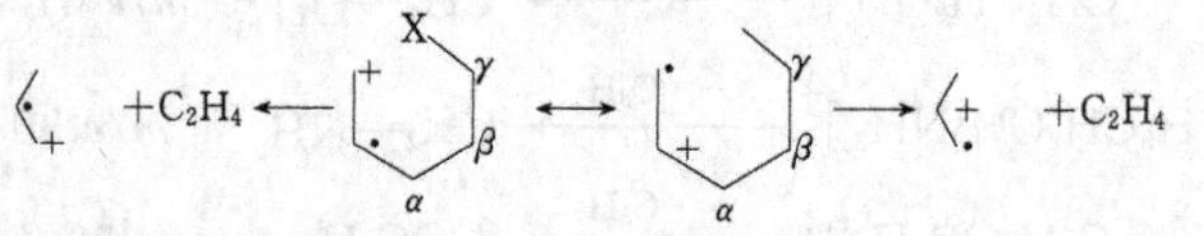

$+C_2H_4$　　$+C_2H_4$

该过程的一个重要特征是通过分子内氢原子重排，实现了裂解化合物的中性化，而不象其他简单裂解那样生成离子或自由基碎片。

又如，化合物 A，其质谱中出现 m/e 为 84 的离子峰；

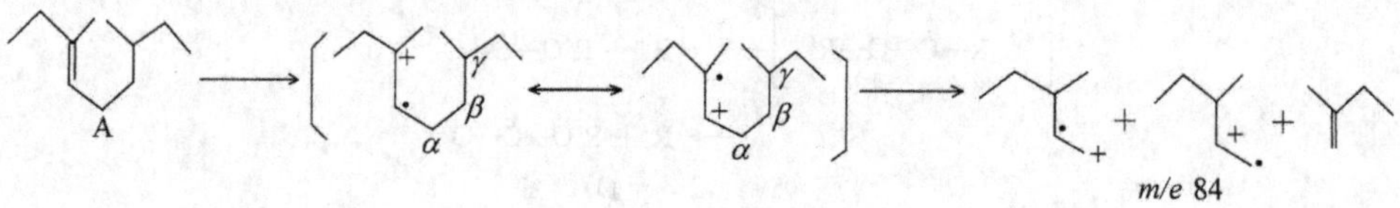

m/e 84

而化合物 B 则有如下过程：

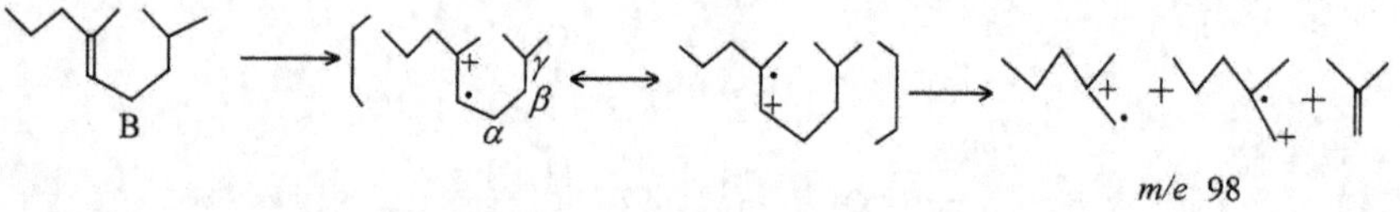

m/e 98

质谱中出现 m/e 为 98 的峰。

(2) 逆Diels-Alder 断裂　某些芳烃游离正离子的重排按以下方式进行：

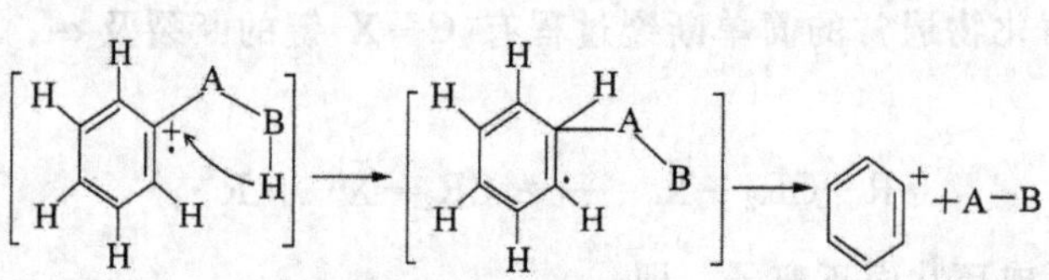

$+A-B$

而芳并六元环的开裂过程类似一个逆 Diels-Alder 断裂过程。例如，四氢化萘的开裂过程。出现一个 m/e 为 104 的离子峰，并可生成乙烯中性分子。

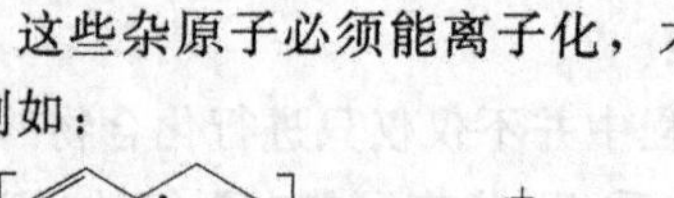

$+C_2H_4$

当芳并环只含有杂原子时，这些杂原子必须能离子化，才能保证断裂过程进行，否则将不发生这种复杂的断裂过程。例如：

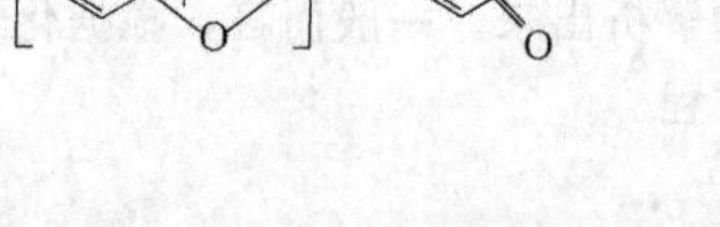

$+C_2H_4$

$$\longrightarrow + C_2H_4$$

m/e 90

当然亦会出现乙烯正离子的峰，即

$$[\ ]^{+\cdot} \longrightarrow + C_2H_4^{+\cdot}$$

(3) 脱水断裂重排　这种情况是脂肪醇的特征表现，脂肪醇在进行质谱分析中将发生热脱水或电子轰击脱水现象，使质谱分析表现出独特性。

热脱水的机制为：

$$CH_3CH_2—CH_2CH_2OH \longrightarrow CH_3CH_2CH=CH_2 + H_2O$$

由于这个过程可能发生在离子化之前，因此，生成的烯烃易被离子化，出现许多难以解释的峰。电子轰击脱水是在生成正离子之后再消去一个中性水的过程，生成的烯键在链上是可以迁移的。

例如，1-戊醇的脱水过程：

$$C_3H_7CH(H)—CH_2(OH) \xrightarrow{-H_2O} C_3H_7CH=CH_2 \xrightarrow{-e} [C_3H_7C=CH_2]^{+\cdot}$$

$$C_3H_7CH(H)—CH_2(OH) \xrightarrow{\text{电子轰击}} [C_3H_7CH(H)—CH(\overset{+\cdot}{O}H)] \longrightarrow [C_3H_7CH=CH_2]^{+\cdot} + H_2O$$

但在长链的醇中，脱去水的过程有时可伴随着脱去链烯的过程。如 1-辛醇的质谱中出现了 m/e 为 84 的峰，分析可能的裂解过程是：

$$[\overset{+\cdot}{O}H—CH_2—CH_2CH_2—CHC_4H_9(H)] \xrightarrow{-H_2O} \overset{+}{C}H_2—CH_2—CH_2—\dot{C}H—C_4H_9$$

$$\xrightarrow{-C_2H_4} {}^{+}CH_2—\dot{C}HC_4H_9$$

m/e 84

这种消除反应一般也可见于卤化物消除 HX 的过程，但胺类化合物很少脱去 NH_3。

(4) 环状体系的开裂　某些环状体系由两个键开裂生成一个中性部分和一个 m/e 为偶数的游离基正离子，这些体系可包括：

环状饱和烃类　$[\ ]^{+\cdot} \longrightarrow \cdot\!\!\sim\!\!+ \; + C_2H_4$

环醚类　$[\ ]^{+\cdot} \longrightarrow + CH_2O$

酚类　$[\overset{+\cdot}{O}H \longleftrightarrow OH] \longrightarrow + CO$

具有桥联羰基的芳香体系

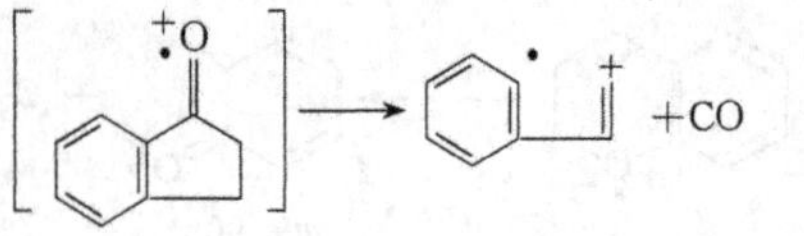

$$\xrightarrow{} \quad + CO$$

最常见的有：

$\xrightarrow{-CO}$ $\longrightarrow$ $\longrightarrow$ $\longrightarrow$ $+CO$

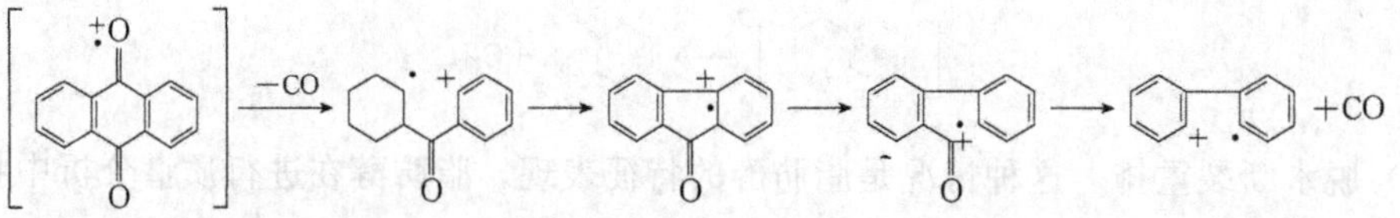

m/e 208　　*m/e* 180　　*m/e* 180　　*m/e* 152

因此，在蒽醌的质谱图中会出现 *m/e* 分别为 208、180、152 的峰，即主要是脱去羰基生成一氧化碳的结果。

通过以上的分析可以看出，质谱分析是一个很复杂的过程，尽管其原理简单，但要真正很清晰的把未知化合物裂解的峰进行完全归属，几乎是不可能的。

除了以上形式外，当遇到环醇、环卤化物、环烷胺以及环酮类化合物时，其键的开裂及分裂则更为复杂，过程如下：

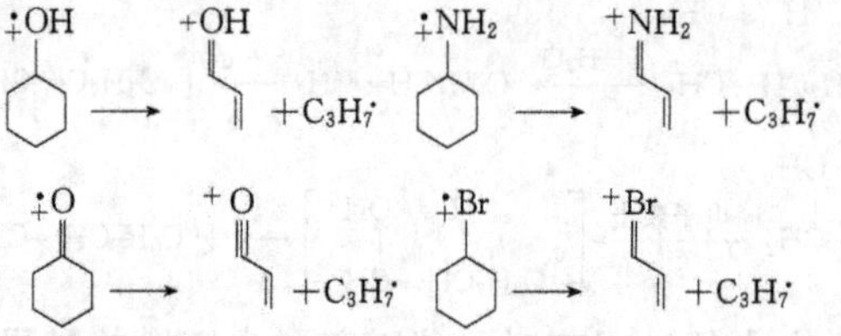

$\overset{+\cdot}{O}H \longrightarrow \overset{+}{O}H + C_3H_7\cdot \qquad \overset{+\cdot}{N}H_2 \longrightarrow \overset{+}{N}H_2 + C_3H_7\cdot$

$\overset{+\cdot}{O} \longrightarrow \overset{+}{O} + C_3H_7\cdot \qquad \overset{+\cdot}{Br} \longrightarrow \overset{+}{Br} + C_3H_7\cdot$

同样，醚类 *α*，*β*-开裂生成的氧正离子和胺类 *α*，*β*-开裂生成的铵离子可以经历进一步的烷—氧或烷—氮键开裂并伴随着 H 原子的转移：

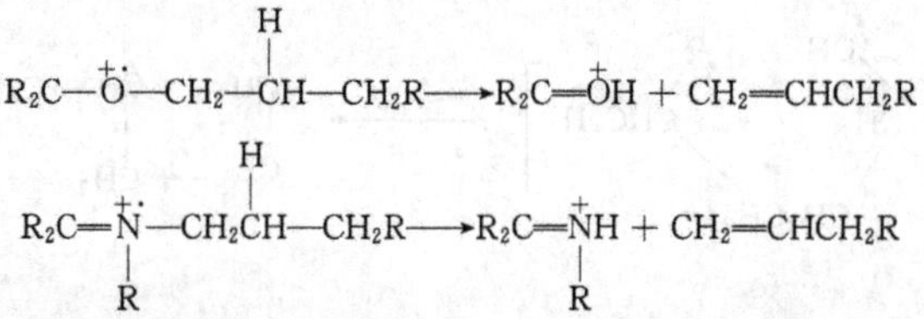

$$R_2C—\overset{+\cdot}{O}—CH_2—\overset{H}{C}H—CH_2R \longrightarrow R_2C═\overset{+}{O}H + CH_2═CHCH_2R$$

$$R_2C═\overset{+\cdot}{\underset{R}{N}}—CH_2\overset{H}{C}H—CH_2R \longrightarrow R_2C═\overset{+}{\underset{R}{N}}H + CH_2═CHCH_2R$$

以上是化合物质谱分析规律性的描述，除了化合物结构的裂解直接决定其质谱形态外，组成化合物的同位素将对质谱的形态作出贡献。

3.3.5　同位素对化合物质谱的影响

同位素就是同属于一种元素而又具有不同质量的原子，即原子核中质子数相同，而中子数不同的原子。通常，有机化合物中许多元素自然地以同位素混合物的形式存在着。常见的元素及其同位素的天然丰度是：

	丰度		丰度		丰度		丰度
^{12}C	98.89%	^{1}H	99.99%	^{16}O	99.76%	^{33}S	0.75%
^{13}C	1.11%	^{2}H	0.01%	^{17}O	0.04%	^{34}S	4.22%
^{35}Cl	75.53%	^{14}N	99.64%	^{18}O	0.20%	^{79}Br	50.52%
^{37}Cl	24.47%	^{15}N	0.36%	^{32}S	95.02%	^{81}Br	49.48%

由于质谱分析是对离子碎片质量的确认，因此化合物的同位素效应将对质谱产生影响，尤其是含有丰度较高的重要同位素，如 C、Cl、Br、S 等原子，将以不同强度出现同位素离子碎片峰。各峰的相对强度可由 $(a+b)^m$ 表示式计算。其中 a 为较轻同位素的丰度；b 为较重同位

素的相对丰度，m 是存在于分子中元素的原子数。当一元素有两个原子存在于一个化合物中时，

$$(a+b)^2=a^2+2ab+b^2$$

第 1 项及第 3 项分别表示只含较轻同位素或只含较重同位素时的相对强度。而第 2 项则表征分子的两个原子中一个为较重同位素和一个为较轻同位素时的相对强度。例如乙烷，考虑碳原子丰度，可能有如下三种结构：

	$^{12}CH_3{}^{12}CH_3$		$^{12}CH_3{}^{13}CH_3$		$^{13}CH_3{}^{13}CH_3$
其相对强度	98.89^2	：	$2\times98.89\times1.11$	：	1.11^2
	97.8	：	2.2	：	0.01

它们分别表示了相对分子质量分别为 M，M+1，M+2 的分子离子碎片峰出现的相对强度，可以看出第 2 和第 3 项太小，一般情况在质谱图中难以表现。

但丰度高的原子的引入则不同。如溴乙烷，若考虑引入的溴原子的同位素效应，则有由 $CH_3CH_2{}^{79}Br$ 与 $CH_3CH_2{}^{81}Br$ 两个分子离子碎片出现的相对强度为：

$$(a+b)^m=(50.52+49.48)$$

表明溴乙烷 M 和 M+2 两分子离子峰的相对强度近于 1∶1。

同样道理，氯原子取代化合物的两分子离子峰的相对强度为 3∶1。这一原理也可用于处理硫化物等。

根据以上基础知识，通过实践就可以初步采用质谱法分析化合物的结构。

例如，一个酯给出下面所示的质谱图（图 3-13）。

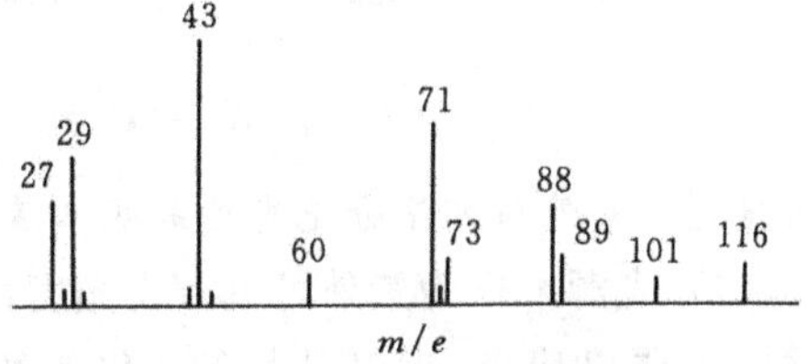

图 3-13　酯类化合物的质谱图

知其分子离子的质荷比 m/e 为 116，可测算其分子式为 $C_6H_{12}O_2$，据此可知 $m/e=29$ 的峰为 C_2H_5；m/e 43为 C_3H_7，也可能为 CH_3CO；m/e 71 可能是 C_4H_7O，也可能是 C_5H_{11}，考虑 m/e 为 88 的峰为偶数峰，可能是由 Mclafferty 重排引起的，具有如下结构：

$\xrightarrow{e}$ $[\ \ ]^{+\cdot}$

$\longrightarrow C_2H_5{}^+ +$ $\cdot O$　　m/e 29

$\longrightarrow C_3H_7{}^+ + \cdot C$　　m/e 43

$\longrightarrow$ O^+ $+C_2H_5O^\cdot$　　m/e 71

$\longrightarrow C_3H_7 + \cdot C$ ^+O　　m/e 71

$[\ H\ \ ]^{+\cdot} \longrightarrow [\ OH\ \ ]^{+\cdot} + C_2H_4$

当然，这只是通过质谱所作的一种推测，要最终认定结构，必须辅以其他的分析手段，如核磁共振谱等形式。

3.4 现代分析仪器的分析方法与仪器装置[2,4,7]

对分析原理的了解，是为了更好的使用此分析方法以解决研究和应用中遇到的问题。因此了解各种分析方法的手段和仪器装置是必要的。本节只对紫外及可见光谱、红外光谱、核磁共振谱及质谱的分析手段和仪器装置作一简要介绍，更深入地了解可参考相关的专业书籍。

3.4.1 紫外与可见光谱分析手段及仪器

常见的紫外及可见光谱分析均是由紫外可见分光光度计完成。无论其功能如何，处理数据方式怎样，基本上均由五大部分组成，即光源、色散系统、吸收池、检测与控制系统以及结果显示系统，其方框图如图 3-14 所示。

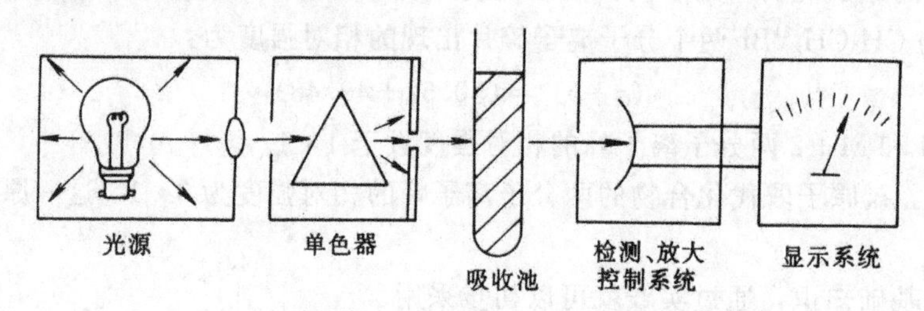

图 3-14 紫外可见分光光度计结构方框图

3.4.1.1 紫外与可见分光光度的基本装置

(1) 光源 作为紫外可见分光光度计的理想光源，应具有在整个紫外—可见区域的连续辐射，其强度应高，且随波长的变化能量变化不大。实际上，这种理想光源是难以实现的。在常用的光源中，主要以热光源和放电光源为代表。前者以钨灯为代表，后者则以氘灯为主选。

钨灯是可见和近红外光谱区的光源，适用的波长范围是 320～3500nm。但由于它在可见区发光时寿命将显著减小。为此人们改良提出了碘钨灯，使之具有了更大的发光强度和寿命。在近代紫外-可见分光光度计中广泛应用它作可见光谱区光源，发射波长为 340～1200nm。由于这两种灯在可见光区发射的能量与灯丝电压的 4 次方成正比，因此，要求有很好的稳定电源与之配套。

最早用于紫外分光光度计紫外光谱区的光源是氢灯，目前已被寿命更长、强度更好的氘灯所代替，后者发射 185～400nm 的连续光谱。氘灯和碘钨灯组合形成了紫外-可见吸收光谱的光源。

(2) 色散系统 该系统主要由滤色片或单色器组成。由于选用的氘灯及碘钨灯光源是一种宽波连续辐射光源，而在实际测试中要用单色光或窄谱带光源，只有这样，才能将非常接近的吸收带分开，并提高测试的灵敏度，使测试结果更好的符合光吸收定律。滤色片和单色器则是实现这一目的的最常用装置。滤色片是一种简单而廉价的波长选择器，常用的滤色片有中性滤色片、截止滤色片、通带滤色片以及校正及干涉滤色片等。相比较而言，单色器则就显得复杂，它是一种将复合光分解为单色光并可从中分出任一波长单色光的装置，由入射狭缝、准直装置、色散元件、聚焦装置和出射狭缝等五部分组成。如图 3-15 是棱镜单色器的示意图。

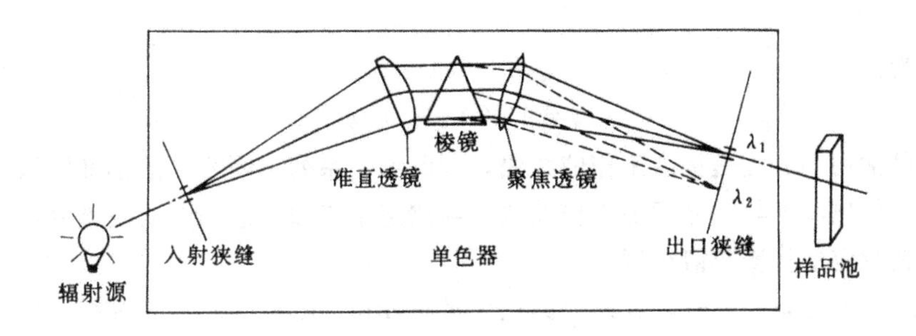

图 3-15 棱镜单色器示意图

通过滤色片及单色器的处理，光即可进入样品室进行测量了。

(3) 吸收池（样品室） 吸收池主要有石英池和玻璃池两种。前者用于紫外光谱的测试，可见及近红外吸收光谱最好用玻璃池。理想的吸收池本身应没有吸收，但实际上不可能做到。因此就要求吸收池有恒定而均匀的吸收，以消除系统误差对测量的影响。常规测试一般采用单光路吸收池，也可以根据不同需要制成多光路吸收池、分隔式吸收池等。

(4) 检测器 检测器负责把经吸收池后的光信号转变成可测量的或可被人感知的信号。为了精确的反映光被物质吸收的情况，检测器产生的信号必须与射入检测器的光有定量关系，且对弱的辐射有高的灵敏度、响应快、噪声低。目前的检测系统主要由光电管或光电倍增管，或硅光电二极管检测器完成。

(5) 结果显示及处理系统 测量检测器输出的电流或电压信号，一般可采用运算放大器，并通过数据处理实时记录结果。随着技术的进步，尤其是计算机技术的进展，带动了分光光度测量系统、数据处理功能及显示功能的飞跃。现已实现了分光光度的全自动化过程。

3.4.1.2 紫外-可见吸收光谱的分析方法

紫外-可见吸收光谱的分析测定要遵循朗伯-比尔定律的要求，才能得到精确的结果。但其精确度仍受到辐射与物质的非吸收作用以及仪器误差等影响。前者主要由于物质自身产生的荧光及光化学反应以及物质对光的反射和散射效应引起；而仪器误差主要是由于仪器的分光系统不能获得纯的单色光而造成的。此外，不适当的实验技术也会引起测试的误差，如所用溶剂和试剂中杂质的影响，湿度的影响及吸收池的影响等。

在确定了较佳的分析条件后，一般的紫外-可见吸收分光光度分析从化学角度而言又可分为定性分析和定量分析两种。定性分析是通过测量物质的摩尔消光系数、峰形等参数与已知信息相对比，得出有关被测物质结构或纯度方面信息。定量分析则根据被测物质组成的不同有不同的测试方法。对单一组分的测定，可根据具体情况选择绝对法、直接比较法、加入法及工作曲线法等。

绝对法是指在已知待测物摩尔消光系数 ε 的情况下，由朗伯-比尔定律直接计算出其浓度的方法，即

$$c_x = A/\varepsilon \cdot l$$

式中 c_x——待测物的浓度；

A——测得的吸光度；

l——吸收池厚度。

直接比较法是指先测定已知浓度待测物的吸光度 A_1，再测得未知浓度待测物的吸光度 A_x，进而计算未知浓度的方法，显然，$c_x = A_x/A_1 \cdot c$

加入法是先测量未知浓度的吸光度 A_x，再加入浓度已知的标准溶液，测得吸光度 A，则

待测物浓度为：

$$c_x = A_x/(A - A_x) \cdot c$$

实际上最常用的方法是标准工作曲线法，即配制一系列不同浓度的标准溶液并测定吸光度，这样就可作出浓度与吸光度的工作曲线，当测定了未知溶液浓度的吸光度后，便可在此曲线上查出其对应的待测溶液浓度。

对于多组分的测量，只有当各组分的最大吸收峰相互不重叠时才能进行。采用不同波长下测定吸光度的方法可以得到一组联立方程，即

$$\begin{cases} A_{\lambda_1} = \varepsilon_{\lambda_1}^{A} c^{A} + \varepsilon_{\lambda_1}^{B} c^{B} + \cdots + \varepsilon_{\lambda_1}^{N} c^{N} \\ \vdots \\ \vdots \\ A_{\lambda_n} = \varepsilon_{\lambda_n}^{A} c^{A} + \varepsilon_{\lambda_n}^{B} c^{B} + \cdots + \varepsilon_{\lambda_n}^{N} c^{N} \end{cases}$$

通过求解，即可得到各组分的浓度值。

当然以上方法是以化学分析为基础的。若从反应角度及仪器分析方法的改进而言，紫外与可见吸收光谱的分析方法又可分为双波长和三波长分光光度法，导数分光光谱法，速差动力学分光光度法，流动注射分光光度法，差示分光光度法，热透镜光谱分析法，染料激光内腔吸收增强分析法以及分析气体的光声光谱分析法，进行动态研究的催化动力学分光光度法等九大类；此外分光光度测定又可与其他方法联合，派生出显微分光光度法、反射光谱法及吸收光谱电化学法等，拓展了分光光度的适用范围和领域。

3.4.2 红外吸收光谱的分析方法及仪器

由于同为吸收光谱，且均以朗伯-比尔定律为理论基础，因此红外吸收光谱仪器的构成基本上与紫外可见分光光度仪相同，只是在细微处有一定的差异。

红外光谱的分析一般也分定性分析和定量分析两种。由于其分析样品较紫外可见分光光度计范围大，因此在分析过程中对样品的处理有一定的要求。

气体样品，如低沸点的液体或气体，可将其放于真空槽中进行测量；如果要把物质配成溶液，则要选择在某一适用区域内不存在红外吸收的溶剂，常用的有：二硫化碳，四氯化碳，四氯乙烯，氯仿，1,4-二氧杂环己烷，DMF，环己烷以及苯等。吸收池通常用不吸收红外光的氯化钠制备；但如果样品很少或找不到适合的溶剂，纯的液体也可直接用来测定它的红外光谱。通常是在二盐片之间放入纯液体，得到一层厚度约为 0.01mm 或更薄的薄膜，这样就可把载有样品的盐片直接嵌在光路上，这种方法只能用作定性的研究，而往往得不到重现性很好的透光率数据。对于固体样品的处理可以采用两种方法：第一种是将少许磨细的样品（粒子大小要小于红外光束的波长）于重烃油中充分磨细后，使之在两盐片间成膜，测定其红外吸收；另一种方法则是将 1mg 或更少的样品与 100mg 干燥的溴化钾粉末研磨混合，然后将混合物放入特定的模子中，用一定的压力压制成薄片，即可测定其红外吸收光谱。该法是测量固体样品红外光谱最常用的方法。

红外光谱的定量分析存在许多缺陷，最主要是来自对朗伯-比尔定律的偏差和光谱的复杂性，因此无论采用什么方法，也无法使其误差减小到紫外-可见吸收光谱的误差程度，尽管傅立叶变换分光光度技术大大提高了红外光谱分析的精度。因此一般红外光谱常用来对化合物的官能团进行定性的分析。当然如果给予一定的误差补偿，也能得到令人满意的定量分析结果。现在人们致力开发的活体、生物的液体测量，就是一个很生动的例子。

随着技术的发展，红外光谱仪器在测量精度、数据处理及智能化方面取得了重大进展，并拓展了红外光谱的研究领域。如日本 KDK 公司人体血液无创伤测量，即非接触测量就是一例[8,9]。他们采用手指、耳廓等为检测源，通过朗伯-比尔定律测定红外光的通过率，经过数据修正即可完成血液成分的检测。

3.4.3 质谱的分析方法及仪器

3.4.3.1 质谱分析仪简介

尽管质谱的分析原理简单易解，但其仪器则是一个庞大的复杂体系。一般质谱仪包括四个大系统，即样品处理系统，分析系统，电学系统以及真空系统。其中最重要是注入系统，离子源、质量分析器及检测器等，见图 3-16。

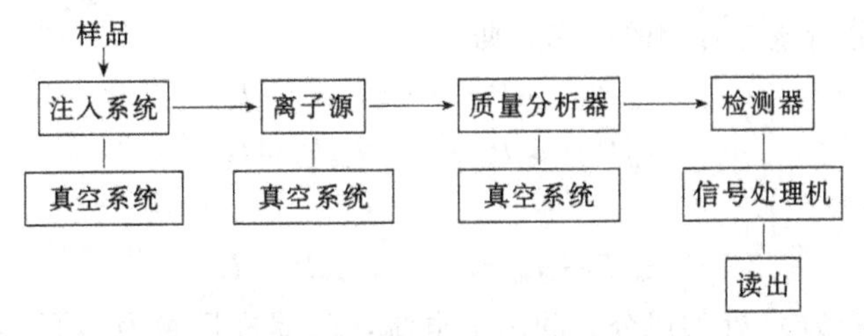

图 3-16 质谱仪器方框图

整个质谱的简单分析过程为：① 微量的样品经注入系统挥发后慢慢渗入到高真空的离子源室；② 在离子源的作用下，样品分子被电子束游离为带电粒子（有正、负电荷或中性粒子，起作用的只有正电荷）；③ 在狭缝 A，小负电压将正负离子分开，并通过狭缝 A、B 之间的数百乃至数千伏特的电压将正离子加速，使之进入高磁场的分离区域；④ 在强磁场的作用下，不同的带电粒子由于其质量和所带电荷的不同，分成了众多的粒子束，每一粒子束均具有相同的 m/e 质荷比；⑤ 通过改变磁场或电场，使不同的粒子束通过狭缝进入收集电极而产生信号；⑥ 通过信号处理装置将收集到的信号放大处理，即可得到一张质谱分析图。图 3-17 即为一质谱分析仪的示意图。其关键部件的工作原理及各系统工作情况，可参见各专著。

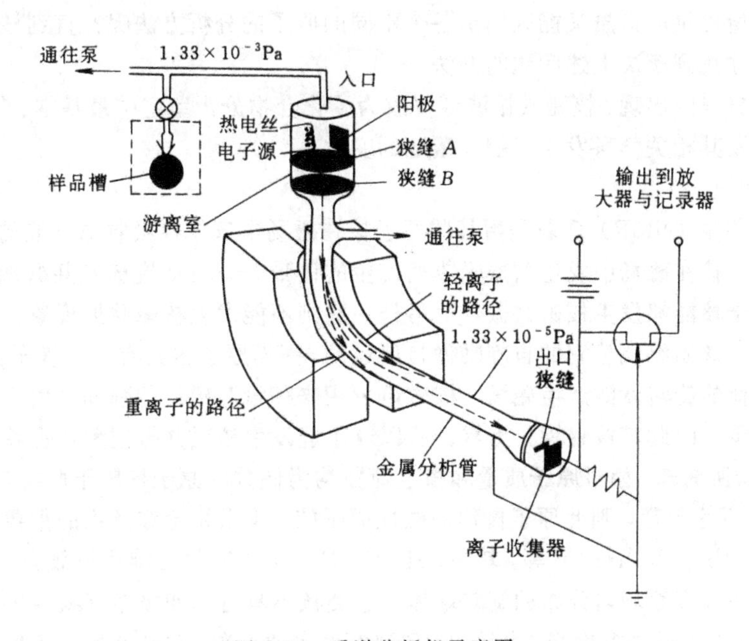

图 3-17 质谱分析仪示意图

3.4.3.2 质谱分析方法

质谱分析要求样品在一定的条件下能挥发成气体，但随着技术的进展，一些不易挥发的高沸点固体物质也能用质谱进行分析，如某些大分子的染料等。

质谱分析除可定性进行化合物相对分子质量的确定及分子式的推断外，还可用于定量分析，尤其是在定量分析含有密切相关成分之混合物时，质谱仪是一有力工具。

一般，有机混合物的定量分析一定要满足如下基本条件：① 每一成分必须至少有一个峰与其他的峰差别很大；② 每个成分对一峰的贡献必须是线性加成的；③ 灵敏度高；④ 有适当的标准作为校正基准。同紫外-可见分光光度法一样，在适当条件下，质谱峰的高度与混合物成分的组成成正比，但对于复杂的混合物，很难找到一个解是每个成分所共有的，因此必须解一组方程式以分析该混合物的组成数据。

$$i_{11}P_1+i_{12}P_2+\cdots+i_{1m}P_n=I_1$$
$$i_{21}P_1+i_{22}P_2+\cdots+i_{2m}P_n=I_2$$
$$\cdots$$
$$i_{m1}P_1+i_{m2}P_2+\cdots+i_{mn}P_n=I_m$$

式中 $i_{11}\cdots i_{mn}$ 指在质量为 m 处的成分 n 的离子电流，I_m 是在质量为 m 的检测点测得的离子电流。成分 n 的组成以 P_n 表示。这样通过标样校正后，测得的各组成成分的误差在 2%～5% 之间。

3.5 核磁共振波谱

尽管红外、紫外与可见、质谱、X 射线衍射等分析仪器均为强有力的分析工具，但是紫外与可见光谱只能分析鉴定那些具有紫外与可见吸收的化合物；而红外光谱只能检测化合物中的特征官能团或与标准谱图比较来确定化合物的结构，对于一未知的化合物，只能提供结构的部分信息；质谱则只能提供分子和碎片的质荷比，结合元素分析，才可确定分子的组成而非结构；X 射线衍射也只能提供晶体的空间结构。那么能否找到一种既反映分子中各原子化学环境差异，其所提供的信息又能区别出各个不同的原子的分析方法呢？直到核磁共振波谱仪的研制成功，才找到解决上述问题的办法。

随着超导材料的出现，核磁共振波谱仪成为了化合物分析鉴定中最基本、最有力的工具，使得有机化学及其相关学科发生了翻天覆地的变化。

3.5.1 基本知识

所谓核磁共振（NMR）现象是指某些原子核在磁场中选择性吸收电磁波的现象。核磁共振波谱就是原子核在磁场中发生共振吸收而产生的谱带[10]。在研究核磁共振现象过程中，人们发现某些原子核能够发生核磁共振，而另外一些则不能发生核磁共振现象。究其原因是由于分子内的原子核始终绕着它的自旋轴做自旋运动，因而原子核具有自旋量子数 I。自旋的核具有电荷，电荷的旋转就能产生磁场，核磁矩 μ 用来衡量其磁场的强弱。由于某些原子核的自旋量子数为零，因此其核磁矩也为零，所以就不能发生核磁共振现象，也就不是核磁共振研究的对象。众所周知，相对原子质量和核电荷数均为偶数的原子核属于此类，如 ^{12}C、^{16}O、^{32}S 等。若 I、μ 均不等于零，则此原子核称做磁性原子核。本书将会涉及到的重要的磁性原子核有：^{1}H、^{13}C、^{19}F、^{31}P、^{15}N、^{2}H、^{14}N 等，其中，^{1}H、^{13}C、^{19}F、^{31}P、^{15}N 的自旋量子数为 1/2，$I=1/2$ 的原子核是电荷在核表面均匀分布的旋转球体。这类核不具有电四极矩（$eQ=0$），核磁共振谱线较窄，最适宜于核磁共振检测，也是 NMR 研究的主要对象。$I>1/2$ 的原子核是电荷在核表面非均匀分布的旋转椭球体。eQ 值可正可负，分别对应于旋转长椭球体和旋转扁椭球体。

一般说来，研究 $eQ \neq 0$ 的自旋核比研究 $eQ=0$ 的自旋核困难得多。这是因为这些核具有特征的弛豫机制，导致了 NMR 谱线的加宽，不利于核磁共振信号的检测。

3.5.2 核磁共振的机制

根据量子力学理论，磁性原子核（$I \neq 0$）在外加磁场（B_0）中的自旋取向不是任意的，而是量子化的，如图 3-18 所示。共有（$2I+1$）种取向，可由磁量子数 m 表示。$m=I, I-1, \cdots (-I+1)$、$-I$。对于自旋量子数 $I=1/2$ 的磁性原子核，在没有外加磁场作用时，其排列是无序的，它们能量相同，但当将此原子核放入到外加磁场（B_0）中时，这些原子核就像小磁子一样做定向排列，或为顺磁排列，$m=+1/2$，能量较低；或为逆磁排列，$m=-1/2$ 能量较高。这两种排列的能量差为：

$$\Delta E=E_1-E_2=2\mu B_0=\gamma \cdot h/2\pi \cdot B_0$$

式中　h——Plank 常数；

γ——原子核的旋磁比，与原子核的性能有关，是核磁矩的相对量度。

存在于外加磁场中的磁性原子核，在射频电磁波的照射下，原子核有选择地吸收电磁波的能量，从基态（$m=+1/2$）跃迁到激发态（$m=-1/2$），产生核磁共振信号[11]。

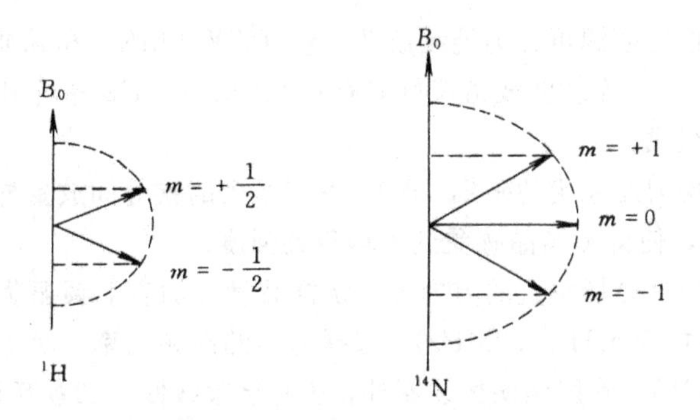

图 3-18　磁性原子核在外加磁场 B_0 中的自旋取向

核磁共振的条件为：

$$\Delta E=h\nu=\gamma \cdot \frac{h}{2\pi} \cdot B_0$$

$$\nu=\frac{\gamma}{2\pi} \cdot B_0$$

ν 与外加磁场的强度 B_0 成正比，在固定外加磁场强度的条件下，只与磁性原子核的本性有关，所以不同原子核的 ν 是不同的。一般而言，核磁共振波谱仪的工作磁场越高，电磁波的频率也越高，仪器的灵敏度也越高，并且谱图的解析也就越容易（许多复杂的谱图就变成一级谱图）。

另外，处于基态和激发态的磁性原子核是处于动态平衡的，当电磁波的能量（$h\nu$）等于其能级差 ΔE 时，磁性原子核吸收电磁波从基态跃迁到激发态。高能态的粒子可以通过自发辐射放出能量，回到低能态，其几率与两能级能量差 ΔE 成正比。一般的吸收光谱，ΔE 较大，自发辐射容易进行，能维持 Boltzmann 分布；但在核磁共振波谱中，ΔE 非常小，自发辐射的几率几乎为零。要想维持 NMR 信号的检测，必须要有某种过程，这个过程就是弛豫（relaxation）过程，即高能态的核以非辐射的形式放出能量回到低能态，重建 Boltzmann 分布的过程。弛豫过程有两种：自旋-晶格弛豫和自旋-自旋弛豫。

自旋-晶格弛豫反映了体系和环境的能量交换。“晶格”泛指“环境”。高能态的磁性原子核将能量转移至周围的分子而从激发态到基态，结果维持了处于基态和激发态的磁性原子核的动态平衡，维持了不同能级的磁性原子核的 Boltzmann 分布。体系通过自旋-晶格弛豫过程而达到原子核在 B_0 场中自旋取向的 Boltzmann 分布所需的特征时间（半衰期），用 t_1 表示，t_1 称为自旋-晶格弛豫时间。t_1 与核的种类、样品的状态、温度等都有关系。液体样品的 t_l 较短（10^{-4}～10^2s）；固体样品的 t_l 较长，可达几小时甚至更长。对于所感兴趣的原子核而言，弛豫时间 t_1 一般在 0.1～100s 的范围内。由于自旋-晶格弛豫使在 B_0 磁场中宏观上纵向（Z 轴方向）的磁化强度由零恢复到 M_0，故又称纵向弛豫。

自旋-自旋弛豫反映核磁矩之间的相互作用。高能态的自旋核把能量转移给同类低能态的自旋核，结果是各自旋态的核数目不变，总能量不变。自旋-自旋弛豫时间（半衰期）用 t_2 表示。共振时，自旋核受射频场的相位相干作用，使宏观净磁化强度偏离 Z 轴，从而在 X-Y 平面上非均匀分布。自旋-自旋弛豫过程是通过自旋交换，使偏离 Z 轴的净磁化强度回到原来的平衡零值态（即在 X-Y 平面上均匀分布）。故自旋-自旋弛豫又称横向弛豫。弛豫时间是分子动态学、立体化学研究的重要信息来源。

3.5.3 核磁共振仪

核磁共振波谱仪按射频源可分为连续波波谱仪（CW-NMR）和脉冲傅立叶（Fourier）变换波谱仪（PFT-NMR）[12]。连续波波谱仪目前有 60MHz、90MHz 等通用型谱仪。主要由磁体、射频源、接收线圈等组成。

（1）磁体　产生均匀而稳定的磁场（B_0）。磁体两极的狭缝间放置样品管，样品管以每秒 40～60 周的速度旋转，使待测样品感受到平均磁场强度。

（2）射频源　在与外磁场垂直的方向上，绕样品管外加有射频振荡线圈，固定发射与磁场 B_0 相匹配的射频（如 60MHz、90MHz）。选择适当的射频功率，使待测核有效地产生核磁共振。围绕样品管的线圈，除射频振荡线圈外，还有接收线圈，二者互相垂直，并与 B_0 场垂直，互不干扰。在记录图谱时，由 Helmholtz 线圈连续改变磁场强度，即由低场至高场扫描，这种扫描方式称扫场（Field-Sweep）。扫场就是通过连续改变外加磁场的强度而使分子中所有质子都能发生共振吸收的方法。若以改变射频频率的方式扫描，则称扫频（Frequency-Sweep）。扫频则是固定外加磁场的强度而连续地改变照射电磁波的频率，使分子中所有质子都发生共振吸收的方法。当满足于某种核的共振频率时，就产生 NMR 吸收。接收器、扫描器同时与记录系统相连，记录下 NMR 谱。这两种方法所得到的谱图是一致的。

发射线圈和接收线圈紧密地缠绕在称做探头的小装置里，并于两磁极间紧贴在样品管的周围。探头是 NMR 的心脏。

CW-NMR 价廉、稳定、易操作，但灵敏度低，需要样品量大，以致于一些难于得到的天然产品无法做核磁共振分析。而且只能测天然丰度高的核（如^{1}H，^{19}F，^{31}P），对于^{13}C 这类天然丰度极低的核，要得到^{13}C 谱是很困难的。随着脉冲傅立叶变换波谱仪（Pulse Fourier Transform-NMR）的出现，其灵敏度得到很大提高，上述的问题则迎刃而解，^{13}C 谱也得到日益广泛的应用。

PFT-NMR 波谱仪是在 CW-NMR 谱仪上增添两个附加单元，即脉冲程序器和数据采集及处理系统，便使所有待测核同时激发（共振）、同时接收；均由计算机在很短的时间内完成。

脉冲程序控制器使用一个周期性的脉冲序列来间断射频发射器的输出。脉冲是强而短的频带，是理想的射频源。调节所选择的射频脉冲序列，脉冲宽度可在1～50μs范围变化。脉冲发射时，待测核同时被激发；脉冲终止时，及时准确地启动接收系统。待被激发的核通过弛豫过程返回到平衡位置时再进行下一个脉冲的发射。

接收器接收到的自由感应衰减（FID）信号是时域函数，记作F（t），通过Fourier变换运算，转换为频域函数F(ν)。PFT-NMR有很大的累加信号的能力。对于^{13}C NMR，收集一个FID信号通常约为1s，若累加n次，则信噪比（S/N）可提高$\sqrt{n}$倍，所得的总的FID信号进行Fourier变换仅需几秒钟即可完成。所以PFT-NMR灵敏度很高。可测天然丰度极低的核（如^{13}C)，且能记下瞬间的信息，对研究反应动态极为有利，还能测弛豫时间。这些都是CW-NMR所不及的。

3.5.4 化学位移

在恒定的射频场中，同一分子中的同种原子核因其化学环境不同，所吸收的电磁波的频率稍有不同，也就是其共振位置不同。正是由于这点差别传递了分子结构的信息，才使得核磁共振技术在有机物的分析中发挥了越来越大的作用。在分子中，磁性核都不是裸核，核外有电子层包围，而电子层在与外加磁场垂直的平面上环流时，会产生与外加磁场方向相反的感应磁场，以对抗外加磁场。核周围电子对核的这种作用叫做屏蔽作用。分子中的同一种核，由于其在分子中所处的位置不同，其核外的电子云的分布就不同，因而核外的电子云的屏蔽作用就不一样。所以每个原子核所感受到的实际磁场强度为：

$$B_{有效}=B_0-\sigma B_0=B_0(1-\sigma)$$

式中　σB_0——感应磁场强度；

σ——磁屏蔽常数，它是该核核外电子云分布的函数，即该核所处的化学环境的函数。

下述两个化合物中的氢，如果要使每个氢核所感受的磁场强度均为B_0，就必须克服感应磁场，所以只有当外加磁场更高时，或固定外加磁场的强度而改变电磁波的照射频率，才会出现核磁共振信号。这种偏高的程度或改变的程度取决与该核所处的化学环境，把这种效应被称为化学位移[13]。

$CH_3CH_2CH(CH_3)_2$　　C_6H_5—CH_2CH_3

由于磁性原子核的共振的条件为：

$$\Delta E=\gamma \cdot \frac{h}{2\pi} \cdot B_0(1-\sigma)$$

所以共振频率为：

$$\nu_0=\frac{\gamma}{2\pi} \cdot B_0(1-\sigma)$$

共振频率取决于原子核的旋磁比γ，外加磁场的强度B_0，与原子核的磁屏蔽常数σ。当固定B_0而分析某一具体的原子核（如^{1}H）时，γ是固定的，所以共振频率仅与原子核所处的化学环境有关，它是σ的体现。由上式不难看出，磁性原子核外电子云密度的大小与其相邻原子或原子团的亲电能力有关，也与化学键的类型有关。如CH_3—Si，氢核外围电子云密度大，σB_0大，共振吸收出现在高场；而CH_3—OH，氢核外围电子云密度小，σB_0亦小，共振吸收出现在低场。也就是说，由于核外电子云的屏蔽作用而使得共振频率降低。当屏蔽程度降低时，共振频率增高。例如，当甲基与吸电子基相连时，它能降低分子中质子周围的电子云密度，从而导致屏蔽程度降低，共振频率增高。

CH_3—F　CH_3—OCH_3　CH_3—Cl　CH_3—CHO　CH_4

←——————————————————————

X 的吸电子能力增强 ^{1}H 的共振频率提高

如上所述，同一分子中同一类型的磁性原子核由于化学环境不同，其共振吸收频率不同。而其频率间的差值相对于 B_0 或 ν_0 来说，均是一个很小的数值，仅为 $10^{-5}\nu_0$ 左右。对其绝对值的测量，难以达到所要求的精度，且因仪器不同（导致 B_0 不同），其差值亦不同。例如，60MHz 核磁共振波谱仪测得乙基苯中 CH_2—、CH_3—的共振吸收频率之差为 85.2Hz，而 100MHz 的仪器上测得值为 142Hz。另外，由于共振频率 ν_0 的数字太大，且又与各台仪器所采用的磁场强度 B_0 有关，不便于引用和记载。所以为了克服测试上的困难和避免因仪器不同所造成的误差，在实际工作中，使用一个与仪器无关的相对值表示化学位移 δ：即以某一标准物质的共振吸收峰为标准（B_S 或 ν_S），测出样品中各共振吸收峰（B_X 或 ν_X）与标样的差值 ΔB 或 $\Delta\nu$（可精确到 1Hz）。

$$\delta=\frac{\Delta B}{B_S}\times10^6=\frac{B_S-B_X}{B_S}\times10^6$$

或

$$\delta=\frac{\Delta\nu}{\nu_S}\times10^6=\frac{\nu_S-\nu_X}{\nu_S}\times10^6$$

由于 ν_S 与 ν_0 相比，差值很小，所以上式可改为：

$$\delta=\frac{\Delta\nu}{\nu_0}\times10^6$$

ν_0 为仪器的射频频率，$\Delta\nu$ 可直接测得。因 $\Delta\nu$ 与 ν_0 相比，仅为百万分之十左右，为使化学位移值便于记录和运用，故上式 δ 均乘以 10^6，单位为 ppm。对于 ^{1}H NMR，δ 值范围为 0～20，60MHz 的仪器，1ppm＝60Hz，100MHz 的仪器，1ppm＝100Hz。

一般来说，最理想的标准样品是 $(CH_3)_4Si$，简称 TMS。TMS 有 12 个化学环境相同的氢，在 NMR 中给出一尖锐的单峰，易辨认。TMS 与一般有机化合物相比，氢核外的电子屏蔽程度大，共振吸收位于高场，对一般化合物的吸收不产生干扰。TMS 化学性质稳定，一般不与待测样品反应，且又易于从测试样品中分离，还具有与大多数有机溶剂混溶的特点。1970 年，国际纯粹化学与应用化学协会（IUPAC）建议化学位移采用 δ 值，规定 TMS 的 δ 为 0（无论 ^{1}H NMR 还是 ^{13}C NMR）。TMS 左侧 δ 为正值，右侧 δ 值为负。早期文献报道化学位移有采用 τ 值的，τ 与 δ 之间的换算式如下：

$$\delta=10-\tau$$

若用 D_2O 作溶剂，由于 TMS 与 D_2O 不相混溶，可改用 DSS（2,2-二甲基-2-硅代戊磺酸钠盐），用量不能过大，以避免 0.5～2.5 范围内的 CH_2 的共振吸收峰产生干扰。这样化学位移 δ 就只与磁性原子核的化学环境有关，而与其他因素无关。

对于 ^{1}H 的核磁共振波谱，NMR 波谱仪都配备有自动积分仪，对每组峰的峰面积进行自动积分，在谱中以积分高度显示。各组峰的积分高度之比，代表了相应的氢核数目之比。例如，乙基苯的 ^{1}H NMR 谱（图 3-19）中，从左至右，三组峰的积分高度之比为 5∶2∶3，表明三组不同氢的数目之比亦为 5∶2∶3。对于 ^{13}C 谱则上述的定量关系不成立。

3.5.5　影响化学位移的因素

影响化学位移的因素很多，为了探讨其影响因素，先来熟悉一下有关概念[14]。

（一）基本概念

（1）抗磁屏蔽 σ^d　自旋量子数为 $I=1/2$ 的原子核在外加磁场的作用下要定向排列，顺磁或逆磁，是由其自旋造成的。事实上，磁性原子核在外加磁场中不仅自旋，而且还围绕着磁场方向进动，称作 Larmor 进动，而进动的角频率称作 Larmor 频率。同样的道理，原子的核外电子在外加磁场的作用下也能发生进动现象。按 Lenz's 定律，电子进动所产生的磁场方向与 B_0 的方向相反，这就是产生屏蔽现象和化学位移的原因。电子进动所产生的与 B_0 方向相反的磁场被称作是抗磁的，由此所产生的屏蔽称作抗磁屏蔽。抗磁屏蔽常数 σ^d 是抗磁屏蔽程度的量度。所以 σ^d 越大，则 δ 越小，反之亦然。

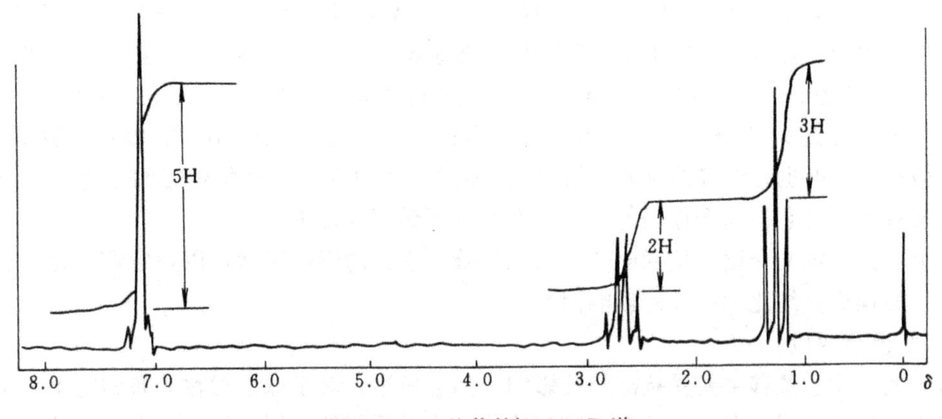

图 3-19 乙基苯的 ^{1}H NMR 谱

(2) σ^d 的影响因素　由于 σ^d 是核外电子在外加磁场的作用下产生的，那么定性地说，它主要与两个因素有关：① 磁性原子核外电子云的密度；② 磁性原子核外电子云的分布。磁性原子核外电子云密度越高，在同样 B_0 下其感应磁场就越强，化学位移就越小，移向高场；据研究，当原子核外电子云是球形对称分布时，抗磁屏蔽常数 σ^d 最大，化学位移最小，如甲烷中的碳。由于氢核外只有一个 s 电子，一般呈球形分布，所以氢的化学位移应主要是抗磁屏蔽造成的。

(3) 顺磁屏蔽 σ^p　当电子云是非球形对称分布时，在外加磁场的作用下电子云的进动就要受到阻碍。由于核外电子云的各向异性，电子的基态和激发态因磁场的诱导而相互作用，产生的感应磁场的方向与外加磁场的方向一致，所以称作顺磁屏蔽。其屏蔽程度的大小由顺磁屏蔽常数 σ^p 来量度。

当分子中的一个电子从一分子轨道的基态（如 σ 电子或孤对电子）跃迁到一激发态分子轨道上（如反键轨道 σ^* 或 π^*），就能产生电流。这种电流能进一步强化外加磁场，所以是顺磁的而不是反磁的。对于非质子的磁性原子核，例如 ^{13}C、^{15}N 和 ^{17}O，由于具有 p 电子，所以具有易接近的激发态，因而具有较大的顺磁迁移。一般而言，顺磁屏蔽比抗磁屏蔽要大得多。所以主要由抗磁屏蔽所产生的氢的化学位移值只在十几个 ppm❶ 的范围内变化；而对于非氢的磁性原子核，由于顺磁屏蔽是其化学位移的主要影响因素，所以其化学位移的变化范围是很宽的，在几百个 ppm 的范围内变化。因此在分析主要由顺磁屏蔽影响产生的化学位移时就不同于分析氢的化学位移。

(4) 顺磁屏蔽的影响因素　顺磁屏蔽的影响因素可由下式来表示：

$$\sigma^p = \frac{1}{\Delta E} \cdot r^{-3} \cdot Q_{ij}$$

式中　ΔE——各个激发态与基态能量差的平均值；

❶ 1ppm 为 10^{-6}。

r——磁性原子核外电子云分布的平均半径；

Q_{ij}——成键轨道的函数。

由上式可以看出，σ^p 反比于 ΔE，也就是说激发态的能量越低，顺磁屏蔽就越大，反之亦然。所以饱和分子（如烷烃）由于没有低能激发态，烷烃碳的共振吸收处于高场；而羰基碳由于具有低能激发态（如氧上的孤对电子可跃迁到反键 π^* 轨道），所以其共振吸收处于低场。

由于顺磁屏蔽常数 σ^p 反比于平均半径的立方，所以电子离核越远，顺磁屏蔽常数越小。在元素周期表中从左到右，核外电子离核的距离越来越小，所以顺磁屏蔽越来越大。例如，氧的 $2p$ 电子比碳的 $2p$ 电子离核近，所以 ^{17}O 的化学位移大约是 ^{13}C 化学位移的 3 倍。

顺磁屏蔽常数 σ^p 正比于 Q_{ij}，Q_{ij} 与键序及电荷密度有关。一般地说，重键程度越高，顺磁屏蔽常数越大，但也有许多的例外，如炔烃的化学位移处于烷烃和烯烃之间，这是由于 Q_{ij} 与诸多因素有关，是它们综合作用的结果。在此就不做深入讨论。

综上所述，本文介绍了抗磁屏蔽、顺磁屏蔽、它们的影响因素，以及它们对化学位移的影响。下面详细介绍化学位移的影响因素。

（二）诱导效应

由于氢的化学位移主要受抗磁屏蔽影响，如上所述，对于球形对称分布的电子云抗磁屏蔽取决于核外的电子云密度，所以电负性取代基降低了氢核外围电子云密度，其共振吸收向低场位移，δ 值增大；反之，若为供电基（如有机或有机金属化合物），其共振吸收向高场位移，δ 值降低。

	CH_3F	CH_3OH	CH_3Cl	CH_3Br	CH_3I	CH_4	TMS
δ	4.06	3.40	3.05	2.68	2.16	0.23	0
X 电负性	4.0	3.5	3.0	2.8	2.5	3.1	1.8

对于 CHXYZ 型化合物，X、Y、Z 均为吸电基，其对氢的化学位移的影响具有加合性，可用 Shoo1ery 经验公式估算。

$$\delta=0.23+\sum C_i$$

式中 0.23 为 CH_4 的 δ 值。C_i 值见表 3-16。

表 3-16 取代基对 CH 的 δ 值的影响

取代基	C_i	取代基	C_i	取代基	C_i
—Cl	2.53	—OCOR	3.13	—C≡R	1.44
—Br	2.33	—COR	1.70	—C≡CAr	1.65
—I	1.82	—CoNR$_2$	1.59	—C═C—	1.32
—OH	2.56	—NR$_2$	1.57	—N═C═S	2.86
—NO$_2$	2.46	—COOR	1.55	—CF$_3$	1.14
—OR	2.36	—SR	1.64	—CF$_2$	1.21
—OAr	3.23	—C≡N	1.70	—CH$_3$	0.47

注：C_i 为取代基对氢的化学位移的影响值。

例如，$BrCH_2C1$（括号内为实测值）

$$\delta=0.23+2.33+2.53=5.09\ (5.16)$$

利用 Shoolery 公式，其计算值与实测值误差通常小于 0.6，但有时可达到 1。值得注意的是，通过成键电子传递的诱导效应，随着与电负性取代基距离的增大而逐渐减弱，通常相隔 3 个以上碳的诱导效应的影响可以忽略不计。例如 $CH_3—(CH_2)_2CH_2Br$ 的 δ 为 0.9。

（三）共轭效应

对于不饱和化合物（如烯、炔及芳香化合物），取代基对其电子云密度的影响除了诱导效应外，更重要的是共轭效应。例如，甲基乙烯醚或苯甲醚中的烯氢和芳环上的氢，由于供电子基 CH_3O 的共扼效应，使其核外的电子云密度增大，δ 值高场位移；同样的道理，吸电子基（如 C═O ，$—NO_2$）使得与之相连的不饱和化合物的电子云密度降低，δ 值低场位移，如甲基乙烯酮、硝基苯等化合物。

（四）碳的杂化态的影响

碳的杂化态也能影响氢核外的电子云密度，当 s 电子成分从 25%（sp^3 杂化）到 33%（sp^2 杂化），再到 50%（sp 杂化）时，成键电子越来越靠近碳，因此就降低了氢核的屏蔽程度，δ 值低场位移。

（五）化学键的各向异性的影响

以上讨论了诱导效应、共轭效应、碳的杂化态对氢的化学位移的影响。这些影响都是由于供、吸电子改变了质子核外的电子云密度所致。质子化学位移的另一个主要影响因素来源于取代基的磁性质。电子云呈球形分布，各向同性的取代基对质子的化学位移影响不大；但电子云呈椭球形和圆柱形分布，各向异性的取代基对质子的化学位移就有一定的影响，既使未改变其周围的电子云密度也能改变其化学位移。这是因为分子中氢核与某一功能基空间关系的不同所造成的。又称作各向异性的影响。如果这种影响仅与功能基的键型有关，则称作化学键的各向异性。它是由于成键电子的电子云分布不均匀性导致在外磁场中所产生的感应磁场的不均匀性引起的。

（1）饱和烃　为什么电子云呈球形分布各向同性的取代基对质子的化学位移除了诱导效应外而没有其他的影响呢？假设一质子连到一球形电子云上，例如甲基。取代基中的电子在外加磁场中进动而产生与原磁场方向相反的感应磁场，如果氢与甲基的化学键与 B_0 的方向平行，则氢所处的感应磁场与 B_0 相反（屏蔽）；如果化学键与 B_0 的方向垂直，则氢所处的感应磁场与 B_0 相同（去屏蔽），所以此取代基产生影响的总的结果因相互抵消而为零。

（2）叁键　炔氢与烯氢相比，δ 值应处于较低场，但事实却相反。这是因为 π 电子云以圆柱形分布，构成筒状电子云，绕碳—碳键而成环流，见图 3-20。产生的感生磁场沿键轴方向为屏蔽区，而与键轴方向垂直的方向为去屏蔽区，炔氢正好位于屏蔽区。乙炔的 δ 值为 2.70，处于乙烷的 0.8 与乙烯的 5.3 之间。

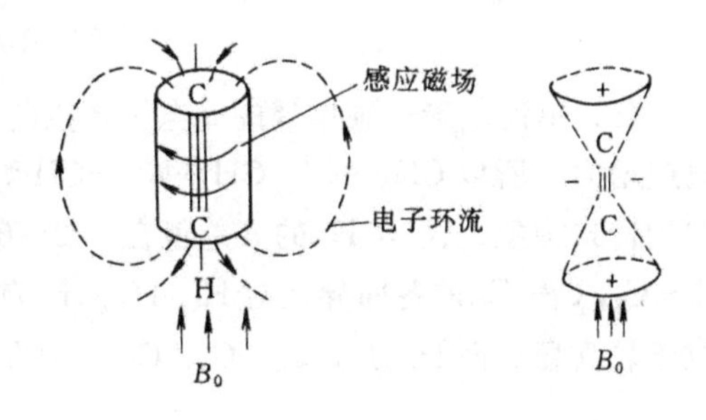

图 3-20　叁键屏蔽作用示意图

（3）双键　π 电子云分布于成键平面的上、下方，见图 3-21。一般而言，处于双键上、下方的氢屏蔽的程度大，处于两侧的氢则去屏蔽，而与 sp^2 杂化碳相连的氢与碳—碳双键成 120°的夹角（处于去屏蔽区），较炔氢低场位移。乙烯为 5.3；醛氢为 9～10。

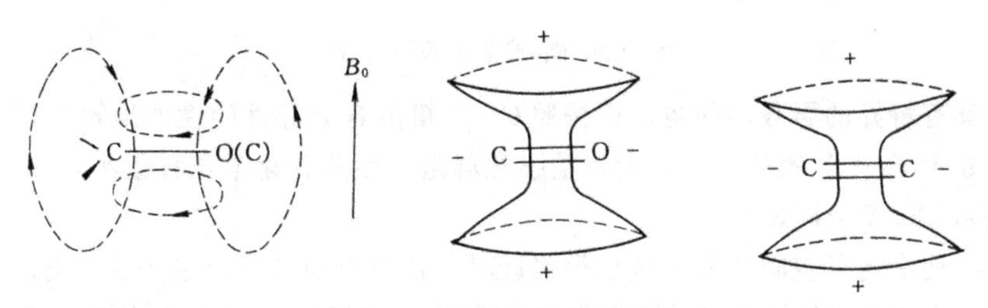

图 3-21　双键屏蔽作用示意图

(4) 芳环体系　由于芳环上的电子是π电子，或认为是盘状电子云，在外加磁场的作用下很容易形成环形电流，所以感应磁场较强，随着共轭体系的增大，环电流效应增强。芳环平面上、下方为屏蔽区，环平面周边为去屏蔽区，见图 3-22。所以芳环上的氢较烯氢位于更低场 (7.27)。尽管大多数芳环上氢的化学位移较大，但如果一氢处在芳环的上、下方，则其化学位移肯定很小，如化合物 (1)、(2)。另一个有趣的例子是化合物 (3)，由于共轭体系的增大，环电流效应增强，以至于处于环平面内的氢的化学位移为-2.99，比四甲基硅的δ值还小得多，同时其边上的氢的δ值则高达 9.28。这些例子充分表明了芳环的各向异性。

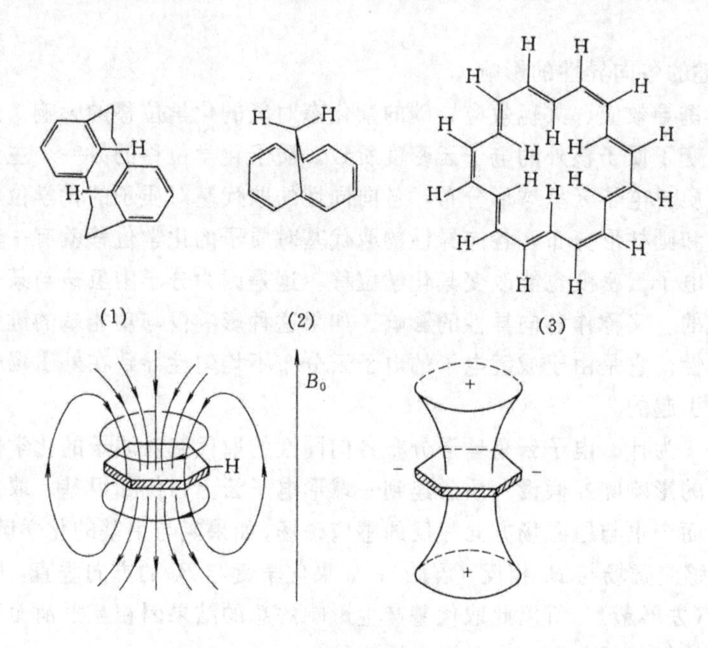

图 3-22　苯环屏蔽作用示意图

(5) 单键　碳—碳单键的σ电子产生的各向异性较小。随着 CH_3 中氢被碳取代，去屏蔽效应增大。所以 CH_3—，—CH_2—，—CH<中质子的δ值依次增大 ($\delta_{CH_3}<\delta_{CH_2}<\delta_{CH}$)。环己烷的椅式构象，$H_a$与$H_e$的$\delta$差值在 0.2～0.7 之间，因二者受到的单键各向异性效应不等。C_1—C_2，C_1—C_6 的各向异性对H_a、H_e的影响相近，但H_a处于C_2—C_3、C_5—C_6 的屏蔽区，δ值位于较高场。而H_e处于C_2—C_3、C_5—C_6 的去屏蔽区，δ值位于较低场，见图 3-23。

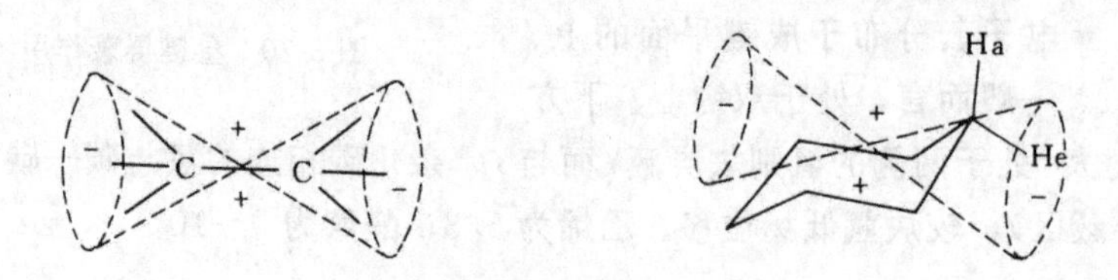

图 3-23　碳-碳单键的屏蔽效应

环丙烷具有特异的屏蔽性能也可以按照 C—C 键的各向异性的性能来解析。环丙烷中 C_1 上的氢恰好处于 C_2—C_3 键的上方，所以被强烈屏蔽，因此其化学位移很小。

(六) Van der Waals 效应

当立体结构决定了空间的两个核靠得很近时，带负电荷的核外电子云就会相互排斥，使核变得裸露，质子的δ值增大 (低场位移)，这种效应称 Van der Waals 效应。见化合物 (4)、

(5)。(5) 中 H_b 的 δ 值远大于 (4) 中 H_b 的 δ 值，说明靠近的某一基团越大，该效应的影响越明显。

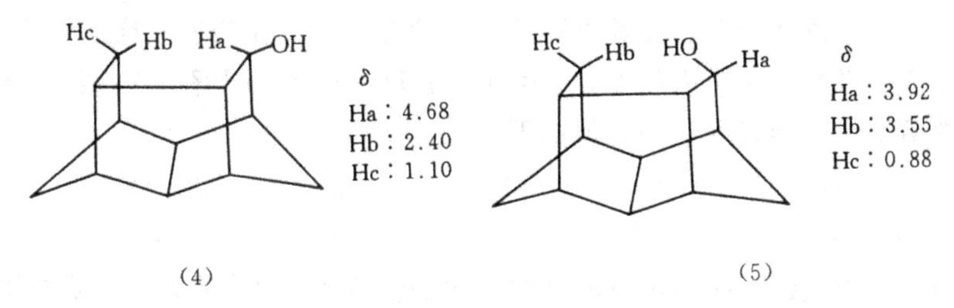

(4)　　　　(5)

(七) 浓度、温度、溶剂对 δ 值的影响

(1) 浓度　如果所要分析的氢能形成氢键，则该氢的 δ 值向低场位移。这是因为形成氢键的电子云是棒状的椭圆体，而氢恰好处于该电子云的去屏蔽区所致。所以与 O、N 相连的氢，由于分子间氢键的存在，浓度增大，缔合程度增大，δ 值增大。由于样品的浓度往往不同，所以与 O、N 相连的氢的化学位移不固定，是一个范围，而且其吸收峰也比较宽。例如 OH (醇) 为 0.5～5，COOH 为 10～13，$CONH_2$ 为 5～8。

(2) 温度　温度不同可能引起化合物分子结构的变化。如活泼氢、受阻旋转、互变异构(酮式与烯醇式)、环翻转 (环己烷的翻转) 等，这些动力学现象均与温度有密切关系，可能出现完全不同的 ^{1}H NMR 谱。如重氢环己烷 ($C_6D_{11}H$) 在室温下，由于环的快速翻转，^{1}H NMR 出现一尖锐单峰，分不出平伏氢和直立氢的差异。随着温度降低，翻转变慢，峰形变宽，温度降至－89℃，出现两个尖锐的单峰，分别为平伏氢和直立氢的共振吸收，H_a 位于高场。

(3) 溶剂　一般化合物在 CCl_4 或 $CDCl_3$ 中测得的 NMR 谱重复性较好；但在其他溶剂中测试得到的 δ 值会稍有改变，有时改变较大。这是溶剂与溶质间相互作用的结果。这种作用称溶剂效应。

苯的溶剂效应比较大，因为苯分子平面上下方的 π 电子云容易接近样品分子中偶极的正端而远离负端，容易形成 π 络合物，致使某些氢的共振吸收发生变化，空间位阻增大，苯的溶剂效应降低。这种效应在立体结构研究中很有帮助。用三氟乙酸作溶剂未发现活泼氢的共振吸收，但应注意它是否会与样品发生化学反应。

(八) 非氢磁性原子核化学位移的影响因素

如前所述，氢的化学位移主要受抗磁屏蔽影响，而非氢磁性原子核的化学位移则主要受顺磁屏蔽影响。顺磁屏蔽常数 σ^p 的影响因素上文已作了简单的讨论。但事实上，非氢磁性原子核化学位移的影响因素是十分复杂的，除了上述的诱导效应、共轭效应对电子云密度的影响而影响化学位移仍适用于非氢磁性原子核外，还有许多其他的影响因素，如重原子效应、电子短缺效应、孤电子对效应、立体效应、电场效应、中介效应、超共轭效应、轨道排斥效应、π 诱导效应、离域效应、π 极化效应以及邻近基团的各向异性等均对非氢磁性原子核的化学位移均有一定的影响。对于 ^{13}C 谱，碳原子的杂化态在很大程度上决定了 ^{13}C 化学位移的范围。由于篇幅所限，本文对上述的影响因素不做详细的讨论，仅举几例，予以说明。

例一	CH_4	CH_3Br	CH_2Br_2	$CHBr_3$	CBr_4	CI_4
δ_C	－2.3	10.0	22.0	12.0	－29.0	－292.0

例二	Me_3C^+	Me_2CH^+	Me_2OHC^+	Me_2PhC^+
δ_C	330	320	250	256

例三　环己烷的碳化学位移为 27.8 比丙烷的亚甲基 16.1 向低场移了 11.7。它们均有两

个 α 亚甲基，但环己烷多了两个 β 亚甲基，所以此化学位移的差主要是 β 效应所致。

（九）各类质子的化学位移及经验计算

各类质子的化学位移及经验计算可参见有关参考书，不在赘述。这里仅给出氘代溶剂的干扰峰。溶解样品的氘代试剂总有残留氢存在，在^{1}H NMR 谱图解析中，要会辨认其吸收峰，排除干扰。常用氘代试剂残留氢的 δ 值如下：

氘代试剂	$CDCl_3$	CDCN	CD_3OD	CD_3COCD_3	CD_3SOCD_3	D_2O
δ	7.27	2.00	3.3	2.1	2.5	4.7

常用普通溶剂中氢的干扰范围视样品中溶剂的含量而定（含量高，干扰范围宽），其化学位移可参考氘代溶剂的 δ 值。

3.5.6 自旋偶合与裂分

3.5.6.1 自旋-自旋偶合

相邻的磁性原子核对被测核吸收峰的改变现象或自旋核与自旋核之间的作用就称为自旋-自旋偶合。其条件如下。

(1) 磁性原子核在空间中比较接近。

(2) 邻核必须是磁性原子核，例如化合物 $CHCl_2F$ 中 Cl 和^{12}C 为非磁性原子核，而^{19}F 与^{1}H 则是磁性原子核，所以它们之间必然存在着自旋-自旋偶合。

(3) 偶合的几种情况：直接相连的两个磁性原子核的偶合（A-B），偶合最强，在有机化合物中两个磁性原子核直接相连的情况很少，例如 C—H、O—H、S—H 中的^{12}C，^{16}O，^{32}S 均为非磁性原子核，只有 N—H、F—H 相连时，由于^{14}N，^{15}N，^{19}F 均为磁性原子核，才有强烈的偶合现象；同碳的两个磁性原子核之间的偶合（A—C—B），偶合强度大，此种情况在有机化合物中较多，上述的 $CHCl_2F$ 就是一例，其偶合常数 $J=50.7$Hz，同碳上的氢等均属此例；相邻碳上的两个磁性原子核的偶合，例如—CH—CH—等就属此种情况，在有机化合物中是最常见的，偶合常数 $J=5\sim8$Hz；大于四个化学键的磁性原子核的自旋-自旋偶合，例如—CH—C—CH—，由于偶合强度太小，一般可忽略不计；远程偶合，尽管两个磁性原子核相距大于四个化学键，但如果空间距离近，仍然有偶合作用，例如下述分子中的氢与甲基的偶合。

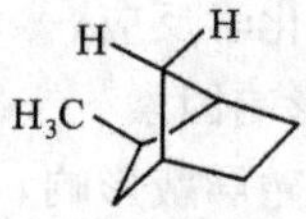

H　H
H_3C

3.5.6.2 自旋-自旋偶合的机制

偶合裂分　相邻的磁性原子核在外加磁场中必然以两种状态存在。例如，化合物一氟二氯甲烷的氢，当同碳上的^{19}F 为 $m=+1/2$ 时，它的自旋磁场与外加磁场相同，对于同碳氢的作用是使其吸收峰向高场方向移动；当另一分子中的^{19}F 是 $m=-1/2$ 时，使氢的吸收峰向低场方向移动。由于^{19}F 处于 $m=+1/2$ 和 $m=-1/2$ 状态的几率基本相同，所以就使得同碳上的氢的吸收峰发生裂分，成为强度基本相同的吸收峰。同样对于^{19}F 也是一样。

再如图 3-24，在 δ 为 3.95 和 5.77 处出现两组峰，二者积分比为 2∶1，应等于两组氢的质子数目之比，所以分别对应于 CH_2Cl、$CHCl_2$。CH_2 为双峰，CH 为三重峰，峰间距离相等。

这种邻核自旋对峰的改变现象叫做自旋-自旋偶合。一个核被另一个核裂分之间的距离是衡量两自旋核相互作用的程度，被定义为偶合常数，用 J 表示。在 $CHFCl_2$ 中^{1}H 与^{19}F 的偶合是很强的，$J=50.7$Hz。Hz 在这里通常被等同视为能量单位（$\Delta E=h\nu$）。由于 J 是衡量两个核的相互作用，所以谱图上两部分的裂分，偶合常数应该是相同的。但是磁性核是如何感觉到邻核的自旋状态呢？有人认为是空间磁性传递的，即偶极-偶极相互作用。对自旋-自旋偶合的另一种解释，即接触机理，这是由于邻核能微微极化它周围电子云的自旋，这种自旋极化作用可通过成键电子传递最后到达共振核，所以偶合是通过键的相互作用来完成的。因此这对确定键的空间排列（电子云分布）是有用的，即对确定化合物的立体化学是有益的。

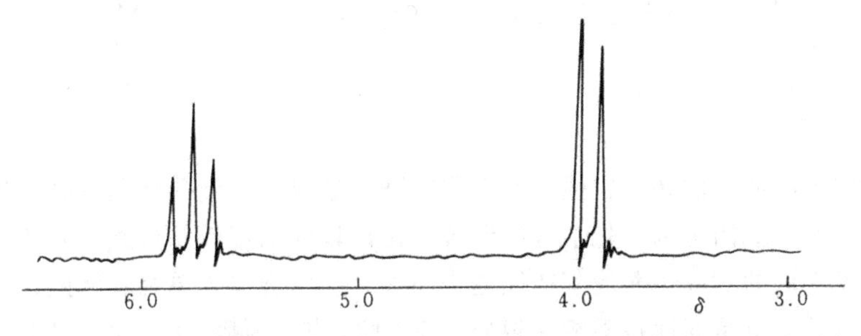

图 3-24　1,1,2-三氯乙烷的^{1}H NMR 谱

根据 Pauling 不相容原理和 Hund 规则（同一原子成键电子应自旋平行）及对应的电子自旋取向与核的自旋取向同向时，势能稍有升高，电子的自旋取向与核的自旋取向反向时，势能稍有降低，以 H_a—C—C—H_b 为例分析：无偶合时，H_b 有一种跃迁方式，所吸收的能量为 $\Delta E(\Delta E=h\nu_b)$；但是在 H_a 的偶合作用下，H_b 有两种跃迁方式，对应的能量分别为 ΔE_1，ΔE_2。

$$\Delta E_1=h(\nu_b-J/2)=h\nu_1$$

$$\Delta E_2=h(\nu_b+J/2)=h\nu_2$$

$$\nu_2-\nu_1=J_{ab}$$

在 H_b 的偶合作用下，H_a 也被裂分为双峰，分别出现在$(\nu_a-J/2)$和$(\nu_a+J/2)$，峰间距等于 J_{ab}。

所以自旋-自旋偶合是相互的，偶合的结果使得共振谱线增多，即自旋裂分。在^{1}H NMR 谱中，化学位移大小表明了处于不同化学环境的氢。积分高度（h）代表峰面积，其比为各组不同化学环境氢的数目之比。裂分峰的数目和 J 值可判断相互偶合的氢核数目及基团的连接方式。

当然，共振核可以有多于一个的磁性邻核，例如环丙烯，每一个 X 质子与两个同性的 A 质子偶合，因此必须同时考虑两个 A 质子的自旋状态，有(+1/2,+1/2)、(+1/2,−1/2)、(−1/2,+1/2)、(−1/2,−1/2)四种状态，因此 X 质子应有四种不同的化学环境与这四种自旋状态相对应，所以 X 质子的自旋吸收有四重峰。考虑到(+1/2,−1/2)与(−1/2,+1/2)是等同的，所以两个峰是重叠的，故有三重峰，其强度比是 1∶2∶1。同样的原因，A 质子也裂解为三重峰。

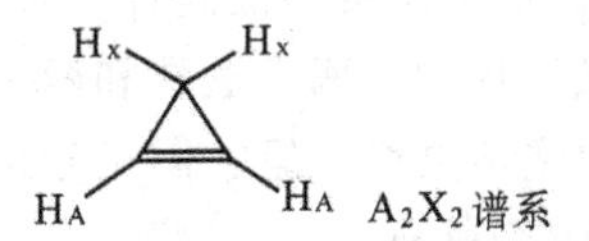

随着邻近的磁性原子核数的增加，谱图的复杂性就增加。例如，乙醚为一典型的 A_2X_3 型谱图。对于甲基与两个磁等性的原子核偶合，所以是三重峰；而亚甲基与三个磁等性的原子核偶合，所以是四重峰。依此类推，如果一共振核的周围有 n 个磁等性的原子核可发生自旋-自旋偶合，共振核与每一个磁性原子核偶合的偶合常数均相同，为 AX_n 体系，其能级裂分峰的个数和强度可按 Pascal's 三角形来给出，如下图所示。

Pascal's 三角形	一级自旋-自旋偶合类型
1	A
1 1	AX
1 2 1	AX_2
1 3 3 1	AX_3
1 4 6 4 1	AX_4
1 5 10 10 5 1	AX_5
……	

通常，邻碳上的质子的偶合较强，易于观察到；通过三个键传递其偶合作用的情况是最常见的；而经过四个或四个以上化学键的偶合，往往较弱而难以观察到；同碳上的质子尽管有偶合，但由于它们的对称性而使其往往是磁同性，所以规定为单峰。因此，在核磁共振波谱处理中第一条近似就是同性核不相互裂分。基于此，苯、丙酮、氯甲烷、乙烯均为单峰。所以 A_mX_n 的情况与 AX_n 相同，强度是 AX_n 的 m 倍而已。由于自然界只有约 1.1% ^{13}C，实际上对于 ^1H NMR，可认为质子与碳的偶合可忽略不计。同样的原因，碳碳之间的偶合也可忽略不计。

3.5.6.3 核的等价性

事实上，符合 Pascal's 三角形的谱图一般认为是一级谱，例如乙醛和甲苯的 ^1H NMR 谱。乙醛中的质子的裂分符合 Pascal's 三角形，而甲苯不符合。对于一级谱而言，是很容易分析的，但它的一个必须条件是相互偶合的核的共振吸收频率差与其偶合常数之比应大于 10，而且只与磁同性的磁性原子核裂分。下面再来探讨一下核的等价性，核的等价性包括化学等价和磁等价。

(1) 化学等价　分子中有一组氢核，它们的化学环境完全相等，化学位移也严格相等，则这组核称为化学等价的核。有快速旋转化学等价和对称化学等价之分。

快速旋转化学等价　若两个或两个以上质子在单键快速旋转过程中位置可对映互换时，则为化学等价。如氯乙烷、乙醇中 CH_3 的三个质子为化学等价。

对称性化学等价　分子构型中存在对称性（点、线、面），通过某种对称操作后，分子中可以互换位置的质子则为化学等价。如反式 1,2-二氯环丙烷中 H_a 与 H_b，H_c 与 H_d 分别为等价质子。

(2) 磁等价　那些与分子中其他任何原子核发生同等程度偶合的化学等价原子核为磁等价原子核。如苯乙酮中 CH_3 的三个氢核既是化学等价，又是磁等价的。苯基中两个邻位质子（H_a，H_a'）或两个间位质子（H_b，H_b'）分别是化学等价的，但不是磁等价的。因 H_a 与 H_a' 化学环境相同，但对组外任意核 H_b，H_a 与其是邻位偶合，而 H_a' 与其是对位偶合，存在两种偶合常数，故磁不等价。在 1,1-二氟乙烯中，两个氢核和两个氟核分别都是化学等价的，并在化学性质上毫无区别，具有相同的化学位移，但它们又分别是磁不等价的。对任意一个氟核（F_a），H_a 与其顺式偶合，而 H_b 与其反式偶合。

核的等价性与分子内部基团的运动有关。分子内部基团运动较快，使本来化学等价但磁不等价的核表现出磁等价，其之间的偶合表现不出来。分子内部基团运动较慢，即使化学等价的核，其磁不等价性在谱图中也会反映出来。

环己烷中十二个氢核为两种不同环境的氢（直立氢和平伏氢），常温下，由于分子内部运动很快，直立氢和平伏氢相互变换也很快，如下式：

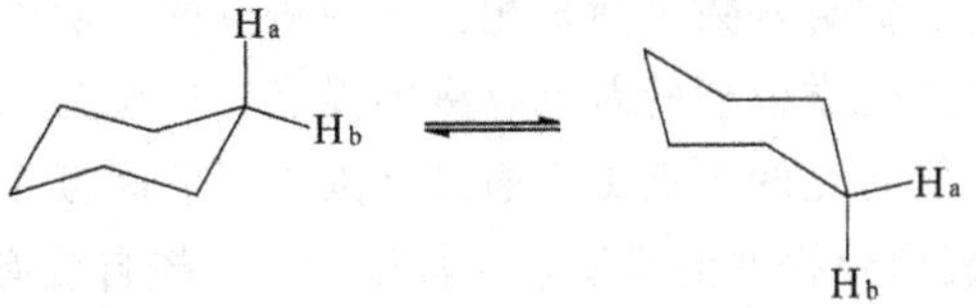

H_a 与 H_b 处于一种平均环境中，从而出现一个单峰。当温度降低到－100℃时，随着分子内部运动速度降低，环的翻转速度明显变慢，H_a 与 H_b 的不等价性表现出来，^1H NMR 谱中出现双峰，即对应于 H_a 与 H_b。

不等价质子之间存在偶合，表现出裂分。不等价质子的结构特征有四类。

① 非对称取代的烯烃、芳烃。由于取代基的影响，烯氢、芳氢为不等价质子。化合物（6）中 H_a，H_b，H_c 化学不等价，磁不等价。化合物（7）中 a、a′与 b、b′，化学不等价，磁不等价；而 a 与 a′、b 与 b′，化学等价，磁不等价。

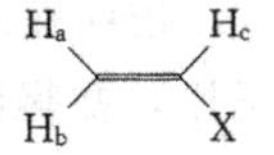

(6) 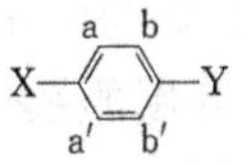　　(7)

② 与不对称碳相连的 CH_2（称前手性氢）中，两个氢核为不等价质子。(8)、(9) 中H_a 与 H_b 不等价。无论碳碳 σ 键旋转多么快，它们的化学环境还是不同的。

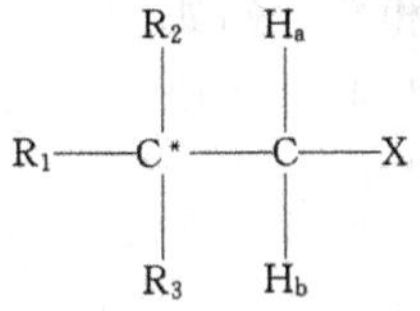

(8) 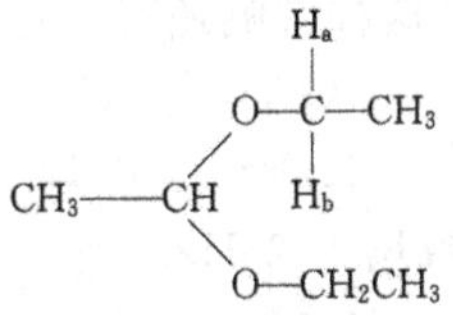　　(9)

③ 单键带有双键性时，不能自由旋转，产生不等价质子。如二甲基甲酰胺分子中，氮原子上的孤对电子与羰基产生 p-π 共轭，使C—N 键带有部分双键性质，两个 CH_3 为不等价质子，出现双峰。当升温至170℃左右时，由于分子内的热运动足以克服部分双键的势垒，使C—N成为比较自由旋转的单键，两个 CH_3 为等价质子，^1H NMR 谱中出现一个尖锐的单峰。

④ 取代环烷烃，当其构象固定时，环上 CH_2 的两个氢是不等价的。例如甾体化合物(10)，甾体环是固定的，不能翻转，因此环上 CH_2 的平伏氢与直立氢表现出不等价性质，在 δ 为 1～2.5 之间有复杂的偶合峰。

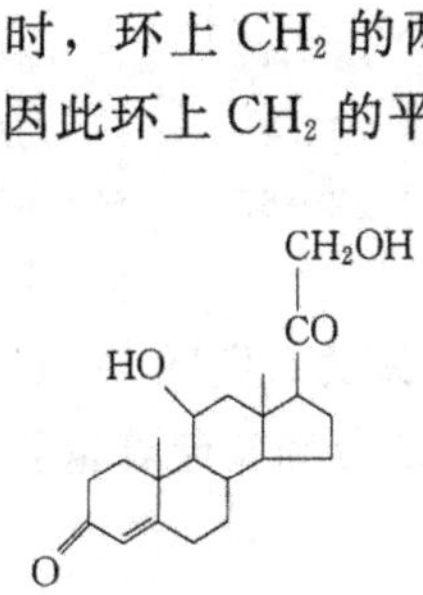

(10)

3.5.6.4　**偶合常数**

综上所述，相邻的两自旋磁性原子核有偶合作用，将其偶合作用的大小或强度定义为偶合常数 J。表现在核磁共振波谱图上就是一个磁性原子核的吸收峰被其相邻的磁性原子核裂分后两峰之间的距离。由于偶合常数是衡量相互作用程度的，所以其单位应等同视为能量单位，在计算偶合常数时采用化学位移的差乘以磁场强度，单位为 Hz。

（1）旋磁比的影响　偶合是两个核磁矩通过外围电子的间接作用而偶合裂分的，偶合常数就是这两个核自旋-自旋偶合程度的量度，与其核磁矩、核自旋有关，也就是说，与两个核的旋磁比有关。利用这一性质，就可以用同位素取代的办法来推测等性核间的偶合常数，而正常的核磁共振谱是得不到等性核间的偶合常数的。由于同位素的取代不会影响电子波函数，也不会影响化学位移，它改变的只是 ν，所以这种推测具有很高的精确性。例如，对于 H—H 而言，以 D 代替 H，则测得的 $|^1J_{DH}|=42.9$Hz，根据 $J_{HH}/J_{HD}=\nu_H/\nu_D=6.514$，所以 $|^1J_{HH}|=279.7$Hz。同理，也可根据 CH_3D 基团中的 $^2J_{HD}$、D 中的 $^2J_{HD}$，推导出相应的 $|^2J_{HH}|$。

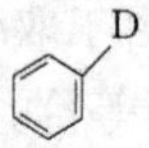

（2）单键偶合常数　分两种情况讨论。

① $^1J_{CH}$，对于直接相连的 ^{13}C 与 ^1H 的偶合常数而言，按照费米接触机理，它们的偶合只有 s 轨道才有贡献。也就是说，与碳的杂化轨道中 s 成正比，并得到如下关系式：

$$s\%=0.2\,^1J_{CH} \qquad ^1J_{CH}=500\rho$$ （ρ 指轨道中的 s 成分）

利用这一性质可研究一些特殊化合物的杂化情况。解释了一些难以解释的问题，如环丙烷中碳的杂化态。事实上除了杂化轨道中 s 成分对偶合常数有影响外，不同位置上的不同取代基对偶合常数也有影响，而且这种影响还有一定的加和性。例如：

CH_4	CH_3Cl	CH_2Cl_2	$CHCl_3$
125Hz	150Hz	178Hz	209Hz

即每增加一个 Cl，$^1J_{CH}$ 大致增加 25Hz。

电负性取代基对碳的 sp^2 杂化影响要更显著一点，例如 CH_3F(149Hz)、CH_4(125Hz)，但 $CH_2={}^*CHF$(200Hz)比($CH_2={}^*CH_2$)(156Hz)大 44Hz。因为对 $^1J_{CH}$ 的贡献既有 $^1J^{\sigma}_{CH}$，也有 $^1J^{\pi}_{CH}$，有了 π 电子，贡献要大一些。取代基如果在 β 碳上，影响就小得多。如氟乙烯 $^1J_{CH(顺)}=159$Hz，$^1J_{CH反}=162$Hz；氟苯，C_2(155Hz)、C_3(163Hz)、C_4(161Hz)。

② $^1J_{CC}$，事实上 $^1J_{CC}$ 的情况与 $^1J_{CH}$ 的情况有些相似，但由于 ^{13}C 的天然丰度只有 1.1%，要使两个 ^{13}C 核紧相连的几率就只有 10^{-4}，所以测定 $^1J_{CC}$ 就必须用 ^{13}C 富集的样品。根据费米接触机理有如下的公式：

$$^1J_{CC}=500\rho_1\rho_2$$ （ρ_1、ρ_2 为两个碳轨道中的 s 成分）

所以

	sp^3-sp^3	sp^3-sp^2	sp^3-sp	sp^2-sp^2	sp^2-sp	$sp-sp$
计算值	31.25	41.65	62.5	55.55	83.35	125
观察值	35～40	38～57	52～67	57～60（芳烃） 67～70（烯烃）	80～100	155～171

例如，下述化合物 $^1J_{CC}$ 的实测值分别为：C_2H_6 34.6，乙醇 37.3，丙酮 40.1，苯 57.0。

所以对于 $^1J_{CC}$ 而言，杂化轨道中 s 成分确实起着重要的作用，而取代基的影响与 $^1J_{CH}$ 相比则要少一些。

（3）同碳偶合常数 $^2J_{HH}$、$^2J_{CH}$ 和 $^2J_{CC}$

① $^2J_{HH}$，同碳氢偶合常数在氢谱中是相当有用的，其中有正有负，但多数是负值。$^2J_{HH}$ 和碳的杂化态、取代基性质、超共轭效应、环系的影响等有复杂的关系。它大致上有如下的规律性。

● 当 HCH 键角增加时，即增加杂化轨道中 s 成分，则$^2J_{HH}$向正的方向增加。例如，sp^3 杂化基团上的$^2J_{HH}$为$-10\sim-15$Hz，环丙烷类化合物的$^2J_{HH}$为-3Hz~-9Hz。sp^2 杂化的 $H_2C{=}CHX$ 型化合物的$^2J_{HH}$在-3Hz$\sim+2$Hz。

● 对于 sp^2 和 sp^3CH_2 基团，在 α 位置上有电负性取代基时，则$^2J_{HH}$向正的方向移动。例如，CH_4（-12.4Hz），CH_3Cl（-10.8Hz），CH_2Cl_2（-7.5Hz），CH_3OH（-10.8Hz），CH_3F（-9.6Hz）。

● 如果在 β 位置上带有电负性取代基的时，则$^2J_{HH}$向负的方向移动。例如，CH_4（-12.4Hz），$CH_3{-}CCl_3$（-13.0Hz），对于给电子基，则情况恰好相反。

● 对于乙烯类化合物 $CH_2{=}CHX$，$^2J_{HH}$和原子 X 的电负性有如下的关系式：

$$^2J_{HH}=2.5-2.9(E_X-E_H)$$

如 $CH_2{=}CHF$（-3.2Hz），$CH_2{=}CHLi$（$+7.1$Hz）。

● 超共轭效应。这在甲苯，丙酮等化合物中有所表现，它取决于氢的 1s 轨道和 π 键重叠的程度。例如甲醛，电负性很大的氧原子在 α 碳上，诱导效应使它向正向移动，但这种移动不会太大。重要的是氧的孤对电子正好和质子发生超共轭，这个孤对电子正好是 π 电子的给予体，使它向正向有很大的移动，所以甲醛的$^2J_{HH}=+41$Hz。

② $^2J_{CH}$，对于同碳的^{13}C 与^{1}H 的偶合研究不多，通常只研究$^2J_{HH}$，主要是因为$^2J_{CH}$要小得多，大约为$^2J_{HH}$的 60%～70%。影响$^2J_{CH}$的因素大体上也和影响$^2J_{HH}$的因素相同，如杂化态的影响，取代基的影响等等。但是有一点是不同的，对于 H 来说，它只有一种价态，它和碳原子只能通过 σ 键相连接，而碳和其他碳之间除了 σ 键外，还可以具有 π 键，这个因素很重要，例如 $CH_2{=}CH_2$ 的$^2J_{CH}=-2.4$Hz，$HC{\equiv}CH$ 的$^2J_{CH}=+49.3$Hz。两者的差别极大。

在烯烃中，取代基的影响还与方向有关。例如在 $\mathrm{R(H_\gamma)C_1{=}C_2H_\alpha H_\beta}$ 中$^2J_{顺(C_1H_\alpha)}$随着 R 电负性增加而减少，而$^2J_{反(C_1H_\alpha)}$却随着 R 电负性的增加而增加。例如 $CH_2{=}CH_2$ $^2J_{CH}=-2.4$Hz，氯乙烯$^2J_{顺(C_1H_\alpha)}=-8.3$Hz，$^2J_{反(C_1H_\beta)}=+7.1$Hz，$^2J_{(C_2H_\gamma)}=+6.8$Hz。再如顺式二烯烃，$^2J_{(C_1H)}=15.4$Hz，反式二烯烃，$^2J_{(C_1H)}<0.3$Hz。在芳烃中，$^2J_{CH}$通常小于$^3J_{CH}$。对于取代苯，$^2J_{CH}$在$+1.1\sim-4$Hz 左右。除呋喃外，其他杂环化合物的$^2J_{CH}$在 4～6Hz 之间。

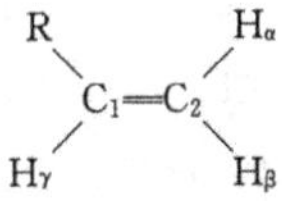

$^2J_{CC}$通常是很小的，对于饱和化合物，其值小于 3Hz，所以通常分辨不开。但如果它跨越羰基，则其值可大到 16Hz。例如，$\overset{*}{C}H_3\overset{O}{\overset{\|}{C}}\overset{*}{C}H_3$ 的$^2J_{CC}=16$Hz。另外一种情况$^2J_{CC}$也较大，这就是它跨越多个叁键，或其中有一个碳连接到多键的情况。例如$^*CH_3{-}C{\equiv}C^*H$(11.8Hz)，$^*CH_3{-}CH_2{-}C^*{\equiv}N$(+33Hz)。

(4) 邻位偶合常数$^3J_{HH}$、$^3J_{CH}$、$^3J_{CC}$

① $^3J_{HH}$，在氢谱中最有用的偶合常数是邻位偶合常数$^3J_{HH}$，用它可以判断分子的几何结构。影响$^3J_{HH}$的因素很多，如杂化态和取代基的影响等。但突出的原因是二面角影响，$^3J_{HH}$的符号一般是正的。

对于自由旋转的构象，其值在 7Hz 左右，对于构象固定的情况则在 0～18Hz 范围内。1959 年 Karplus 根据价键理论导出 $J=A+B\cos\phi+C\cos^2\phi$。

其中 ϕ 是 $\mathrm{H{-}C{-}C{-}H}$ 的二面角，Karplus 定出的 A、B、C 值依次为 4.22，-0.5，4.5 Hz。

但随后的改进为 7，−1，5 Hz。由此可知当两个质子处于反式时，$\phi=180°$，$^3J_{HH}$最大，当 $\phi=90°$时，其值最小，实验结果也正是如此。例如，在椅式环己烷的衍生物中，$^3J_{aa}$在 8～12Hz（$\phi\sim180°$）而$^3J_{ae}$在 0～4Hz（对于 ae 和 ee，$\phi\sim60°$）。

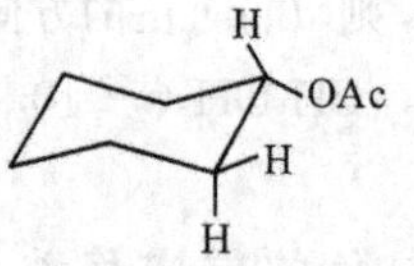

$J_{aa}=11.4$ Hz $J_{ae}=4.2$ Hz

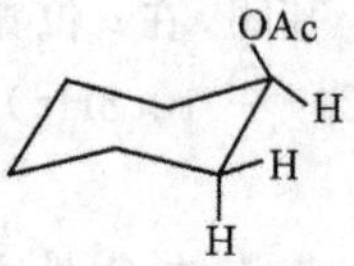

$J_{ea}=2.7$ Hz $J_{ee}=2.7$ Hz

在三元环中$^3J_{顺(\phi\approx0°)}>{}^3J_{反(\phi=120°)}$，环丙烷$^3J_{顺}=9.2$Hz，$^3J_{反}=5.58$Hz。取代基对于$^3J_{HH}$也有影响，对于自由旋转的化合物取代基影响不大，例如 $CH_3—CH_3$ 的$^3J_{HH}=8.0$Hz，而 CH_3CH_2OH 的$^3J_{HH}=7.0$Hz，CH_3CH_2Li 的$^3J_{HH}=8.4$Hz。对于构象固定的化合物影响就较大，例如环己烷 $J_{aa}=8\sim13$Hz，$J_{ae}=2\sim5$Hz，$J_{ee}=1\sim4$Hz，但在二嘧烷中，$J_{aa}=11.5$Hz，$J_{ae}=2.7$Hz，$J_{ee}=0.6$Hz。当取代基在反式位置时，它对$^3J_{HH}$的影响较大。

对于烯型邻位偶合常数，由于二面角只有 0°（顺式）和 180°（反式）两种，在同一取代基的化合物中总有$^3J_{HH(反)}>{}^3J_{HH(顺)}$。取代基的电负性和$^3J_{HH}$之间大致有如下关系：

$$^3J_{HH(反)}=19.0-3.2(E_x-E_H)$$

$$^3J_{HH(顺)}=11.7-4.1(E_x-E_H)$$

例如 $CH_2=CH—OR$，$E_{OR}=3.50$、$E_H=3.2$

所以 $^3J_{HH(反)}=14.8$Hz $^3J_{HH(顺)}=6.4$Hz

（实测为 14.2Hz） （实测为 6.7 Hz）

如果假设取代基有加和性，则上式还可估计双取代烯烃的$^3J_{HH}$值。

例如

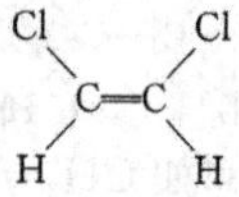

$J=3.9$Hz（实测为 5.3 Hz）

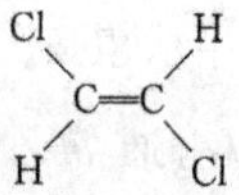

$J=12.9$Hz（实测为 12.1 Hz）

对于环烯烃，$^3J_{HH}$的数值随着环数 n 的增大而增大，当 $n\geqslant7$ 时，其值基本不变。

环丁烯 2.7 Hz，环戊烯 5.1 Hz，环己烯 8.8Hz，环庚烯 10.8Hz，环辛烯 10.3Hz，环壬烯 10.7Hz。这是因为小环时，张力改变了其二面角所致。

在芳烃衍生物中，由于 π 电子的传递，邻、间、对位氢之间均有偶合，但邻位最大，间位次之，对位最小。

$$^3J_{HH}=5\sim9\text{Hz},\ ^4J_{HH}=2\sim3\text{Hz},\ ^3J_{HH}=0\sim1\text{Hz}$$

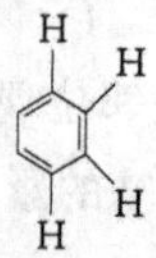

对于呋喃、吡咯、噻吩这些五元环化合物，影响有两个因素：一是张力，二是杂原子的诱导效应。

② $^3J_{CH}$与$^3J_{HH}$一样，也服从类似的二面角关系。如在烯烃 $HO_2C(H)C=C(H)H$ 中，$^3J_{CH(反)}=$

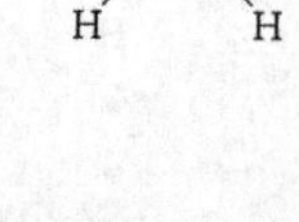

14.1Hz，$^3J_{CH(顺)}=7.6$ Hz，$^3J_{CH(反)}>^3J_{CH(顺)}$。

在芳烃中，由于$^3J_{CH}$全是反式的，因此它常比$^2J_{CH}$大。例如苯的$^3J_{CH}=7.4$Hz，而$^2J_{CH}$只有1.0Hz。

(5) 长程偶合常数和跨越空间的偶合　对于$n>3$的偶合常数，称作远程偶合常数。一般来说，通过σ键电子传递的远程偶合常数很小(0～3Hz)，常规操作不易分辨出来；但在有双键或叁键的情况，由于电子的非定域性，nJ的数值较大，而且它和空间的结构也有关系。

另一种远程偶合是由σ-π相互作用引起的。这个π轨道与CH键中氢的1s轨道重叠程度有关。例如，H—C≡C—H $^4J_{HH}=0\sim3$ Hz；H—C—C＝C—CH $^5J_{HH}=0\sim+4$ Hz；$H_2C=C=CH_2$ $^4J_{HH}=-7$Hz。

特别是具有交替叁键的化合物，即使远隔9个键，仍有一定的偶合。

$$H_3{}^*C—C≡C—C≡C—C≡C—CH_2{}^*—OH \quad {}^9J_{HH}=0.4\text{Hz}$$

远程偶合当然也与二面角有关，值得一提的是，在某些特殊的情况下远程偶合常数可以相当大。

$^5J_{FF}=1.44$Hz　　$^5J_{FF}=13.39$Hz

$^5J_{FF}<1$Hz　　$^5J_{HH}=10\sim12$Hz

这种顺式情况下，很大的$^5J_{FF}$值虽然不是通过折线途径或σ-π相互作用传递的，但它是当两个氟原子在空间接近时产生电子自旋的直接作用引起的。这是一种跨越空间的偶合机理。当然它并不限于(FF)偶合常数，对于(HH)偶合常数，只要两个核在空间足够接近，也会发生电子自旋关联的，它对$^nJ_{HH}$的贡献通常是正的。

参考文献

1 周各成，俞汝勤编. 紫外与可见光分光光度分析法. 北京：化学工业出版社，1986

2 罗庆尧，邓延倬，蔡汝秀，曾云鹊编著. 分光光度分析(分析化学丛书第四卷. 第一册). 北京：科学出版社. 1992

3 陈国珍，黄贤智，刘文远，郑米梓，王尊本编著. 紫外-可见分光光度法(上册). 北京：原子能出版社，1983

4 [美]D. A. 斯柯格，D. M. 韦斯特著. 仪器分析原理.(第二版). 金钦汉译. 上海：上海科技出版社，1987

5 杜廷发编. 现代仪器分析. 第2版. 国防科技大学出版社，1997

6 C. J. 克利斯威尔等著. 有机化合物的光谱分析. 周黛玲，李广瑛，徐新隆译. 上海：科学出版社，1985

7 周华编著. 质谱学及其在无机分析中的应用. 上海：科学出版社，1986

8 徐可欣，日本专利. 特许第2715326号(No.7，1997)

9 Xu Kexin Ep 0,898,934

10 孟气芝,何永炳.有机波谱分析.武汉:武汉大学出版社,1996

11 赵天增.核磁共振氢谱.北京:北京大学出版社,1983

12 D H Williams,I Fleming. Spectroscopic Methods in organic chemistry. 5th ed. McGraw-Hill. Book Cs,1995

13 E.布里特梅尔,W.沃尔特.碳-13核磁共振波谱学.刘立新,田雅珍译.大连:大连工学院出版社,1986

14 M.L.马丹,G.L.马丹,J.J.戴尔布什.实用核磁共振波谱学.蒋大智,苏邦瑛,陈邦钦译.北京:科学出版社,1987

第四章　现代分离方法在精细化学品中的应用

目前，以色谱法为主的现代分离方法已成为精细化学品分析的重要手段。精细化学品种类繁多，其合成、制备工艺复杂，因而产品的分析也较为复杂。在洗涤剂配方及橡塑制品中助剂的分析，药物的分析等方面均采用现代分离方法在分离过程中实现了其分析。例如，气相色谱法和高效液相色谱法广泛地应用在中间体、表面活性剂与助剂、以及医药、农药等诸多领域的分析中；薄层色谱法简便灵活，分离能力较强，在合成反应控制及多种精细化学品的分析中也有广泛的应用[1]。这些方法正适合精细化学品分析的需求与特点。

4.1　现代分离方法应用概述

在介绍各类现代分离方法在精细化学品中的应用之前，本节将对各种现代分离方法的适用范围作简要介绍，并讨论几类重要的精细化学品所适用的现代分离方法。

4.1.1　各种现代分离方法的适用范围

在本书介绍的重要的现代分离方法中，薄层色谱法、气相色谱法、高效液相色谱法各有其不同的适用范围。

薄层色谱法适用于多种不同性质化合物的分离，可应用于组成较复杂的精细化学品混合物的分析，也可广泛应用于中间体、表面活性剂、药物、农药、染料等精细化学品的定性与半定量分析中；在有机合成终点控制中，半定量或定性分析时侧重于样品间组分的相对含量，而不注重绝对含量，因此运用薄层色谱法就比较合适。

气相色谱法适用于分析具有可挥发性与热稳定性的精细化学品及中间体。由于可采用衍生化方法，其应用范围在一定程度上可进一步扩大，分析许多不具挥发性的化合物，如表面活性剂与助剂。又由于气相色谱法的灵敏度较高，在精细化学品应用配方中和环境监测中可用于微量及痕量化合物的分析，如环境中农药残留量的分析等。

高效液相色谱法可较好地分析具有生物活性并且结构较为复杂的药物及生化物质，分析不具挥发性的染料、表面活性剂、有机酸、有机碱等有机化工原料及中间体；并且具有操作条件温和、对复杂混合物的全部或大部分组分可出峰的优点；可采用的分离方法与冲洗剂种类多，选择性余地大，能解决多种精细化学品的分析问题。

离子交换色谱法可视为高效液相色谱法的一个分支，适用于离子型表面活性剂混合物、及含离子型基团的中间体、药物及生化物质的分析。凝胶渗透色谱法为高效液相色谱法的另一个分支，适用于分子体积大小存在差异的中间体、表面活性剂及助剂等精细化学品混合物的分析。

4.1.2　分析几类重要的精细化学品所适用的现代分离方法

各种精细化学品，由于其分子结构、性能、混合物样品状况及应用基质不同，可应用不同的现代分离方法进行分析、分离及纯化。这里简要归纳几类重要的精细化学品所适用的现代分离方法。

大部分的表面活性剂分子与一些助剂分子极性较强，不具挥发性。薄层色谱法是分析单一离子类型表面活性剂及几类离子型表面活性剂混合物样品以及多种助剂的有效手段。高效液相色谱法用于表面活性剂及助剂的分析，比薄层色谱法分离效率更高，定量更为快速准确。如对于表面活性剂疏水基与亲水基分布的分析，采用高效液相色谱法可获得较好的分离效果。气相色谱法可直接分析具有挥发性的助剂产品，对于不具挥发性的表面活性剂及助剂，需经衍生化处理后，再进行气相色谱分析，一些含有分子体积大小不同的组分的表面活性剂及助剂混合物，可采用凝胶渗透色谱法进行分析。

在各类农药及残留物的分析中，薄层色谱法为定性及半定量的常规分析手段，薄层色谱扫描法也可进行定量分析，但手续较为繁杂。气相色谱法及高效液相色谱法是农药及残留物分析的重要手段。对于具有一定挥发性与较好的热稳定性的农药多采用气相色谱法进行分析，如一些分子较小、极性不太大的有机氯、有机磷杀虫剂及苯氧基烷酸除草剂。采用电子捕获检测器与火焰光度检测器的气相色谱法对农药测定的灵敏度高于高效液相色谱法。合成拟除虫菊酯类杀虫剂的气相色谱分析法已有较多的报道；还可采用高效液相色谱法进行其顺、反异构体分析。对于相对挥发性稍差的三氮苯类、取代尿类除草剂，可采用高效液相色谱法进行分析[1]。

各类药物的分子一般较大，分子结构较为复杂，主要采用高效液相色谱法进行分析。经典及高效薄层色谱法在药物分析中也有大量的应用，主要用在半定量分析及定量分析中。高效液相色谱法目前在药物分析中应用日趋广泛，具有条件温和与定量准确的优点；正相高效液相色谱及反相高效液相色谱均有较多的应用。而对分子较小、挥发性较强的药物，及药物中的挥发性组分（如榄香烯等），可采用气相色谱法进行分析。一些具有生物活性的含离子型结构的药物可采用离子交换色谱法进行分析。

挥发性较好的各类中间体适宜于以气相色谱法进行分析，填充柱气相色谱法及毛细管气相色谱法均有较多的应用，带有可解离基团、极性极大的中间体主要是用高效液相色谱法进行分析，也可采用衍生化气相色谱法；另外还可采用离子交换色谱法。

相对分子质量较大与不具挥发性的染料，主要运用薄层色谱法及高效液相色谱法分析。在合成控制及定性、半定量分析中，多采用薄层色谱法；在组分较为复杂的产品的定量分析中较多地运用高效液相色谱法，或综合运用两种方法。而对挥发性较好的香料，主要分析测试手段为气相色谱法。

4.2 气相色谱法在精细化学品中的应用

气相色谱法自20世纪60年代产生以来发展迅速，具有分析速度快、分离效率高、选择性好，灵敏度高、定量准确、自动化程度高、成本低等突出特点[2]。现已成为分析多种有机化合物的常用的现代分离方法。气相色谱法采用气体为流动相，要求样品热稳定性好并且易挥发，可分析相对分子质量不高、极性较弱的有机中间体、农药、香料等。另外，还可使用衍生化方法使难挥发、易分解组分生成易挥发的稳定性好的衍生物，以扩大其应用范围。如某些表面活性剂的分析，可采用衍生化方法进行气相色谱分析。

1980年以来，气相色谱技术不断发展，趋向于小型化、自动化，并与计算机联用，仪器与方法更加先进完善。毛细管气相色谱法在精细化学品分析中的应用日益增多，其柱效大大提高，在分离分析复杂混合物方面具有显著的效果[3]。火焰光度检测器和电子捕获检测器等高选择性与高灵敏度的检测手段的发展[3]，使一些有机物及精细化学品的分析更为灵敏，定量更加准确。

4.2.1 气相色谱法在中间体及有机化工原料中的应用

气相色谱法可对中间体产品进行快速的定性、定量分析，以控制中间体的生产过程及检测产品质量，填充柱气相色谱法在该方面应用较广。毛细管气相色谱法理论塔板数高达 10^5～10^6 块，能满意地分析分离复杂组分样品及结构极其相近的异构体。在中间体分析中，可根据样品成分是否复杂及其极性状况进行选择：样品组分不太复杂时采用填充柱气相色谱法；样品组成复杂或极性很强时可采用毛细管气相色谱法。挥发性较差的样品，可采用衍生化方法转化为易挥发组分后再进样分析。

4.2.1.1 气相色谱法在脂肪族类中间体及有机化工原料中的应用

脂肪族类化合物在中间体及有机化工原料中占有很重要的地位，可广泛用作基本有机化工原料，以及染料、医药、农药、香料、表面活性剂等精细化学品的重要中间体。填充柱气相色谱法与毛细管气相色谱法在该类化合物的分析中均有广泛的应用。

填充柱气相色谱法可应用于染料、医药中间体原乙酸三乙酯的定量分析[4]，根据固定液选择的“相似相溶”原理（参见 2.3.3.2），原乙酸三乙酯极性较弱，可选择弱极性固定液，此例中选用甲基硅酮 SE-30。合成原乙酸三乙酯的反应产物中除存在产品与过量原料乙醇外，还可能存在副产物乙酸乙酯。气相色谱法可测定合成原乙酸三乙酯反应产物中的原乙酸三乙酯含量，分析方法如下。

仪器：采用 Shimadzu-8A 型气相色谱仪，带有热导池检测器。

实验条件：色谱柱为 2mm×2m 不锈钢柱，载体为 101 担体，上海试剂一厂生产；固定液为 SE-30，即为甲基硅酮；柱温 70℃；汽化温度 140℃；载气为氢气；检测温度为 140℃；桥流 60mA。

定性分析　对原乙酸三乙酯、乙醇和乙酸乙酯的纯样的标准溶液进行色谱分析，参照 2.2.5.2 中所述色谱定性方法根据标准物保留值定性。气相色谱图如图 4-1 所示，峰 1 为乙酸乙酯和乙醇，保留时间 t_R 为 1.120min；峰 2 为原乙酸三乙酯，保留时间 t_R 为 3.098min。分析试样可得与图 4-1 一致的色谱图。说明原乙酸三乙酯的合成产物中除存在主产物外，还存在原料乙醇与副产物乙酸乙酯。试样中原乙酸三乙酯能获得很好的分离且峰形较好，可作为定量分析峰。

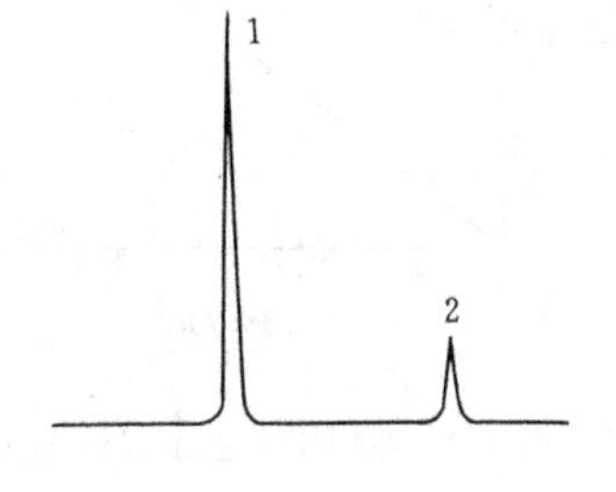

图 4-1　原乙酸三乙酯标样溶液气相色谱图
1—乙酸乙酯和乙醇；
2—原乙酸三乙酯

定量分析　色谱定量方法如 2.2.5.3 所述。

由于乙醇和乙酸乙酯未分开，不宜采用归一化法，而应用外标法定量，即在线性范围内测定峰面积与标样进样量之间的关系。在实验范围内，检测器响应值峰面积与标样进样量之间的线性关系良好。固定进样量为 1μL，以不同质量分数的原乙酸三乙酯的乙醇溶液与对应的峰面积作图，校正曲线为一通过原点的直线，采用单点校正法对原乙酸三乙酯进行定量分析，重复性良好。

填充柱气相色谱法可应用于农药、医药中间体原甲酸三乙酯的定量分析中[5]。因原甲酸三乙酯极性较弱，采用配备氢火焰离子化检测器及 CR-6A 微处理机的 GC-14A 气相色谱仪。色谱操作条件为，采用 1.5mm×3m 不锈钢盘管柱；固定液为 3% OV-17（中等极性甲基苯基硅酮）；柱温为 50℃，汽化温度为 100℃；载气为氢气，压力为 7.35×10^4Pa；尾吹气为氮气，压力为 5.88×10^4Pa，助燃气空气压力为 4.90×10^4Pa。气相色谱固定相已在 2.3.3 中讨论。本实例中采用了经酸洗、碱洗及二甲基二氯硅烷处理的硅藻土载体 Gas Chrom Q（60～80 目）。用适当的表面处理方法可减少或消除载体的表面活性[2]，如通过酸洗，可除去无机杂质，降低吸附作用，并有利于进一步硅烷化处理；酸洗后的载体进一步碱洗，可除去载体表面 Al_2O_3 等酸性杂质，适用于分析碱性化合物；进一步还可采用二甲基二氯硅烷等硅烷化试剂进行载体表面硅烷化反应，使表面消除氢键作用，变为非极性表面，表面可涂覆非极性或弱极性的固定液。OV-17 为甲基苯基硅酮，为硅酮类固定液。OV-17 在硅酮的硅原子上引入了一定的苯基，具有中等极性。在该实例中还曾采用过 OV-101 固定液，即为非极性固定液，但主峰与主要杂质峰不能完全分开，而当采用中等和强极性固定液时，原甲酸三乙酯有部分分解现象。选用极性中等 OV-17 固定液时，效果较为理想。

该分析方法中，采用在气相色谱中常用的内标法，即质量校正因子法定量。用不同比例的原甲酸三乙酯纯品与内标物，以 1.5mL 丙酮溶解，进样分析，测定质量校正因子。

$$f_i=\frac{m_i\times P_i\%\times A_s}{m_s\times A_i}$$

式中　m_i——原甲酸三乙酯纯品质量；

m_s——内标物质量；

A_s 和 A_i——分别为内标物及原甲酸三乙酯纯品的峰面积；

$P_i\%$——原甲酸三乙酯纯品含量。

以纵坐标 A_i/A_s 对 m_i/m_s 作图，为通过原点的直线。如图 4-2 所示。

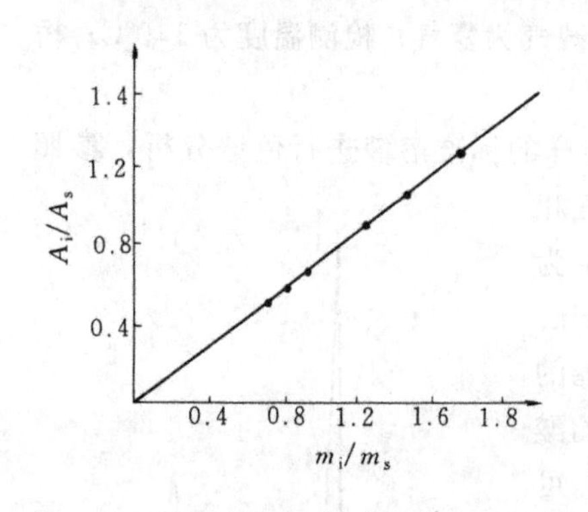

图 4-2　原甲酸三乙酯线性范围图

称取一定量的内标物和原甲酸三乙酯样品，以 1.5mL 丙酮溶解，进样分析，原甲酸三乙酯纯度可通过下式进行计算得到：

$$c_i=\frac{m_s\times A_i}{m_i\times A_s}\times f_i\times 100$$

按上述操作方法可简便、快速地测定出原甲酸三乙酯的含量。

对极性较强的组分，可选择极性强的固定液，如聚乙二醇、二乙二醇丁二酸酯等。合成低毒高效农药氯醚菊酯及醚菊酯的中间体氯代叔丁烷，可用 2000mm×3mm 不锈钢柱，用 301 釉化担体（0.175～0.147mm）和以 5% PEG-10000 为固定液的气相色谱法定量分析。柱温 65℃，气化温度 135℃，以丙酮为内标物定量。301 釉化担体是以 201 载体（红色担体）釉化处理高温灼烧而成。

填充柱气相色谱法可测定合成维生素 B_1 和氯喹等药物的中间体 α-乙酰-γ-丁内酯。采用 Shimadzu GC-8A 型气相色谱仪，色谱分析条件为 1m×3mm 不锈钢柱，载体为硅烷化 102 白色担体，固定液为聚二乙二醇丁二酸酯，柱温 190℃，气化温度 220℃，热导池检测器的检测温度为 220℃，对标样及试样溶液分别进行分析，气相色谱如图 4-3 所示。溶剂、γ-丁内酯、α-乙酰-γ-丁内酯及副产物可获得理想的分离。采用外标法定量。可较好地测定乙酰-γ-丁内酯产物中各主要组分，可作为研究其合成反应及产品质量监督的手段。

对于多组分的复杂的中间体样品可采用分离效率高的毛细管气相色谱法。烯烃羰化制备醛是重要的精细有机合成反应。如 1-己烯羰化制庚醛，庚醛可合成茉莉香型香料。其反应物的色谱分析采用 SP-3760 气相色谱仪，色谱柱为 40m×0.25mm 的交联 SE-54 SCOT 填充毛细管色谱柱，原料及杂质柱温均为50℃，醛柱温为130℃，气化温度为250℃，采用氢火焰离子化检测器，检测室温度250℃，载气为氮气，分流比为1∶100。羰化反应后，将高压釜中的混合液以减压闪蒸的方法分成产物与杂质两部分，以毛细管色谱柱法对羰化反应的原料、产物及杂质进行分析，其色谱如图4-4、图4-5所示。从图中可见，原料中含有1-己烯等18个成分，反应产物含有正、异庚醛2个主成分，杂质中含有己烷等10个成分。用归一化法对各成分进行定量分析，与填充柱气相色谱法对比，1-己烯、正庚醛、异庚醛这3个成分用两种方法分析的含量相等，毛细管气相色谱法比填充柱气相色谱法的分离效率高，具有一定的实用价值。

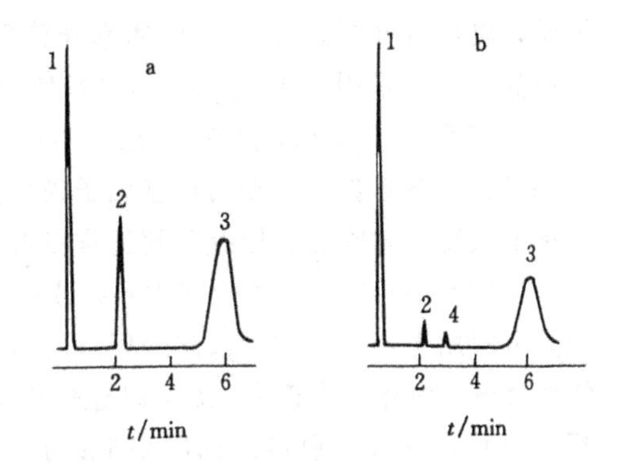

图4-3　α-乙酰-γ-丁内酯的气相色谱图

1—溶剂；2—γ-丁内酯；

3—α-乙酰-γ-丁内酯；4—副产物；

a. 标样；b. 试样

此外，还可采用毛细管气相色谱法及程序升温法分析羰基合成生产C_{12}～C_{15}醇中的正构醇含量。采用OV-1石英毛细管柱，规格为20m×0.25mm，用GC-14A色谱仪。柱温在220℃

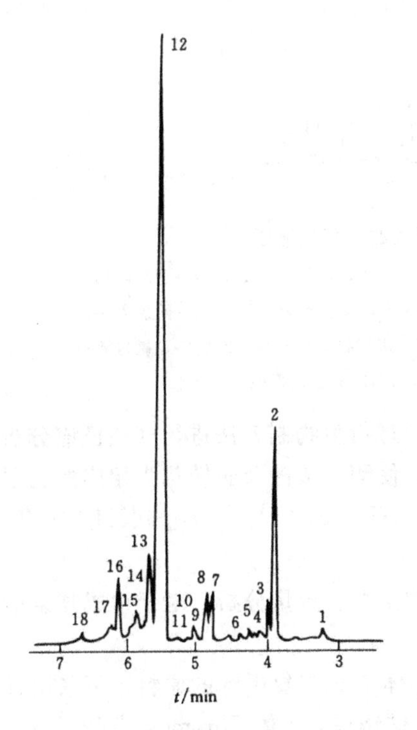

图4-4　羰化制庚醛的原料的气相色谱图

1—1-丁烯；2—1-戊烯；3—乙基环丙烷；4—2-甲基-1-丁烯；5—2-甲基-2-丁烯；6—1,3-戊二烯；7—4-甲基-1-戊烯；8—4-甲基-2-戊烯；9—环戊烷；10—2-甲基-1,3-戊二烯；11—2,3-二甲基-1,3-丁二烯；12—1-己烯；13—己烷；14—2-己烯；15—3-甲基-2-戊烯；16—3-甲基-1,4-戊二烯；17—3-甲基环戊烯；18—甲基环戊烷

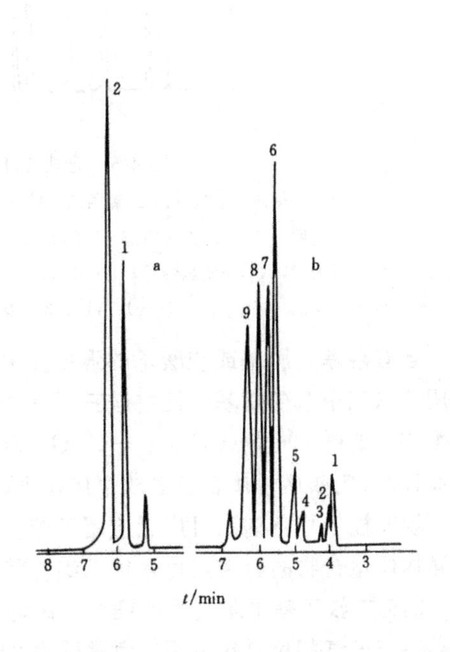

图4-5　羰化产物（a）及杂质（b）气相色谱图

a. 1—异庚烯；2—正庚烯

b. 1—1-戊烯；2—乙基环丙烷；3—2-甲基丁烯；4—4-甲基戊烯；5—2,3-二甲基-1,3-丁二烯；6—1-己烯；7—己烷；8—2-己烯；9—3-甲基-1,4-戊二烯；10—3-甲基环戊烯

开始，以每分钟升 50℃ 的升温速率升温至 250℃，为程序升温过程，程序升温法在分析宽馏分产品中常常采用。可参见 2.3.4。其他操作条件为：气化温度 250℃，检测器温度 240℃，载气氮气流速 1mL/min，分流比为 1∶200。以纯标样及保留时间定性，据文献方法计算及实测结果可知，各碳数醇的相对质量因子极为接近，因此以面积归一化法定量。其标样定量结果与标准浓度非常吻合，因此分流进样没有大的比例变化，未引起较大的系统误差。

1,1,2,3-四氯丙烯为合成农药燕麦畏的中间体，产品中含有氯代烷及异构体，样品中多种组分可应用毛细管气相色谱法分离。采用 30m 的 SE-30（甲基硅酮）玻璃毛细管柱分离，氮气为载气，内标物为正十二烷，以标样气相色谱保留值，结合色质谱联用法 GC/MS 定性，内标法定量，其气相色谱图如图 4-6 所示。样品中多种相似的异构体均得到了较好的分离与鉴定。

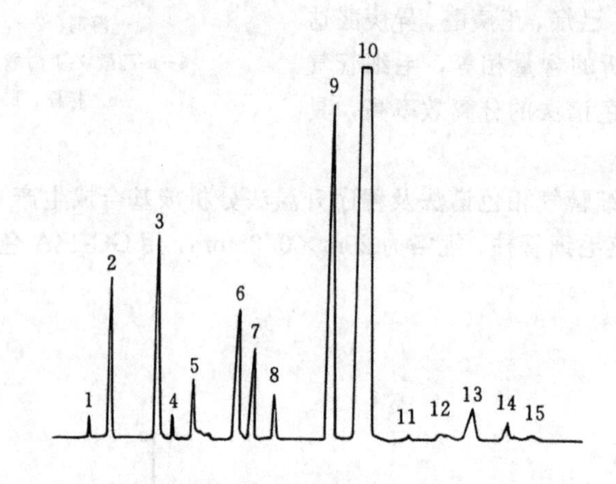

图 4-6　合成 1,1,2,3-四氯丙烯的气相色谱图

1—2-氯丙烯；2—1,3-二氯丙烯；3—1,1,3-三氯丙烯；4—未知物；5—反-1,2,3-三氯丙烯；6—顺-1,2,3-三氯丙烯；7—1,2,3-三氯丙烷；8—2,3,3,3-四氯丙烯；9—1,2,2,3-四氯丙烷；10—1,1,2,3-四氯丙烯；11—1,1,2,3-四氯丙烷；12—未知物；13—1,1,2,3,3-五氯丙烯；14—1,1,1,2,3-五氯丙烷；15—1,1,2,2,3-五氯丙烷

含有羟基、胺基或羧酸基的强极性中间体还可通过衍生物制备法进行气相色谱分析。如可用双（三甲基硅烷基）乙酰胺三甲基硅烷化试剂，使醇、羧酸及胺转化为相应的三甲基硅衍生物，如（—O—$Si(CH_3)_3$、—COO—$Si(CH_3)_3$ 及—NH—$Si(CH_3)_3$、$N[Si(CH_3)_3]_2$ 等。

4.2.1.2　气相色谱法在芳香族中间体中的应用

填充柱气相色谱法可广泛应用于芳香族中间体的定性、定量分析。对于组成复杂的芳香族异构体化合物的分离，可采用毛细管气相色谱法。

3,5-二叔丁基甲苯是生产染料、医药、农药中间体 2,6-二氯甲苯的原料。可采用日本岛津 GC-16A 气相色谱仪分析，色谱柱为 2m×3mm 不锈钢柱，载体 Chromosorb W AW（60～80 目）为酸洗处理的白色担体，固定液为 15% FFAP（改性聚乙二醇），柱温为 180℃，气化温度 250℃，检测器温度为 250℃，载气氮气流速为 50mL/min。标样及粗产品的气相色谱如图 4-7 及图 4-8 所示。采用内标定量法，以苯甲酸甲酯为内标物，测得 3,5-二甲基甲苯的相对质量校正因子为 0.72。线性浓度试验表明 3,5-二叔丁基甲苯在 1.1～9.2μg 范围内线性关系良好。

在本实验中发现，固定液 SE-30 虽然出峰快，但分离不好，拖尾严重；固定液 OV-17 分离效果也不够理想；而选择改性聚乙二醇 FFAP 为固定液效果较好。

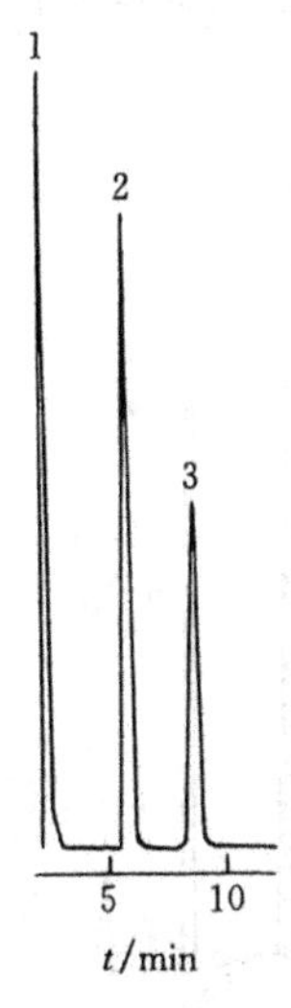

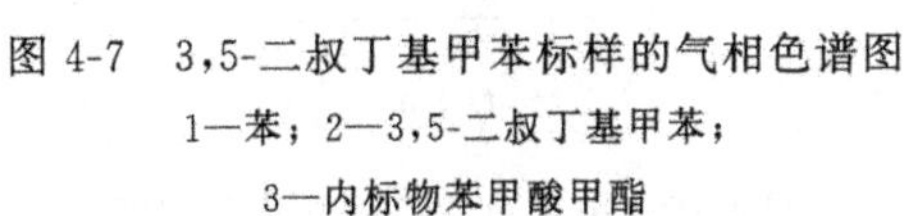

图 4-7　3,5-二叔丁基甲苯标样的气相色谱图

1—苯；2—3,5-二叔丁基甲苯；

3—内标物苯甲酸甲酯

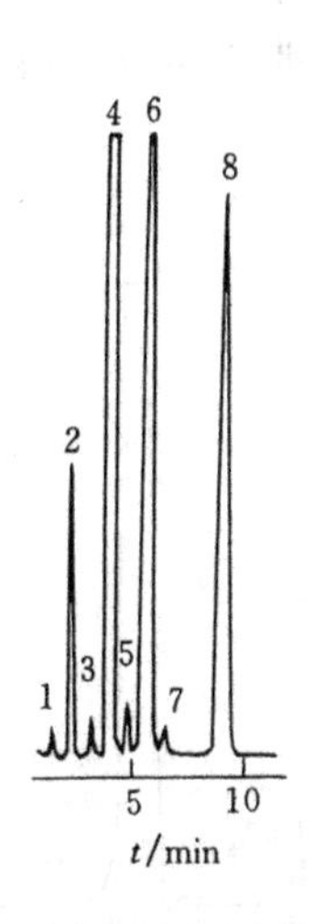

图 4-8　3,5-二叔丁基甲苯粗产品的气相色谱图

1—乙醚；2—甲苯；3—叔丁基苯；4—对甲基叔丁基苯；5—3,5-二叔丁基苯；6—1-甲基-3,5-二叔丁基苯；7—1,4-二叔丁基苯；8—内标物苯甲酸甲酯

填充柱气相色谱法可用于邻二氯苯硝化产物[6]、间甲基二苯醚中原料含量[7]、甲苯电化学氧化产物[8]及 2-乙基-6-甲基-*N*-（1′-甲氧基-2′-甲氧乙基）苯胺[9]等的定量分析。其色谱分离条件如表 4-1。

表 4-1　芳香族中间体的气相色谱分离条件

化合物	载　体	固定液	其他操作条件	定量方法	参考文献
邻二氯苯硝化物中 3,4-二氯硝基苯与 2,3-二氯硝基苯	Chromosorb W AW DMCS（60～80 目）（酸洗及二甲基二氯硅烷处理的硅藻土）	10%PEGS（聚乙二醇）	柱温 170℃，气化温度 200℃，载气 N_2 流速为 50mL/min	对氯硝基苯为内标物，质量校正因子法	[6]
间甲基二苯醚中氯苯和间甲酚含量	Chromosorb W HP（60～80 目）（高效硅藻土载体）	4%SE-30 ＋ 0.2% PEG 20M（4%甲基硅酮与 0.2%聚乙二醇 20M 的混合固定液）	柱温 150℃，气化温度 200℃，载气 N_2 流速为 35mL/min	邻甲酚为内标物，质量校正因子数	[7]
甲苯电化学氧化产物中的苯甲醛及苯甲酸含量	Chromosorb W AW（60～80 目）（酸洗硅藻土载体）	15%FFAP（改性聚乙二醇）	柱温 220℃，气化温度，载气 N_2 流速 40mL/min	内标法	[8]
2-乙基-6-甲基-*N*-（1′-甲氧基-2′-甲氧乙基）苯胺	Chromosorb W AW DMCS（60～80 目）（酸洗及二甲基二氯硅烷处理的硅藻土）	5% XE-60（氰烷基硅酮）	柱温 130℃，载气 N_2 流速为 30mL/min	外标法	[9]

间甲基二苯醚是合成拟除虫菊酯类农药中间体间苯氧基苯甲醛的重要原料，以气相色谱分析时，采用了混合固定液，可把固定液的极性调整到分离所需要的范围，把难分离的物质对全部分离开，其气相色谱如图 4-9 所示。从此例与前面的几个例子中还可看出，采用内标物的质量校正因子法为常用的气相色谱定量方法。在甲苯电化学氧化反应产物分析中，苯甲酸挥发性差，分析时当苯甲酸含量较少时，应注意操作时注射器在进样口停留时间应在 10s 之

内，该分析方法不需酯化衍生处理，方法简单，精密度好，其气相色谱如图 4-10 所示。以硅烷化 101 白色担体、涂覆 6% OV-17 固定液的填充标柱气相色谱法可定量分析工业溶剂 *N*-甲基吡咯烷酮及重要中间体 α-吡咯烷酮的合成品。

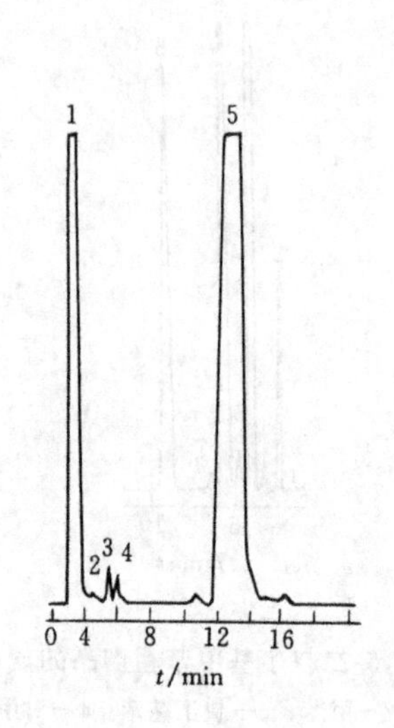

图 4-9　间甲基二苯醚样品的气相色谱

1—三氯甲烷；2—氯苯；3—邻甲酚；4—间甲酚；5—间甲基二苯醚

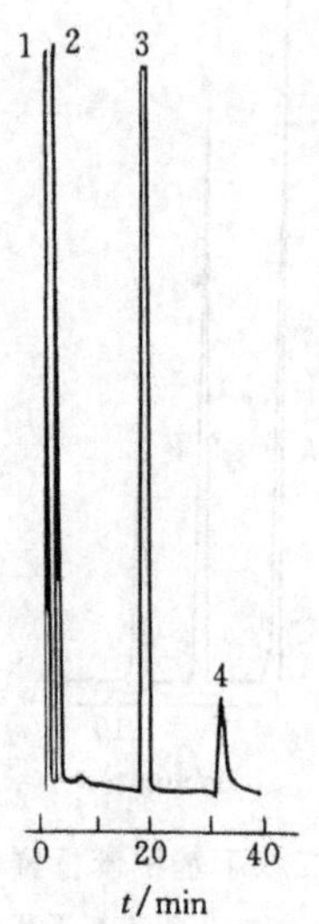

图 4-10　甲苯氧化产物气相色谱图

1—甲苯；2—苯甲醛（t_R3.7min）；3—DMP 内标物；4—苯甲酸（t_R33.5min）

毛细管气相色谱法可分析组成复杂、组分结构相似的芳香族中间体样品。二苯基二氯硅烷是生产聚丙烯的高效催化剂二苯基二甲氧基硅烷的主要原料，可采用毛细管气相色谱法进行分析，其气相色谱如图 4-11 所示。采用的色谱柱为 0.25m×25m 交联 SE-54 FSOT 石英毛细管柱。程序升温过程为 180℃ 保持 2min，以每分钟 10℃ 速度升至 280℃，分流比 100∶1。填充柱气相色谱法因杂质得不到很好的分离，结果使测定数据偏高，毛细管气相色谱法可提供快速简便可靠的分析方法。以 OV-275 毛细管柱（32m×0.26mm）可分析和控制苯硝化产物中邻、间、对硝基甲苯与二硝基物的含量。程序升温过程为柱温 120℃，恒温 5min，以每分 10℃ 速度升至终温200℃。此外，采用 BP20 石英毛细管柱（20m×0.22mm）可分析染料中间体间甲苯酚含量，将产品混合物中 9 个不同结构及异构体组分分开。

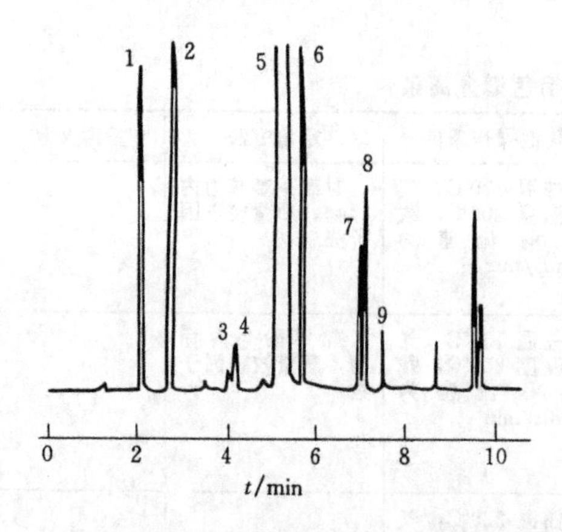

图 4-11　二苯基二氯硅烷气相色谱图

1—苯基三氯硅烷；2—联苯；3～4—氯代联苯；5—二苯基二氯硅烷；6—二氯代联苯；7～9—三氯代联苯

总之，填充柱气相色谱法及毛细管气相色谱法是定性、定量分析各类中间体及有机化工原料的有效手段，速度快，分离效率高，成本低，准确度与灵敏度高，具有很大的实用价值。

4.2.2　气相色谱法在表面活性剂中的应用

气相色谱法在表面活性剂中的应用是多方面的，可分析表面活性剂的疏水基分布及聚氧乙烯非离子表面活性剂中 EO 数分布[10]；定量分析表面活性剂合成品或商品中各不同结构的组分及杂质，以检测产品质量和控制生产过程；可定量分析废水中的痕迹量表面活性剂，以检测控制环境污染。气相色谱法对不同离子型的表面活性剂都有十分广泛的应用[11]。

4.2.2.1 *表面活性剂疏水基分布的气相色谱分析*

表面活性剂主要以天然油脂为原料，疏水基的碳链存在一定分布，一般可用气相色谱法分析。对碳链分布宽、组分数多的样品可采用毛细管气相色谱法。表面活性剂极性一般较强，挥发性差，不能以气相色谱法直接测定，一般可通过衍生化手段将表面活性剂转化为挥发性衍生物，再进行气相色谱分析。

根据表面活性剂不同结构选择相应的衍生化方法[10]。如烷基硫酸酯盐，可以稀硫酸水解成脂肪醇，进行三甲基硅醚化后再分析，方程式为：

$$\text{R—OSO}_3\text{Na} \xrightarrow{\text{H}_2\text{SO}_4} \text{R—OH} \xrightarrow[\text{三甲基氯硅烷}]{\text{六甲基二硅氨烷}} \text{R—OSi(CH}_3)_3$$

季铵盐型阳离子表面活性剂可以在气相色谱仪的气化室热分解，生成叔胺后再进行分析。烷基三甲基铵盐的热分解方程式为：

$$[\text{R—}\underset{\text{CH}_3}{\overset{\text{CH}_3}{\text{N}^+}}\text{—CH}_3]\text{X}^- \xrightarrow{\text{热分解}} \text{R—N}\begin{matrix}\text{CH}_3\\ \text{CH}_3\end{matrix} + \text{CH}_3\text{X}$$

脂肪酸聚氧乙烯醚类非离子表面活性剂可经三甲基硅醚化，再进行亲水基和亲油基分布的测定，其转化方程式为：

$$\text{R—}\overset{\text{O}}{\overset{\|}{\text{C}}}\text{—O(CH}_2\text{CH}_2\text{O)}_n\text{H} \xrightarrow{\text{三甲基硅醚化}} \text{R—}\overset{\text{O}}{\overset{\|}{\text{C}}}\text{—O(CH}_2\text{CH}_2\text{O)}_n\text{Si(CH}_3)_3$$

烷基苯磺酸钠（LAS）可利用磷酸热分解法脱除磺酸基，转化为烷基苯，再进行气相色谱分析疏水基分布[12]。其衍生化方程式为：

$$\text{R—C}_6\text{H}_4\text{—SO}_3\text{Na} \xrightarrow[\triangle]{\text{H}_3\text{PO}_4} \text{R—C}_6\text{H}_5$$

磷酸和 LAS 样品在 215℃ 共热，以水蒸气蒸馏分离出烷基苯，再以正己烷萃取后，在 Sigma 2B 型气相色谱仪上分析，色谱柱为 WCOT 空心毛细管柱，规格为 50m×0.25mm，固定相为聚乙二醇PEG20M，柱温150℃，气化温度300℃，检测器温度200℃，载气N_2流速为18mL/s，

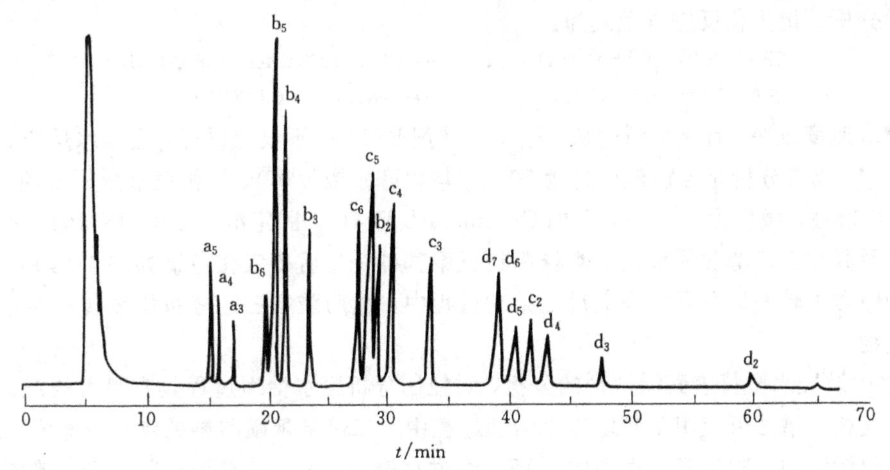

图 4-12 烷基苯的色谱图

a—癸烷基苯；b—十一烷基苯；c—十二烷基苯；d—十三烷基苯

下标数字为苯环在烷基上的取代位置

分流比为1∶100，采用氢火焰离子化检测器。以标样的保留值及参考有关文献定性。以归一化法法定量（见图4-12）。

可将失水山梨醇单脂肪酸酯水解为山梨醇酐和脂肪酸，再将脂肪酸甲酯化，以气相色谱法测定碳数分布。样品以0.5mol/L氢氧化钾-乙醇溶液水解，水解完毕后加盐酸酸化，以饱和食盐水与等体积乙醚、石油醚的混合溶剂分层萃取，以稀硫酸、甲醇、硫酸铜共存下甲酯化后，以等体积的乙醚、石油醚混合溶剂萃取。气相色谱分离条件为：采用20m×3mm不锈钢色谱柱，内填涂覆15% DEGS的405白色担体（60～80目）；柱温180℃，气化温度280℃，载气 N_2 流速40mL/min，采用氢火焰检测器，检测器温度为280℃，脂肪酸甲醇的气相色谱如图4-13所示。

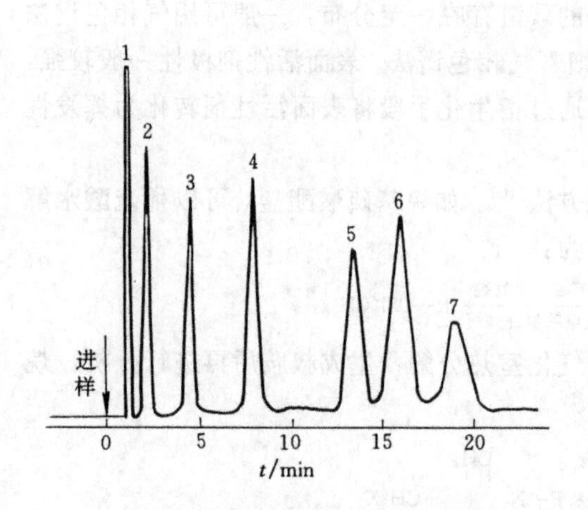

图4-13 脂肪酸甲酯的气相色谱法

1—溶剂；2—月桂酸甲酯；3—豆蔻酸甲酯；4—棕榈酸甲酯；5—硬脂酸甲酯；6—油酸甲酯；7—亚油酸甲酯

在应用介质中，尤其是在水包油乳液等水性介质中，分析低浓度的表面活性剂存在一定困难，当应用气相色谱法直接分析时，表面活性剂无挥发性，或其极性基团能与固定相产生吸附作用而产生拖尾现象。含羟基、胺基或羧酸基的表面活性剂。在衍生化方法中，三甲基硅烷化或甲酯化最为实用，一般需要在无水条件下进行，因此需将表面活性剂样品进行萃取、干燥等处理步骤后再进行衍生化处理，分析手续十分繁杂，近年来，一种新的快速方便的三甲基硅烷化方法已应用于水介质中含羟基、胺基或含羧酸基的表面活性剂的气相色谱分析中[13]。三甲基硅烷化处理步骤为：将25μL表面活性剂水溶液放入2mL管形瓶中，再加入175μL符合三甲基硅烷化要求的乙腈溶剂，用一隔膜将瓶口封好，再用注射器注入瓶中800μL硅烷化试剂双(三甲基硅烷)三氟乙酰胺（BSTFA）或BSTFA与10%三甲基氯化硅烷(TMCS)；反应管瓶摇动10～20s，反应过程中放出少量热，反应1min后，混合液可向气相色谱仪进样分析。衍生化反应方程式为：

$$CF_3C[OSi(CH_3)_3]=NSi(CH_3)_3+H_2O \longrightarrow (CH_3)_3SiOSi(CH_3)_3+CF_3CONH_2$$

$$CF_3C[OSi(CH_3)_3]=NSi(CH_3)_3+ROH \longrightarrow (CH_3)_3SiOR+CF_3CONH_2$$

衍生化反应速度较快，且能定量完成。硅烷化试剂BSTFA不仅与试样，也与水反应，用量比水过量1倍，比被分析化合物最少过量50倍（均以摩尔数计算)。气相色谱分析采用152.4×3.18mm玻璃柱，载体为80～100目的Chromosorb W HP，固定液为3% OV-101。水介质中的脂肪酸及其与三乙醇胺形成的皂类样品经三甲基硅烷化后的气相色谱如图4-14所示。不同碳数的脂肪酸可较好地分开。在硅烷化处理过程中，脂肪酸与三乙醇胺均被转化为相应的硅烷化衍生物。

废水中及废水微量表面活性剂的分析，对控制分析废水治理过程具有很大的意义。脱磺基处理与气相色谱法可应用于测定废水治理过程中十二烷基苯磺酸钠的碳链分布[14]。如废水治理的消化污泥和一次处理污泥中的LAS，经过水解、乙酸乙酯萃取、阴离子交换树脂分离及乙酸乙酯反复萃取等浓缩、净化过程，采用微量脱磺酸基处理方法，色谱分析采用Supelco-DB-1烧结毛细管柱（15m×0.32mm，1.0μm厚)，分流比25∶1，气化室与检测室温度300℃，载气为氦气，压力为 6.89×10⁴Pa，程序升温过程的初始温度为 100℃，以 5℃/min 升温速率升至 170℃，在170℃保持 5min。处理前水样与一次处理污泥样品经提纯处理后的气相色谱如图 4-15 所示。从图中可见，样品中 LAS 的碳链组成在污水的一次处理中已发生了变化。

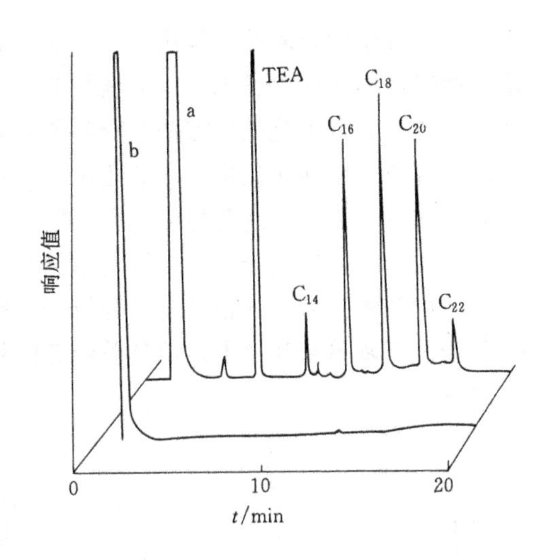

图 4-14 脂肪酸-三乙醇胺水溶液样品的气相色谱图

a. 硅烷化处理样品；

b. 未经硅烷化处理；

C_{14}～C_{22}—脂肪酸；TEA—三乙醇胺

4.2.2.2 表面活性剂的主要成分与杂质含量的气相色谱分析

表面活性剂产品多为复杂的混合物，除了表面活性的主成分外，还含有生成的副产物、未反应的原料以及原料中所带来的杂质等。非活性成分的存在，不仅影响了表面活性剂应用效能，还会对人体或环境产生危害。应用气相色谱法对表面活性剂的主成分与杂质含量的分析，对合成研究与生产中产品质量的检验均具有很大的意义。

气相色谱法在分析各种离子型的表面活性剂主成分与杂质的分析中均有广泛的应用[10,11]。新型两性型表面活性剂 *N*-烷基氨基丙基甘氨酸组成成分较为复杂，可应用气相色谱法进行分析[15]。首先制备癸基氨基丙烷、月桂基氨基丙烷，以及癸基氨基丙基甘氨酸、月桂基氨基丙基甘氨酸四种纯样，再与癸胺、十二胺标样一起，以气相色谱法分析。采用的甲基化衍生化方法：样品在甲醇中以盐酸饱和，回流反应 1.5h，减压蒸去溶剂，加入碳酸氢钠溶液，再以氯仿萃取；用 1.83m 3% SE-30 柱进行气相色谱分析，进样温度60℃，温度以 15℃/min 速度升至 240℃，载气 N_2 流速为 30mL/min。图 4-16 为标准混合物的气相色谱图。将两性表面活性剂商品 Ampho 32 冷冻干燥及共沸蒸馏脱除水分后，进行甲酯衍生化处理，气相色谱分析谱如图 4-17 所示。主峰 11 为十二烷基氨基丙基氨基乙酸甲酯，色谱峰 12～15 可能为在工业生产中烷基氨基丙胺与 *β*-羟基乙酸反应时生成的 *N*-双取代及三取代副产物。

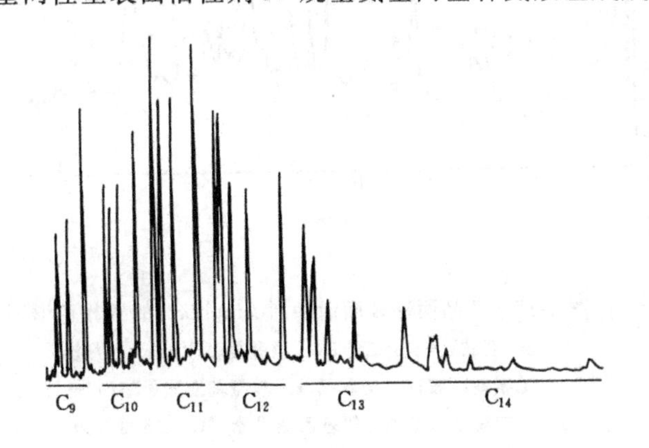

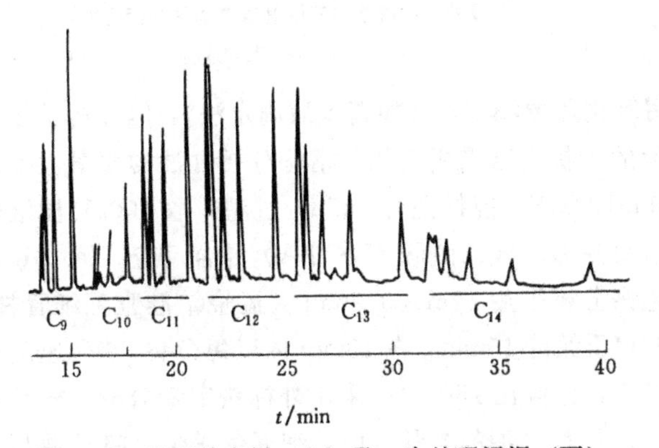

图 4-15 处理前水样（上）及一次处理污泥（下）的气相色谱图对照

新型非离子型表面活性剂烷基糖苷为脂肪醇与糖类的反应产物，具有无毒、无刺激性及生物降解性好等优点。在该表面活性剂合成中，可生成不同量的烷基单糖苷及烷基多糖苷，同时还存在未反应的糖与醇，可用气相色谱法分析产品中各组分的量，以调节产品的性能。其衍生化处理方法与脂肪酸多元醇类非离子表面活性剂类似，即也采用以六甲基二硅氨烷及三甲基氯硅烷的硅烷化试剂，进行硅烷化处理的方法。气相色谱分析方法：载体为 80～100 目的 405 白色担体，固定液为 3% Dexsil 300（聚碳硼烷硅氧烷），采用氢火焰离子化检测器。含有单糖苷、十二烷基单糖苷、十二烷基二糖苷、十二烷基三糖苷及十二烷基四糖苷的烷基糖苷可用气相色谱法分析。作者以正甘二烷为内标，分别测定了甘油、十二醇、*d*-葡萄糖、丁基单糖苷及十二烷基单糖苷的相对质量校正因子，并对烷基糖苷中的各组分进行了定量。

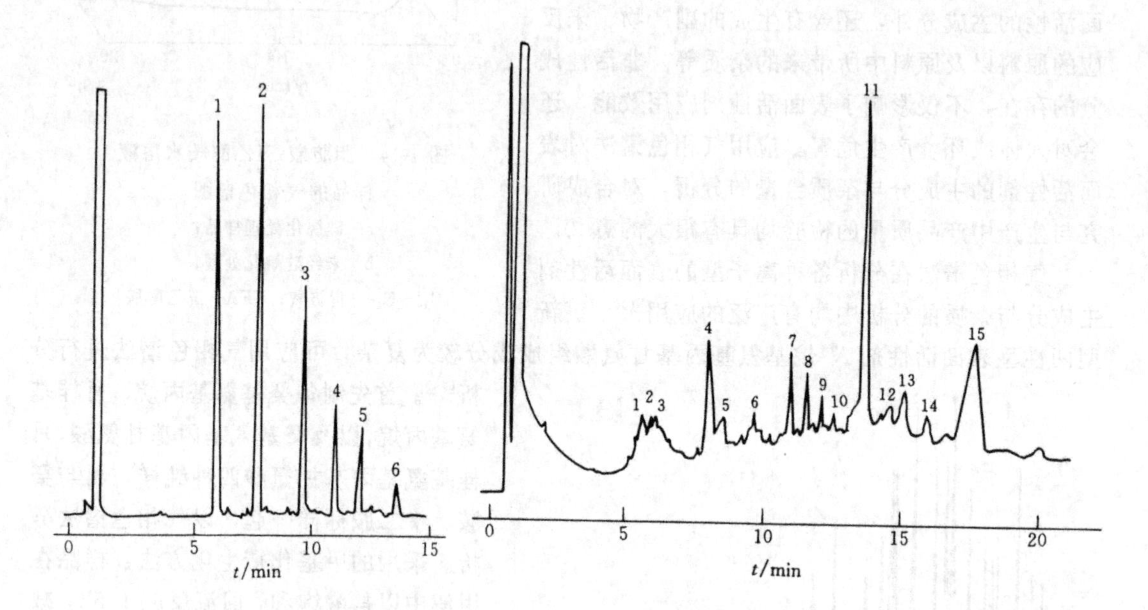

图 4-16　标准物混合物的气相色谱图
1—癸胺；2—十二胺；3—癸基氨基丙烷；4—月桂酸氨基丙胺；5—癸基氨基丙基乙酸甲酯；6—十二烷基氨基丙基氨基乙酸甲酯

图 4-17　商品两性表面活性剂 Ampho32 的气相色谱图
3—癸胺；4—十二胺；6—癸基氨基丙胺；8—月桂基氨基丙胺；9—癸基氨基丙基氨基乙酸甲酯；11—十二烷基氨基丙基氨基乙酸甲酯；12～15 可能为二胺的二甲氧基与三甲氧基羰基甲基衍生物；1,2,5,7,10—未知成分

肥皂及食品中甘油的分析，一般采用氧化还原滴定法（如高碘酸滴定法），但分析手续繁琐，还易受到丙二醇、糖类化合物及糖醇的干扰。若采用气相色谱法分析甘油的含量，准确快速。其分析步骤为：将 10g 肥皂加 200m LDMF，搅拌混合 5min，过滤，取 500μL 滤液转入带隔膜的反应管中与 250μL 双（三甲基硅烷）三氟乙酰胺（BSTFA）混合反应。将 1μL 反应后混合液注入气相色谱仪分析，气相色谱分析采用 12m×0.2mm 高温烧结硅胶毛细管柱，内涂甲基硅酮固定液。为升温程序，在 100℃ 保持 15min，在 15min 内以每分钟 30℃ 速度升至 240℃，气化温度 200℃，检测温度 260℃，分流比 150∶1。采用外标法定量分析。样品分析结果与 1μL 硅烷化甘油标样进行对比，以计算甘油的含量。用毛细管色谱法可将甘油与肥皂中香料成分以及其他组分分开，且比填充柱气相色谱法分辨率更高。

环氧乙烷是生产聚氧乙烯醚型非离子表面活性剂的重要原料，反应中可产生副产物 1,4-

二氧杂环己烷，该化合物对人体具有毒性，需进行测定，以控制其含量。由于聚氧乙烯醚非离子表面活性剂种类繁多、基质复杂，配制与试样组分相同的标准溶液就较为困难，因此可选择顶空气相色谱法测定[16]。顶空气相色谱法[17]是对处于密封系统的热力学平衡状态下的液体或固体样品于气相中的挥发性组分进行气相色谱分析，以间接测定原始样品中该组分含量。其特点是可间接测定不能直接汽化的样品中的痕量挥发组分，避免对样品中微量组分的繁琐的提纯或富集步骤，可避免水、高沸物或介质组分对色谱柱的污染，并提高测定的灵敏度。在此例中，往一系列顶空气化瓶中加入 0.9g 氯化钠，并加入 0.010～0.040μL /mL 1,4-二氧杂环己烷标准溶液 10mL，在 (70±0.05)℃ 超级恒温槽中恒温 40min，用注射器抽取顶空气化瓶上部气体 1.0mL，再注入气相色谱仪，测定标准加入法曲线。在顶空气化瓶中加入氯化钠的作用是使水溶液中组分因电解质的加入而增大活度系数，产生“盐析”效应，使顶空气化瓶中气体 1,4-二氧杂环己烷浓度增加，其峰面积随之值增加。气相色谱分析时采用 SE-30 石英毛细管柱(78m×32mm×0.4μm)，分流比 70∶1，氢气流速 40mL/min，空气流速 350mL/min，氮气流速 5mL/min，尾吹氮气流速 50mL/min，检测器温度120℃，气化温度 120℃，柱温 100℃，以该方法测定脂肪醇聚氧乙烯醚、烷基酚聚氧乙烯醚和脂肪酸聚氧乙烯酯三种非离子表面活性剂中 1,4-二氧杂环己烷的含量，简便、准确、分离效果好，受其他组分的干扰少，并且具有一定的通用性。

近年来气相色谱法在表面活性剂中的应用日益广泛。气相色谱新技术，如毛细管气相色谱法，新的表面活性剂衍生化手段，以及顶空气相色谱法使表面活性剂复杂的碳数分布与杂质的分析、基质复杂的表面活性剂的分析、以及环境治理过程中样品的分析更加简便快速。

4.2.3 气相色谱法在农药中的应用

由于许多农药相对分子质量较小，具有较好的挥发性，故气相色谱法在农药分析中有多方面的应用：可用来检测农药中间体及产品质量；用来分析和检测有机氯、有机磷、氨基甲酸酯及拟除虫菊酯等不同的农药结构；可分析杀虫剂、杀菌剂、除草剂及植物生长调节剂等不同种类的农药。气相色谱对农药残留量的测定，以及对于环境保护与监测均十分重要。填充柱与毛细管气相色谱法均有应用，在原药及制剂分析中，氢火焰离子化检测器应用较多，在农药残留量分析方面，由于对灵敏度要求较高，一般采用高灵敏度检测器，如电子捕获检测器及火焰光度检测器。气相色谱检测器可参见 2.3.5。

4.2.3.1 气相色谱法在有机磷杀虫剂中的应用

填充柱及毛细管气相色谱法可用于定量分析多种有机磷杀虫剂的含量，如三唑磷 (*O*,*O*-二乙基-*O*-1-苯基-1,2,4-三唑-3-基硫代磷酸酯)、蔬果磷 (2-甲氧基-4(H)-1,3,2-苯并二氧杂磷-2-硫化物)、溴丙磷 (*O*-(4-溴-2-氯苯基)-*O*-乙基丙基硫代磷酸酯)。表 4-2 为一些有机磷农药的气相色谱分离条件[18～22]。

表 4-2 有机磷农药的气相色谱分析

农药及测定内容	载体与固定液	其他操作条件	内标物①	参考文献
三唑磷含量	涂有 3% OV-1 的 Chromo sorb W AW DMCS（180～150μm）的填充柱	柱温 220℃，氢火焰离子化检测器，载气 N_2 流速 30mL/min	邻苯二甲酸双环己酯	18
原油及乳油中溴丙磷含量	涂有 5%OV-101 的 Gas Chrom Q（80～100 目）填充柱	柱温 200℃，氢火焰离子化检测器，载气 N_2 流速 30mL/min	邻苯二甲酸二丁酯	19

续表

农药及测定内容	载体与固定液	其他操作条件	内标物①	参考文献
水胺硫磷含量	涂有5% OV-101的Chromosorb W AM DMCS(60～80目)	柱温200℃，氢火焰离子化检测器，载气N_2流速60mL/min	邻苯二甲酸二戊酯	20
粗品及原油中蔬果磷含量	涂有甲基硅橡胶的熔融石英毛细管柱10m×0.53mm×2.65μm	柱温150℃，氢火焰离子化检测器，载气H_2流速15mL/min	邻苯二甲酸二正丙酯	21
久敌乳油中次效磷与敌百虫含量	涂有7% SE-30的Chromosorb W HP(60～80目)	柱温140℃(130min) $\xrightarrow{200℃/min}$ 190℃(6min)，恢复至140℃，氢火焰离子化检测器，载气N_2流速30mL/min	正十六烷	22

① 定量方法为质量校正因子法。

在OV-101柱上，三唑磷的气相色谱分析法简便快速、定量准确，适用于工业上的分析与控制，其气相色谱如图4-18所示。蔬果磷为对棉铃虫效果突出的有机磷农药，蔬果磷的毛细管气相色谱法的分析谱如图4-19所示。

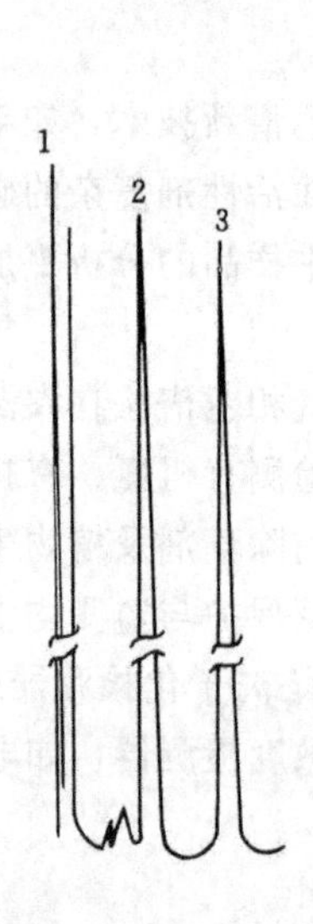

图4-18　三唑磷的气相色谱图

1—溶剂（丙酮）；2—三唑磷；3—内标物

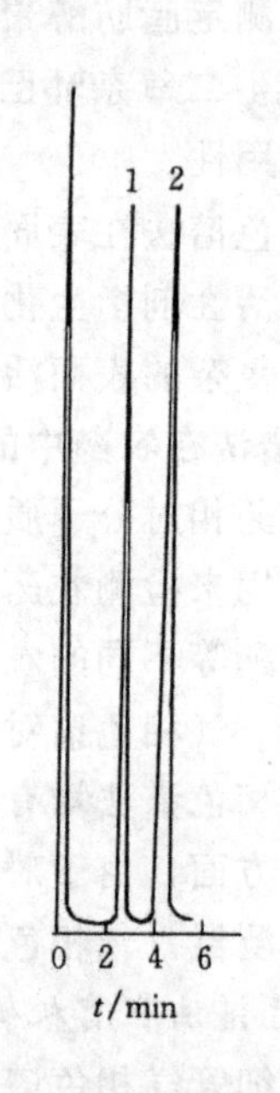

图4-19　蔬果磷气相色谱图

1—蔬果磷；2—邻苯二甲酸二正内酯内标

火焰光度检测器能检测出10^{-3}mg/kg浓度范围的硫磷化合物[3]，可用于水果、蔬菜、土壤、水中等有机磷农药的残留量分析。残留在水果中的有机磷农药可用溶剂萃取，进一步以柱色谱法除去糖分、色素等组分后，再进行气相色谱分析。水中敌敌畏、乐果、甲基对硫磷、马拉硫磷等有机磷农药可采用火焰光度检测器，以涂有1.5% OV-17与1.95% OV-210混合固定液的Chromosorb W(100～200目)为固定相进行分析。分析前将所测水样pH调至7，以三氯甲烷萃取，再进样分析。采用填充柱气相色谱法及火焰光度检测器还可分析土壤中丰索磷，即二乙基-4-(甲基亚砜基)苯基硫代磷酸酯。检测极限达0.02mg/kg。

4.2.3.2　气相色谱法在拟除虫菊酯类杀虫剂中的应用

拟除虫菊酯农药由于不含氯、硫、磷等有毒元素，日益受到人们的重视，发展迅速。填充柱及毛细管气相色谱法在多种结构的拟除虫菊酯杀虫剂的分析中均有应用。

表 4-3 为几种典型的拟除虫菊酯结构。表 4-4 为几种拟除虫菊酯杀虫剂的气相色谱分析条件[23~29]。

表 4-3　典型的拟除虫菊酯的名称与化学结构

拟除虫菊酯名称	化　学　结　构
甲氰菊酯 (fenpropathrin)	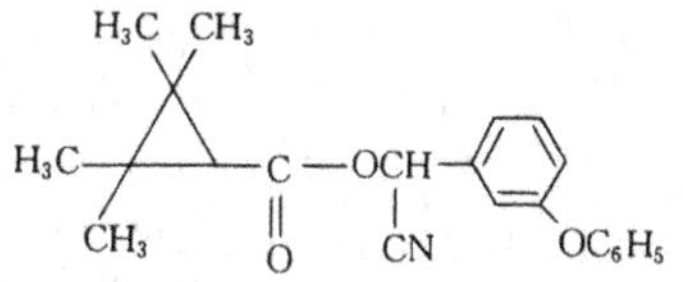
氯氰菊酯 (cypermethrin)	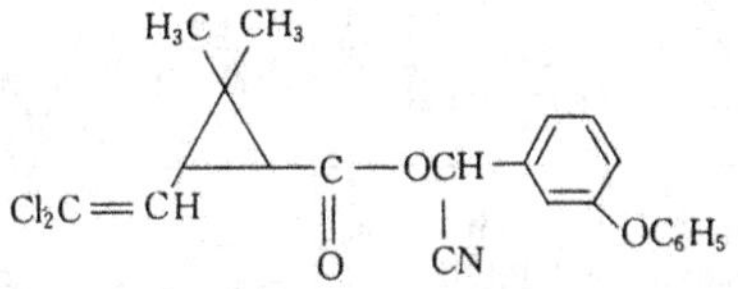
溴氰菊酯 (deltamethrin)	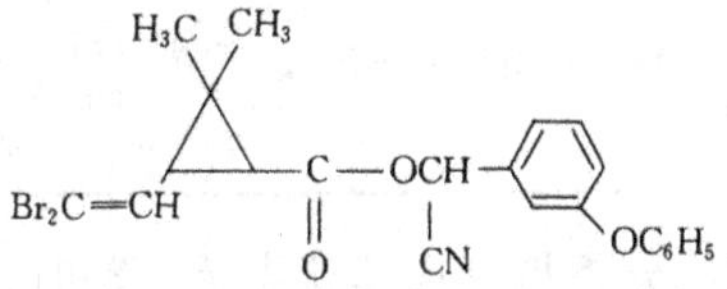
氰戊菊酯 (fenvalerate)	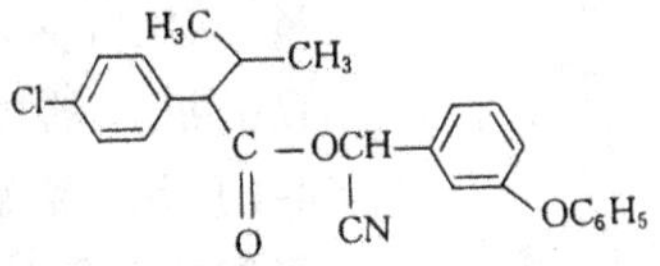
氯 菊 酯 (permethrin)	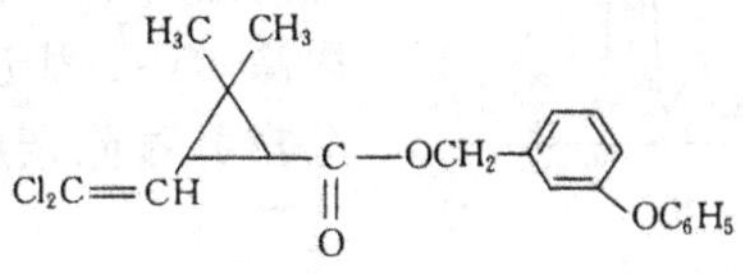
胺 菊 酯 (tetramethrin)	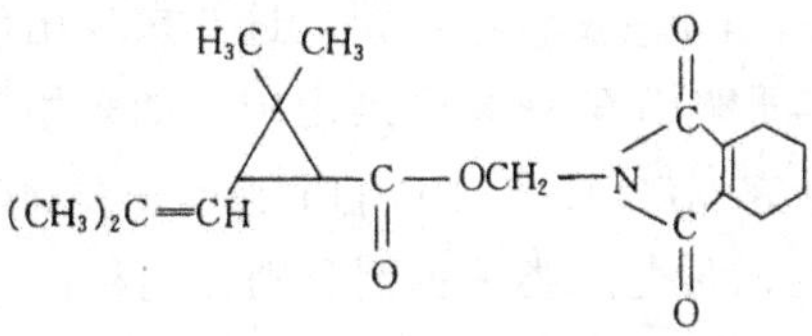
丙烯菊酯 (allethrin)	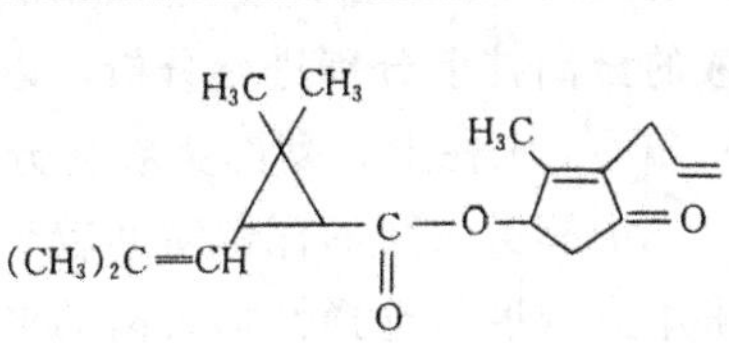

表 4-4 拟除虫菊酯杀虫剂的气相色谱分析条件

农药及测定内容	载体与固定液	其他操作条件	定量方法	参考文献
原药及乳液中的甲氰菊酯含量	涂有 OV-1 的 Chromosorb W HP（60～80 目）	柱温 205℃，氢火焰离子化检测器，载气 N_2 流速 40mL/min	质量校正因子法磷酸三苯酯为内标	23
原药及制剂中甲氰菊酯含量	涂有 5%OV-101 的 Chromosorb W DMCS（80～100 目）	柱温 200～220℃，氢火焰离子化检测器，载气 N_2 流速 40mL/min	质量校正因子法邻苯二甲酸二异辛酯为内标	24
对氯杀虫酯乳油中的氯氰菊酯含量	涂有 5% SE-30 的 Chromosorb W AM DMCS（60～80 目）	柱温 240℃，氢火焰离子化检测器，载气 N_2 流速 50mL/min	质量校正因子法邻苯二甲酸二辛酯为内标	25
辛氰乳油中的氰戊菊酯含量	涂有 5% OV-101 Chromosorb G. H. P.（80～100 目）	柱温 230℃，氢火焰离子化检测器，载气 N_2 流速 40mL/min	质量校正因子法	26
气雾杀虫剂中胺菊酯、氯菊酯及氯氰菊酯含量	涂有 4% SE-30 ＋4% OV-101 的 Chromosorb W AM DMCS（80～100 目）	柱温 230℃，氢火焰离子化检测器，载气 N_2 流速 20mL/min	质量校正因子法邻苯二甲酸二戊酯为内标	27
家用气雾杀虫剂中丙烯菊酯与氯菊酯含量	涂有 5% QF-1 的 Chromosorb W HP（80～100 目）	柱温 215℃，氢火焰离子化检测器，载气 N_2 流速 15mL/min	质量校正因子法邻苯二甲酸二苯酯为内标	28
家用气雾杀虫剂中丙烯菊酯及溴氰菊酯含量	涂有 OV-1 的石英毛细管柱	柱温 185℃（9min）$\xrightarrow{40℃/min}$ 255℃（8min），载气 N_2 流速 50mL/min，分流比20：1	噻嗪酮和邻苯二甲酸二壬酯为内标	29

以填充柱气相色谱法分析拟除虫菊酯类杀虫剂时，多采用 OV-101 与 SE-30 等极性较弱的固定液。定量时，一般以邻苯二甲酸二辛（戊、壬）酯为内标物，采用质量校正因子法定量。家用气雾杀虫剂配方中丙烯菊酯、氯菊酯等组分含量分析[28]的气相色谱如图 4-20 所示。色谱条件如表 4-4 所示。氯菊酯的顺式及反式异构体得到分离，计算氯酯的总量时可把异构体峰面积加合进行计算。含丙烯菊酯与溴氰菊酯的新型家用气雾杀虫剂配方，可以内涂 OV-1 固定液的石英毛细管柱色谱法得到较好的分离并排除杂质的干扰，保证分析的准确度与精密度[29]。

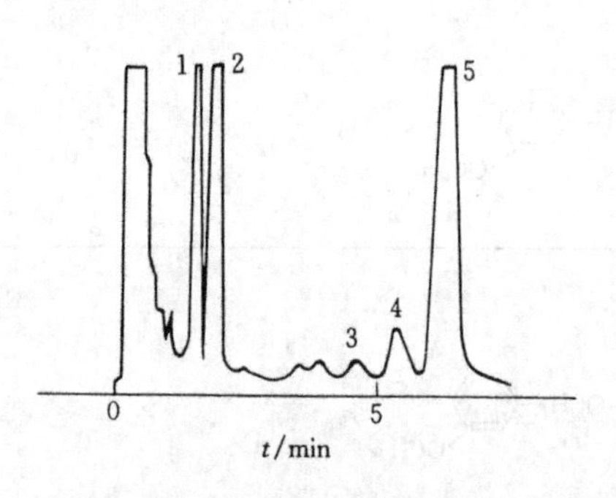

图 4-20 家用气雾杀虫剂的气相色谱图

1—丙烯菊酯；2—增效醚；3—顺式氯菊酯；4—反式氯菊酯；5—邻苯二甲酸二苯酯（内标）

拟除虫菊酯杀虫剂的残留污染已引起人们的重视，近年来气相色谱法不断应用于该类农药的残留量测定中。如采用涂有 1.5% OV-17 与 2% QF-1 混合固定液的 Chromosorb W HP（180～100 目）为固定相，可分析 6 种拟除虫菊酯杀虫剂在蔬菜中的残留量。图 4-21 为六种菊酯类杀虫剂分别在两种柱上的气相色谱图。在两种分离条件中，载体均为 Chromosorb W HP（80～100 目）。这里采用的双柱复检法为农药残留物确证方法之一，即在不同极性固定液的分离柱上分别进行分析，以保证定性分析的准确性，避免未知组分等造成的干扰。在 5% OV-101 柱上，菊酯类农药分离良好，保留时间较短，采用柱温为 250℃。在混合固定液柱上，菊酯类农药的保留时间较长，采用的柱温为240℃。样品用丙酮提取，弗罗里硅土净化，采用灵敏度与选择性均较高的电子捕获检测器进行定量测定，最低检出浓度为 0.001～0.10mg/kg。

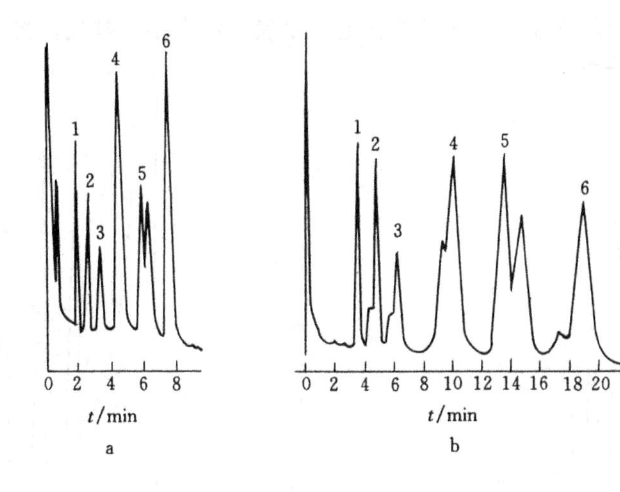

图 4-21　六种菊酯类杀虫剂的气相色谱图

a. 5% OV-10；b. 1.5% OV-17 与 2% QF-1 混合柱；

1—甲氰菊酯；2—二氯苯醚菊酯；3—氯氰菊酯；4—氰戊菊酯；5,6—溴氰菊酯

总之，气相色谱法为挥发性较好的各类农药的重要分析方法。随着色谱柱及检测器等技术的迅速发展，气相色谱法在各类农药及残留物分析中的应用将会取得更大的进展。

4.2.4　气相色谱法在其他精细化学品中的应用

在助剂、医药、香料等其他精细化学品领域中，气相色谱法的应用也十分广泛。在食品添加剂，如防腐剂、乳化剂、甜味剂、稳定剂、食用色素等的分析中，气相色谱可取代经典的比色分析法。分析前需将食品添加剂从食品中分离提取出来，常用方法为溶剂萃取法。对于挥发性差的组分，需采用衍生化处理的方法，近年来开发了多种衍生化方法，广泛应用于多种食品添加剂的气相色谱分析中，如酯化法，烷基化法与硅烷化（或三甲基硅醚化）法。食品乳化剂多为非离子型表面活性剂，如脂肪酸甘油酯及脂肪酸聚氧乙烯酯，可采用水解、酯化、以及硅烷化方法。食品抗氧剂多为酚类化合物，可采用硅烷化及酰化衍生化等处理方法，食品防腐剂的主要品种有丙酸、山梨酸与苯甲酸，亚硝酸盐及硝酸盐。酚羟基与羧基可通过烷化或硅烷化等多种衍生化处理方法，硝酸盐可通过在酸性介质中与苯反应生成硝基苯后再进行气相色谱分析。

食品饮料中的重要防腐剂山梨酸与苯甲酸含量可以气相色谱法进行测定，气相色谱法比薄层色谱法速度快，操作方便。首先需用乙醚-石油醚混合液从饮料等食品中将防腐剂与大量胶质、色素和糖分离开来，以 GDX-103 为柱填料，在柱温 230℃，载气（H_2）流速为 35mL/min 条件下进行气相色谱分析，见图 4-22。采用热导池检测器，山梨酸与苯甲酸得到了良好的分离，色谱峰形对称。山梨酸与苯甲酸的检测下限为 2.3mg/kg 与 2.9mg/kg。定量时采用十一烷为内标，采用质量校正因子法定量。如果采用酯化衍生化处理的方法，可使分析条件温和，操作更为简便[30]。从食品中分离出山梨酸与苯甲酸后，在样品中加入过量的四甲基氢氧化铵使酸生成相应的盐，在二甲基甲酰胺中，用碘丁烷使盐转变为相应酸的丁酯，烷基化反应迅速，丁酯产率极高，以 102 硅烷化白色担体涂渍 5%的 SE-30 为柱填料对两种酸的丁酯进行分离。柱温 140℃，载气氮气流速为 40mL/min，采用氢火焰离子化检测器。色谱图如图 4-23 所示。采用内标法及质量校正因子法定量，内标物为苯乙酸，对瓶装食品、饮料中的山梨酸与苯甲酸的分析精密度、准确度均较好。近年来，还开发了一种新的烷基化方法，将羧酸

型防腐剂以盐的形式吸附在阴离子交换树脂上，以碘甲烷直接甲基化，将生成的甲酯洗脱下来直接进行气相色谱分析。

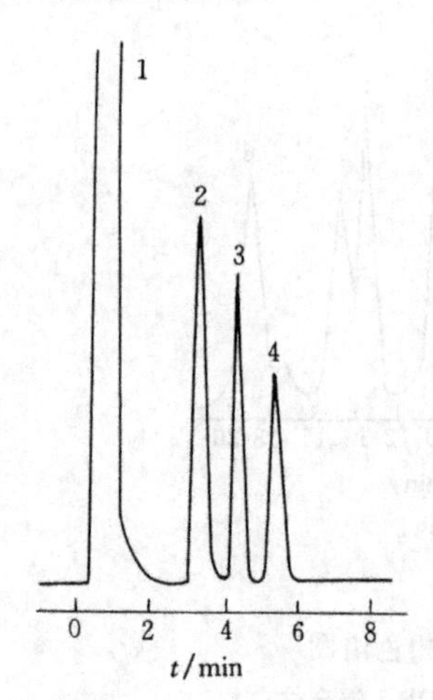

图 4-22　山梨酸、苯甲酸气相色谱图

1—溶剂；2—山梨酸；3—十一烷（内标）；4—苯甲酸

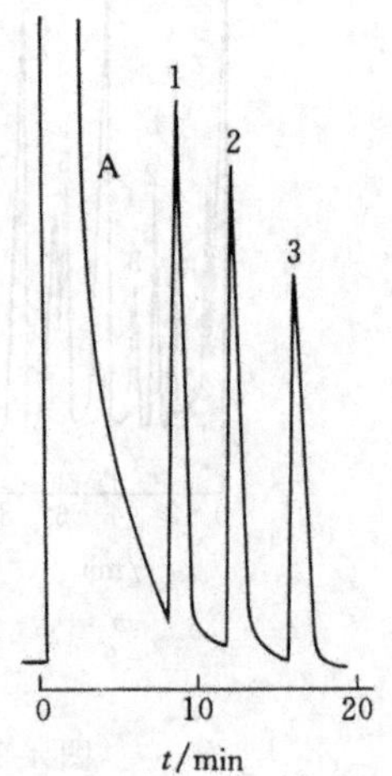

图 4-23　山梨酸、苯甲酸的气相色谱图（烷化衍生化处理）

A—DMF 与碘丁烷；1—山梨酸；2—苯甲酸；3—苯乙酸

气相色谱法在聚合物助剂中也有广泛的应用。可分析聚合物介质中存在的少量助剂。可通过溶剂萃取分离及气相色谱法分析测定聚合物中的抗氧剂、稳定剂、增塑剂等挥发性较大的助剂[31,32]。与表面活性剂类似，气相色谱法对聚合物中脂肪酸混合物、醇类混合物与酯类混合物等物质进行分析时，能测定每类混合物的碳数分布。不挥发性化合物也可通过硅烷化等衍生化处理方法转化为可挥发组分后进行分析。此外，气相色谱法还可分析聚合物助剂的合成样品，这对于生产控制及动力学理论研究均有一定的应用意义。如增塑剂一缩二乙二醇双苯甲酸酯可用苯甲酸甲酯为原料合成，以 Chromosorb G AW DMCS 浸渍 3% SE-31 固定液为填料，采用程序升温方式（180℃ 恒温 2.5min，以 20℃/min 速度升至 320℃，保持 6min），可定量分析一缩二乙二醇双苯甲酸酯增塑剂合成产品及反应液。

香料及化妆品领域中也可广泛应用气相色谱法。气相色谱法可研究微胶囊香精的逸香速率，可推算半衰期，以评价微囊化技术及上香制品的保香期。将逸香过程简化处理，认为在此过程中香精主要成分的比例保持恒定，以代表性组分的逸香速率来研究微囊香精整体逸香情况，可选择色谱图上具有中等挥发性、含量高、分离好的色谱峰组分为代表组分进行定量。实验中采用微量挥发性有机物分析技术，以一定规格羊毛毯均匀喷洒一定微囊香精，逸去浮香，与活性炭一起放入真空干燥器内干燥一段时间后，以二硫化碳解析活性炭中香气。将活性炭离心除去，取解析液，在 101 白色担体（80～100 目），涂有 15% SE-30 的填料上，以140℃为柱温，采用氢火焰离子化检测器进行气相色谱分析，载气氮气流速为 40mL/min，采用外标法峰高定量。

气相色谱法在医药领域的应用也十分广泛，可用于具有一定挥发性的多类药物，如心血管药物、抗癫痫药物、抗癌药物及营养类药物的分析；对喷雾剂、挥发油及油膏类药物中易挥发组分的分析也有较多的应用。样品预处理一般采用浸提、溶解或超声分散和过滤的方式。另外，对挥发性差的药物，可采用衍生化方法。卡托普利为 1-(2-甲基-3-巯基-1-氧代丙基)-L-脯氨酸，分子中所含的羧基需以三氟化硼-甲醇（1∶3）在 60℃ 酯化处理，萃取分离出酯化样品进行气相色谱分析，鱼油中的 EPA 与 DHA 由于药物分子中含有羧基，也需经类似的甲基化衍生处理再进行分析。气相色谱法对于一些药物的分析，具有快速灵敏、操作简便的优点。此外，顶空气相色谱法可检测药物中挥发性杂质的含量。如西伐他汀在生产过程中存在的甲苯残留需严格控制，其含量可由顶空气相色谱法测定。以 50g/L 十二烷基硫酸钠水溶液为溶剂，取 60℃ 恒温 30min 的顶空气进样，以 401 有机担体（0.25～0.18mm）为固定相进行气相色谱分析。

在石油裂解气 C_5 馏分中微量二乙羟胺阻聚剂填充柱气相色谱定量分析中，可采用灵敏度较高的电子捕获检测器。该类检测器对微量阻聚剂的检测具有较佳的效果。从两种检测器所得的谱图（如图 4-24 和图 4-25）比较氢火焰离子化检测器和电子捕获检测器的分析效果，采用氢火焰离子化检测器检测时，二乙羟胺特征峰分离不完全；而以电子捕获检测器检测时，在二乙羟胺特征峰附近没有其他组分的干扰，说明其灵敏度较高，分析效果较好。

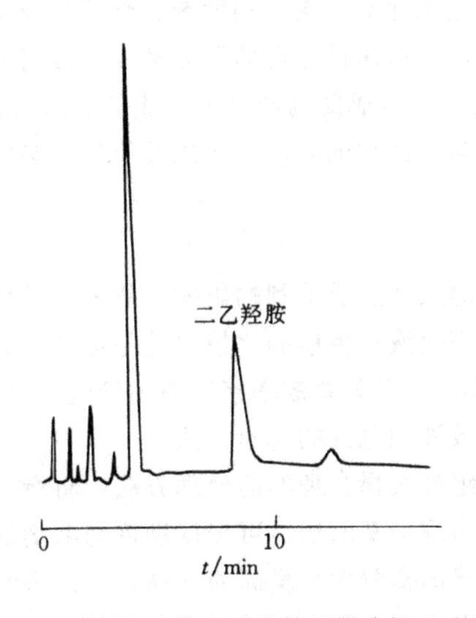

图 4-24　采用氢火焰离子化检测器分析 C_5 馏分中二乙羟胺（10mg/kg）的结果

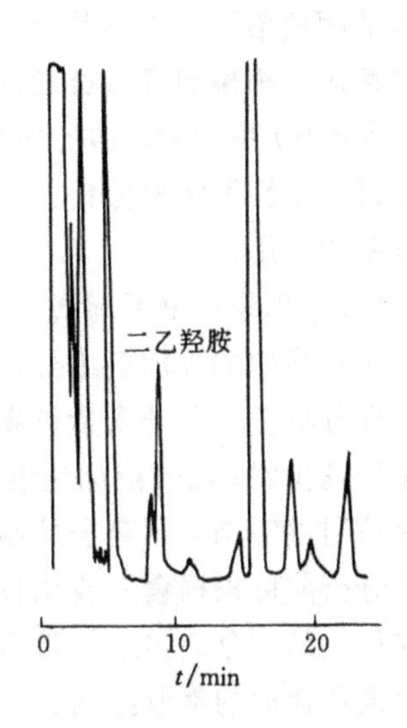

图 4-25　采用电子捕获检测器分析 C_5 馏分中二乙羟胺（10mg/kg）的结果

综上所述，气相色谱法在精细化学品的各个方面均有广泛的应用，近年来，化学衍生处理气相色谱法方法、顶空气相色谱法以及新的灵敏的检测方法的应用，使气相色谱法已成为精细化学品分析的有效手段。

4.3　高效液相色谱法在精细化学品中的应用

20 世纪 70 年代初，在经典液相色谱法及气相色谱理论的基础上产生的高效液相色谱法，全面地发展了色谱法的优点，具有高效、快速、灵敏、适用范围广等突出优点，克服了气相色谱的应用局限性；适合于高沸点、大分子、强极性，对热不稳定的精细化学品的分析，可避免气相色谱法的衍生化步骤。在各类精细化学品及中间体的分析中获得广泛的应用。

高效液相色谱类型及固定相可参见 2.4.1。在液-液分配色谱与液-固吸附色谱两类高效液相色谱分析方法中，液-固吸附色谱产生较早，历史较长，但目前应用较少。液-液分配色谱，由于化学键合相的开发与应用，具有性能稳定，重现性好，适用性强等优点，已成为高效液相色谱法分析的主流。液-液分配色谱又分为正相色谱与反相色谱两类。正相色谱选用极性固定相与疏水性流动相；而反相色谱选用疏水性固定相和极性流动相。常用于反相色谱中的疏水性化学键合相有硅氧烷型化学键合相等，如十八烷基、辛烷基、二甲基硅烷化键合相。本节着重讨论采用化学键合相的反相高效液相色谱法在助剂、表面活性剂及药物等精细化学品中的应用。凝胶渗透色谱法及离子交换色谱法在表面活性剂及助剂等精细化学品中也有一定的应用。

近年来，高效液相色谱法技术手段在不断发展。如检测技术除了采用紫外检测器及示差折光检测器（参见 2.4.2.3）外，高灵敏度的电化学检测器、荧光检测器等新的检测装置也被广泛采用[33]。此外，有利于化合物鉴别的衍生化技术也发展较快，如柱后衍生化技术，即在组分流出柱后与衍生化试剂作用，生成带有发色功能团的衍生化产物后进行检测的技术成为较新的检测手段[33]。随着色谱技术的不断发展，高效液相色谱法在各类精细化学品中的应用更为广泛。

4.3.1 高效液相色谱法在助剂中的应用

在高效液相色谱法，尤其是反相高效色谱法在食品添加剂、聚合物助剂、化妆品及饲料添加剂、防霉剂、杀菌剂等各类助剂中都有广泛的应用。可通过适当的预处理等手段对应用介质（或商品配方）中的助剂进行定性及定量分析，还可对合成助剂产品中主成分及原料、副产物等杂质进行定性及定量分析，高效液相色谱法在各类助剂的合成、应用及质量检测等方面发挥了重要的作用。

4.3.1.1 食品、化妆品中添加剂

食品、化妆品中的添加剂组分，若使用过量，会对人体造成不利的影响，故需对其含量进行分析，在分析相对分子质量较高的添加剂方面，高效液相色谱的优越之处是可避免分析前的衍生化处理步骤；高效液相色谱具有较高的分离效率，其分离效率接近毛细管气相色谱。在本小节中将通过实例介绍离子抑制及离子对反相高效液相色谱的基本方法。

在色谱分析前可根据食品或化妆品的种类及测定组分选择合理的前处理方法，将所测助剂从食品或化妆品中分离出来。常用的提取分离方法为溶剂萃取法。可根据助剂与溶剂的相似相溶原则选择合适的萃取溶剂。一般来说，水溶性溶剂提取含水量高的样品，而油溶性样品用乙腈提取，常用的萃取溶剂有二氯甲烷、氯仿、丙酮、乙腈、乙醇、石油醚等。

化妆品中防晒剂加入过量对人体有不利影响。防晒化妆品中的 2-羟基-4-甲氧基二苯甲酮-5-磺酸（Uvinol MS-40）、对甲氧基肉桂酸辛酯（Parsol MCX）、水杨酸辛酯（Escalol 587）等 11 种防晒剂，可用反相高效液相色谱法测定[34]，其分析步骤如下。

（1）标准溶液配制　称取一定量防晒剂标准品，用流动相甲醇：四氢呋喃：水：高氯酸（200：200：160：0.1），配成 Uvinol MS-40、Parsol MCX 和 Escalol 587 的浓度分别为 8g/L、8g/L 和 50g/L 的溶液，贮存备用。还配制了其他 8 种防腐剂的配制溶液，取 11 种防晒剂标准液各 1mL，以流动相稀释至 100mL，配成混合标准溶液。

（2）样品预处理　称取一定量的防晒化妆品，用流动相超声提取 15min，经稀释后，用 0.45μm 滤膜过滤，滤液供取样用。

（3）高效液相色谱分析条件　采用美国 SP 8810 高效液相色谱系统。色谱柱为 YWG-C_{18}（十八烷基硅烷化键合相，220mm×4.6mm，10μm，北京分析仪器厂），流动相为甲醇：四氢呋喃：水：高氯酸（200：200：160：0.1，体积比），流速为 1.0mL/min，紫外检测波长为 311nm，检测灵敏度为 0.05 Aufs。

（4）线性关系实验　分别称取 0、0.10、0.20、0.40、0.80、3.00、5.00mL 防晒剂混合标准溶液置于 10mL 具塞刻度试管中，用流动相稀释至刻度。取 10μL 进行高效液相色谱分析，用峰面积与防晒剂量进行线性回归，各防晒剂相关系数 r 均大于 0.9995。

(5) 回收率测定和重现比考察　将膏霜状、油状、粉状化妆品精确称量后，分别加入一定量的防晒剂，混合制成加标样品，每种取 10 个平行样品，样品经预处理、过滤得澄清溶液后，经高效液相色谱仪测定回收率，并考察重现性。

(6) 样品测定　称取一定量的防晒化妆品，用流动相超声提取 15min，经适当稀释后，用 0.45μm 滤膜过滤，取滤液进行高效液相色谱分析，图 4-26 为混合标准液的色谱图。图 4-27 为乳状防晒化妆品的色谱图，色谱定性分析方法可参见 2.2.5.2，根据标样保留时间 t_R 可定性，该化妆品中含有防晒剂 Uvinol M-40，Parsol MCX 和 Escalol 587，它们的保留时间分别为 5.02、13.97 和 18.82min。

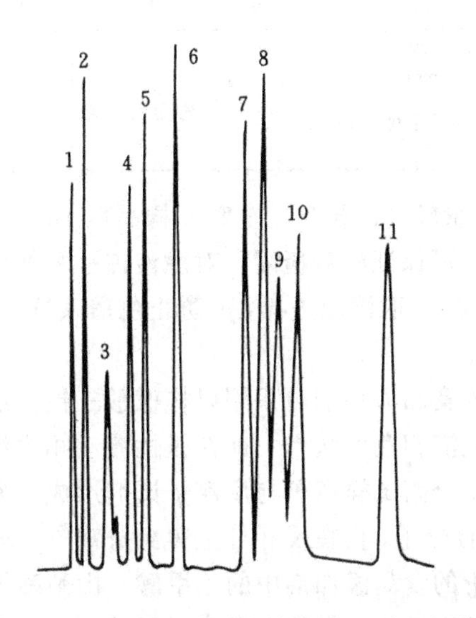

图 4-26　11 种防晒剂混合标准液 HPLC 色谱图

1—2-羟基-4-甲氧基二苯甲酮-5-磺酸 (Uvinol MS-40)；2—对氨基苯甲酸 (PAPB)；3—水杨酸；4—2-羟基-4-甲氧基二苯甲酮 (Uvinol M-40)；5—水杨酸苯酯 (Salol)；6—3-(4′-甲基亚苄基) 樟脑 (Eusolex 6300)；7—对二甲氨基苯甲酸辛酯 (Eusolex 6001)；8—4-异丙基二苯甲酰甲烷 (Eusolex 8020)；9—4-叔丁基-4-甲氧基二苯甲酰甲烷 (Parsol 1789)；10—对甲氧基肉桂酸辛酯 (Parsol MCX)；11—水杨酸辛酯 (Escald 587)

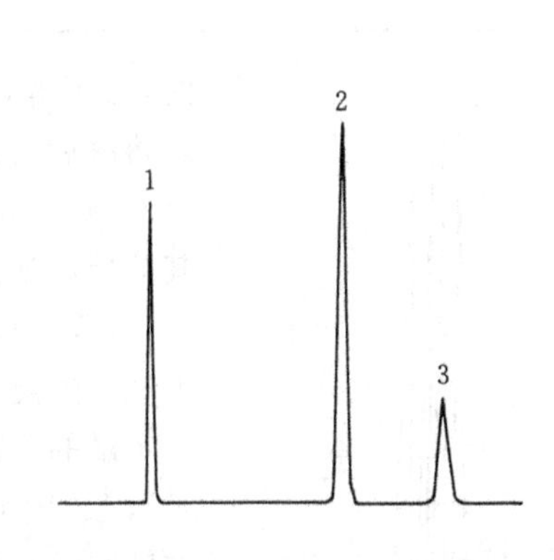

图 4-27　防晒化妆品 HPLC 色谱图

1—Uvinol M-40；2—Parsol MCX；3—Escalol 587

选择紫外检测器可提高防晒剂的检测灵敏度，而且能在很大程度上消除化妆品中其他成分的干扰。根据各防晒剂的吸收光谱，选择检测波长为 311nm。在所分析的防晒剂种类中，2-羟基-4-甲氧基二苯甲酮-5-磺酸、对氨基苯甲酸及水杨酸为可解离化合物，流经以十八烷基键合相为固定相的反相柱时，由于存在解离作用，且在柱上保留值很小，彼此间分离不好。若在流动相中加入 0.1 体积的 70%高氯酸可改善上述三种防晒剂的分离情况，原因是适量高氯酸的加入，将流动相的 pH 值调整到合适的范围内，有效地抑制了一些防晒剂的解离，使防晒剂在柱上保留值适当增加，并改善了这三种防晒剂之间的分离情况，因此这种反相高效液相色谱方法属于离子抑制反相高效液相色谱[33]，它扩大了反相高效液相色谱的应用范围，使其由非极性、中性化合物进一步扩大到极性、可解离的化合物。

十八烷基硅烷化键合相的反相高效液相色谱法在食品添加剂分析中应用较广。表 4-5 为几种食品及化妆品中助剂的含量分析的高效液相色谱方法[35~39]。在分析化妆品中对羟基苯甲酸甲酯、乙酯、丙酯和丁酯时[36]，需对化妆品进行预处理，以甲醇溶解样品，超声萃取后过

表 4-5 食品及化妆品中助剂的高效液相色谱分析方法

样品及测定内容	固定相	流动相	检测方式	定量方法	参考文献
食品中抗氧剂 BHA、BHT、PG 的含量	Radial-PAK C_{18}（十八烷基硅烷化键合相）	甲醇：水=92：8，用磷酸调 pH 为 3.0	紫外检测 280nm	外标法 峰面积定量	35
化妆品中防腐剂对羟基苯甲酸甲酯、乙酯和丁酯含量	μ-Bondapak-C_{18}（十八烷基硅烷化键合相）300mm×3.9mm	甲醇：醋酸铵（0.02mol/L）=70：30	紫外检测 254nm	外标法 峰高定量	36
食品防霉剂富马酸二甲酯的含量	Micropak MGH，5μm 300mm×4.00mm	乙醇：水=90：10	紫外检测 216nm	外标法 峰面积定量	37
复合蛋白糖中天门冬酰苯丙氨酸甲酯的含量	Ultrasphere XL-ODS	甲醇：醋酸铵（0.02mol/L）=30：70，pH 为 5.0	紫外检测 220nm	外标法 峰高定量	38
酱油及软饮料中防腐剂、甜味剂及人工合成色素	Zorbax-ODS（十八烷基硅烷化键合相）	A：甲醇：乙腈：柠檬酸三铵（0.02mol/L）=20：2：78 B：甲醇：柠檬酸三胺（0.02mol/L）=50：50	紫外检测 254nm	外标法 峰面积定量	39

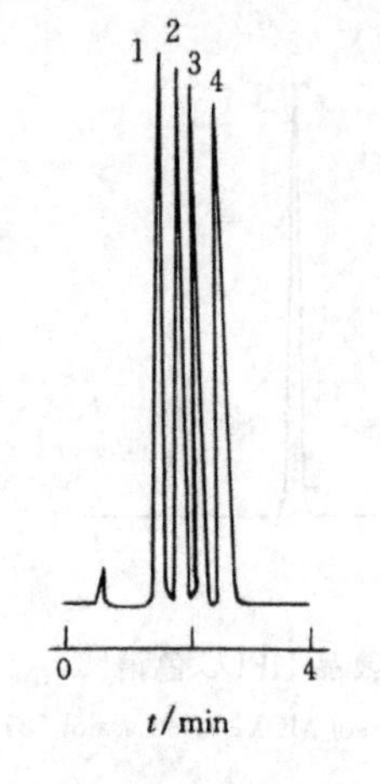

图 4-28 化妆品防腐剂的 HPLC 色谱图
1—对羟基苯甲酸甲酯；
2—对羟基苯甲酸乙酯；
3—对羟基苯甲酸丙酯；
4—对羟基苯甲酸丁酯

滤，对于膏霜类等油脂含量较高的样品，先将 1g 样品以 1mL 正己烷溶解后再以甲醇提取，可保证测量精度；对滤液浑浊的样品可以 2500 r/min 离心 5min 后再取清液进样，可防止色谱系统污染。其分析谱如图 4-28 所示。

酱油及软饮料中各种食品添加剂可采用以柠檬酸三铵为反离子试剂的离子对反相高效液相色谱法[39]，即在极性流动相中添加一定量的反离子试剂，使分离试样离子与反离子试剂形成“离子对”，转变为非解离的复合分子，再在反相柱上得到分离[33]。未添加反离子试剂时，所分析的食品添加剂中的苯甲酸、山梨酸钾及其他水溶性食用色素可发生解离，在柱上保留时间较小，不利于组分间的分离。加入反离子试剂后，柠檬酸三铵与测试样品中组分分别结合成离子对，增加了各组分的保留时间而获得较好的分离。本实验还试验了其他几种离子对试剂，如四乙基溴化铵、乙酸铵，它们也能将 8 种添加剂很好地分离。反离子试剂浓度的大小对胭脂红的洗脱顺序会产生影响，反离子试剂浓度增加，胭脂红的保留时间急剧增加，其他 7 种添加剂的保留时间只缓慢增加。

采用 70mm×4.6mm 的 Ultrasphere XL-ODS（3μm）快速短柱可快速分析复合甜味剂复合蛋白糖中天门冬酰苯丙氨酸甲酯（天苯甜）[38]，色谱分离过程仅需 6min，色谱图如图 4-29 所示。最低检出浓度为 5μg/L。

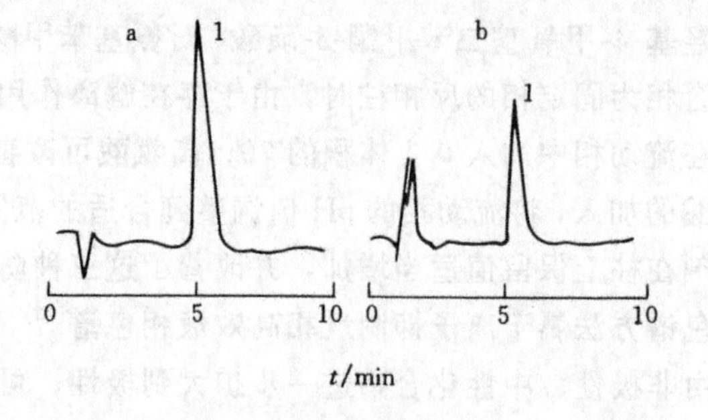

图 4-29 天苯甜标准品与样品的 HPLC 色谱图
a. 标准品；b. 样品

通过控制冲洗液（即流动相）的 pH 值，可达到离子抑制的作用，如食品中抗氧剂 BHA、BHT 和没食子酸丙酯 PG 分析中，采用反相高效液相色谱法[35]，流动相为甲醇：水（92：8，体积比），用磷酸调 pH 至 3.0。该分析方法快速、准确，抗氧剂含量的最低检测浓度为 0.5mg/kg，色谱图如图 4-30 所示。此外，反相高效液相色谱法还可测定饲料中抗菌剂及禽畜生长促进剂 2-［N-（2-羟基-乙基）氨基甲酰］-3-甲基-喹噁啉-1,4-二氧化物，即喹乙醇的含量，采用辛基硅烷键合相为固定相，以甲醇：水（20：80）为冲洗剂，喹乙醇与乙酰苯胺内标物的保留时间分别为 5.12min 和 11.54min，喹乙醇的最小检出量为 0.4mμg（对 5μL 进样量）。

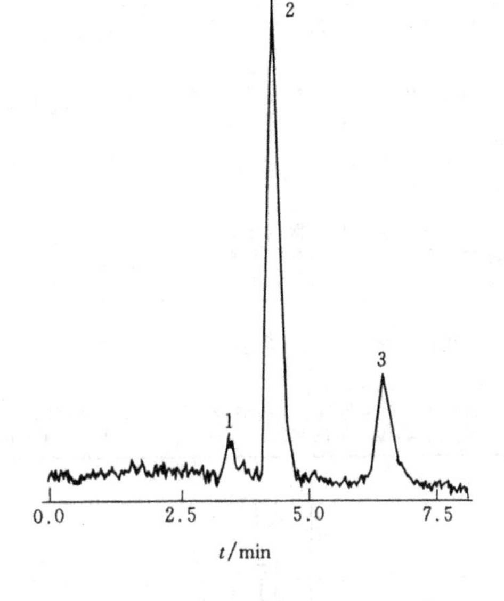

图 4-30　饼干中抗氧剂的 HPLC 色谱图
1—PG；2—BHA；3—BHT

4.3.1.2　聚合物助剂

高效液相色谱法可应用于抗氧剂、增塑剂、光稳定剂等聚合物助剂的分析中，可测定合成样品中组分与杂质的含量，还可分析高分子材料中的光稳定剂等助剂含量，以研究光稳定作用机理，以及测定高分子材料的性能。

表 4-6 为分析一些聚合物助剂的高效液相色谱分离条件[40~44]。可根据被分离物的极性状况选用液固吸附色谱、与采用化学键合固定相的反相高效液相色谱，从表 4-6 可见，极性较弱的助剂采用液固吸附色谱，采用全多孔硅胶如 μ-Porasil，Zorbax-SIL 为固定相；极性较强的助剂分析采用反相高效液相色谱，采用十八烷基键合硅胶为固定相。由于助剂结构中具有苯环结构，可主要采用紫外检测手段。

受阻胺类光稳定剂具有 2,2,6,6-四甲基哌啶基的基本结构。光稳定剂 Tinuvin 770 和 Tinuvin 144 的结构式为：

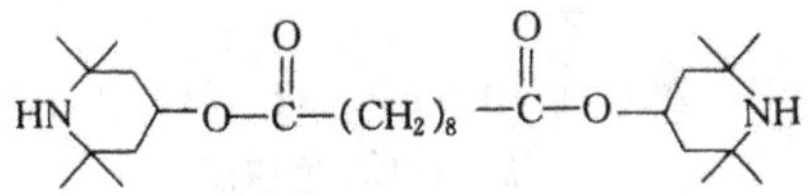

Tinuvin 770

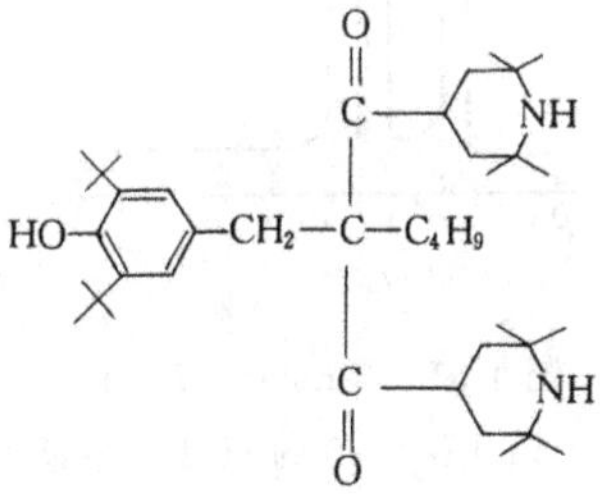

Tinuvin 144

该类光稳定剂的分析及光稳定剂机理的研究都需要高效灵敏、快速准确的分析手段。高效液相色谱法可用来分析聚烯烃高分子材料中的光稳定剂[42,43]。聚合物中助剂分析时也须先将高分子介质中助剂分离出来，一般采用溶剂萃取法，有时还要采用沉淀法将萃取液中的低聚物除去。另外，可先将聚合物及助剂溶解，再加入沉淀剂使聚合物析出而分离出助剂。聚丙烯中光稳定剂 Tinuvin 770 和 Hostavin TMN 20 的分离方法为，采用氯仿进行萃取，适当浓缩萃取液后，加入沉淀剂丙酮，使低聚物沉淀出来，过滤浓缩再以氯仿溶解进样，如表 4-6 所示。采用了以氨基键合硅胶为固定相的高效液相色谱法[41]，其色谱图如图 4-31 所示。此外，聚丙烯中光稳定剂 Tinuvin 144（CGL-144）可以十氢化萘在 110℃ 下溶解，然后冷却析出聚合物，分离出助剂，以表 4-6 所示的液固吸附色谱分离条件分析[42]，色谱图如图 4-32 所示。

表 4-6 聚合物中助剂的高效液相色谱分离条件

样品及测定内容	固定相	流动相	检测方式	参考文献
商品塑料增塑剂苯六酸三（2-乙己酯）	μ-Porasil	正己烷：二氯甲烷＝60：40	示差检测（RI）	[40]
聚烯烃中受阻胺光稳定剂 Tinuvin 770 和 Hostavin TMN 20	Li Chrosorb NH_2（10μm）	乙腈：水＝99.5：0.5	紫外检测 208nm	[41]
聚丙烯中受阻胺光稳定剂 CGL-144 Tinuvin 144	μ-Porasil（10μm）300mm×3.9mm	氯仿：乙醇：氨＝95：5：0.05	紫外检测 280nm	[42]
医用高分子缓释胶囊中柠檬酸三酯癸二酸二丁酯，邻苯二甲酸二乙酯、二丁酯、甘油三乙酸酯的含量	Ultrasphere C_{18}（5μm）250mm×4.6mm	甲醇：水＝70：30	紫外检测 220nm	[43]
合成抗氧剂 1010 组分含量	ODS-3 250mm×4.6mm	不同浓度的 1,4-二氧杂环己烷水溶液的梯度洗脱	紫外检测 272nm	[44]
抗氧剂、热稳定剂、亚磷酸-苯二异辛酯中苯酚含量的测定	Zorbax-SIL 250mm×4.6mm	正己烷：四氢呋喃＝90：10	紫外检测 254nm	[45]

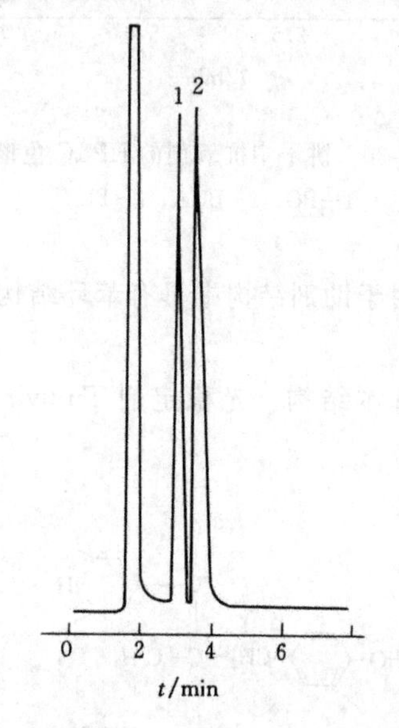

图 4-31 Tinuvin 770 和 Hostavin TWN 20 的 HPLC 色谱图

1—Tinuvin 770；2—Hostavin TMN 20；第一个峰为溶剂峰

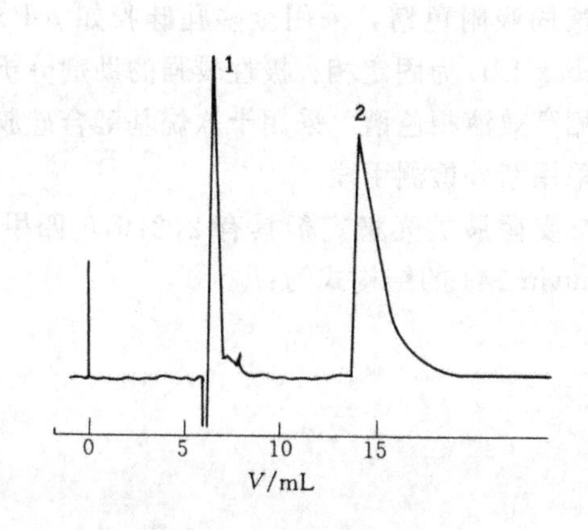

图 4-32 Tinuvin 144（CGL-144）的 HPLC 色谱图

1—溶剂；2—Tinuvin 144

聚合物材料可广泛应用于缓释胶囊等药物缓释系统中，加入增塑剂可改进材料性能。典型的医用高分子材料增塑剂有柠檬酸三乙酯、邻苯二甲酸二乙酯等。采用甲醇为溶剂、水为沉淀剂可将组成为丙烯酸乙酯与甲基丙烯酸甲酯及甲基丙烯酸三甲基氨基乙酯氯化物的共聚物 Eudragit RS 100 膜中的增塑剂分离出来。采用表 4-6 所示的反相高效液相色谱分离条件，分析其聚合物胶囊中增塑剂含量[43]，并在 37℃、25r/min 转速下测定了不同增塑剂含量的 Eudragit 膜中增塑剂向模拟肠液（0.1mol/L pH7.4 的磷酸盐缓冲液）中逸出的质量分数随时间变化的曲线（图 4-33）。

性能优良的四元酚抗氧剂 1010 可用作非污染性高温抗氧剂，其化学名称为四［β-(3,5-二叔丁基-α-羟基苯基）丙酸］季戊四醇酯，分子式为 $C(CH_2OCOCH_2CH_2R)_4$，R 为 3,5-二叔丁基-4-羟基苯基。合成样品中由于含有 β-(3,5-二叔丁基-4-羟基苯丙酸甲酯等多种组分，进行反相高效液相色谱分析时，采用梯度冲洗液分离出各组分[44]，溶剂 A 为水，溶剂 B 为 1,4-二氧杂环己烷；梯度洗脱方式：75%B（0～14min），75%B～90%B（14～16min），90%B（16～24min），90%B～75%B（24～26min），在 75%B 下平衡 9min，流速为 0.5mL/min。

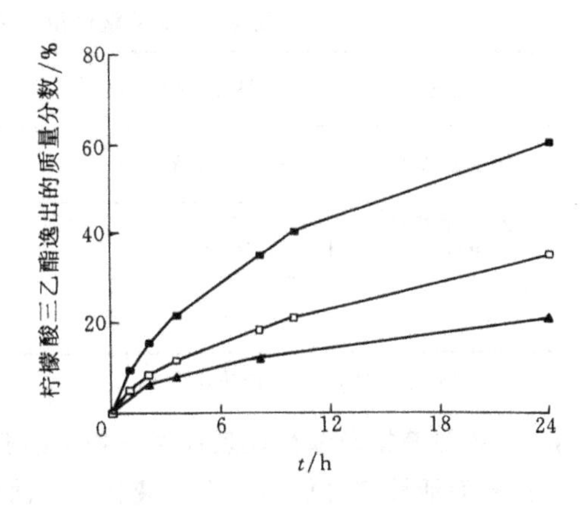

图 4-33　在含 20%、30%、40%（质量比）柠檬酸三乙酯增塑剂的 Eudragit RS 100 聚合膜中，柠檬酸三乙酯向模拟肠液中逸出的质量分数随时间变化曲线

■40%；□30%；▲20%

凝胶渗透色谱法还可广泛应用于助剂的定量分析，在许多场合中可不经萃取分离过程，直接对聚合物样品进行分析，具有实验条件温和、重复性好等优点，是聚合物中增塑剂、抗氧剂、光稳定剂、硫化促进剂、脱模剂等助剂定性与定量分析的有效手段。ABS 树脂、苯乙烯、丙烯腈（SAN）及低密度聚乙烯（LDPE）等聚合物中润滑剂与脱模剂 N,N′-亚乙基双硬脂酸酰胺（EBS）和 N,N′-亚乙基双油酰胺（EBO）的含量可以凝胶渗透色谱法分析[46]。首先将样品以三氟醋酐处理，使所含的助剂 EBS 和 EBO 转变为 N-三氟乙酰衍生物。其反应方程式如下：

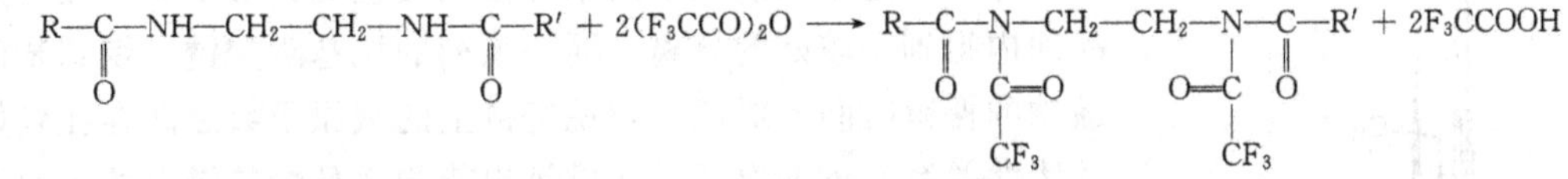

$$R{-}\underset{\underset{O}{\|}}{C}{-}NH{-}CH_2{-}CH_2{-}NH{-}\underset{\underset{O}{\|}}{C}{-}R' + 2(F_3CCO)_2O \longrightarrow R{-}\underset{\underset{O}{\|}}{C}{-}\underset{\underset{CF_3}{|}}{\underset{C=O}{\underset{|}{N}}}{-}CH_2{-}CH_2{-}\underset{\underset{CF_3}{|}}{\underset{O=C}{\underset{|}{N}}}{-}\underset{\underset{O}{\|}}{C}{-}R' + 2F_3CCOOH$$

然后以凝胶渗透色谱法分析，采用四根苯乙烯与二乙烯基苯共聚物凝胶柱（μ-Styragel 100A 与 μ-Styragel 500A 各两根），以四氢呋喃为冲洗剂，以折光指数检测器进行检测。相对分子质量最大的聚合物组分首先出峰，然后为所含的助剂组分。丙烯腈中 EBS 的最小检测极限（质量分数）为 0.01%，线性范围为 0.3%～3.0%。此外，聚合物中增塑剂的不同组分可按分子体积大小，以凝胶渗透色谱法进行分析与分离。

高效液相色谱还广泛应用于其他各类助剂的分析中，如皮革加工业中皮革防腐剂二硫代氰酸亚甲酯和 2-(硫代氰酰基甲硫基)苯并噻唑，采用 Spherisorb ODS-2(5μm)为固定相，以甲醇：水（80：20）为流动相，流速 1mL/min，紫外检测波长为 252nm。

皮革的杀菌处理对于改善皮革等材料的应用性能意义较大。N-水杨酰苯胺、2,2′-亚甲基双（4-氯苯酚）及对硝基苯酚为三种皮革用杀菌剂，其结构式为：

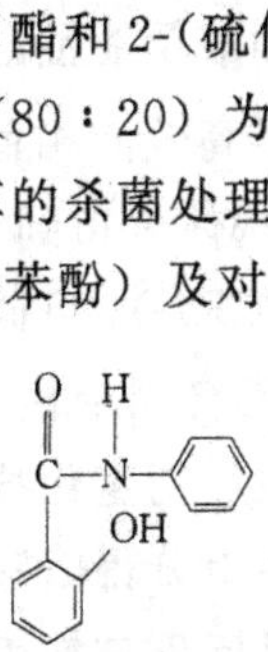

N-水杨酰苯胺 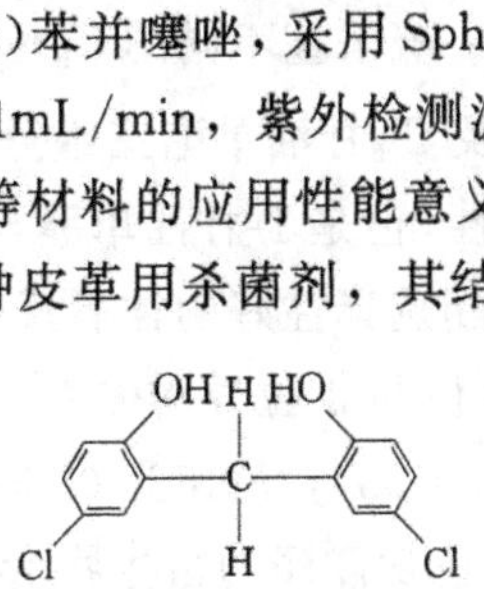　　2,2′-亚甲基双（4-氯苯酚） 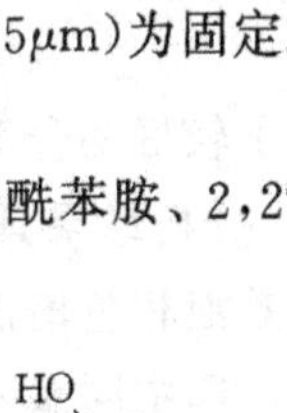　　对硝基苯酚

该三种杀菌剂的反相高效液相色谱分析条件及结果如表 4-7 所示。

此外，反相高效液相色谱法还可测定黄瓜及土壤中杀菌剂与高分子抗氧剂二硫代氨基甲酸二烷基酯的降解产物。总之，高效液相色谱法在食品添加剂、聚合物中助剂等多种助剂的分析检测中都有着十分重要的作用。

表 4-7　皮革整理用杀菌剂的高效液相色谱分离条件

杀菌剂	萃取溶剂及时间	固定相①	流动相②	检测方式	保留时间 min
N-水杨酰苯胺	86.7%乙腈，4～8h	十八烷基硅烷化键合相	75%乙腈	紫外检测 229nm	3.25
2,2′-亚甲基双（4-氯苯酚）	86.7%乙腈，4～8h	十八烷基硅烷化键合相	50%乙腈	紫外检测 214nm	9.0
对硝基苯酚	86.7%乙腈，4～8h	十八烷基硅烷化键合相	25%乙腈	紫外检测 340nm	10.7

① 固定相粒径为 10μm；② 流速均为 1mL/min。

4.3.2　高效液相色谱法在表面活性剂中的应用

在表面活性剂分析中，高效液相色谱法的应用极为广泛。一方面，可分析表面活性剂的疏水基结构，即碳数分布；另一方面又可分析聚氧乙烯类非离子表面活性剂的亲水基 EO 数分布，还可分析应用配方中不同种类的表面活性剂。反相高效液相色谱法应用较多，而正相色谱法、高效凝胶渗透色谱法与高效离子交换色谱法也有一些的应用。此外，新的检测技术，如采用柱后反应检测器，对一些特定结构的表面活性剂分析具有较高的灵敏度。

商品及微乳液中烷基磺酸钠与烷基苯磺酸钠的碳数分布可分别以反相高效液相色谱法分析[47]；固定相为烷基硅烷化键合相，堆积硅珠-烷基（3μm），以甲醇：1.5×10^{-2}mol/L 磷酸二氢钠水溶液（35：65）为流动相；分析烷基磺酸采用电导检测器；分析烷基苯磺酸钠采用紫外检测器检测，各组分可在较短时间内得到了较好的分离。同一系列的烷基磺酸钠、烷基苯磺酸钠的保留时间的对数，与烷基链上的碳原子数之间存在较好的线性关系。依据保留时间推算出待测样品烷基链上的碳原子数，可进行定性分析，并可对商品中该类阴离子表面活性剂的含量进行分析，图 4-34 为商品十二烷基苯磺酸钠的色谱图。

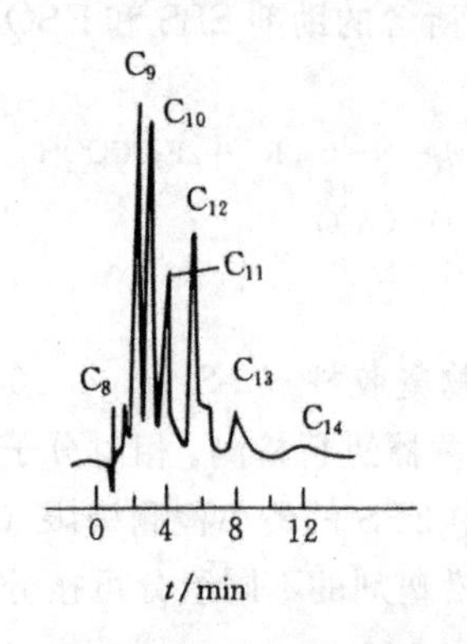

图 4-34　商品十二烷基苯磺酸钠（英国 BDH）HPLC 色谱图

脂肪酸甘油单酯非离子表面活性剂，具有性能优良、无毒等特性。反相高效液相色谱法可快速准确地分析经柱色谱提纯的饱和甘油单酯。采用辛基键合硅胶为固定相，乙腈：水（7：3）为流动相，流速为 1mL/min；采用紫外检测器，检测波长为 210nm；疏水基不同的 C_6～C_{18}甘油单酯，油酸及亚油酸的甘油单酯得到了较好的分离。对 C_{12}、C_{14}及 C_{16}甘油单酯三组分的混合物进行了高效液相色谱法的定量分析，分析结果具有较好的重复性，但是 1-甘油单酯与 2-甘油单酯异构体未得到分离。应用反相高效液相色谱法，采用对甘油酯选择性好的柱后反应检测器（GS-PCRD），可同时分析商品甘油单酯中同系物碳数分布及 1-位与 2-位异构体[48]。采用辛基化学键合固定相 Hypersil MOS（3μm），流动相为乙腈：水（67：33），流速为 0.8mL/min。这种柱后衍生化技术，由于试样与衍生化试剂反应生成带有发色功能团的衍生物后再进行检测，使组分得以鉴定，具有较高的选择性和灵敏度。图 4-35 为商品甘油单酯的色谱图。1-甘油单酯与 2-甘油单酯得到了较好的分离。

近年来，采用离子对萃取检测器的柱后衍生化技术已应用于阳离子表面活性剂、两性型表面活性剂和阴离子型表面活性剂[49]。反相高效液相色谱分离条件为，采用球形的十八烷基硅烷化硅胶 TSK-LS 410（5μm）为固定相，采用甲醇、水、过氯酸钠和磷酸的混合液为冲洗剂，采用 Auto Analyzer Ⅱ 体系作为柱后反应检测器。

高效液相色谱法可应用于分析烷基酚聚氧乙烯醚及磺化物的亲水基分布，即聚氧乙烯基 EO 数分布[50]。该类表面活性剂组成复杂，组分数较多。烷基酚聚氧乙烯非离子表面活性剂可采用液固吸附色谱法分析，固定相为全多孔硅胶 Hypersil-5，采用梯度洗脱方式和紫外检测手段，检测波长为 220nm，烷基酚聚氧乙烯醚的磺化物以离子对正相色谱法分析，采用 0.01mol/L 四甲基铵氯化物为离子对试剂，固定相为氰基丙基键合硅胶 Hypersil-5-CPS，以正己烷：乙醇（70：30）为冲洗剂，紫外检测波长为 220nm，可分析 EO 数达 20 的表面活性剂低聚物。烷基酚聚氧乙烯醚磺酸盐 R—PhO $(CH_2CH_2O)_6R'$ SO_3^- 的色谱图如图 4-36 所示，其 EO 数分布图如图 4-37 所示。

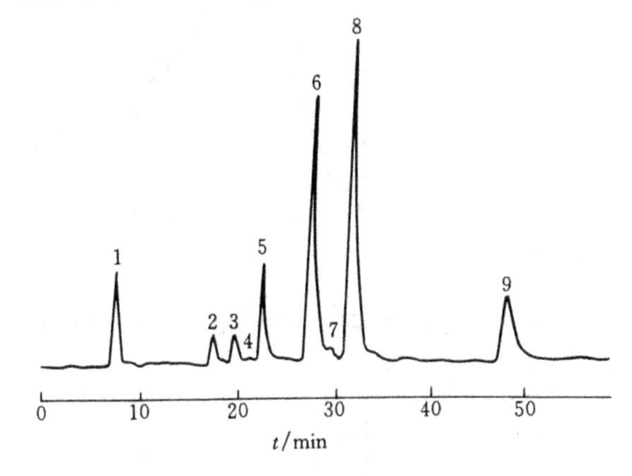

图 4-35　商品甘油单酯 HPLC 色谱图

1—甘油；2—1-肉豆蔻酸甘油单酯；3—1-棕榈油酸甘油单酯；4—2-亚油酸甘油单酯；5—1-亚油酸甘油辛酯；6—1-棕榈酸甘油单酯；7—2-油酸甘油单酯；8—1-油酸甘油单酯；9—1-硬脂酸甘油单酯

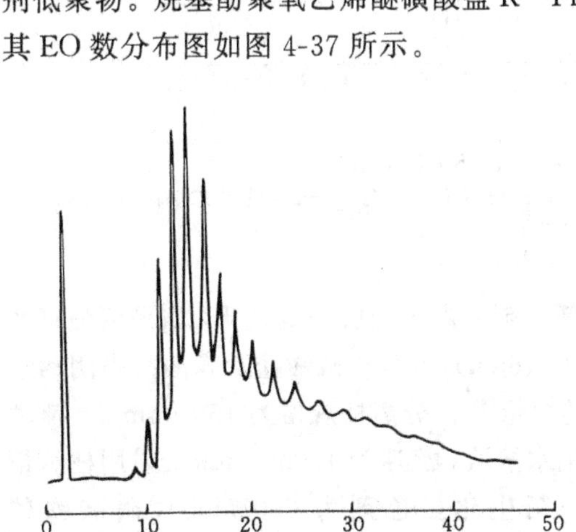

图 4-36　阴离子表面活性剂 R—PhO$(CH_2CH_2O)_6R'$ SO_3^- 色谱图

高效液相色谱法还可分析 EO 数为 4～50 的范围较宽的烷基酚聚乙烯醚及其磺化物的 EO 数分布。采用氰基键合相（10μm）和梯度冲洗液。溶剂 A 为正己烷，溶剂 B 为 2-甲氧基乙醇：异丙醇（75：25），流速 10mL/min，梯度洗脱方式为开始时 2%B，在 50min 时为 50%B，紫外检测波长为 255nm。

高效液相色谱法不仅可分析表面活性剂的合成品和商品，还可分析洗涤剂配方中的表面活性剂。以十八烷基键合硅胶为固定相，以甲醇：水（85：15）为冲洗剂，可分析重垢粉状洗涤剂中的烷基聚氧乙烯醚。高效液相色谱法在环境保护与检测中应用意义也较大。利用土壤灌注法结合高效液相色谱法[51]，对烷基苯磺酸盐生物降解性能的测定结果，与河水中及活性污泥中测定结果相符合。土壤灌注法生物降解性能测定方法为将一定量土壤填充在玻璃柱中，以一定体积由 LAS 表面活性剂的水溶液组成的灌注液连续循环滴加到柱中，每隔一定时间（天数）以高效液相色谱法测定灌注液及从所灌注的土壤洗出液中测定表面活性基的疏水基分布状况。色谱条件为，采用十八烷基硅烷化键合相 Hitachi Gel 3056，流速 1.0mL/min，流动相为乙腈：水（45：55），过氯酸浓度为 0.1mol/L。紫外检测波长为 225nm。图 4-38 为从灌注土壤中的洗出的 C_{12} LAS 高效液相色谱图。

在表面活性剂复杂混合物分析中，采用化学键合固定相的高效液相色谱法具有突出的优点，可克服薄层色谱及气相色谱的某些局限性。

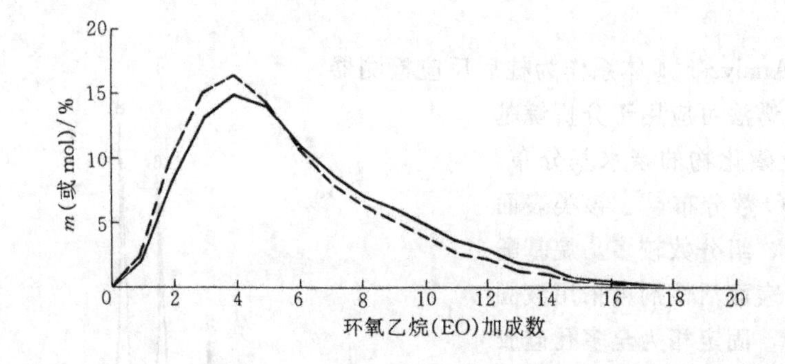

图 4-37 阴离子表面活性剂 $R—PhO(CH_2CH_2O)_6R'\ SO^{3-}$ 的 EO 数分布图

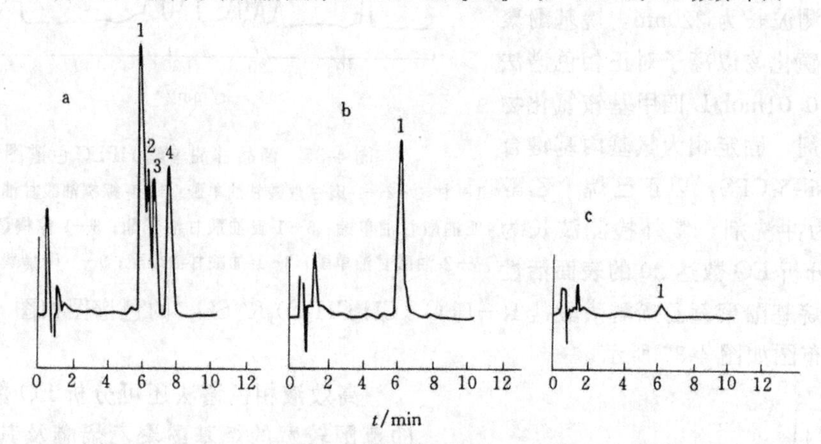

图 4-38 从灌注土壤中洗出的 C_{12} LAS HPLC 图

1—3-苯基十二烷及 6-苯基十二烷；2—4-苯基十二烷；3—3-苯基十二烷；4—2-苯基十二烷；

灌注实验温度 20℃；

a. 3 天；b. 9 天；c. 15 天

离子交换色谱法（参见 2.4.1.3）可分析表面活性剂中离子型成分或杂质，如采用强碱性阴离子交换树脂 LS-222（6μm），可分析硫酸盐及磺酸盐类阴离子表面活性剂中硫酸钠的含量[52]。分离柱规格为 150×4mm，流动相为 0.06mol/L 硝酸钠水溶液，流速为 1.0mL/min，采用柱后衍生化方法进行检测，衍生化显色剂为 0.01mol/L 硝酸铁的 0.26mol/L 硝酸溶液。图 4-39 为烷基硫酸钠的色谱图。

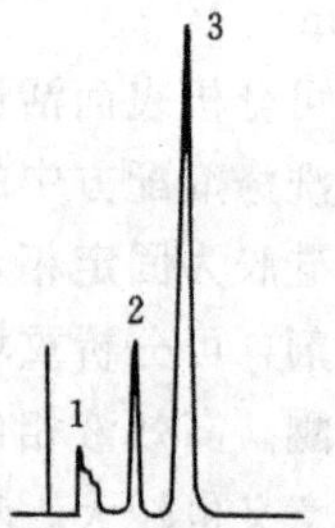

图 4-39 烷基硫酸钠的高效离子交换色谱图

1—氯化物；2—硫酸钠

3—烷基硫酸钠

以填充 250mm×4mm 的 Nucleosil 100-5 SA（5μm）的阳离子交换色谱柱，可分析清洗类化妆品中椰子油脂肪酰胺基丙基甜菜碱与烷基甜菜碱类两性型表面活性剂。流动相为乙腈：氢氧化锂（0.05mol/L）水溶液（70：30），（以磷酸调节至 pH 为 1.6）。该方法能分离不同疏水基结构的两性型表面活性剂，两性型表面活性剂能与所含的非离子表面活性剂及阴离子表面活性剂得到较好的分离。

凝胶渗透色谱法（参见 2.4.1.4）也是分析表面活性剂及助剂等精细化学品的有效手段。食品乳化剂及天然化合物中的脂肪酸甲酯、甘油单酯、甘油双酯及甘油三酯中各组分分子大小存在一定差异，可用高效凝胶渗透色谱法分离，并且可分析其中所含的甘油单酯及甘油双酯的含量[53]。分离柱为 2 根 250mm×7mm 以球形苯乙烯与二乙烯基苯共聚物微球（5μm）填充的柱子，以甲苯为冲洗剂，采用折光指数检测方式，图 4-40 为

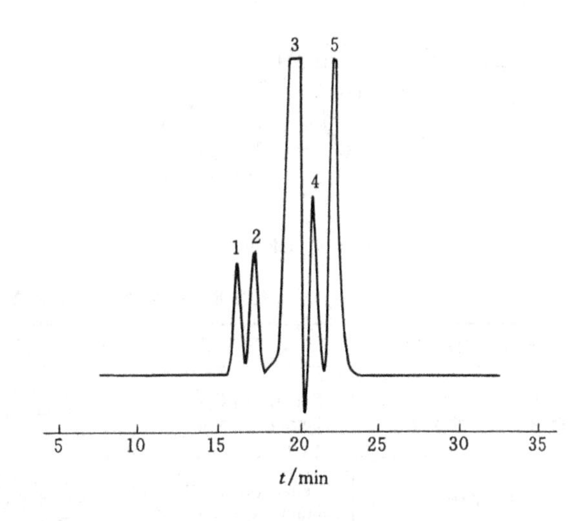

图 4-40 红花油脂解 30min 后的高效凝胶渗透色谱图
1—甘油三酯；2—甘油双酯；3—甲酯；
4—甘油单酯；5—内标物月桂酸甘油单酯

红花油脂解 30min、进行甲酯化处理后样品的凝胶渗透色谱图。样品中含有的脂肪酸以重氮甲烷处理后可转化为甲酯。

4.3.3 高效液相色谱法在药物中的应用

高效液相色谱法分离效率高，在具有一定生物活性的药物的分析中发挥着重要的作用。高效液相色谱法从发展的初期，就在药物分析中有较多的应用；近年来随着色谱技术和药物研究的迅速发展，在该领域中的应用日趋广泛。高效液相色谱法，尤其是反相高效液相色谱法对各类化学合成及生化合成药物的合成控制，最终产品分析以及药物质量常规检验都具有广泛的应用[54]，可同时定量分析其中的多种组分，还可应用于环境中微量药物的检测。

4.3.3.1 高效液相色谱法在抗生素中的应用

抗生素是一类通过微生物培养、人工合成或半合成方式制备的具有抗病原微生物作用的药物。自 40 年代青霉素产生之后，多种抗生素广泛用于临床治疗。抗生素种类繁多，结构及组分复杂。高效灵敏且适用性广的高效液相色谱法在 β-内酰胺类、氯霉素等多种抗生素的分析中应用广泛。

青霉素为重要的 β-内酰胺类抗生素。其结构式为：

青霉素

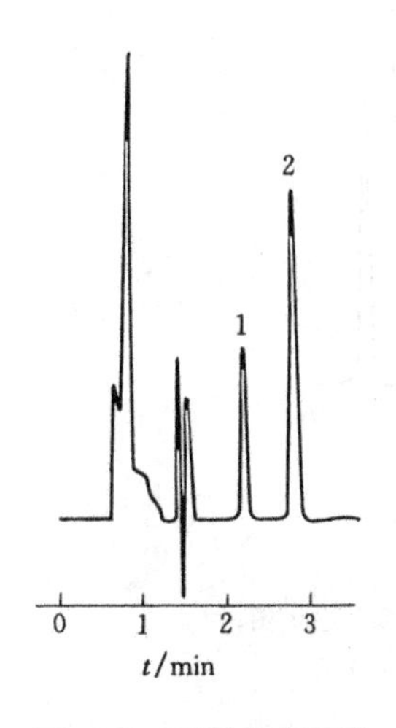

图 4-41 青霉素发酵液样品的 HPLC 色谱图
1—苯乙酸；2—青霉素

在青霉素生产中，发酵液成分复杂，用化学分析的碘量法测定，存在较大误差，以反相高效液相色谱法快速分析，可同时测定主成分及苯乙酸的含量[55]，有效地控制发酵过程。色谱分析固定相为 Li Chrosorb C_{18}，流动相为 0.01mol/L 醋酸缓冲液（pH＝4.75）：乙腈（85：15），流速 1.3mL/min，此例中采用醋酸缓冲液可调节 pH 值，为离子抑制色谱，紫外检测波长为 254nm。取发酵液样品过滤稀释成 300～500 万/mL 的样品溶液，加入适量苯乙酸标准液，滤膜过滤后进行高效液相色谱分析，见图 4-41 所示。以青霉素钾与苯乙酸为标准物，采用外标法定量，可测定不同发酵时间内发酵液中青霉素与苯乙酸的浓度，以控制生产过程。

表 4-8 为几种典型抗生素的高效液相色谱分析条件[56～60]。头孢氨苄（Cefalexin，即先锋 4 号）为第三代头孢菌素类抗生素，与氨苄青霉素（Ampicillin）等青霉素类抗生素一样，都属于 β-内酰胺类抗生素，含有酸性基团。上述两种药物的分子结构为：

头孢氨苄 (Cefalexin)　　　　氨苄青霉素 (Ampicillin)

表 4-8　抗生素药物的高效液相色谱分析条件

样品及测定内容	固定相	移动相	检测方式	定量方式	参考文献
头孢氨苄的含量（也适用于氨苄青霉素）	Spherisorb-C_{18}(10μm) 300mm×4.6mm	0.01mol/L 乙酸钠(pH＝5.0)：乙腈＝90：10	紫外检测 254nm	内标法	[56]
头孢呋辛钠	Spherisorb-C_{18}(10μm) 200mm×4.6mm	0.1mol/L 醋酸-醋酸钠缓冲液(pH＝3.4)：乙腈＝90：10	紫外检测 254nm	内标法	[57]
交沙霉素	μ-Bondapak-C_{18}(10μm) 300mm×3.9mm	甲醇：0.02mol/L 磷酸二氢钾＝65：35 以 0.5mol/L 磷酸调 pH＝3.3	紫外检测 232nm	校正因子归一化法	[58]
氯霉素中二醇类杂质含量	Nucleosil-C_{18}(5μm) 100mm×4.6mm	乙腈：水：冰醋酸＝15：85：1 含 0.01mol/L 戊基磺酸钠	紫外检测 278nm	外标法	[59]
盐酸林可霉素制剂的含量	YWG-C_{18}(10μm) 150mm×6.0mm	甲醇：磷酸盐缓冲液(pH＝6.0)＝60：40	紫外检测 230nm	内标法	[60]

它们都可以按表 4-8 所示的离子抑制反相高效液相色谱法加以分离[56]，见图 4-42 所示。头孢氨苄进样量在 0.70～3.50μg 范围内，与内标峰面积比呈良好的线性关系。图 4-42 中 b 出现明显的分解物峰，但能与头孢氨苄峰和内标峰分开，对测定无干扰。

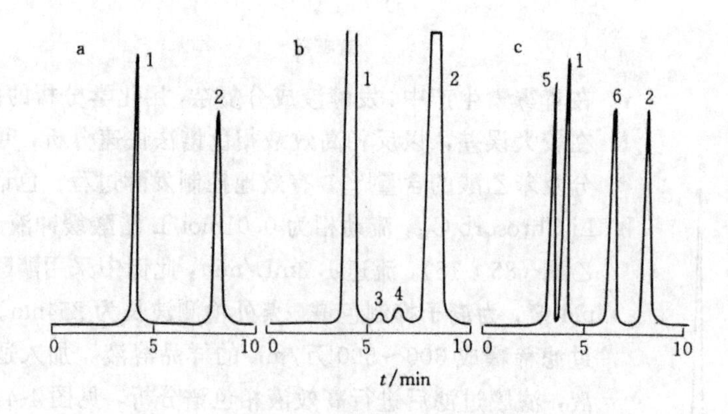

图 4-42　头孢氨苄及结构相似的抗菌素色谱图

a. 样品及内标峰色谱图；b. 样品溶液放置 15 天后色谱图；c. 氨苄青霉素色谱图；

1—头孢氨苄；2—内标；3,4—分解物；5—氨苄青霉素；6—先锋Ⅵ号

高效液相色谱法可用于抗生素药物杂质含量的分析。氯霉素是一种用途较广的抗生素，可以化学合成法生产，化学名称为 1*R*，2*R*-(－)-1-对硝基苯基-2-二氯乙酰胺基-1,3-丙二醇，其结构式为：

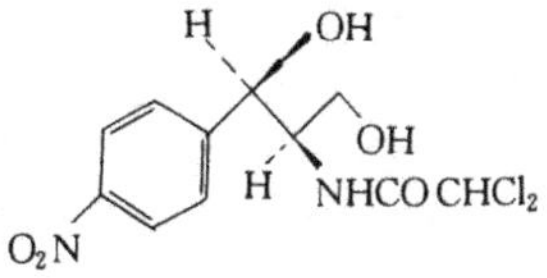

氯霉素 (Chloramphenicol)

氯霉素经水解、光照或受热，会降解生成二醇类杂质，即 2-氨基-1-(4-硝基苯基)丙烷-1,3-二醇。其杂质含量可用表 4-8 所示的离子对反相高效液相色谱法分析[59]，采用的离子对试剂为 0.01mol/L 戊基磺酸钠，该试剂能与二醇杂质形成离子对配合物。图 4-43 为氯霉素的高效液相色谱图。若采用分光光度法，氯霉素的紫外最大吸收在 278nm 外，但在二醇类杂质最大吸收 272nm 处也有一定的吸收；另一方面，以乙醚抽提氯霉素可能产生降解现象，这两个因素都会使二醇类杂质含量偏高。采用高效液相色谱法可以避免用分光度法测定氯霉素中杂质所引起的误差。

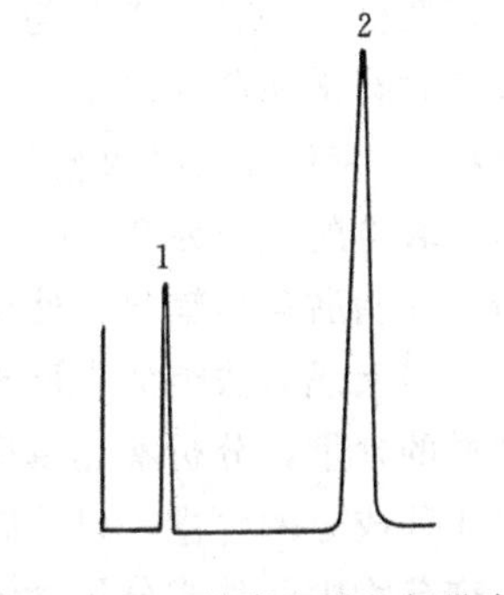

图 4-43 二醇类杂质与氯霉素的 HPLC 色谱图

1—二醇类杂质；2—氯霉素

此外，在大环内酯类、四环素类、氨基糖类等多种抗生素的分析[54]中高效液相色谱法的应用也十分广泛。反相高效液相色谱法由于可调节 pH 值，达到离子抑制的目的，还可使用离子对流动相，方法灵活，适用性广。

4.3.3.2 高效液相色谱法在其他类药物中的应用

高效液相色谱法广泛应用于各类药物及制剂的含量分析以及质量检验中，如解热镇痛药、抗菌药、磺胺类药物、维生素类药物及抗癌药物等。

吡哌酸(PPA)是 20 世纪 80 年代开发的新型全合成吡啶酮酸衍生物类广谱抗菌药，用于肠道、胆道、泌尿系统的感染。其结构式为：

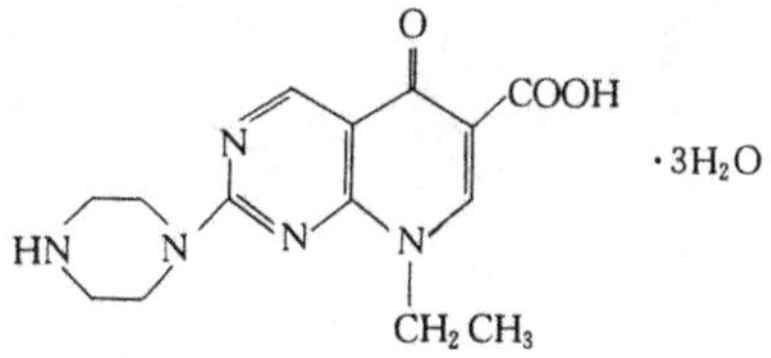

吡哌酸

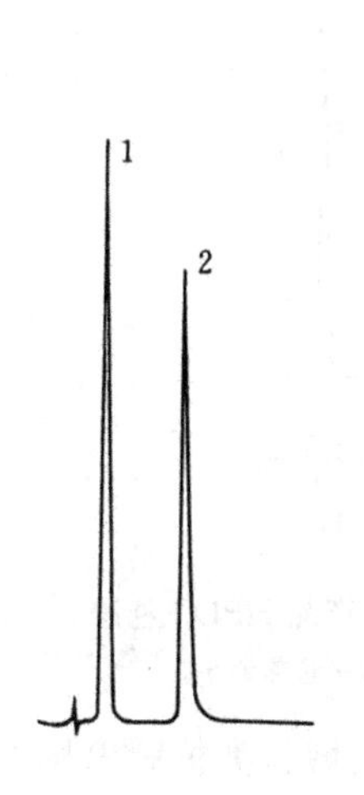

图 4-44 吡哌酸 HPLC 色谱图

1—吡哌酸；2—氟哌酸

吡哌酸为有机酸，其含量可用离子对反相液相色谱法分析，采用 ODS 反相柱，流动相为含有离子对试剂 0.04mol/L 四丁基溴化铵的乙腈：磷酸盐缓冲液(8：92)，紫外检测波长为 275nm，内标物为氟哌酸，以质量校正因子法定量。标样与内标物的色谱如图 4-44 所示。吡哌酸的保留时间为 4.027min，氟哌酸的保留时间为 9.167min。

反相高效液相色谱法还可测定磺胺类药物复方新诺明片中的磺胺甲基异噁唑[SMZ，*N*-(5-甲基-3-异噁唑基)-4-氨基苯磺酰胺]及甲氧苄啶{TMP，5-[(3,4,5-三甲氧苯基)甲基]-2,4-嘧啶二胺}，这两种药物的结构为：

磺胺甲基异噁唑

甲氧苄啶

高效液相色谱分析条件为：固定相为十八烷基硅烷化键合相 YWG C_{18}(10μm)，流动相为甲醇：醋酸与氨水的缓冲液（45：55)，紫外检测波长为 240nm，采用内标法定量，内标物为非那西汀。SMZ、TMP 与非那西汀的保留时间分别为 1.60min、3.38min 和 4.23min。分析前取复方新诺明药片研细，取适量细粉，加甲醇溶解，超声溶解，稀释离心，取清液进行色谱分析。TMP 最大吸收波长为 223nm，而 SMZ 最大吸收波长为 269nm，为兼顾二者的含量测定，取检测波长为 240nm。测定回收率时，称取定量 SMZ、TMP，按处方规定配比，加入淀粉、硬脂酸镁等辅料，处理后再进行色谱分析。

与上述方法类似，反相高效液相色谱法还可分析常用解热止痛药脑清片中咖啡因和氨基吡啉的含量，分析解热镇痛药小儿复方苯巴比妥中乙酰水杨酸、苯巴比妥、非那西汀和咖啡因 4 种成分的含量，以及感冒通片中双氯灭通和扑尔敏的含量，均采用一种内标物同时测定片剂药物中几种成分的含量。其操作简便，分析速度快，灵敏度和重现性高。

乙酰水杨酸片中杂质乙酰水杨酸酐可引起过敏反应，该杂质的含量可以反相高效液相色谱法测定。采用 μ-Bondapak C_{18}（10μm）固定相，以甲醇：水：醋酸（448.5：540：11.5）为流动相，紫外检测波长为 254nm。其色谱如图 4-45 所示。

高效液相色谱可应用于药物的稳定性研究。如对脑血管类药物尼莫地平的含量测定及稳定性研究，尼莫地平注射液中所含杂质是在生产及贮存期间产生的。色谱系统固定相采用国产 YWG-C_{18}，流动相为甲醇：水：乙醚（70：30：8)，紫外检测波长为 238nm，以丙酸倍氯美松为内标物，以内标法定量。色谱如图 4-46 所示，测定在加热及光照过程中尼莫地平含量的变化，并分别研究光照及加热对尼莫地平注射液的影响。

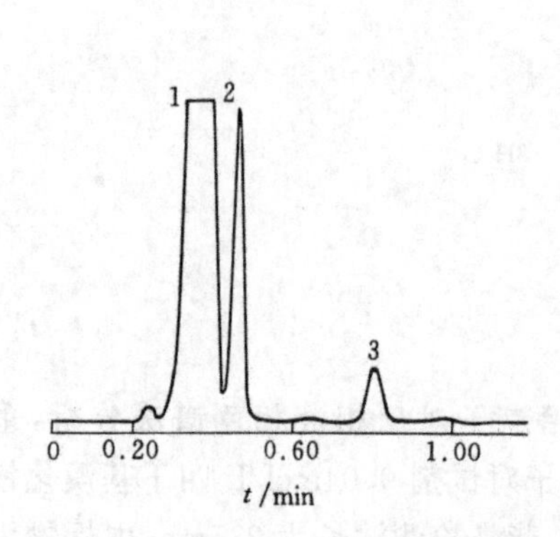

图 4-45　乙酰水杨酸 HPLC 色谱图

1—乙酰水杨酸；2—水杨酸；3—乙酰水杨酸酐

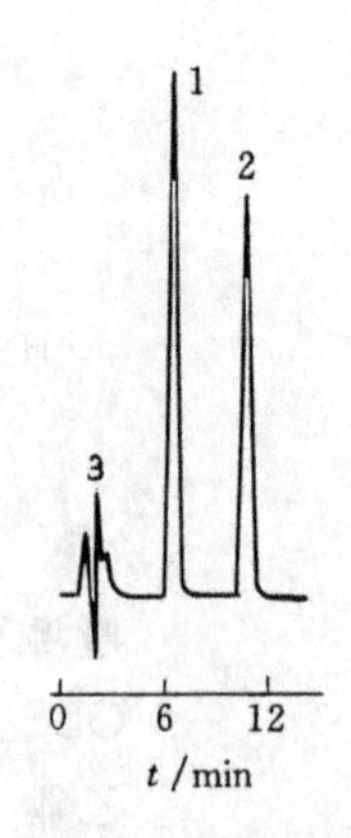

图 4-46　尼莫地平产品 HPLC 色谱

1,3—杂质；2—尼莫地平

抗癌药物也是近年来研究较为活跃的一类重要药物。如碱性水溶性糖肽类抗肿瘤抗生素平阳霉素（Bleomycin A_5)，具有免疫调节作用的抗癌作用。美登木类（Maytansine）和紫杉醇(Taxol) 是从植物中分离出的天然生物碱，是一类具有新作用机理的抗肿瘤药。反相高效液相色谱法可用于平阳霉素、美登木类、紫杉醇等多类抗癌药物的分析。

随着抗生素、磺胺类解热镇痛药、抗菌药、维生素类药物、天然及合成抗癌药物等各类药物的不断开发与研究，高效液相色谱法在该方面的应用将会更加广泛。

4.3.4 高效液相色谱法在其他精细化学品中的应用

在农药、染料、石油化工、原料及中间体的分析等众多领域中，高效液相色谱都有较为广泛的应用。反相高效液相色谱法是分析多种杀虫剂、杀菌杀螨剂及除草剂的有效手段。尤其对于热稳定性较差的农药更为适宜。

广谱除草剂莠去津（atrazine）主要用于玉米田除草，其化学名称为2-氯-4-乙氨基-6-异丙氨基均三氮苯，由三聚氯氰、异丙胺、乙胺缩合制备，反应过程中有五种副产物存在，因此对反应混合物组成及含量分析显得十分重要。产物及五种副产物都含有均三氮苯骨架，但其侧链不同，分子极性及空间体积也不同，因此在反相高效液相色谱的十八烷基硅烷键合相上有不同的保留值。图4-47为主产物与副产物的高效液相色谱图。色谱条件为：固定相为Novapak C_{18}（150×0.4mm），流动相为甲醇：水（60：40），流速为0.7mL/min，紫外检测波长254mm，以外标法定量。除分析合成样品外，该种高效液相色谱分析方法还可应用于市售除草剂乙阿合剂及丁阿合剂中莠去津的含量测定。

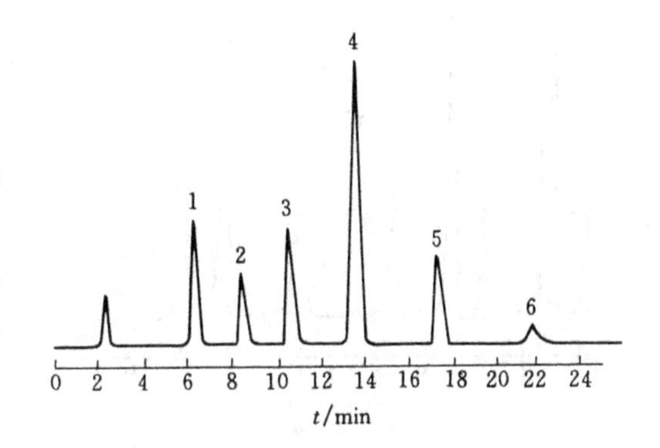

图 4-47 莠去津反应中主产物及副产物的HPLC色谱图

1—三聚氯氰；2—西玛津（2-氯-4,6-二氨基均三氮苯）；3—2,4-二氯-6-乙氨基均三氮苯；4—莠去津；5—2,4-二氯-6-异丙氨基均三氮苯；6—扑灭津（2-氯-4,6-二异丙氨基）

以Novapak C_{18}（4μm，150×3.9mm）为固定相，以甲醇：水（80：20）为流动量，在257mm紫外检测波长下，反相高效液相色谱法可分析热稳定性差的苯酰脲类杀虫剂灭幼脲（mieouniao）的含量。另外，以Novapak C_{18}（4μm）为固定相，以甲醇：水（65：35）为流动相，可分析有机磷杀菌剂敌瘟磷（*O*-乙基-*S*，*S*-二苯基二硫代磷酸酯）的含量，紫外检测波长为247nm。采用ODS固定相，以甲醇：水（19：1）为移动相，还可分析杀螨剂哒螨灵（Pyiridaben）的含量，避免了采用气相色谱法时哒螨灵对检测器的腐蚀。

在弱极性的农药的分析中，液固吸附色谱有一定的应用。如采用全多孔硅胶Zorbax Sil固定相，并分别采用两种流动相[正己烷：二氯甲烷：乙腈（100：10：0.6）与正乙烷：二氯甲烷：甲醇（150：50：5）]，分两步外标法测定辛硫磷（phoxim）、顺式氰戊菊酯（esfenvalerate）和灭多威（methomyl）复配制剂中三种有效成分的含量。

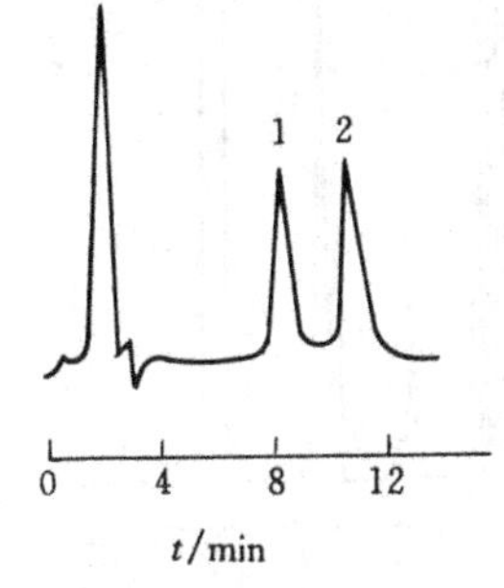

图 4-48 添加除草剂的样品用乙腈-甲醇萃取后的色谱图

1—绿麦隆；2—敌草隆

高效液相色谱还广泛应用于土壤、水、食品中对农药残留量的分析。如采用Selectosil C_{18}（250×4.6mm）固定相，以甲醇：水（160：40）为流动相，可分析牛肉及其制品中敌草隆（diruon）和绿麦隆（chlortoluron）的残留量。牛肉及制品经乙腈与甲醇混合溶剂萃取处理后进行色谱分析，图4-48为添加除草剂样品处理后的色谱图。紫外检测波长为245nm，以外标法定量。敌草隆与绿麦隆的最小检测量分别为0.4mμg和0.5mμg。另外，可采用C_{18}柱（25×4.6mm），以乙腈：水（35：65）为流动相，选用苯提取——中性氧化铝柱色谱净化方法，以

表 4-9　同时测定七种农药的吸收波长、测定波长与程序及最小检出量

农药名称	苯菌灵	多菌灵	涕灭威	甲基硫菌灵	抗蚜威	克百威	甲萘威
吸收波长/nm	1：222 2：294	1：222 2：282 3：274	1：206 2：216 3：248	1：212 2：268	1：246 2：204 3：308	1：206 2：276	1：224 2：280
测定波长/nm	236	274	220	268	246	276	224
波长程序/min	0～3.2	～4.0	～5.0	5.01～7.5	～8.6	～9.6	～11
最小检出量/(mg/kg)	0.05	0.01	0.08	0.02	0.02	0.04	0.02

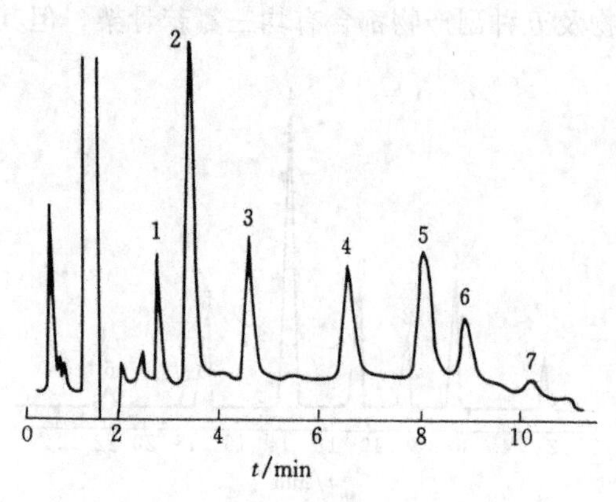

图 4-49　水果中七种农药的 HPLC 色谱图
1—苯菌灵；2—多菌灵；3—涕灭威；4—甲基硫菌灵；5—抗蚜威；6—敌百威；7—甲萘威

适宜的波长程序，同时测定水果中苯菌灵、多菌灵、甲基硫菌灵、杀虫剂涕灭威、抗蚜威、克百威、甲萘威等七种农药残留量的分析。表 4-9 为测定这七种农药的吸收波长、测定波长与程序及最小检出量，色谱图如图 4-49 所示。采用一定的波长程序可兼顾各组分的灵敏度，适宜于紫外最大吸收波长有差异的复杂组分样品的分析。该方法在染料的分析中也适用。

不同种类的高效液相色谱法还应用于不同结构的中间体及有机原料的分析中。对烷烃、烯烃、芳烃的族组成分析，在石油化工及煤化工领域中具有普遍的意义，一般采用以全多孔硅胶为固定相的液固吸附色谱，氨基或氰基键合相为固定相的正相色谱法[33]在一些极性较弱的中间体中采用，而对极性较强的中间体，如芳香族有机羧酸类的分析中，则采用十八烷基硅烷化键合相的反相高效液相色谱法分析，并可按组分的疏水性的差异进行分离，并采用离子抑制方法。

重要工业原料 3,4-二甲基苯胺可以高效液相色谱法分析。固定相为全多孔硅胶 Li Chrosorb Si 60 (240mm×4.6mm)，流动相为二氯甲烷：正己烷：乙酸乙酯 (74：25：1)。图 4-50 为 3,4-二甲基苯胺合成样品的高效液相色谱图。从色谱图上可见杂质及副产物 2,3-二甲基苯酚、3,4-二甲基苯酚及 2,3-二甲基苯胺的峰，3,4-间氯苯胺为内标物，3,4-二甲基苯胺及 2,3-二甲基苯胺含量可用内标法测定。

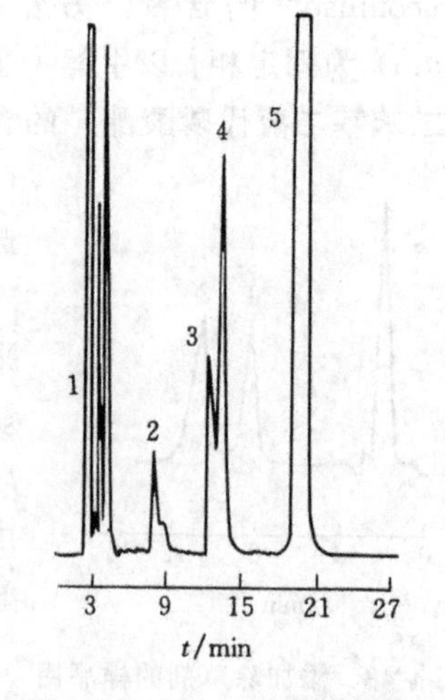

图 4-50　3,4-二甲基苯胺及杂质的 HPLC 色谱图
1—2,3-二甲基苯酚；2—3,4-二甲基苯酚；3—2,3-二甲基苯胺；4—3,4-间氯苯胺；5—3,4-二甲基苯胺

以 Li Chrosorb RP-18 (5μm，150×0.4mm) 为固定相的反相高效液相色谱法可分析合成氟磺胺除草剂中间体间羟基苯甲酸及杂质苯甲酸和 3，5-二羟基苯甲酸。色谱分析流动相为甲醇：水(35：65)，以高氯酸调节 pH 至 2.5，检测波长为 230nm。色谱图如图 4-51 所示。高氯酸的作用是使流动相呈酸性，抑制苯甲酸类物质的解离，使各组分在反相色谱柱上得到较好的分离。在这里，高氯酸的离子抑制能力强于乙酸，只需较稀浓度的高氯酸就可获得显著的离子抑制效果。采用与该类物质结构

相近的间甲基苯甲酸为内标物，该方法定量准确，可满足工业生产控制及质量检验的要求。

染料不具挥发性，适合用高效液相色谱法分析，尤其是反相高效液相色谱法。采用离子对反相高效液相色谱法分析时，对于分子体积较小的化合物，如含磺酸基的中间体，可以采用体积较大的离子对试剂，如十六烷基三甲基溴化铵；而对分子体积较大的染料，可采用体积较小的离子对试剂，如四丁基溴化铵。以烷基键合硅胶为固定相，以加入离子对试剂的甲醇与水的混合物为流动相，可分析大量的染料中间体，如硝基苯酚、G 酸、γ 酸、蒽醌磺酸以及重要的偶氮染料的重氮组分与偶合组分。此外以类似的方法还可分析多种化妆品、水溶性食用色素、染料、偶氮活性染料及酸性染料，如以十八烷基键合硅胶为固定相，以甲醇：水（40：60）为流动相，采用 0.005mol/L 四丁基氢氧化铵为离子对试剂可分析二氟一氯嘧啶与均三嗪类偶氮活性染料。对中性的分散染料可采用离子抑制的反相高效液相色谱法分析。以 Radial-Pak C_{18}（100mm×8mm）为固定相，以甲醇、水及醋酸的三元混合物为流动相，可分析分散红 E-4BL（1-氨基-2-苯氧基-4-羟基蒽醌）及水解物。以十八烷基键合硅胶为固定相，以甲醇：水（90：10）为流动相（以柠檬酸调 pH 值为 3～4），可分析 C.I. 分散橙 30 等常用的偶氮型分散染料。由于不同染料在不同波长下响应值不同，采用多波长检测方式，可考察染料产品的内在质量。

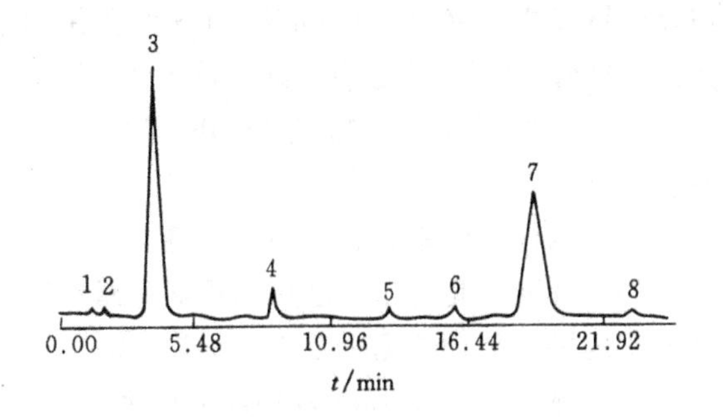

图 4-51　间羟基苯甲酸的 HPLC 色谱图
1—溶剂；2—3,5-二羟基苯甲酸；3—间羟基苯甲酸；4—苯甲酸；7—间甲基苯甲酸；5,6,8—未知杂质

高效液相色谱法在生化领域中的应用也十分广泛，可对发酵液、酶反应液及细胞培养液等基质中具有生物活性的维生素、核酸、肽、蛋白质、酶与氨基酸等生化制剂，以及化学合成产品进行分离分析。为避免被分析化合物的失活，可选择烷基键合硅胶等极性中等的固定相，并应仔细控制流动相的 pH 值。水溶性维生素可采用离子对反相高效液相色谱法分析，油溶性维生素可采用硅胶为固定相的吸附色谱。

综上所述，高效液相色谱法在表面活性剂及助剂、农药、医药、染料、各类中间体及生化领域中均有大量的应用，在色谱方法中占据了主导的地位，并具有很大的发展潜力。

4.4　薄层色谱法在精细化学品中的应用

薄层色谱法是在纸色谱法的基础上于 20 世纪 40 年代发展起来的。经典的薄层色谱法虽为定性和半定量的方法，但其分离效率较高，实验简便易行，可在同一块薄板上分析多个样品并可实现薄层扫描定量，因此在有机合成及中间体、表面活性剂及助剂以及药物等分析中，已作为一种常规的分离分析手段。它适宜于组成配方较复杂的精细化学品的分析及分离。进行薄层色谱分析时多采用硅胶或氧化铝吸附剂，显色剂及显色方法种类较多，可依据具体情况进行选择。

近年来，高效薄层板色谱法的产生与应用，使薄层色谱法的分离效率显著提高，定量更为准确，故广泛应用于各类精细化学品的分析中。

4.4.1　薄层色谱法在合成反应控制及中间体中的应用

薄层色谱法广泛应用于有机合成反应及中间体的定性分析，用来监测有机反应进程，控制反应终点，研究反应条件及分析产品质量。此外，薄层色谱扫描定量法还可测定产品纯度、以及计算反应收率等。如在有机制备实验中，由硝基苯还原制备苯胺，以薄层色谱法可方便地判断反应终点[61]。其薄层色谱分析步骤如下。

(1) 薄板制备　将 1g 硅胶 HF_{254}加 1% CMC 水溶液 4mL，调匀后手工涂载于四块玻璃片上。

(2) 点样　以苯为点样溶剂，将样品配成 1%溶液，点于薄板的下端。

(3) 展开　此处用环已烷：乙酸乙酯＝9：2 为展开剂，根据被分离混合物的极性特点选择合适的展开剂，参见 2.5.1.4，将薄板放入展开缸中展开。

(4) 显色　在 254nm 紫外灯下观察。

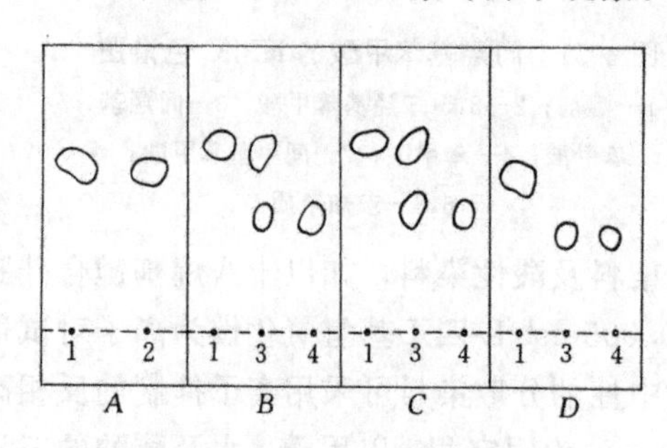

图 4-52　硝基苯还原制苯胺的薄层色谱图
1—硝基苯标准样品；2—反应前混合液；
3—反应液；4—苯胺标准样品；
A—反应开始前；B—反应 10min，
C—反应 20min；D—反应 30min

薄层色谱图如图 4-52 所示，参见 2.5.2 中薄层色谱定性方法。在同一块板上将标样与试样同时展开，可根据 R_f 值进行定性分析。取硝基苯与苯胺标准品放在同一块板上，与在不同时间所取的反应液样品同时进行分析，可直观地观察到还原反应的进程。板 *A* 是反应开始前，只有硝基苯一种物质；由板 *B* 可见，反应 10min 后既有硝基苯又有苯胺，板 *D* 为反应 30min 后，试样几乎无硝基苯，说明反应已达终点。观察薄板的斑点，可在紫外灯下（波长 λ＝254nm）进行。此外，对于芳胺类化合物可用 Ehrlich 试剂，即 1%*N*，*N*-二甲基苯甲醛的 1%醇溶液显色及鉴定。

非系化合物的重要中间体反-*α*-苯基邻硝基肉桂酸可用邻硝基苯甲醛和苯乙酸在三乙胺作用下缩合制得，反应式为：

$$\text{(CHO, NO}_2\text{)-C}_6\text{H}_4 + \text{C}_6\text{H}_5\text{CH}_2\text{COOH} \xrightarrow[\triangle,\ \text{回流}]{(\text{CH}_2\text{CH}_2)_3\text{N},\ \text{Ac}_2\text{O}} \text{(NO}_2\text{)C}_6\text{H}_4\text{-CH=C(COOH)-C}_6\text{H}_5 + \text{H}_2\text{O}$$

原料及产物沸点均较高，不宜采用气相色谱法。可采用薄层色谱法快速、准确地检测出反应终点。薄层色谱分析是以硅胶为吸附剂，乙醚：乙酸乙酯：甲醇：苯（4.55：2.73：0.91：1.82，含 0.12mL 36%醋酸）为展开剂进行，展开距离 10cm，在反应开始后每隔 5min 取样，进行点样，展开，以碘蒸气为显色剂显色，其结果如图 4-53 所示。

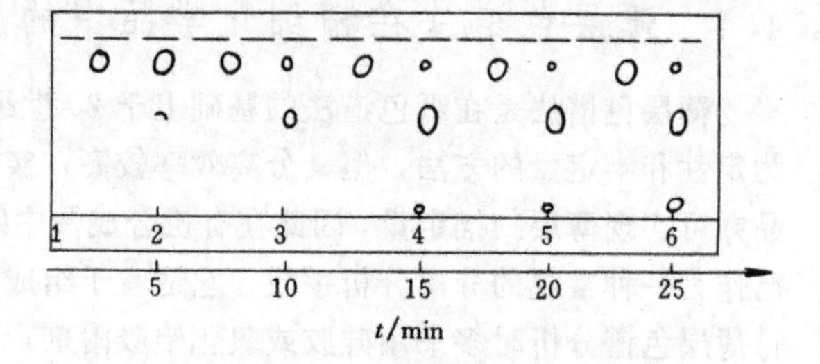

图 4-53　反-α-苯基邻硝基肉桂酸合成过程中薄层色谱图
1—邻硝基苯甲醛；2～6—不同反应时间混合物取样

从图中可见，反应 15min 主产物含量高，反应 20min 明显生成杂质斑点（R_f＝0.03），故可控制反应时间为 15min。薄板碘蒸气显色后，斑点由淡黄色变为深黄色。碘蒸气显色剂为大部分有机物的通用型显色剂，在定性及定量分析中都广为应用。

间苯氧基苯甲醛是合成仿生农药拟除虫菊酯的中间体，可由间苯氧基甲苯催化氧化制备。该反应速度较快，氧化深度难以控制，应用薄层色谱法，可满意地指示反应进程，确定反应时间。采用硅胶为吸附剂，以三氯甲烷：石油醚(b.p. 60～90℃)（30：70)为展开剂，在75cm×25cm 硅胶板上展开 7cm。反应开始后，每 5min 用毛细管取一次样，图 4-54 为间苯氧基甲苯完全氧化过程薄层色谱图。间苯氧基甲苯的 R_f 值为 0.707，间苯氧基苯甲醛的 R_f 值为 0.338，副产物间苯氧基苯甲酸的 R_f 值为 0.278。通过薄层色谱可看出间苯氧基甲苯逐渐氧化成为间苯氧基苯甲醛，随着反应时间的加长，间苯氧基苯甲酸开始产生。在此例中，对间苯氧基甲苯和间苯氧基苯甲醛的最小检出量分别为 0.154μg 和 0.227μg。此外，薄层色谱法还可用于金属有机化合物的合成反应研究，以指示反应进程，判断产物的纯度。

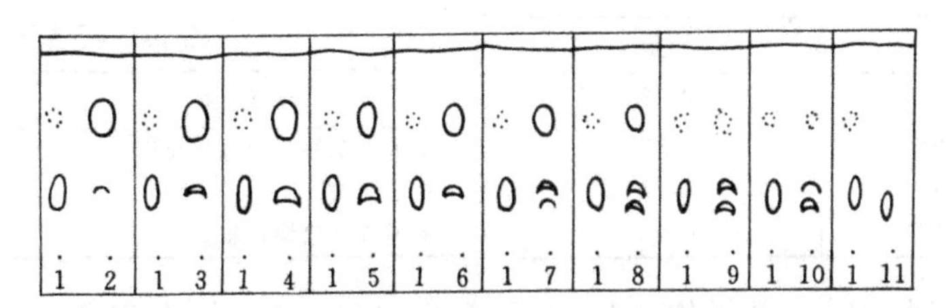

图 4-54 间苯氧基甲苯完全氧化过程薄层色谱图

1—已知样；2～11—不同反应时间混合物取样

由以上几例可见，采用薄层色谱法可清楚地指明反应过程中原料的消失，主产物、副产物的生成状况，有效地控制反应终点及选择适宜的反应条件。

薄层色谱法可检测杂环中间体 2-甲基喹啉合成品的纯化情况及最终产品质量。以硅胶为吸附剂，以乙醚为展开剂，薄层色谱如图 4-55 所示。

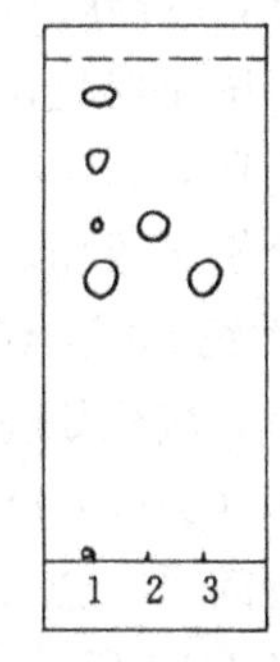

图 4-55 2-甲基喹啉薄层色谱图

1—2-甲基喹啉粗品；2—苯胺；3—2-甲基喹啉成品

应用薄层色谱分析-萃取-分光光度法，即洗脱测定法（可参见 2.5.2 与 4.4.3)，可分别定量分析染料中间体如 α-蒽醌磺酸，1,4-二羟基蒽醌和 4,4′-二甲基二氨基二苯甲酮(四甲基米氏酮)的含量。如 1,4-二氨基蒽醌的分析，采用中性氧化铝为吸附剂，环己烷：乙醚：丙酮：乙醇（15：10：2：0.5）为展开剂，无水乙醇为主斑点萃取剂，洗脱主斑点，在 570nm 下进行分光光度分析，测定 1,4-二氨基蒽醌的含量。

薄层色谱法可有效地将对羟基苯甲酸甲酯（Ⅰ)、乙酯（Ⅱ)、丙酯（Ⅲ)、丁酯（Ⅳ）合成产物中未反应的酸与酯分开，并以薄层扫描法对主产物进行扫描定量(薄层扫描定量方法可参阅 2.5.2 与 4.4.3)，再计算出酯的收率。

薄层色谱法做为一种简便灵活的常规分析手段在有机合成反应及中间体分析中发挥了较大的作用。

4.4.2 薄层色谱法在表面活性剂中的应用

近年来，随着国内外表面活性剂及助剂方面科研与生产的发展，薄层色谱手段应用于该领域的报道不断增加[11]，手段技术不断改进，已由定性分析发展到定量分析。不仅用于单一种类的阴离子型、阳离子型、非离子型表面活性剂的分析；而且还可分析不同离子型的表面活性剂的复杂混合物，以及应用配方中的助剂产品，在表面活性剂及助剂的科研、开发与应用中发挥着重要的作用。

4.4.2.1 单一类型表面活性剂的薄层色谱定性分析

薄层色谱法可有效地分析阴离子型表面活性剂混合物及阳离子型表面活性剂混合物中的

单一表面活性剂[10,11]，一般根据标样的 R_f 值进行定性分析。例如，以硅胶为吸附剂，二氯甲烷：甲醇（8：1）为展开剂，可分析十二烷基硫酸钠、十二烷基苯磺酸钠、月桂酸钠和磺化琥珀酸二辛酯[62]。分析时将 1μL 0.1mol/L 表面活性剂试样点在 5×20cm 硅胶板（美国 Whatman 薄板 K6F）的底部，以碘蒸气为显色剂。薄层色谱分离结果如表 4-10 所示。各单一表面活性剂得到了较好的分离。可采用含硫酸铵的硅胶 G 板以及含 0.2mol/L 硫酸的氯仿-甲醇混合溶剂等分离条件分析磷酸酯基等多种阴离子型表面活性剂[10,11]。

表 4-10　阴离子型表面活性剂薄层色谱分离结果

表面活性剂	R_f 值
十二烷基硫酸钠 SDS	0.15
十二烷基苯磺酸钠 DBS	0.09
月桂酸钠 SD	0.70
磺化琥珀酸二辛酯 SDOS	0.28

表 4-11　双十二仲胺季铵化混合物薄层色谱分析结果

化 合 物	R_f 值
双十二烷基二甲基氯化铵	0.21
双十二胺	0.41
甲基双十二烷基叔胺	0.64

以硅胶 G 为吸附剂，以氯仿：1mol/L 氨水（10：1）的饱和溶液与甲醇体积比为 15：2 的混合溶剂为展开剂，可分析双十二仲胺季铵化混合物，其分析结果如表 4-11 所示。试样以氯仿配制成 1%左右的稀溶液，用 10μL 微量注射器点样，展开后晾干，以碘蒸气显色。

此外，以硅胶 G 为吸附剂，以二氯甲烷：甲醇：醋酸＝8：1：0.75 为展开剂，可分析十六烷基三甲基溴化铵等 4 种阳离子型表面活性剂组成的混合物[62]，1μL 0.1 mol/L 表面活性剂试样点在 5cm×20cm 硅胶板的下端展开后，化合物的斑点以碘蒸气处理而显现出来，其薄层色谱分析结果如表 4-12 所示。

20 世纪 80 年代以来，反相薄层色谱法广泛用于非离子表面活性剂疏水基的分析，其分析用薄板为硅烷化处理过的烷基键合硅胶薄板。含聚氧乙烯基的非离子表面活性剂混合物可在 Whatman（美国）反相薄层色谱板（KCl8F）上，以乙醇：2%四苯基硼酸钠（8：2）为展开剂进行分离[62]。点样时试样溶液浓度为 10%，点样量 1μL，显色剂为碘蒸气。薄层色谱分析结果如表 4-13 所示。

表 4-12　阳离子型表面活性剂混合物的薄层色谱分析结果

阳离子表面活性剂	R_f 值
十六烷基三甲基溴化铵 (CTAB)	0.21
十六烷基吡啶鎓氯化物 (CPC)	0.20
十六烷基三甲基氯化铵 (CTAC)	0.27
十二胺 (DA)	0.42
十八胺 (OA)	0.55

表 4-13　非离子表面活性剂的薄层色谱分析结果

表面活性剂	R_f 值
十二烷基聚氧乙烯醚 TX100	0.54
聚乙二醇与 2,4,7,9-四甲基-5-癸炔-4,7-二醇的加合物 S-465	0.7
壬基酚聚氧乙烯醚 ICO-530	0.45

薄层色谱法可用于分析脂肪酸聚氧乙烯酯的亲水基（聚氧乙烯基）分布。吸附剂为硅胶 G，分离单、双酯、游离聚乙二醇，用氯仿：甲醇（86：14）为展开剂，采用上升法，展开高度为 12～14cm；测定环氧乙烷加成数分布，用乙酸乙酯：丙酮：水（48：40：12）为展开剂，采用二次展开法，每次展开时间为 12～14cm。定性鉴定采用 Dragendorff 试剂，配制方法为取 1.7g 碱性硝酸铋溶于 200mL 的醋酸中，再分别加入 80mL 水、100mL 含 40g 碘化钾的水溶液和 200mL 醋酸，最后加水稀释到 1000mL，再配制 20%氯化钡水溶液，使用时与上述 1000mL 溶液按 2：1 混合后使用。该显色剂在表面活性剂定性分析中应用较多，定量时可用碘蒸气显色。

4.4.2.2 不同离子型表面活性剂混合物的薄层色谱分析

表面活性剂在实际应用时，如在洗涤剂中，往往是将不同离子型的表面活性剂复配后应用，因此不同离子型表面活性剂混合物的分析就显得尤为重要，薄层色谱法作为一种简便高效的分析手段可解决这方面的问题。分析时多采用双向展开法及多次展开法。上述方法可参见 2.5.1.4。

利用美国 Whatman 硅胶与十八烷基硅烷键合硅胶混合板 Multi-K 板（CS5，KC18F/K5F）及双向展开法，可分离 11 种组成的阴离子型、阳离子型和非离子型表面活性剂组成的混合物[62]，其具体分析步骤如下。

(1) 薄板及预处理　采用 20cm×20cm Whatman Multi-K (CS5) 同时含有硅胶与十八烷基硅烷键合硅胶的两相板，在乙醇溶液中预处理，在115℃活化 2h。

(2) 点样　0.5μL 表面活性剂混合样品点在薄板下端反相条内。

(3) 第一次展开　整块板沿着键合硅胶板的方向（y 方向）在 75%乙醇中展开（如图 4-56 所示），当溶剂达到距板上端 2cm 处停止展开，第一次展开后，阴离子型表面活性剂斑点位于接近前沿 2cm 范围内，阳离子型表面活性剂则停留在键合硅胶板接近原点 2.5cm 范围内。而非离子型表面活性剂位于阴离子型表面活性剂和阳离子表面活性剂之间。

(4) 薄板的分割　在与第一次展开相垂直的方向，将薄板分割成三部分，第一条切割线在溶剂前沿 2.5cm 至 2cm 处，将阴离子表面活性剂集中在同一部分薄板上。第二条切割线在原点所处水平线以上 3cm 处，可将阳离子型表面活性剂集中在同一部分薄板上。

(5) 分割薄板的第二次展开　将含有阴离子型表面活性剂和阳离子型表面活性剂的两块切割下的薄板重新活化，对阴离子型表面活性剂第二次展开的展开剂为二氯甲烷：甲醇（8：1），对阳离子型表面活性剂第二次展开的展开剂为二氯甲烷：甲醇：醋酸（8：1：0.5）。

(6) 显色　以碘蒸气显色，薄板置于充满碘蒸气的密闭容器内。

二维展开的薄层色谱如图 4-56 所示，10 种不同离子类型的表面活性剂（表 4-14）在薄板上得到了很好的分离。在该实例中，将分析单一离子型表面活性剂的薄层色谱法加以综合应用，可对其混合物进行分析。在键合硅胶板上的第一次展开，可按不同离子类型分开，第二次展开使单一离子型的表面活性剂混合物得以分离。

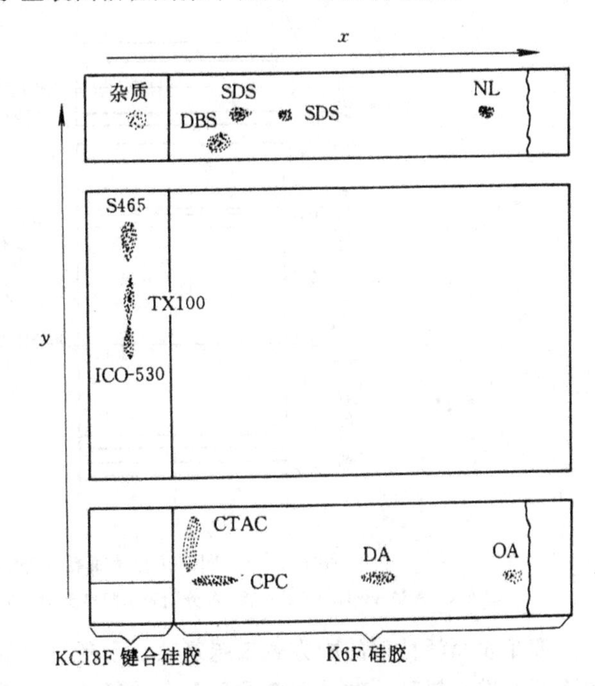

图 4-56　表面活性剂的二维薄层色谱图

在硅胶板的同一方向上四重展开可分离四种离子型表面活性剂（阴离子型、阳离子型、非离子型及两性型）的 10 种表面活性剂混合物[63]。所采用的展开剂系列为：

① 甲醇：2 mol/L 氨水（3：1）；

② 四氢呋喃：丙酮（1：9）；

③ 氯仿：甲醇（9：1）；

④ 氯仿：甲醇：0.2mol/L 硫酸（8：19：1）。

表 4-14　二维薄层色谱分析的表面活性剂

牌号	表面活性剂	牌号	表面活性剂
SDS	十二烷基磺酸钠	ICO-530	壬基酚聚氧乙烯醚
DBS	十二烷基苯磺酸钠	CTAC	十六烷基三甲基氯化铵
NL	月桂酸钠	CPC	十六烷基吡啶𬭩氯化物
S465	聚乙二醇与 2,4,7,9-四甲基-5-癸炔-4,7-二醇的加合物	DA	十二胺
		OA	十八胺
TX100	十二烷基聚氧乙烯醚		

薄层色谱如图 4-57 所示。显色剂可采用改良的 Dragendorff 试剂和 Pinacryptol yellow，根据斑点颜色，用 R_f 值对表面活性剂进行鉴定。该方法适合于含有四种不同离子型的商品表面活性剂混合物。

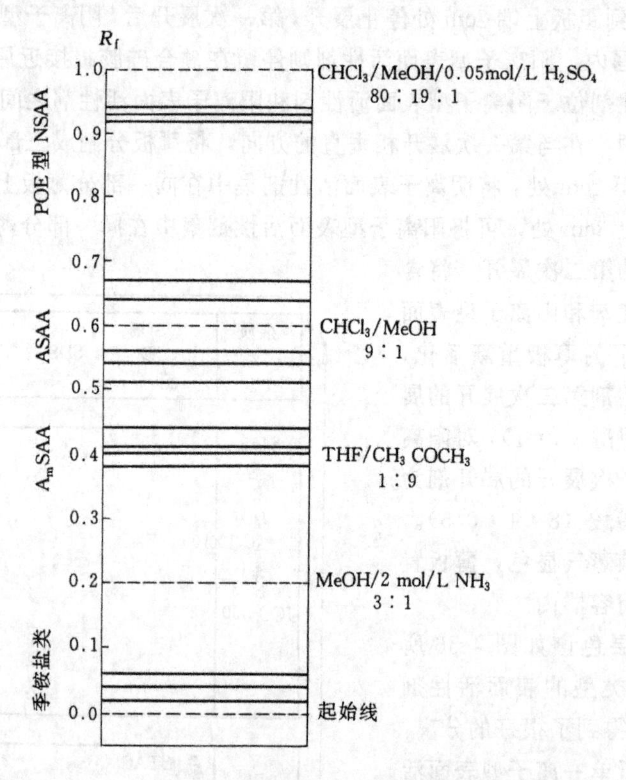

图 4-57　不同离子型表面活性剂四重薄层展开示意图

CSAA、ASAA、NSAA、A_mSAA 分别表示阳离子型、阴离子型、非离子型与两性型表面活性剂。

商品表面活性剂的配方越来越复杂，不断对分析检测提出新的要求，随着薄层色谱技术的不断改进与提高，对几种离子型混合的复杂表面活性剂的分析也将会进一步完善和提高。

4.4.2.3　*表面活性剂的薄层色谱定量分析*

定量方法主要有洗脱测定法及现代薄层扫描法（见 2.5.2）。洗脱测定法即在薄层展开后，挖下所需组分的斑点，再从收集的硅胶中用溶剂萃取出组分，以分光光度法或质量法定量。现代薄层扫描法为广泛应用的新的定量分析方法，即在薄层展开后，以一定波长的光束进行连续扫描，由检测器测定斑点上的透射光或反射光密度，要求点样方式及展开条件严格控制，展开后斑点集中，斑点间有一定间隔。

应用薄层分析及双波长锯齿扫描方法对脂肪醇聚氧乙烯醚非离子表面活性剂(AEO-3)中游离聚乙二醇进行定量分析，简便迅速，可用于工业生产中间控制及成品分析[64]，其具体方法如下。

(1) 薄板制备　取3.0g硅胶H，加入0.5%羧酸纤维素钠溶液10mL调成浆状，涂布在10cm×20cm玻璃板上，活化处理后使用。

(2) 标样配制　称取聚乙二醇400　0.5000g加丙酮500mL溶于500mL容量瓶中，从中取20mL、50mL、100mL倒入三个100mL容量瓶中，稀释至刻度作为标样。

(3) 试样配制　合成试样中聚乙二醇含量小于5%，称样量为0.3000～0.5000g，含量大于5%时则为0.1000～0.2000g用丙酮溶于25mL容量瓶中。

(4) 点样　用微量注射器吸取2～5μL样品溶液，在距薄板下端1.5cm处点样，样品斑点直径应小于5mm，斑点间距离约1cm。将1个试样与两个标样同时点在同一块板上，斑点挥发干或吹干后展开。

(5) 展开　展开剂为三氯甲烷：甲醇为(90：15)(随季节气候变化)，饱和展开缸中展开剂液面不低于5mm，展开距离达8cm。

(6) 显色　采用改良的Dragendorff显色剂。

(7) 扫描　扫描日本岛津CS-930双波长薄层扫描仪，扫描方式为双波长反射锯齿扫描。$\lambda_1=510$nm；$\lambda_2=600$nm。

脂肪醇聚氧乙烯醚、聚乙二醇薄层色谱如图4-58所示。聚乙二醇400R_f值为0.50，平均EO数为4左右的脂肪醇聚氧乙烯醚合成试样AEO-3的R_f值为0.82，聚乙二醇同系物不加分离展开后为单一斑点。对梯度浓度的聚乙二醇标样在同一薄板上点样、展开、扫描，聚乙二醇含量与吸收峰面积线性关系如图4-59所示。将数据经线性回归得模拟方程为：

$$C=1.6657\times10^4 A-0.1659$$

式中　C——聚乙二醇含量，μg；

A——对应的吸收峰面积。

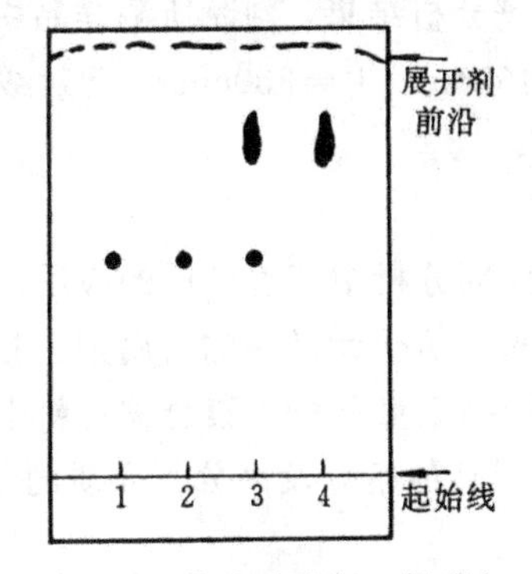

图4-58　脂肪醇聚氧乙烯醚与聚乙二醇的薄层色谱图

1—聚乙二醇400；2—合成试样AEO-3中Weibull法萃取提纯的聚乙二醇；3—合成试样AEO-3；4—合成试样AEO-3中Weibull法萃取提纯的脂肪醇聚氧乙烯醚

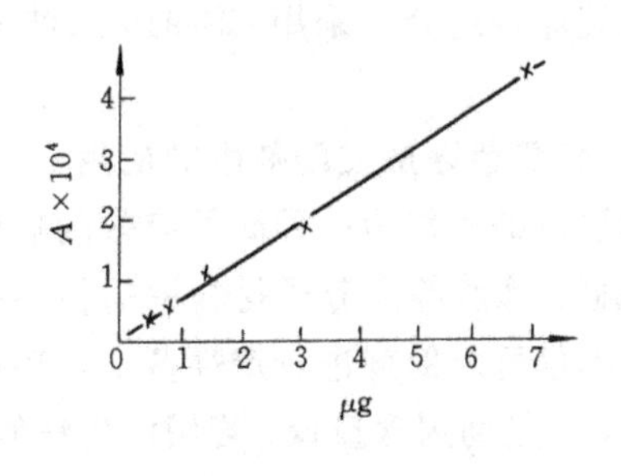

图4-59　聚乙二醇含量与吸收峰面积的线性关系

在0.50～5.00μg范围内，聚乙二醇的含量与吸收峰面积之间有较好的线性关系。根据分离后标样的斑点面积-浓度曲线外标两点法，通过计算机处理可测定被测组分中斑点聚乙二醇含量，按下式求出聚乙二醇含量。

$$PEG\% = \frac{\text{被测斑点中 PEG 质量}}{\text{点样量}} \times 100\%$$

该方法简便快速，样品回收率高，还可适用于壬基酚聚氧乙烯醚和三苯乙基苯酚聚氧乙烯醚等物质中聚乙二醇含量的测定。

应用薄层色谱及薄层扫描法可对双十八烷基二甲基氯化铵进行定量分析，以柱色谱法制备纯样，以 7 mol/L 氨水饱和的氯仿：甲醇（18：5）混合溶剂为展开剂，碘蒸气显色，在日本岛津 CS-910 薄层扫描仪以单波长 254nm 进行斑点面积扫描，记录面积积分值，由样品及同一块板上标样斑点面积积分值计算样品含量，定量数据如表 4-15 所示。

表 4-15　双十八烷基二甲基氯化铵扫描密度法定量数据

样　　品	标　样			试　样
滴定含量/%	96.7	96.7	96.7	83.8
样品浓度/(mg/ml $CHCl_3$)	9.57	9.57	9.57	9.58
点样量/ml	8.00	9.00	10.00	10.00
扫描积分数	65691	70812	74740	68066
含量/%	78.43	84.55	89.24	81.20
含量/96.7%	81.10	87.43	92.29	81.52
误差/%	−4.83	−0.5	+4.6	2.70

当标样点样量为 8.0～10.0μL 范围内，色斑扫描面积积分值与季铵盐含量具良好线性关系。薄层扫描法定量的准确性与薄层展开显色条件关系较大，当点样误差小，控制好展开距离，使斑点边缘清晰，形状规则，显色深浅适当，可减少分析误差。

薄层色谱法可广泛应用于含聚氧乙烯基的非离子型或阴离子型表面活性剂的 EO 数分布分析。如可分析含有聚氧乙烯基的离子表面活性剂[65]。聚氧乙烯月桂醇醚配成 2%的乙醇溶液，在硅胶 G 板上点样，以乙酸乙酯：丙酮：水＝55：35：10 为展开剂展开，以碘蒸气显色，根据标准品（EO 数为 8）及板上斑点剥离萃取组分的质谱分析结果，判断所测样品中各不同环氧乙烷加合组分。采用 CS-910 双波长扫描仪在 λ_1＝460nm，λ_2＝800nm 下反射线性扫描定量。

4.4.3　薄层色谱法在助剂中的应用

薄层色谱法作为一种简便有效的现代分离方法，在助剂分析中有着广泛的应用。可用来分析塑料、橡胶等高分子材料中的各类助剂[31]，还可用来分析化妆品中的防腐剂、防晒剂等助剂，不仅可对助剂进行定性鉴定，还可进行半定量及扫描定量分析。聚合物材料中成分较为复杂，并且助剂含量低，若用波谱法等分析手段，会受到其他组分及高分子介质的干扰，而薄层色谱法可解决这方面的问题。

橡胶制品中防老剂可以薄层色谱法得到较好的鉴定[66]。以硅胶 G 为吸附剂，2,6-二氯醌氯亚胺的 0.2%乙醇溶液为显色剂可分析多种防老剂，所采用的展开剂如下所示：

(A) 苯：乙酸乙酯：丙酮（100：5：2）；

(B) 甲苯：丙酮：浓氨水（100：10：0.2）；

(C) 甲苯：无水乙醇：浓氨水（100：0.5：0.05）；

(D) 甲苯：乙酸丁酯（9：1）。

薄层色谱分析结果如表 4-16 所示。可根据斑点的颜色及 R_f 值进行定性鉴定，并对混炼胶、硫化胶中并用防老剂进行鉴定，效果良好。橡胶制品中含有高聚物、配合剂和添加剂等多种成分，某些主要成分含量很小，以气相色谱、高效液相色谱，紫外及红外光谱分析则有一定局限性。

表 4-16　防老剂在 4 种展开剂中进行薄层色谱分析结果①

防老剂	化学名称	展开剂 A	展开剂 B	展开剂 C	展开剂 D
甲	*N*-苯基-1-萘胺	0.66* 橘黄	0.65 橘黄	0.65 橘黄	0.69 橘黄
H	*N*,*N*-二苯基对苯二胺	0.55 黄	0.57 黄	0.57 黄	0.55 黄（变形）
4020	*N*-苯基-l-*N*′-（1,3-二甲基丁基）对苯二胺	0.53 褐	0.62 褐	0.51 褐	0.45 褐
4010	*N*-苯基-*N*′-环己烷基对苯二胺	0.46 褐	0.58 褐	0.43 褐	0.41 褐
4010NA	*N*-苯基-*N*-异丙基对苯二胺	0.43 褐	0.53 褐	0.37 褐	0.35 褐（变形）
RD	2,2,4-三甲基-1,2-二氢化喹啉的低聚树脂产品	带状蓝绿	带状蓝绿	带状蓝绿	带状蓝绿
BLE	丙酮与二苯胺的高温缩合物	0.62 蓝绿	0.60 蓝绿	0.59 蓝绿	0.65 蓝绿（变形）

① 表中数据均为 R_f 值。

薄层色谱法可用来测定聚合物中胺类、酚类抗氧剂及加速剂[31]、光稳定剂[41]。例如，采用厚度为 0.25mm 的以氧化铝的 F_{254}型 E. Merck 预制板，以正己烷：环己烷（88：12）为展开剂，可分析聚烯烃中受阻胺类光稳定剂 Tinuvin 770、Hostavin TMN 20 和 Tinuvin 144。Hostavin TMN 20 R_f 值为 0.45，Tinuvin 770 R_f 值为 0.65，Tinuvin 144 R_f 值为 0.75。显色剂为氯气（或次氯酸叔丁酯）与碘化钾-淀粉溶液，先后处理薄板显色，化合物斑点在紫色背景下黄到橙色的斑点。

以纤维素粉末为吸附剂的薄层色谱法可分析食品包装用塑料中的光稳定剂 Tinuvin 622，从而模拟研究光稳定剂由塑料包装材料上向食品中迁移的情况。研究聚合物中稳定剂向食品中的迁移状况可评价聚合物的卫生情况。食品模拟液为蒸馏水、35%醋酸、15%乙醇溶液以及葵花籽油。食品模拟液中加入塑料材料后加热回流一段时间后，取出塑料，萃取液在 5℃ 下用旋转蒸发器干燥。点样用溶剂为苯。含有光稳定剂的萃取提纯的样品溶于甲苯中点样，进行薄层色谱分析，采用铝片为背衬的纤维素板，展开剂为 2-丙醇：25%醋酸：甲苯（40：40：4），展开距离为 11cm，以碘蒸气为显色剂。采用测量面积法，即对比样品斑点的面积与标样斑点的面积，可半定量地分析光稳定剂的含量。

近年来，在经典薄层色谱法的基础上，产生了高效薄层色谱法（High Performance Thin-Layer Chromatography，HPTLC）[67]。高效薄层色谱法的吸附剂颗粒小，为 5～7μm，分离能力大大提高，薄板为制备均匀的商品化的预制板，高效薄层板结构均匀、致密，能减少薄层扫描定量的误差，色谱展开等操作步骤更加规范。具有快速、灵敏、分离效率高、扫描定量准确的优点，在助剂等精细化学品的分析中显示出极大的应用潜力。

以硅烷化处理高效薄层色谱法可用来分析化妆品中防晒剂对二甲基氨基-2-乙基酯（EHDAB），采用预制的十八烷基键合反相硅胶板，展开剂为甲醇：四氢呋喃：去离子水（50：35：15）。以薄层扫描法进行定量分析。由于采用了硅烷化处理的硅胶反相板，该例中的方法为反相高效薄层色谱法。分析了三种化妆品中防晒剂含量，考察防晒剂含量与化妆品防晒值之间的关系，定量分析数据如表 4-17 所示。从表中数据可见，防晒剂质量含量越高，其防晒值也较高。

表 4-17　化妆品中 EHDAB 质量分数（%，$n=4$）

样　品	防晒值	平均含量	相对标准误差/%
1	2	2.07	4.23
2	4	3.14	2.49
3	15	3.99	6.96

采用日本岛津 CS-930 薄层色谱扫描仪对展开后的斑点进行单光束、单波长扫描分析，测量波长为 287nm，狭峰长度为 6mm，宽度为 0.4mm。

高效薄层色谱法还可定量分析膏霜类化妆品及洗发水中的防腐剂对羟基苯甲酸甲酯、乙酯、丙酯及丁酯。化妆品中的防腐剂经浓缩净化后，采用 10cm×10cm RP-18W F_{254s}高效薄层预制板，展开剂为氯仿：甲醇（60：40），进行薄层色谱展开，展开距离 5cm，以薄层扫描法定量。测定波长为 287nm，狭缝长度为 6mm，狭缝宽度为 0.4mm，对羟基苯甲酸酯类防腐剂合成品也可以经典薄层色谱法进行定量分析。采用普通硅胶板，苯：乙酸乙酯：冰醋酸(24：5：0.3) 作为展开剂，采用 CS-930 薄层扫描仪扫描，测定波长为 260nm，参考波长为 350nm。狭缝 1.2mm×1.2mm。

总之，薄层色谱对于种类多、应用广、成分及结构较为复杂的各类助剂的分析是十分有效的。

4.4.4　薄层色谱法在药物及其他精细化学品中的应用

薄层色谱法目前正广泛应用于药物及制剂的分析中。对于多种合成药物及其制剂分析均有大量的报道[67,68]。如抗生素类药物、解热镇痛药、心血管类药物等多类药物。合成药物包括化学合成药物及微生素合成药物。抗生素一般以微生物发酵法制备，薄层色谱广泛用于发酵过程分析与控制，可直接从发酵液中进行分析。薄层扫描法在药物分析中的应用最为广泛，在药物及复方制剂的分析中，可同时测定几种组分含量。由于它成本低，可靠性好，现已成为常规的分析手段。

布洛芬即 2-(4-异丁基苯基) 丙酸，结构式为：

$$(H_3C)_2CHCH_2-C_6H_4-CH(CH_3)-COOH$$

布洛芬 (Ibuprofen)

它是常用的非甾类抗炎药，具有解热镇痛和消炎，抗风湿作用。S（+）-布洛芬有生理活性，R(－)-布洛芬无活性。用薄层色谱扫描法可测定由微生物酶立体选择性水解布洛芬消旋酯生成布洛芬 (Ibuprofen) 的转化率[69]。测定时先将水解反应液预处理，将微生物酶反应液经浓盐酸酸化至 pH 不大于 3 后，用 2 倍体积正己烷提取。配制布洛芬的乙醇标准溶液（1.0mg/mL 与 5.0mg/mL)。采用国产硅胶 G_{F254} 制备薄板。在同一块薄板上用适量已烷萃取相溶液与 2 个标样分别点样，以甲苯：乙酸乙酯：乙酸（70：30：1.5）展开，展开距离 8cm，在紫外灯下可观察到各组分的暗色斑点。以薄层扫描法定量测定波长为 212nm。在测定布洛芬量为 2～6μg 范围内，标样量（W）与峰面积（A）具有良好的线性关系，以外标二点法定量，即根据线性范围内两种浓度的标样与试样的峰面积值计算出试样中布洛芬含量 (W)，布洛芬的质量转化率 T%可按下式计算：

$$T(\%)=\frac{W}{C\cdot\frac{V_1}{V_2}\cdot V_3}\times100\%$$

式中　W——试样中布洛芬含量，μg；

V_1——取样体积，mL；

V_2——溶剂体积，mL；

V_3——点样量，μL；

C——布洛芬酯投料浓度，mg/mL。

薄层色谱扫描法应用于尼莫地平的痕量分析，具有简便、快速、灵敏、准确的优点。以氯仿：甲醇：二氯甲烷：正己烷（2.6：1.2：1：5）为展开剂进行薄层展开，在254nm紫外灯下可观察到样品暗红色斑点，尼莫地平的R_f值为0.48，取尼莫地平光谱最大吸收波长365nm为测定波长，锯齿扫描，外标二点法定量，该法最低检出限为0.005μg，相对标准偏差为2.94%，工作曲线线性范围为0.005～1μg。

常用解热镇痛药复方乙酰水杨酸药片（APC）中阿斯匹林、非那西汀和咖啡因的含量可采用薄层扫描法测定，简便准确，比繁琐的容量法优越。可在同一块薄板上分别以三种波长对三组分的斑点进行扫描。测定方法为，首先取3片APC药片研细后放入半微量索氏提取器中，以乙醇萃取，稀释至50mL，采用国产硅胶GF_{254}，以苯：乙醚：醋酸：甲醇（100：50：15：1）展开后，在紫外灯下观察并测定各组分的R_f值，分别为：咖啡因0.28，非那西汀0.59，阿斯匹林0.78。在同一薄板上，分别点咖啡因标准样1,2,3,4,5μL，展开后以CS-930双波长薄层扫描仪扫描，积分面积与点样量呈线性关系。同法进行阿斯匹林与非那西汀的线性浓度实验，两组试验均有线性关系。采用单波长、反射法锯齿型扫描。阿斯匹林、非那西汀和咖啡因扫描波长分别为238nm、250nm和277nm。在同一块薄板上分别点APC乙醇提取液和三种标准液各1μL，展开后扫描定量，测得APC片中咖啡因、非那西汀与阿斯匹林组分含量分别与容量法测定数据相一致。

高效薄层色谱及扫描法用于药物复方制剂中多组分的同时测定，更为准确灵敏。例如，应用高效薄层色谱法可同时定量分析阿斯匹林与潘生丁复方片剂中阿斯匹林与潘生丁的含量。样品处理方法为，将不到20片的药片磨成粉末，称取1片粉末的量，加入到100mL带有刻度的烧瓶中，加入50mL甲醇与乙醇等体积混合液，超声分散20min，稀释至刻度，以0.45μm的滤膜过滤，再用甲醇稀释10倍。采用德国Merck公司产的硅胶$60F_{254}$高效预制板，样品点样量为3μL，以乙酸乙酯：乙醇：13.5mol/L氨水（15：3：3）为展开剂进行展开，进行薄层扫描定量，测定波长为290nm。线性浓度试验测得阿斯匹林的线性区域为60～340ng，潘生丁的线性区域为60～380ng。实验测定阿斯匹林的最低检出量为25ng，潘生丁的最低检出量为10ng。高效薄层色谱法测定复方片剂中阿斯匹林与潘生丁含量，与高效液相色谱法测定的数据非常吻合，只是手续较为繁琐。

薄层色谱法还可定量分析其他多种药物及制剂中组分的含量[67,68]，如巴比妥、多维片、复方新诺明片、盐酸普鲁卡因注射液等。薄层色谱法还可测定扑炎痛原料药中的微量杂质去乙酰物（2-羟基苯甲酸-4′-乙酰氨基苯基）含量，对于控制药品质量，具有一定意义。

在抗生素发酵过程中，利用薄层色谱法进行控制分析，还可测定抗生素的含量，控制抗生素的产品质量，还可测定糖及前体等生长介质的组成。例如，用德国E. Merck生产的硅胶$60F_{254}$高效预制板，以乙醇：醋酸：浓氨水（16：3：1）为展开剂，可分析发酵液中分析甲氧头孢菌素C含量。所使用的展开剂在配入乙醇之前为pH在4.5h左右的缓冲液。其目的是防止头孢菌素C的化学降解。进行薄层扫描时，测定波长为273nm。头孢菌素C的扫描积分值与其点样量在0.2～20μg范围内存在线性关系。该定量测定方法方便准确，可从发酵液中取样，经离心等处理步骤进行薄层色谱分析，测定头孢菌素C的含量。

以E. Merck硅胶G与硅藻土G（质量比为1∶1）为吸附剂，二氯甲烷∶四氯化碳∶醋酸乙酯∶无水乙醇（40∶15∶40∶5）为展开剂，可分析红霉素发酵液，并可用CS-910双波长薄层色谱扫描仪测定发酵液中抗生素组分的含量。

在青霉素（苯氧基青霉素）及对羟基苯氧基青霉素的发酵过程中，采用高效薄层扫描法定量分析，不仅可测定青霉素类组分的含量，还可测定前体苯氧基醋酸、生长介质乳糖与蔗糖的含量，可分析控制发酵过程。用于分析前体苯氧基醋酸的展开剂为醋酸丁酯∶二氯甲烷∶醋酸（80∶10∶10），用于分析介质乳糖与蔗糖的展开剂为正丁醇∶醋酸∶水（40∶50∶7.5）。总之，薄层扫描法由于成本低，方便准确，为分析控制发酵过程的有效手段。

采用薄层色谱及薄层扫描方法分析各类农药，包括杀虫剂、除草剂、杀菌剂、植物生长调节剂等。薄层色谱法对有机氯杀虫剂、有机磷杀虫剂及氨基甲酸酯类杀虫剂均有广泛的应用。如采用氨基键合硅胶R吸附剂，以石油醚∶氯仿∶乙酸乙酯（65∶30∶5）为展开剂，可分离鉴定多种有机磷杀虫剂。此外，采用硅胶G为吸附剂，丙酮∶氯仿（1∶1）为展开剂，应用薄层扫描法，可测定甲胺磷成品和土壤、稻糠、大米中甲胺磷残留量，最低检测限量为0.04μg。

噁二唑-1,3,4和苯并噁唑-1,3的衍生物可用作激光染料及有机闪烁剂。以硅胶G为吸附剂，用苯∶乙腈（8∶1）等几种展开剂可分析2-(α-萘基)-5-叔丁基苯并噁唑-1,3等4个噁二唑-1,3,4和苯并噁唑-1,3的衍生物。

以十八烷基硅烷键合硅胶为吸附剂的反相薄层色谱法可用来定量分析合成香料中亚苄基丙酮组分（4-苯基-3-丁烯-2-酮），展开剂为甲醇∶水（7∶3），在285nm波长下以CS-930薄层色谱扫描仪扫描定量。

综上所述，薄层色谱法在精细化学品中的应用极其广泛，在各类精细化学品的定性鉴定、半定量及定量分析等多方面发挥着重要的作用，是一种简便有效的常规分析手段。

4.5 现代分离方法选择的实例

在精细化学品及中间体的分析分离中，可根据分析样品中化合物组分的特点及实际情况灵活选用现代分离方法，有时可分别选择几种分析与分离方法，或将几种分离分析手段加以综合运用。

实例1 合成香料茉莉醛的分离提纯

在食品中重要香料茉莉醛的分离提纯中，可综合运用薄层色谱法、柱色谱法及气相色谱法[70]。

柱色谱是发现最早、最为经典的色谱方法，分离原理与薄层色谱法相似。它可根据极性的差异将混合物中各组分进行有效的分离，吸附剂以硅胶和氧化铝应用的最多，分离效率略低于薄层色谱法。由于具有在实验室里简便易行，分离效果较好，处理量大等优点，目前在精细化学品分析中有较多的应用。在大多数场合下用于分析检测及样品的制备，在一些特殊的高附加值精细化学品领域中，如香料和药物领域，柱色谱分离提纯方法也具有一定的实际应用价值。图4-60为常用的柱色谱装置图。

以薄层色谱法进行的定性分析是柱色谱分离条件选择的基础。采用硅胶GF_{254}薄板（厚度为0.5mm），展开剂为正已烷∶乙酸乙酯（8∶1），薄层色谱图如图4-61所示。

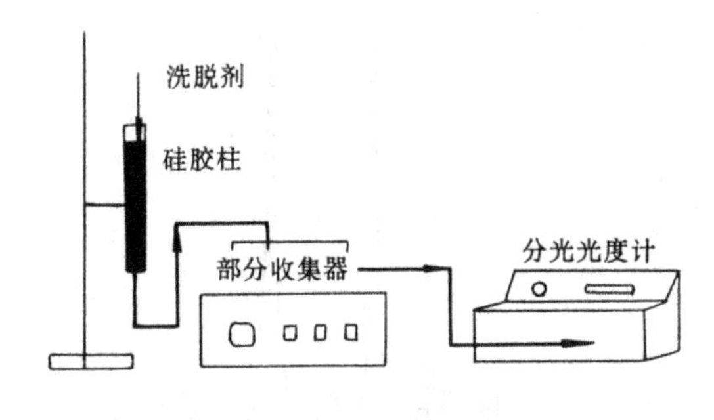

图 4-60 常用的柱色谱装置

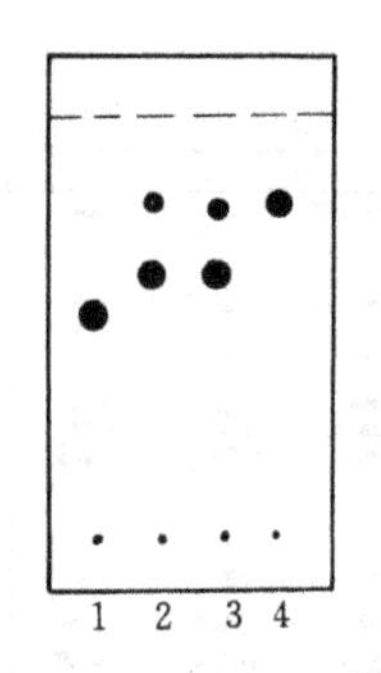

图 4-61 茉莉醛的 TLC 谱图
1—苯甲醛；2—茉莉醛参考标样；
3—茉莉醛粗品；4—庚醛自缩物

各组分的 R_f 值为 0.52；苯甲醛为 0.59，茉莉醛为 0.59，庚醛自缩物为 0.77。

提纯合成茉莉醛样品时可选用柱色谱法。分离条件可参考上述薄层色谱分离条件，硅胶柱为 100cm×2cm，洗脱液为正己烷∶乙酸乙酯（8∶1）。5g 茉莉醛试样湿法上柱，可提纯得到 4.213g 茉莉醛。

茉莉醛分离后试样纯度分析可采用气相色谱法，采用 GC-16A 型气相色谱仪，配为氢火焰离子化检测器，固定液为己二酸乙二醇聚酯，柱温为 140℃，氮气为载气，流速为 80mL/min，邻苯二甲酸二乙酯为内标，气相色谱如图 4-62 所示。从图中可见分离后，庚醛自缩物的峰消失，柱色谱法提纯后的合成茉莉醛中几乎没有庚醛自缩物的存在。在此例中运用“板-柱结合法”分离提纯茉莉醛，最终产品的分析采用了气相色谱法。

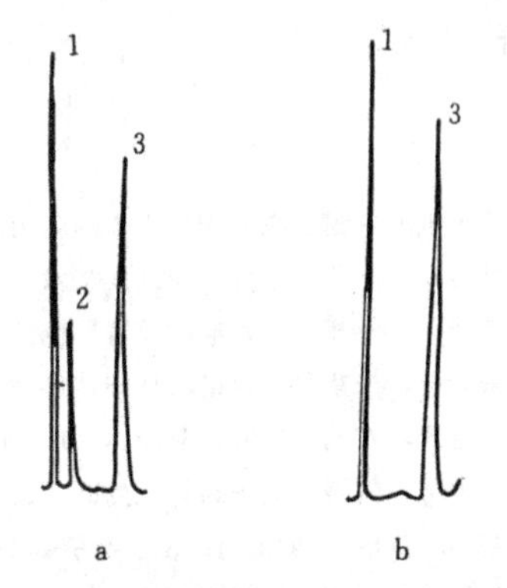

图 4-62 分离前后的合成茉莉醛气相色谱谱图
1—溶剂；2—庚醛自缩峰；3—茉莉醛；
a. 分离前；b. 分离后

实例 2 非离子表面活性剂脂肪酸蔗糖酯的分析

非离子表面活性剂脂肪酸蔗糖酯产品中一般含有蔗糖单酯、蔗糖双酯、蔗糖多酯以及未反应的残糖及脂肪酸酯等杂质，各组分的定性及定量分析可应用薄层色谱法、高效液相色谱法[71]。

（1）薄层色谱法 固定相为德国 E. Merck 公司的 Silica Gel 60F-254 高效板。展开剂为氯仿∶甲醇∶水（68∶25∶4），显色剂为蒽酮∶硫酸∶醋酸（0.4∶1∶50），采用岛津 CS-910 型双波长薄层色谱扫描仪，在波长 λ_{max}=460nm 作反射法吸收光谱扫描，测定各组分的相对含量。薄层色谱展开如图 4-63 所示。样品中的单酯、双酯及多酯都能得到较好的分离，蔗糖单酯的多个斑点是由含有不同链长的脂肪酸所致。

（2）高效液相色谱法 采用岛津 LC-6A 高效液相色谱仪和岛津 SPD-6AV 紫外可见波长检测器。色谱柱为 300mm×5mm 不锈钢填充柱，固定相为 Li Chrosorb RP-18（5μm），流动相为甲醇∶水（80∶20），紫外检测波长为 220nm。高效液相色谱如图 4-64 所示。

在蔗糖酯的分析测定中，薄层色谱法应用较多，可有效地进行定性分析，但定量分析步骤较繁琐，并需严格控制实验条件。高效液相色谱法为一种快速准确的定性定量方法。在实际分析中可选择其中的一种，或将两种方法结合起来，互为补充，相互验证。如在受阻胺类高分子光稳定剂的分析中选用了薄层色谱法与高效液相色谱法两种方法。在中间体 3,4-二甲基苯胺的分析与农药硫丹的分析中，分别采用了气相色谱法与高效液相色谱法。

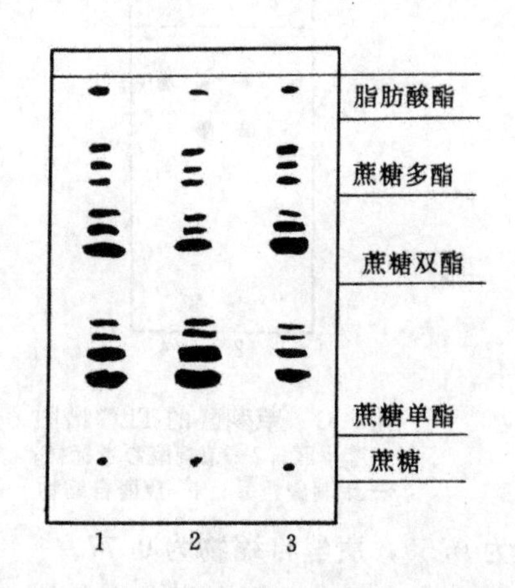

图 4-63　蔗糖酯的薄层色谱图

1—合成品 SE；2—F140；3—F70

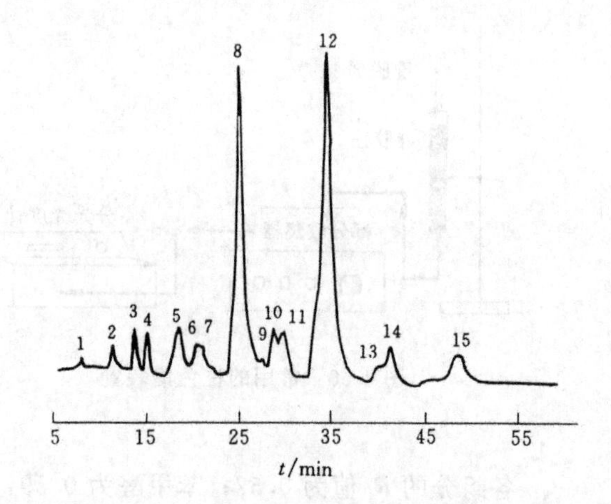

图 4-64　蔗糖酯 SE 的高效液相色图

1，2—脂肪酸酯；3～8—蔗糖单酯；

9～12—蔗糖双酯；13～15—蔗糖多酯

综上所述，根据各类精细化学品与各种现代分离方法的特点，适当选用或综合运用现代分离方法，可有效地解决精细化工领域中许多科研与生产中的实际问题，达到较好的分析与分离效果。

参 考 文 献

1　高昆玉. 色谱法在精细化工中的应用. 北京：中国石化出版社，1997

2　孙传经. 气相色谱分析原理及技术. 北京：化学工业出版社，1979

3　李桂贞. 气相. 高效液相及薄层色谱分析. 上海：华东化工学院出版社，1992

4　朱京平，朱京科. 色谱. 1998，**16**(2)：184～185

5　柏亚罗. 农药. 1997，**36**(2)：20～21

6　王大奇，贺媛，崔庆新等. 色谱. 1995，**13**(1)：68～69

7　茅力. 色谱. 1998，**16**(5)：456～457

8　刘敬兰，周鸿娟，陈连文等. 色谱. 1996，**14**(1)：79

9　赵凌菲，赵国琴. 农药. 1996，**35**(10)：25，31

10　北原文雄，早野茂夫，原　一郎编. 表面活性剂分析和试验法. 毛培坤译. 北京：轻工业出版社，1988. 236

11　钟雷，丁悠丹. 表面活性剂及助剂分析. 杭州：浙江科学技术出版社，1986

12　储少岗. 色谱. 1988，**6**(6)：345～347

13　Valdez David，Iler H. Darrell. JAOCS. 1986，**63**(1)：119～122

14　Osburn Q. W.. JAOCS. 1986，**63**(2)，257～263

15　Denis Campeau，Ilona Cruda. J. of Chromatogr. 1987，405：305～310

16　张智宏，束光辉. 表面活性剂工业. 1997，(4)：39～40

17　吉林化学工业公司研究院物化室色谱组编，顾蕙祥，阎宝石主编. 气相色谱实用手册. 第二版. 北京：化学工业出版社，1990. 597～600

18　李秀敏，姜敏怡. 农药. 1997，**36**(10)：32，26

19　唐正辉. 农药. 1996，**35**(10)：19～20

20　施介华. 色谱. 1995，**13**(2)：149

21　毕富春，王文丽. 化学工业与工程. 1997，**14**(2)：60～61

22　许来威，张雪冰. 农药. 1996，**35**(6)：28～29

23　徐范，武铁军，昝艳坤. 农药. 1996，**35**(11)：18～19

24　高秀兰，郭俊华，蒋兴宗. 农药. 1996，**35**(2)：29～30

25 戴廷灿，魏爱华，徐心植等．农药．1997，**36**(1)：24～25
26 刘慧敏，李振良，马克江．农药．1996，**35**(9)：24～25，27
27 王爱军．农药．1998，**37**(6)：21～22
28 丘寅．色谱．1997，**15**(1)，75～76
29 宁伟文．农药．1998，**37**(11)：22～24
30 胡家元．色谱．1994，**12**(3)：215～216
31 （英）克朗普顿 T.R 著．塑料中助剂的化学分析．张振译．北京：化学工业出版社，1982
32 Crompton T. R. Practical Polymer Analysis. New York and London：Plenum Press，1993
33 王俊德，商振华，郁蕴璐．高效液相色谱法．北京：中国石化出版社，1992
34 姚孝元，郑星泉，秦效英等．色谱．1998，**16**(3)：223～225
35 李桂凤，郝征红，董淑敏．色谱．1998，**16**(3)：276～277
36 祁广建，沈国英，刘鹏春．色谱．1994，**12**(6)：445～446
37 刘升一，苏柯．色谱．1998，**16**(2)，180～181
38 章日春，蒋明哲．色谱．1997，**15**(6)：542～543
39 周胜银，李珺．色谱．1990，**8**(1)：54～56
40 Sreenivasan K. J. of Liquid Chromatogr. 1990，**13**(3)：599～602
41 Franco. Sevini，Brumo Maroutol. J. of Chromatogr. 1983，260，507～512
42 Schabron J F，Bradfield D Z. J. of Applied Polymer Sci. 1981，**26**：2479～2483
43 Roland bodmeier，Ornlaksana Paerataknl. J. of Liquid Chromatogr. 1991，**14**(2)：365～375
44 高素莲，包青芳，段辉．分析测试通报．1990，**9**(2)：38～41
45 皇甫祝军．色谱．1991，**9**(2)：137～138
46 Metz P A，Morse F L，Theyson T W J. of Chromatogr. 1989，479，107～116
47 陈立仁，刘霞，赵亮．分析化学．1990，**18**(2)：177～179
48 Satoshi Takano，Yukihiro Kondoh. JAOCS. 1987，**64**(7)：1001～1003
49 Kanesato M，Nakamura K，Nakata O，et. al. JAOCS. 1987，**64**(3)：434～438
50 Escott R E A，Brinkworth S J，Steedman T A. J. of Chromatogr. 1983，282，655～661
51 Abe S，Seno M. JAOCS. 1987，**64**(1)：148～152
52 Megumu Kudoh，Takashi Kusuyama，Shinichiro Yamaguchi，et. al. JAOCS. 1984，**61**(1)：108～110
53 Constantina N. Christopoulou，Edward G. Perkins. JAOCS. 1986，**63**(5)：679～684
54 张仁斌．高效液相色谱法在医药研究中应用．上海：上海科技出版社，1983
55 关一鸣，王常青，刘志强等．色谱．1996，**14**(1)：58～59
56 赵远征，钱小平，李珠华．色谱．1992，**10**(3)：183～184
57 薛闻鹂，钟帼英，胡新．药物分析杂志．1996，**16**(2)：95～97
58 农以宁．药物分析杂志．1993，**13**(6)：386～389
59 吴宁宁．药物分析杂志．1992，**12**(4)：218～220
60 李芳．药物分析杂志．1990，**10**(6)：328～330
61 顾炳鸿．色谱．1986，**4**(3)：182～183
62 Armstrong D W，Stine Q Y. J. of Liquid Chromatogr. 1983，**6**(1)：23～33
63 Anja kruse，Norbert Buschmann，karl Cammann. J. of Planar Chromatogr. 1994，7，January/ February：22～24
64 王广瑞．日用化学工业．1990 (2)：36～39
65 吴致宁，周迎娣，程侣柏．日用化学工业．1992 (3)：31～36
66 苏江滨，安焕雪，刘明胜．化学工程师．1990(6)：16～18
67 章育中，郭希圣．薄层层析法和薄层扫描法．北京：中国医药科技出版社，1990. 31
68 孙毓庆．薄层扫描法在药物分析上的应用．北京：人民卫生出版社，1990，193～207
69 徐诗伟，徐清，王维庆．微生物通报．1993，**20**(5)：311～313
70 梁达文，黄文榜．化学世界．1995，(9)：486～489
71 杨勤萍，徐国梁，施邑屏等．分析测试学报．1999，**18**(1)：28～30

第五章　现代分析方法在精细化学品中的应用

第三章中介绍了目前常用的分析仪器的基本原理，本章将主要介绍核磁、紫外、质谱等分析仪器在药物及天然化合物、表面活性剂、助剂以及其他精细化学品中的应用。

5.1　核磁共振波谱图的解析

前面章节介绍了核磁共振一级波谱图的条件，这种谱易于分析，由它可直接得出化学位移和偶合常数 J。事实上大部分氢谱并不是一级的，一般很复杂，需要运用量子力学的知识才能从谱图求出化学位移和偶合常数 J。

为了区分复杂谱和一级近似谱，Pople 建议对自旋体系用如下的命名法：即把化学位移相近的核用一组相近的字母表示，如 A、B、C；假如体系中还有另一组与其相互作用的核，其化学位移与原来一组核的化学位移相差很大，则用另一组字母 X、Y、Z 来搭配；如再有第三组核，则用字母 K、L、M 来表示。因此自旋体系的一般形式可表示为（ABC）、（KLM）、（XYZ）。如果体系中有两个或多个化学位移相同且磁等性的核，则可用 n 来表示其个数，但是如果这些核仅仅是化学位移相同而非磁等性的，则应表示为 AA′A″，也就是说用一字母表示化学位移等同核，用加在左上角的撇表示化学位移相同而磁不等性。例如：

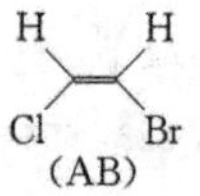

H H Cl H H H
Cl Br Cl H Cl H
(AB) (AB₂) (ABC)

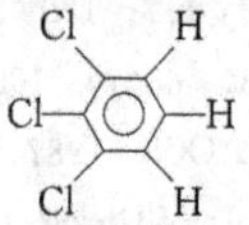

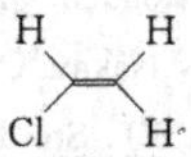

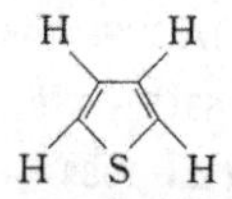

(AA′BB′) 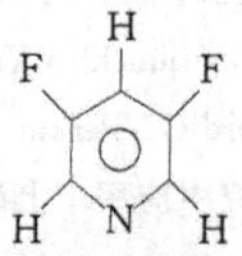 (AKK′XX′)

5.1.1　$A_aM_mX_x$ 系统

一级谱图的解析是符合杨辉三角形的，峰的个数是邻核的个数加一，峰的强度、化学位移和偶合常数均可直接求出。

化合物 HPClF，由于 ^1H、^{31}P 和 ^{19}F 的自然丰度均接近 100%，自旋量子数为 1/2；而 ^{35}Cl 和 ^{37}Cl（75%和 25%丰度）具有很大的偶极矩，所以可认为它们的弛豫足够快，并消除了与其他磁性原子核的偶合；剩余的三核具有非常不同的拉曼频率，所以可以认为是一 AMX 系统。首先考虑氢核的偶合裂分，在基态和激发态的氢与 ^{31}P 和 ^{19}F 核均有四种状态，即：$^{31}P(+)^{19}F(+)$，$^{31}P(+)^{19}F(-)$，$^{31}P(-)^{19}F(+)$，$^{31}P(-)^{19}F(-)$，因此就有四套不同的能级，也就有四种不同的跃迁。因此可以预计氢有四条共振吸收谱线。为了预测这四条线的形状，常要确定哪一个核对氢的偶合大？已知偶合在很大程度上取决于键的数目，一般而言，离得越近，偶合越大。所以 $^1J_{HP}>^2J_{HF}$。裂分峰型就可以通过分别处理它们的相互作用而确定，见图 5-1。树图案在顶上是未偶合核，首先考虑较大偶合的核的裂分，再考虑较小偶合的核的裂分。所以 HPClF 的偶合给出四条峰，强度比为 1∶1∶1∶1，化学位移为两条内线的或两条外线的中间值，偶合常数则为 1,3 峰的距离和 1,2 峰的距离。$^1J_{PH}$=200Hz,$^2J_{FH}$=50Hz。

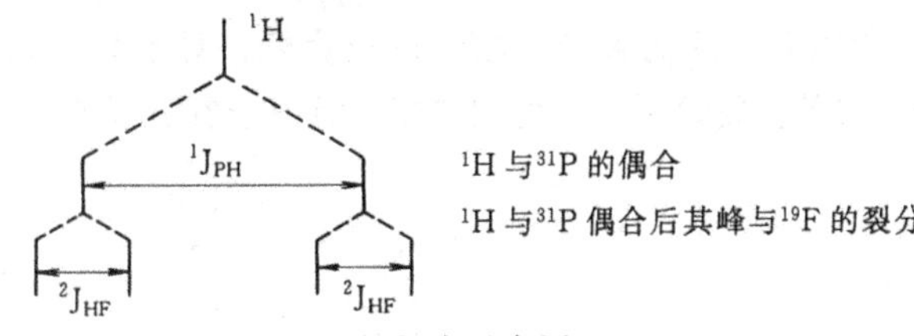

图 5-1　HPClF 的偶合示意图

同样,对于 HPF_2 可作为 AMX_2 系统进行分析,见图 5-2。

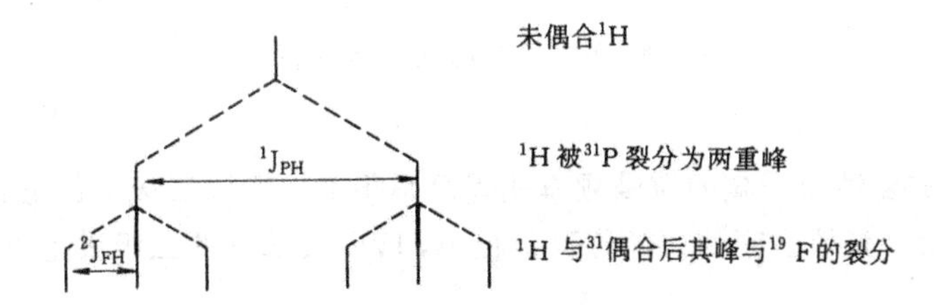

图 5-2　AMX_2 系统偶合示意图

此为一六重峰,强度比为 1∶2∶1∶1∶2∶1,化学位移则为相应两条线的中间值,偶合常数则为相应两条线的距离和每组两条线之间的距离。对于^{19}F 来说,其裂分峰与^{1}H 的裂分情况类似,即$^1J_{PF}>^2J_{FH}$,所以也是得到六重峰。

对于^{31}P 来讲则可能有三种情况:$^1J_{PH}>^1J_{PF}$;$^1J_{PH}<^1J_{PF}$;$^1J_{PH}=^1J_{PF}$。对于前两种情况,^{31}P 的裂分峰型是很容易分析的,而对于第三种情况得到的是强度比为 1∶3∶3∶1 的四重峰。

尽管 $A_aM_mX_x$ 自旋体系的裂分强度不能满足杨辉三角形,其化学位移和偶合常数也不是一目了然就可以得到的,而且裂分峰之间时有交叉和重叠现象,但仍可用一级谱解析的方法由谱图上直接获得化学位移和偶合常数。例如,2-氟苯甲醚的去氢偶^{13}C 谱示意图如下:

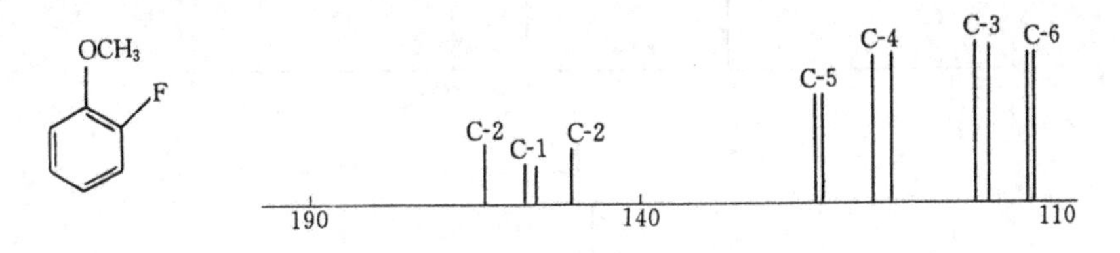

图 5-3　2-氟苯甲醚的去氢偶^{13}C 谱示意图

应有六组不同的碳均与^{19}F 偶合,所以应有 12 重峰,季碳弛豫时间长,所以 δ 为 150 左右的四重峰应为 C-1 和 C-2。考虑到$^1J_{CF}$较大,所以第 2、3 条谱线属于 C-1,第 1、4 条谱线属于 C-2。

又如,间二氟苯的^{13}C 谱示意图,见图 5-4。考虑到分子的对称性,C-1 和 C-3、C-4 和 C-6 是等性核。因此分子含有 4 组不同的碳。C-1 和 C-3 应分别与两个氟偶合,而且$^1J_{FC}\gg^3J_{FC}$,所以 C-1 和 C-3 应为 *dd*❶,1∶1∶1∶1 的四重峰,由于为季碳,弛豫时间长,峰强度低,而且 F 为吸电子基,所以 C-1 与 C-3 在低场有吸收。C-2 处于两个 F 原子的中间,应为 AX_2 系

---

❶ *s*—单峰;*d*—双峰;*t*—三重峰;*q*—四重峰;*m*—多重峰,*br*—宽峰,以下同。

统，所以应为三重峰；而C-5也处于两个F原子的中间，也为AX_2系统，所以也应为三重峰。但$^2J_{FC\text{-}2}>^3J_{FC\text{-}5}$，所以C-2应为裂分比较大的三重峰。对于C-4和C-6，有$^2J_{FC\text{-}4}>^4J_{FC\text{-}4}$的偶合裂分，所以应为$dd$偶合裂分系统，为四重峰，但由于在此情况下$^2J_{FC\text{-}4}$与$^4J_{FC\text{-}4}$相差不大，可能有重叠。

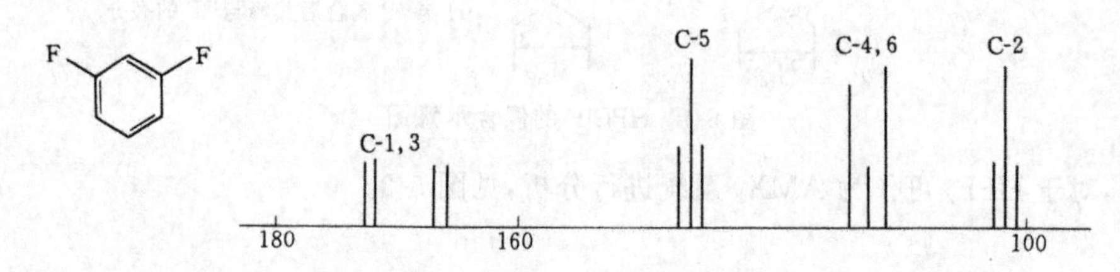

图 5-4 间二氟苯的^{13}C谱示意图

5.1.2 两旋系统

由于不同元素的磁性原子核的拉曼频率相差总是很大，所以二级谱都是相同磁性原子核的偶合裂分谱。又由于氢核之间的化学位移差较小，所以大部分的二级谱是氢谱。其中AB系统是典型的二级谱。

对于AB系统的谱图而言，应是四重峰。由于两个核的ΔE非常接近，所以其化学位移的差非常小，从谱图上很难确定它的化学位移和吸收谱线。另外，AB系统的四条谱线的强度与$\Delta\nu/J$的关系：$\Delta\nu/J$值减小，内二线的强度增加，外二线的强度减小[图5-5(b)、(c)]；当$\Delta\nu=0$时，为其谱极端情况A_2系统，是一单峰；当$\Delta\nu/J$值增加到内二线的强度与外二线的强度近似相等时，则为另一极限情况AX系统[图5-5(a)，一级谱]，所以AB系统可认为是$A_2\rightarrow AX$系统的过渡态[1]。

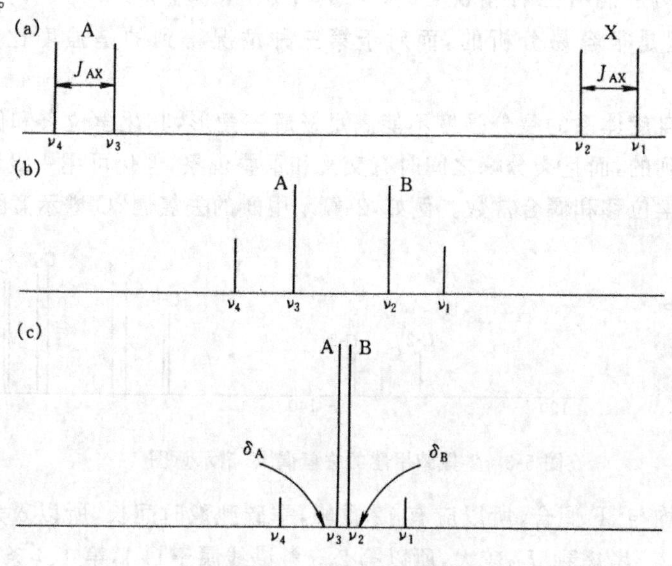

图 5-5 AB系统示意图

偶合常数 $J=\delta_1-\delta_2=\delta_3-\delta_4$（两峰间的距离）

化学位移差 $\Delta\nu_{AB}=\sqrt{(\delta_1-\delta_4)(\delta_2-\delta_3)}$

化学位移 $\delta_A=\delta_0+\frac{1}{2}\Delta\nu_{AB}$，$\delta_B=\delta_0-\frac{1}{2}\Delta\nu_{AB}$

峰强度 内峰$=1+J/\Delta\nu_{AB}$，外峰$=1-J/\Delta\nu_{AB}$

例如，（H H Cl S Br）的氢谱就是一 AB 谱，求得 $\Delta\nu_{AB}=4.7$Hz，$J=3.9$Hz。

再如 Columbianetin 的^{1}H 谱，见图 5-6。

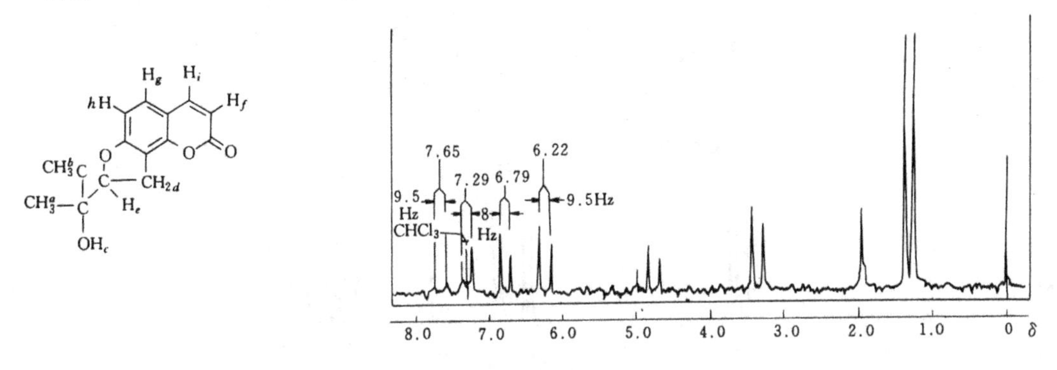

图 5-6 Columbianetin 的^{1}H 谱

图中 $\delta=6.0\sim8.0$ 处出现了两组典型的 AB 自旋系统，H_i 与 H_f 构成一 AB 系统，其四线的位置为：

	1	2	3	4
δ	6.13	6.29	7.58	7.74

第二个 AB 系统是由 H_h 与 H_g 的自旋偶合裂分造成的。它们的偶合常数不同，$J_{if}=9.5$Hz，$J_{gh}=8.0$Hz。一般来说，当分析^{1}H 核磁谱时，总要测量一下 doublets 的距离，看是否存在 AB 系统。剩下谱线的归属就很容易了，$\delta_{Hc}=2.00$，$\delta_{Hd}=3.33$ (d)，$\delta_{He}=4.82$ (t)。在 δ1.25 和 1.37 处的两条谱线来自于两个甲基的共振吸收。这两个甲基上的氢的化学位移之所以不同，是由于它们所连的碳与一手性碳相邻，所有的构象中这两个甲基的化学环境总是不同的[2]。

5.1.3 三旋系统

三旋系统内有三个相互偶合的核，一般有以下几种情况：A_3、AX_2、AB_2、AMX、ABX 及 ABC。A_3、AX_2 及 AMX 系统的情况前已介绍，不再重复。

(1) ABX系统　当三旋系统中的两个核的化学位移接近时，这样的系统为 ABX 系统，是常见的二级谱系统。其中 AB 部分应有八条吸收谱线，就象两套 quartets（但经常是相互重叠的）；X 部分通常有六条谱线，其中两条比较弱，经常检测不出来。ABX 体系可认为是 $A_2X\rightarrow$ AMX 的过渡态。当 $\Delta\nu_{AB}$增大时，内线强度降低，直到成为 AMX 系统；当 $\Delta\nu_{AB}$减小时，内线强度升高，直至 $\Delta\nu_{AB}=0$ 而成为 A_2X 体系，为二重峰和三重峰，具体情况见图 5-7。

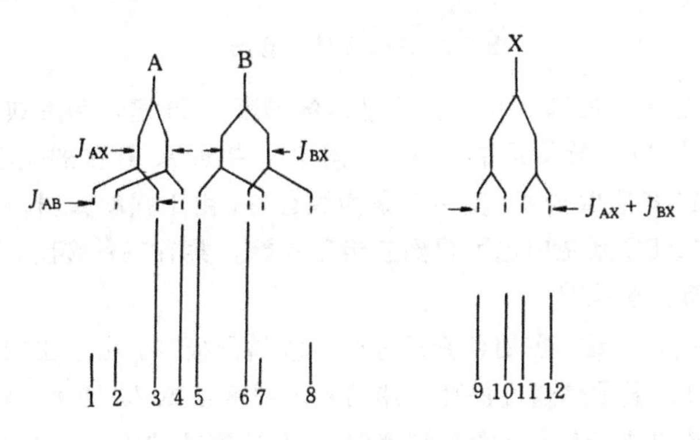

图 5-7　ABX 系统偶合裂分示意图

常见的 ABX 自旋体系如 $—CH_A—CH_B—CH_X—$，H_B 与 H_X 的化学位移相差较大，而 H_A 与 H_B 的化学位移很接近。例如天冬酸钠 (Sodium Asparate) 就给出了一典型的 ABX 系统，见图 5-8[2]。

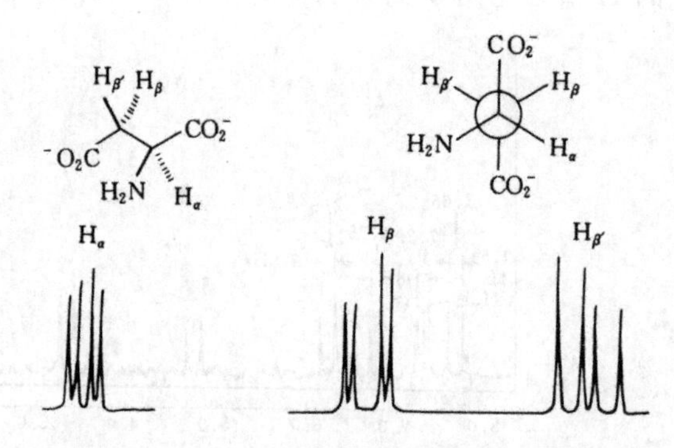

图 5-8　天冬酸钠¹H 谱

（2）AB_2系统　对于 AX_2 系统，随着$\triangle\nu_{AX}$的减少，就由 AX_2 系统转化为 AB_2 系统。AB_2 系统最多可观测到九条谱线，见图 5-9。其中 A 四条（1～4），B 四条（5～8），第九条谱线是综合峰，很弱，常常观测不到，一般有八条谱线[3]。实际分析时，先将谱线进行编号，若 $\nu_A>\nu_B$，从右向左编号，$\nu_B>\nu_A$ 则从左至右编号。此类谱图有如下的规律性：5，6 二线间距往往较小，有时合并成宽的单线，因而强度较强，比较突出；(1,2)＝(3,4)＝(6,7)，(1,3)＝(2,4)＝(5,8)；5,7 二线的中点为 ν_B，$\nu_A=\nu_B$；$J=1/3\{(1,4)+(6,8)\}$。

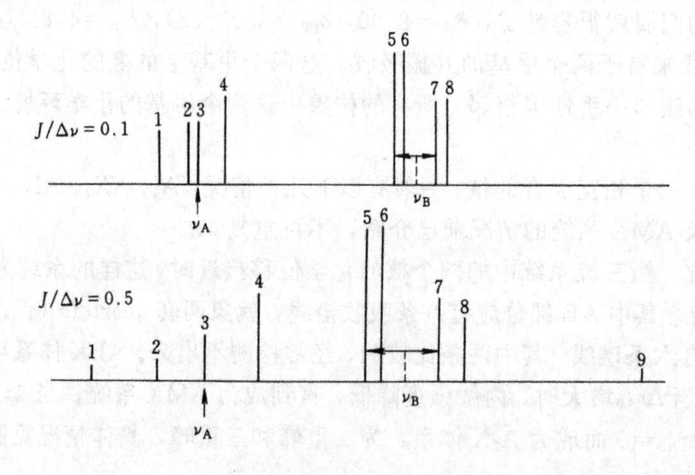

图 5-9　AB_2 系统示意图

例如，图 5-10 是连苯三酚和 2,6-二叔丁基苯酚的部分¹H 谱，为一典型的 AB_2 系统。

（3）ABC 系统　当 ABX 旋体系中 X 核的化学位移接近 A、B 核的化学位移时，就成为了 ABC 三旋系统，可有 15 条吸收谱线。其中三条为综合峰，由于强度太弱，一般情况下看不到。与 ABX 系统相仿，在 ABC 系统中也可找到三组四重峰，共有三种裂距，每种裂距都重复出现四次，但都不等于偶合常数[1]。

ABC 系统的解析比较困难，需用计算机进行一级谱图模拟，由求出的 J_{AB}、J_{AC}、J_{BC}再进行计算机二级谱图处理。通常是通过提高仪器的磁场强度使 $\Delta\nu/J$ 增大，将 ABC 系统近似为 ABX 系统或 AMX 系统再进行解析。图 5-11 为 1,2,4-三氯苯的¹H 谱，在 60MHz 仪器上得图

(a)，在 100MHz 仪器上得图（b)。由图可以看出，(a) 中质子的归属比较困难；而（b）已接近 ABX 系统，谱图的归属就要容易得多。

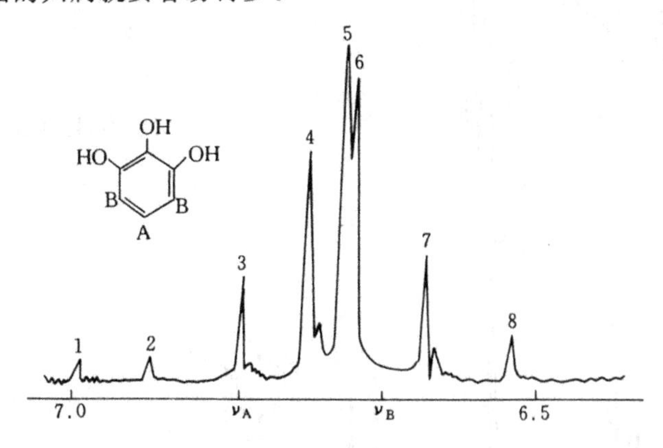

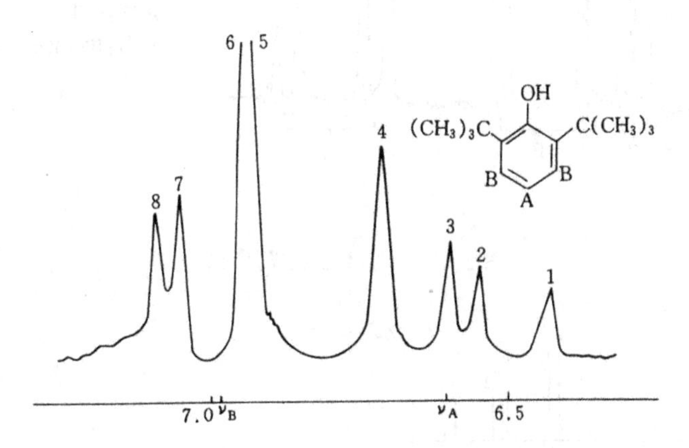

图 5-10　连苯三酚和 2,6-二叔丁基苯酚的部分^{1}H 谱

5.1.4　四旋系统

AX_3、A_2X_2、A_2B_2，AA′XX′，AA′BB′等是典型的四旋系统，其中 AX_3、A_2X_2 以及 AA′XX′系统在一级谱图中已分析过，在此不再讨论。

(1) A_2B_2 系统　例如在烷烃 —CH_2—CH_2— 的两端连有电负性近似的取代基时，相邻两组氢就为 A_2B_2 系统，其情况与前面讨论得 AB 的情形类似，A_2X_2 系统强度比应为 1∶2∶1 和 1∶2∶1 的两组三重峰。当 X 核的化学位移逐渐接近 A 核的化学位移时，成为 A_2X_2 系统。在 A_2B_2 系统中，由于两个 A 核和两个 B 核分别是磁等性的，所以该系统只表现出一个偶合常数 J_{AB}。该系统理论上有十八条峰，其中四条为综合峰，强度太弱，所以常见的仅十四条峰，A、B 各占七条，且左右对称[1]，如图 5-12 所示。

该系统有以下关系：$J_{AB}=1/2\,(1\sim6)$，A 的第五条线和 B 的第五条线分别是 A 和 B 的化学位移。例如氯乙醇就是一典型的 A_2B_2 系统，见图 5-13。

(2) AA′BB′系统　$F_1F_2C=CH_1H_2$ 分子中的氟与氢均为化学等性的，但是 $J_{F_1H_2}>J_{F_2H_2}$，$J_{F_2H_1}>J_{F_2H_2}$，为磁不等性，所以应为 AA′XX′系统。当 X 核的化学位移逐渐接近 A 核的化学位移时就为 AA′BB′系统。对于邻二或对二取代苯，往往就是 AA′BB′系统。这两类化合物给出的峰型对于中心是对称的，但对位异构体的 AA′BB′峰型从宏观上看像两个二重峰，而邻位

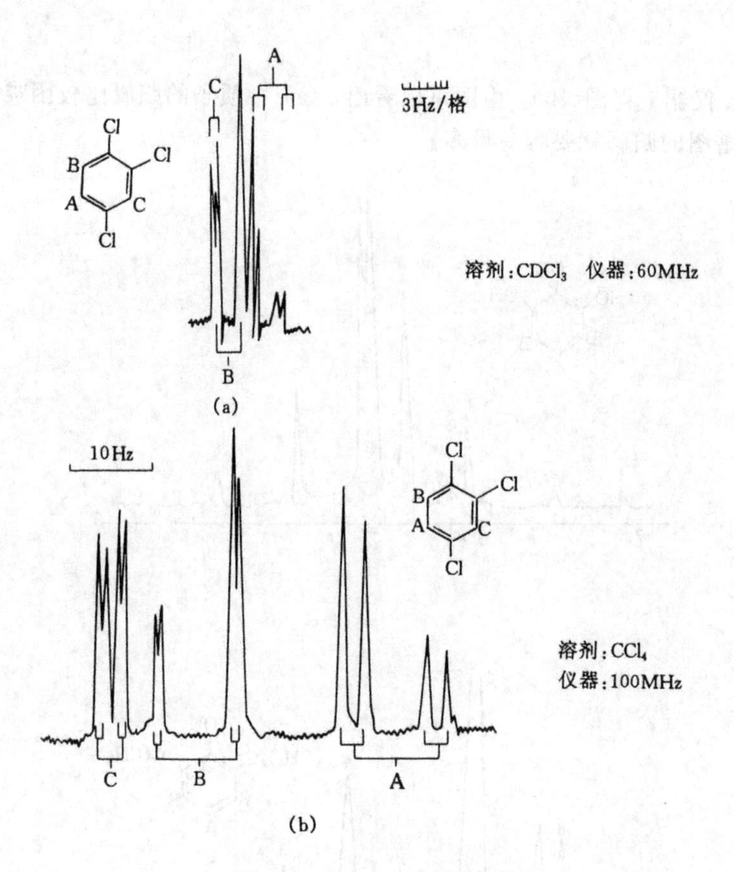

图 5-11　1,2,4-三氯苯¹H 谱

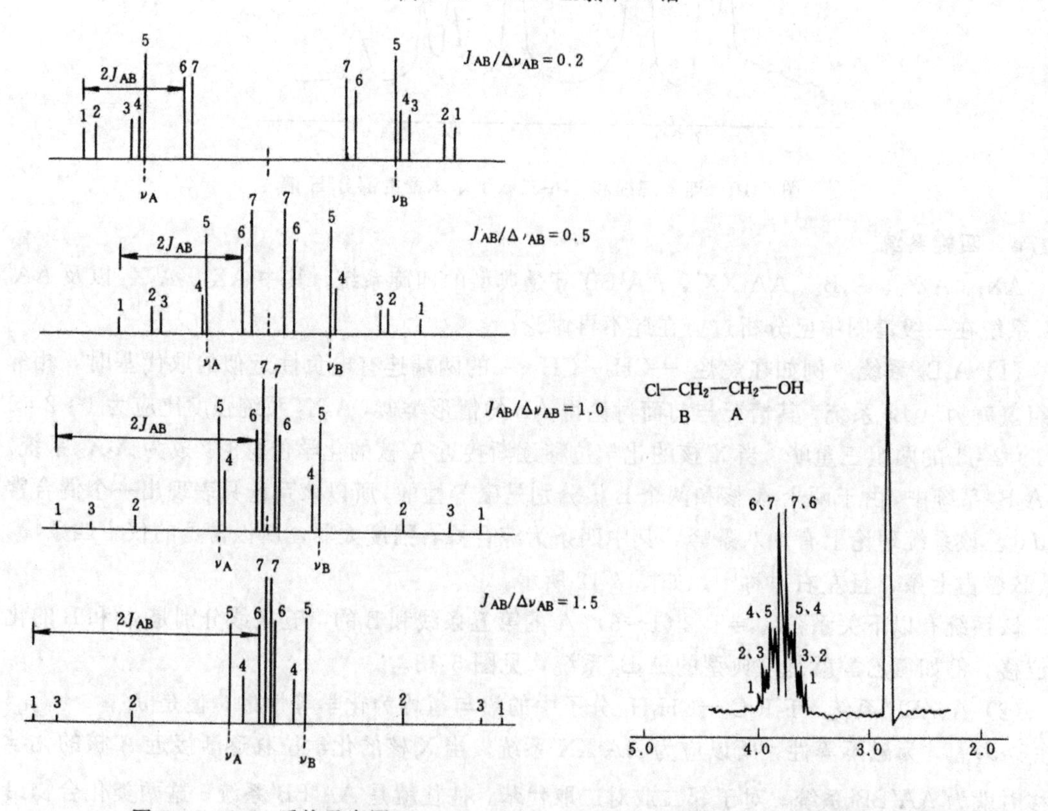

图 5-12　A_2B_2 系统示意图　　　　图 5-13　氯乙醇的¹H 谱

二取代的 AA′BB′系统则不是这样。这一特征对于判别芳香取代化合物的类型是非常有用的[3]，如图 5-14。

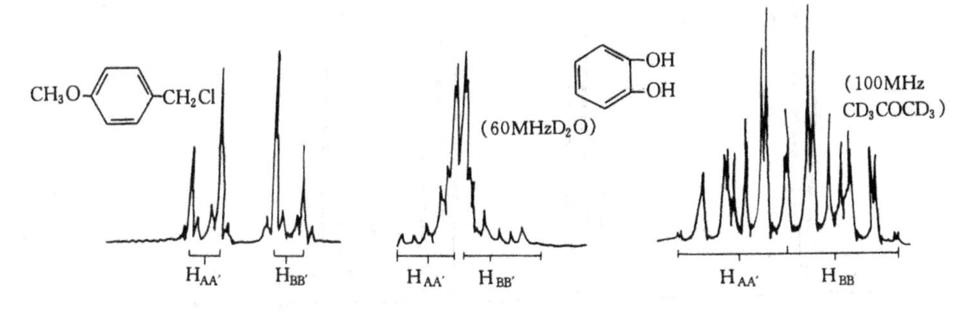

图 5-14　邻二或对二取代苯的¹H 谱

一般而言，该系统理论上应有二十八条峰，但因某些峰太弱或重叠而实际少于二十八条。由于 AA′BB′系统的解析比较复杂，所以一般只看峰型是否左右对称，化学位移和峰型是否合适就行了，不必去作复杂的运算。对于多核系统，氢谱的分析很复杂，除了以上规律性定性判断其自旋系统外，往往还采用其他的特殊技术来确定其结构，而不做过多的繁琐计算。从学术论文上经常发现有 δ6.30～4.80（m，3H，$CH{=}CH_2$）的引用方式，但特殊情况下则仍用计算机模拟。

5.2　核磁共振中的特殊简化技术

前面讨论了核磁共振波谱的基本知识，峰的位置，峰的裂分，峰的形状与强度等，并已知道如何去解析简单的氢谱和碳谱。但要解析复杂的多核自旋高级谱系统则需复杂的计算与模拟，也有一定的难度。本节就来介绍一些目前常用的特殊技术，有助于复杂谱图的解析或简化复杂的谱图。如采用高场波谱仪，加入位移试剂，还有第八章将介绍的各种去偶技术，均可使谱图简化；而加合关系，标识技术和卫星峰的确定则有助于识别不同核产生的信号，目的就是利用这些技术提高识谱的能力。

5.2.1　高场核磁共振

前面谈到一级谱的两个条件是：$\Delta\nu/J\geqslant 10$ 和化学等性的核也是磁等性的核。事实上，经常遇到的二级谱是满足第二个条件而不满足第一个条件的。对于这样的系统，可通过采用高磁场强度的核磁共振波谱仪使原为二级谱的自旋系统变为易于解析的一级谱。例如阿斯匹林芳环部分的¹H 谱如图 5-15 所示，在 60MHz 的仪器上四个芳环氢难以归属，而在 250MHz 的仪器上这四个芳环氢就很容易归属了[2]。

另外，信号的强度也与磁场强度有正比的关系，所以采用高场强的波谱仪，灵敏度高，可用来分析自然丰度低的元素或稀溶液。

5.2.2　位移试剂

凡能够使样品的化学位移产生较大移动的试剂叫做位移试剂。Hinckley 偶然发现，当将镧系螯合物加入到某些化合物中时可较大地改变其化学位移。增大 $\Delta\nu/J$，经常可将二级谱转变为一级谱。例如正己醇在 CCl_4 溶液中的氢谱如图 5-16 (a)。由图可见，除了高场变形的三重峰（甲基峰）和低场的宽峰（与 —OH 相连的亚甲基）可以归属外，其他碳上氢的峰严重重叠在 δ1.2～1.8 之间而无法分析。当加入位移试剂后得到图 5-16 (b)，显而易见，各种氢的归属就要容易得多，可以视为一级谱而进行处理。

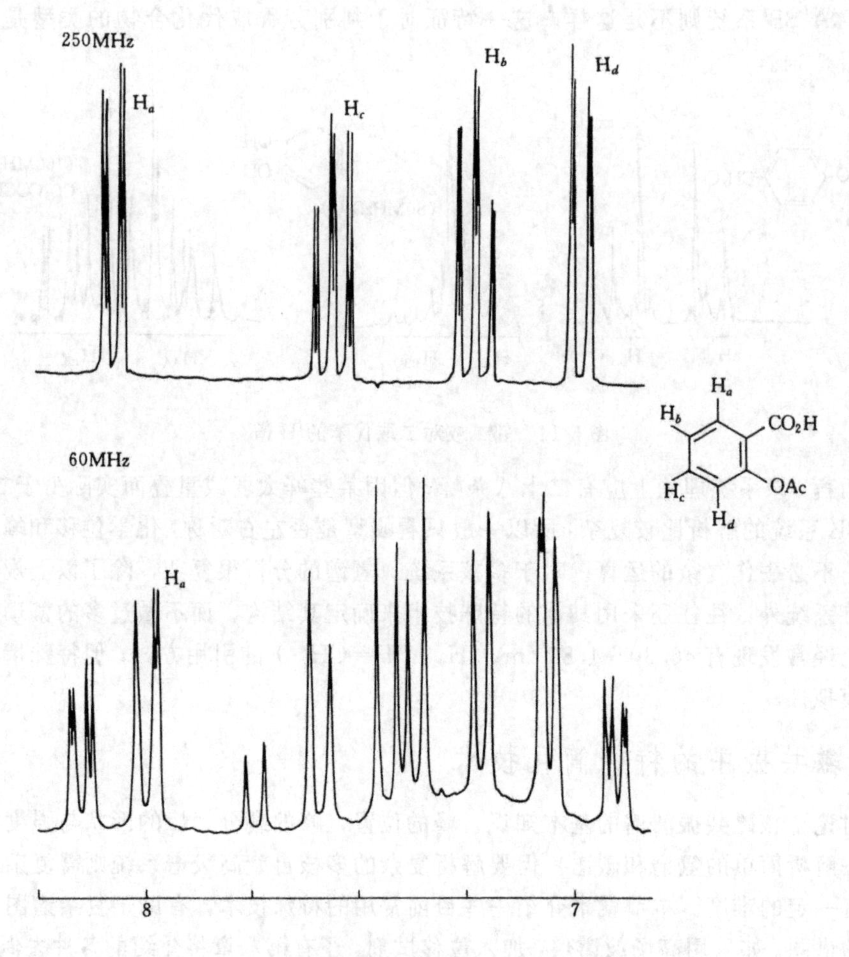

图 5-15 阿斯匹林芳环部分的^{1}H 谱

最常用的位移试剂结构如下：

$$\text{Eu}\left(\begin{matrix}\text{O=C—Bu}^t\\ \text{CH}\\ \text{O—C—Bu}^t\end{matrix}\right)_3 \qquad \text{M}\left(\begin{matrix}\text{O=C—Bu}^t\\ \text{CH}\\ \text{O—C—CF}_2\text{CF}_2\text{CF}_3\end{matrix}\right)_3$$

这些配合物在普通有机溶剂中有较大的溶解度和一定的 Lewis 酸性，它们能与分子中的羟基、羧基等含有孤对电子的原子结合。键合的配位体由于镧离子未成对电子所产生的磁场的影响，其实际所承受的磁场会有显著的改变，从而引起这些化合物的化学位移的较大变化。随加入位移试剂量的逐渐增加，其不同组氢间的化学位移差增大，也就是说将原来重叠在一起的峰给拉开，最后可认为是一级波谱，很容易得到 δ 与 J。如以所加入的位移试剂的量（分子比）为横坐标，以质子的化学位移为纵坐标作图，则能得到一直线关系。一般来说，离镧离子越近，所受影响就越大。例如 OH 上的氢到最后就看不见了。

位移试剂的另一个重要的用途就是对于未拆分的光学异构体的 R 和 S 比例的分析，当加入手性镧系位移试剂后，对映体的共振吸收就会产生区别，而得到两套峰，每套峰为一对映体的吸收峰，通过积分可求出光学纯度。

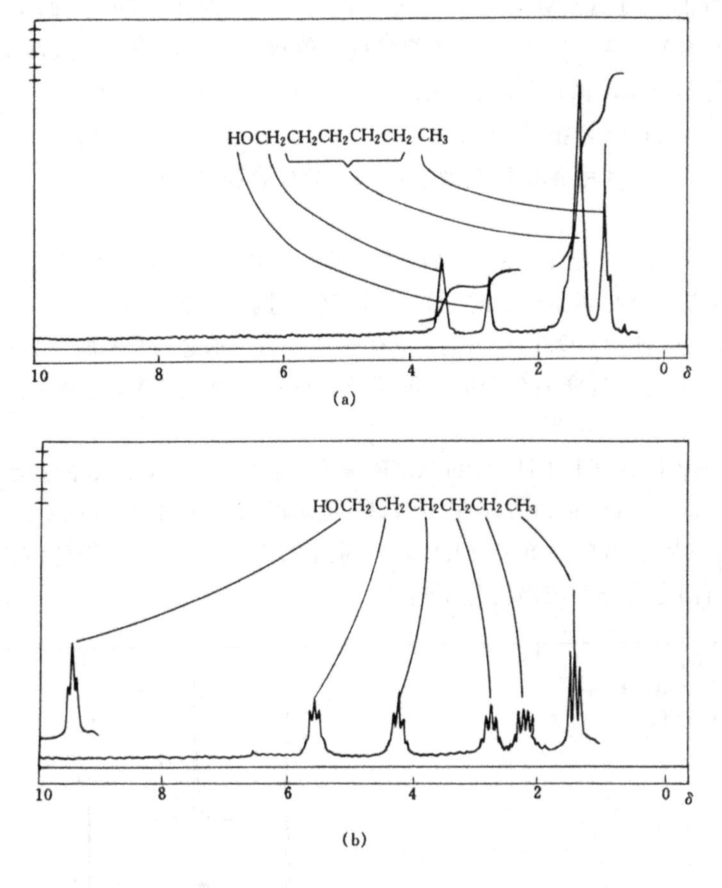

图 5-16 正己醇的^{1}H 谱

5.2.3 重氢交换法

(1) 重水交换　重水（D_2O）交换对判断分子中是否存在活泼氢及活泼氢的数目很有帮助。OH、NH、SH 在溶液中存在分子间的交换，其交换速度顺序为 OH>NH>SH。这种交换的存在使这些活泼氢的 δ 值不固定且峰形加宽，难以识别。可向样品管内滴加 1～2 滴 D_2O，振摇片刻后，重测^{1}H NMR 谱，比较前后谱图峰形及积分比的改变，确定活泼氢是否存在及活泼氢的数目。若某一峰消失，可认为其为活泼氢的吸收蜂。若无明显的峰形改变，但某组峰积分比降低，可认为活泼氢的共振吸收隐藏在该组峰中。注意：交换速度慢的活泼氢需振荡，放置一段时间后，再测试。样品中的水分对识别活泼氢有干扰。交换后的 D_2O 以 HOD 形式存在，在 δ 4.7 处出现吸收峰（$CDCl_3$ 溶剂中）。在氘代丙酮或氘代二甲亚砜溶剂中，于δ 3～4 范围出峰。由分子的元素组成及活泼氢的 δ 值范围可判断活泼氢的类型。

(2) 重氢氧化钠（NaOD）交换　NaOD 可以与羰基 α-位氢交换，由于 $J_{DH} \ll J_{HH}$，NaOD 交换后，可使与其相邻基团的偶合表现不出来，从而使谱图简化。NaOD 交换对确定化合物的结构很有帮助。例如，区分下边一组化合物（A）与（B）。

OH
OH
$-COCHCH_2COOH$
CH_3
(A)

OH
OH
$-COCH_2CHCOOH$
CH_3
(B)

先在 $CDCl_3$ 溶剂中测 ^1H NMR，δ 1.3（*d*，3H）CH_2；δ 约 3.9（*m*，1H）CH；δ 2.3～3.3（*m*，2H）CH_2。化合物（A）与（B）的各组峰的 δ 值接近，偶合裂分一致而难以区分。加入 NaOD 振摇后重测 ^1H NMR 谱，化合物（A）中 δ 1.3（*s*，3H）CH_3；δ 2.3～3.3（*q*，2H）CH_2；δ 约 3.9 的多重峰消失；化合物（B）中 δ 1.3（*d*，3H）CH_3；δ 3.9（*q*，1H）CH；δ 2.3～3.3 的多重峰消失。因此利用 NaOD 交换法可以区分化合物（A）与（B）[3]。

5.2.4 溶剂效应

溶剂对 ^1H NMR 的影响在第三章中已讨论。苯、乙腈等分子具有强的磁各向异性，样品中加入少量此类物质，会对样品分子的不同部位产生不同的屏蔽作用。这种效应称溶剂效应。如在 ^1H NMR 测试中，使用 $CDCl_3$ 作溶剂，若有些峰组相互重叠，可滴加几滴氘代苯溶剂，由于 C_6D_6 各向异性，容易接近样品分子的 δ 正端而远离 δ 负端，使得 δ 值相近的峰组有可能分开，从而使谱图简化，便于解析。

在 $CH_3OCOCH_2CH_2COCH_2CH_3$ 的 ^1H NMR 谱中，见图 5-17，δ 2～3 的多重峰为三个 CH_2 的共振吸收。若在 30%C_6D_6 的 CCl_4 溶剂中测试（见附图），与 CH_3 相连的 CH_2 的四重峰可明显分开，而在 δ 2.5 附近出现一单峰（4H），表明两个 CH_2 受 C_6D_6 分子的溶剂效应，δ 值巧合相等，不表现出偶合裂分，因而简化了谱图。

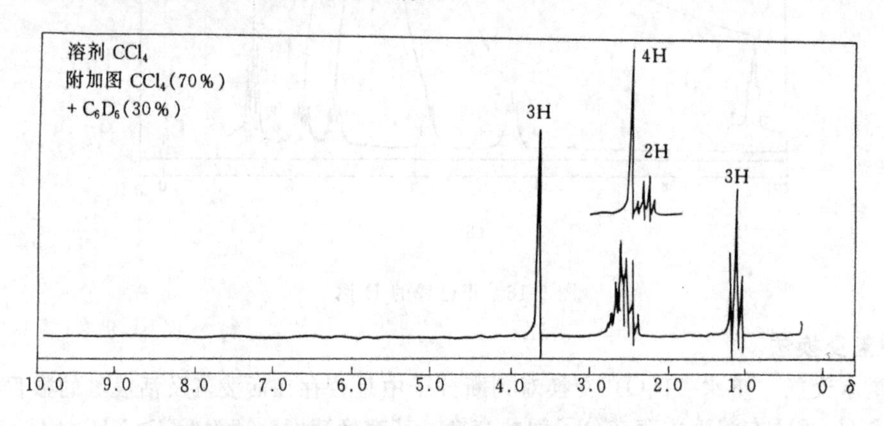

图 5-17 $CH_3OCOCH_2CH_2COCH_2CH_3$ 的 ^1H NMR 谱

5.3 核磁共振波谱在精细化学品中的应用

实例 1 化合物分子式 $C_{10}H_{12}O$，^1H NMR 谱见图 5-18[3]。

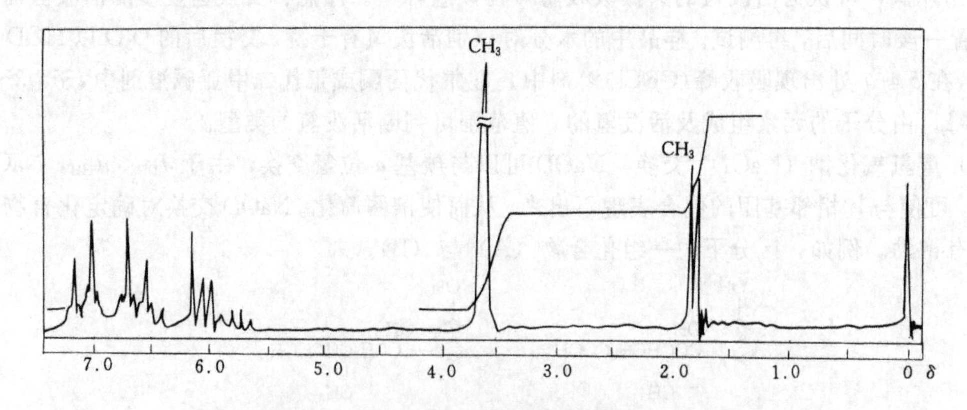

图 5-18 $C_{10}H_{12}O$ 的 ^1H NMR 谱（60MHz，$CDCl_3$）

由图可以看出，该化合物在低场 δ 6.5～7.5 处有吸收，且由低场至高场的积分比为 4：2：3：3，其数字之和与分子式中氢原子数目一致，故积分比等于质子数目之比。由此可判断此化合物可能含有二取代苯。δ 6.5～7.5 的多重峰对称性强，主峰类似 AB 四重峰（4H），可认为是 AA′BB′系统。结合其分子式可知，分子中除了苯环外还有一个双键，可能为 C ═O 或 C ═C 双键，但考虑到有两个氢的吸收峰在 δ5.5～6.5（m，2H）范围内，应为烯氢；所以分子中含有 CH ═CH，其峰型为 AB 四重峰，其中的一个氢又与 CH_3 邻位偶合。由于这两个氢的 $\delta<7$，表明苯环与推电子基（ —OR）相连。δ 3.75（s，3H）为 CH_3O 的特征峰；δ 1.83（d，3H），J＝5.5Hz 为 CH_3—CH═ ；因而推知化合物应存在 —CH═CH—CH_3 基。综合以上分析，化合物的可能结构为：

CH_3O—C₆H₄—CH═CH—CH_3

此结构式与已知的分子式基本相符。分子中存在 ABX_3 系统，J_{AB}＝16Hz，说明是反式偶合，X_3 对 A 的远程偶合谱中未显示出来。B 被 A 偶合裂分为双峰，又受邻位 X_3 的偶合，理论上应裂分为八重峰（两个四重峰）。实际只观察到 6 条谱线，由峰形和裂距分析，第一个四重峰的 1 线与 A 双峰的 2 线重叠，第二个四重峰的 1 线与第一个四重峰的 4 线重叠。峰与峰间距离与 δ 1.83 CH_3 的裂距相等。故化合物的结构进一步确定为：

CH_3O—C₆H₄—CH═CH—CH_3（反式）

实例 2　化合物分子式 $C_{11}H_{14}O_3$，^{1}H NMR 谱见图 5-19[10]。

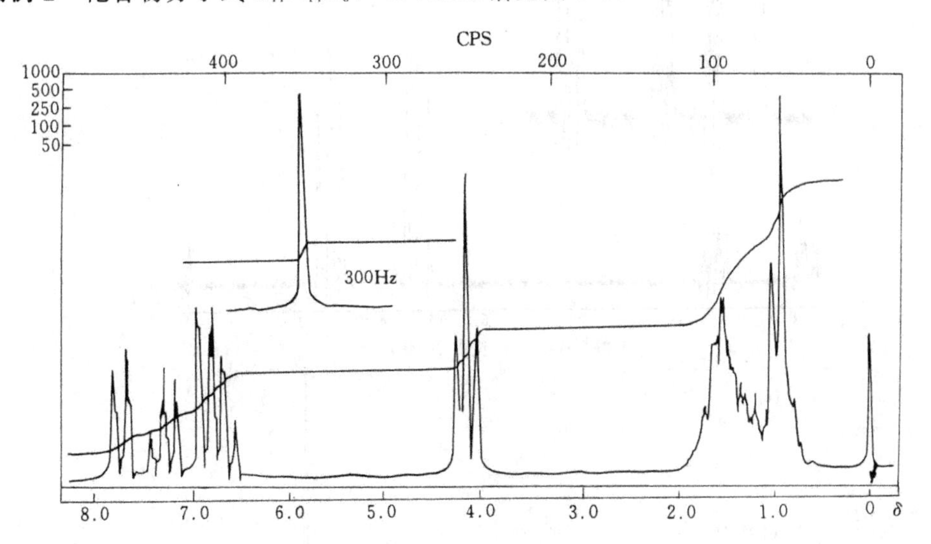

图 5-19　$C_{11}H_{14}O_3$ 的^{1}H NMR 谱

图中附加图偏移 300Hz，δ＝5.85＋5＝10.85，用 D_2O 交换，该吸收峰消失，说明是活泼氢的共振吸收。由其化学位移值可知，该峰可能为 COOH 或为形成分子内氢键的酚羟基的吸收峰。图中共有五组峰，由低场至高场的积分比为 1：4：2：4：3；积分比数字之和与分子中质子数目相等，故此积分比等于质子数目之比。δ 10.85（s，1H）为 COOH 或 PhOH（内氢键），6.5～8.0(m，4H)为双取代苯，取代基互为邻位或间位；4.2(t，2H)为与 O 和另一个 CH_2 相连的 CH_2 基（ —O$\underline{CH_2}$$CH_2$— ）；1.5($m$，4H)为 —$CH_2CH_2$— ；0.9（$t$，3H）为与 CH_2 相连的 CH_3。综合以上分析，苯环上的两个取代基可能为—OH，—$CO_2CH_2CH_2CH_2CH_3$ 或—COOH，—$OCH_2CH_2CH_2CH_3$ 。从苯环上取代基位置的分析知，

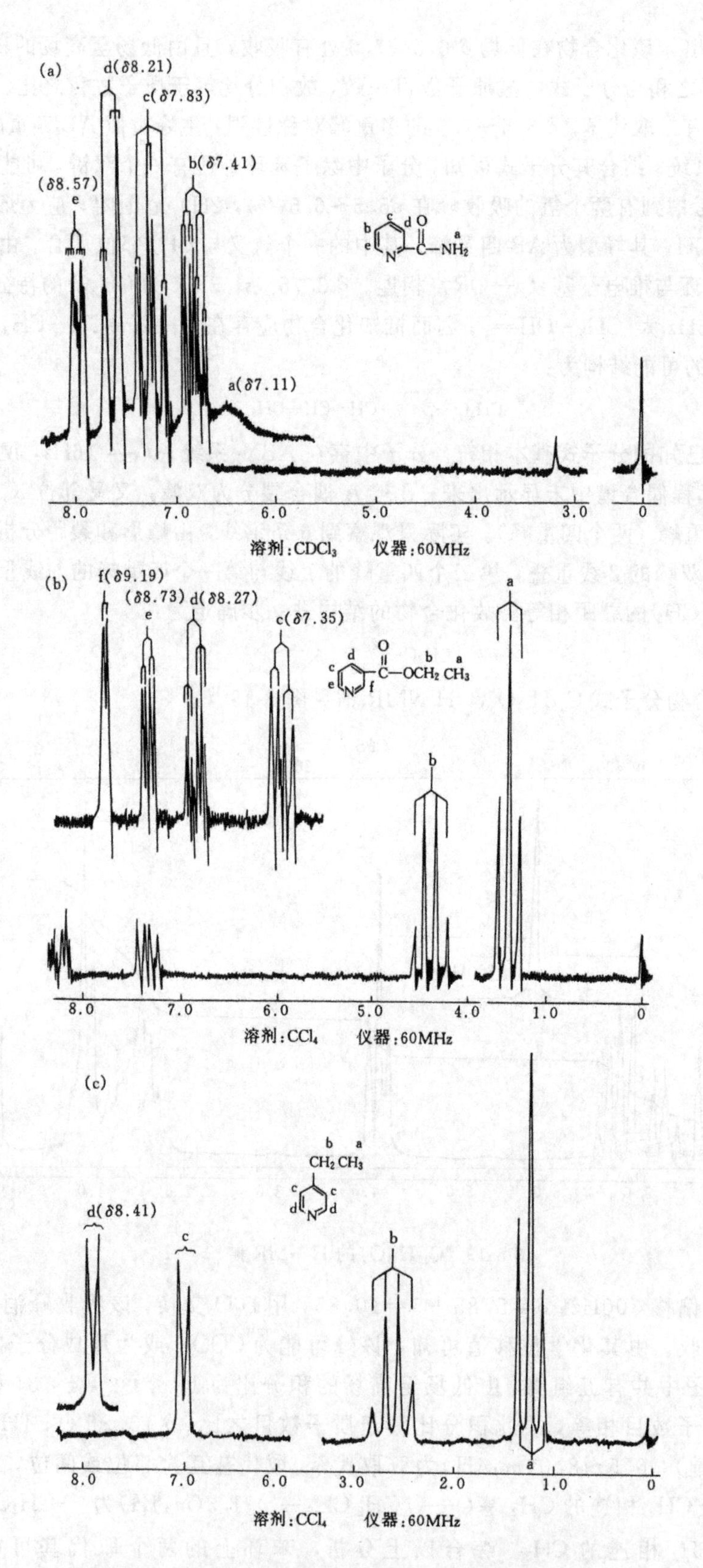

图 5-20　2-吡啶酰胺（a）、3-吡啶甲酸乙酯（b）与 4-乙基吡啶（c）的 ^{1}H NMR 谱

δ 7.7 (dd，1H) (1～3)＝(2～4)≈7Hz，(1～2)＝(3～4)≈2Hz，表明该氢与邻位氢偶合，又与间位氢偶合，应具有（A）结构。δ 7.3 (td，1H)，该氢与两个邻位氢偶合，被裂分为三重峰（J≈7Hz），又与一个间位氢偶合，每条峰又被裂分为双峰，故化合物具有（B）结构，H_a 或 H_b 均可满足该偶合裂分。

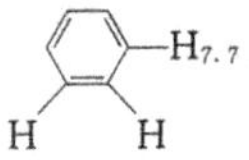

(A) 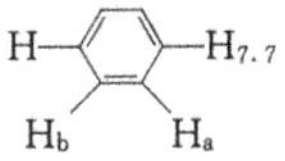　　(B)

δ 6.9(dd,1H)的偶合分析同 δ 7.7 氢的偶合分析。δ 6.7(m,1H)的共振峰，从峰形判断为六重峰(td)，低场的二重峰与 δ 6.9 高场的二重峰重叠，其偶合分析同 δ 7.3 氢的偶合分析。(B)结构的偶合分析均可满足 δ 6.9、δ 6.7 的偶合分析。综合以上分析，未知物的可能结构为：

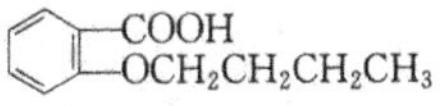

(C) 　　(D)

（C）分子间的缔合程度因位阻而降低，δ_{COOH}高场位移。（D）形成分子内氢键，δ_{OH}低场位移，二者的^{1}H NMR 谱相近，难以区别，还需与其他谱配合（如 MS，IR）或查阅标准谱图。实际结构为（D）。

实例 3　2-吡啶酰胺、3-吡啶甲酸乙酯与 4-乙基吡啶的^{1}H NMR 谱如图 5-20 所示[1]。

这是几个单取代吡啶的图谱示例。图（a)，吡啶环的 4 个质子构成 ABCD 系统，分裂情况可用一级近似进行分析，$J_{cd}=J_{bc}=7.8$Hz，$J_{ce}=4.8$Hz，$J_{ce}=1.6$Hz，$J_{bd}=J_{de}=1.0$Hz。图(b)，吡啶环的 4 个质子也构成 ABCD 系统，分裂情况符合一级近似，$J_{ab}=7.1$Hz，$J_{cd}=7.9$Hz，$J_{ce}=4.7$Hz，$J_{de}=J_{d-f}=1.9$Hz。质子 c 显示的 1∶2∶2∶1 四重峰，表明吡啶环中 $J_{23}\neq J_{34}$，这种四重峰外形的出现是吡啶环存在的特征。图（c)，吡啶环的 4 个质子构成 AA′BB′系统，由于 b 和 c 之间存在远程偶合，所以 c 峰和 d 峰相比，分裂较为模糊。

实例 4　在 β-内酰胺酶抑制剂酞唑巴坦（Tazobactam）的合成中，以 6-APA 为原料经一系列反应合成了目的产物，对所得中间体和目的产物进行 NMR 分析，确定其结构。该反应方程式如图 5-21 所示[4]。

所得氧化物（1）的^{1}H NMR 谱如图 5-22 所示。在低场 δ 7.317～7.373（m，1H）处的吸收无疑是由芳环上的氢所致。δ 6.987（s，1H）应是 $CHPh_2$ 的共振吸收。δ 4.916（t，1H，J＝3.2Hz）为 C-5 上氢的共振吸收，由分子中可以看出只有 C-5 上的氢的邻位有两个氢，由于这两个氢是磁不等性的，所以 C-5 上的氢的偶合裂分应为 dd，但恰好它们之间的偶合常数相等，表现为 AX_2 系统，为三重峰。δ 4.634（s，1H），应是 C-3 上氢的共振吸收，δ 3.345（d，2H，J＝3.5Hz），由于与 C-5 上氢的偶合常数相等，所以肯定是 C-6 上两氢的共振吸收；δ 1.688（s，3H），是一个甲基的共振吸收，δ 0.937（s，3H）为另一甲基的共振吸收。由于这两个甲基是环上的两个甲基，其化学环境不同，所以它们的化学位移不同。因此，由反应产物的^{1}H NMR 谱基本上可以确定是本文所需的目的产物一氧化物（1）。

所得开环物的^{1}H NMR 谱如图 5-23 所示。

图中 δ 7.874（d，1H J＝8.4Hz）应是苯并噻唑环上与 N 相邻的氢的共振吸收，δ 7.775（d，1H，J＝8.4Hz）应是苯并噻唑苯环上与 S 相邻的共振吸收，这是由于＝N 比—S 有更强的吸电作用所致。δ 7.446（t，2H，J＝8.0Hz）应是苯并噻唑苯环上剩余两个氢的共振吸收，δ 7.274～7.343（m，10H）应是苯环上氢的共振吸收。δ 6.901（s，1H）应是 —$CHPh_2$ 的

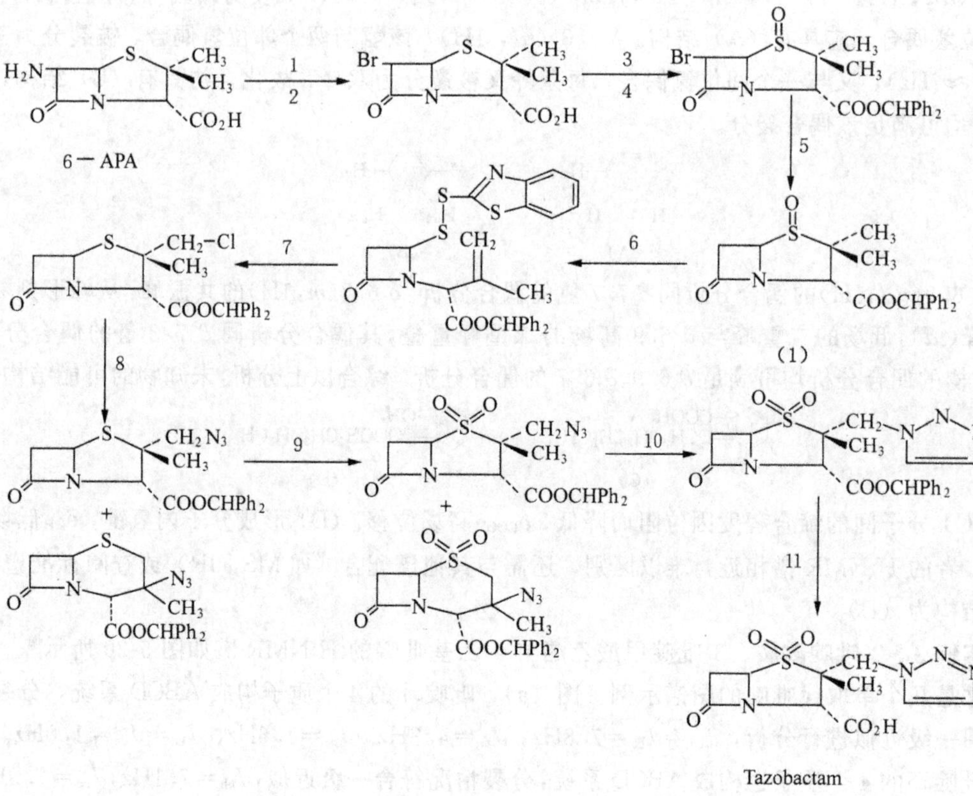

图 5-21 酞唑巴坦的合成

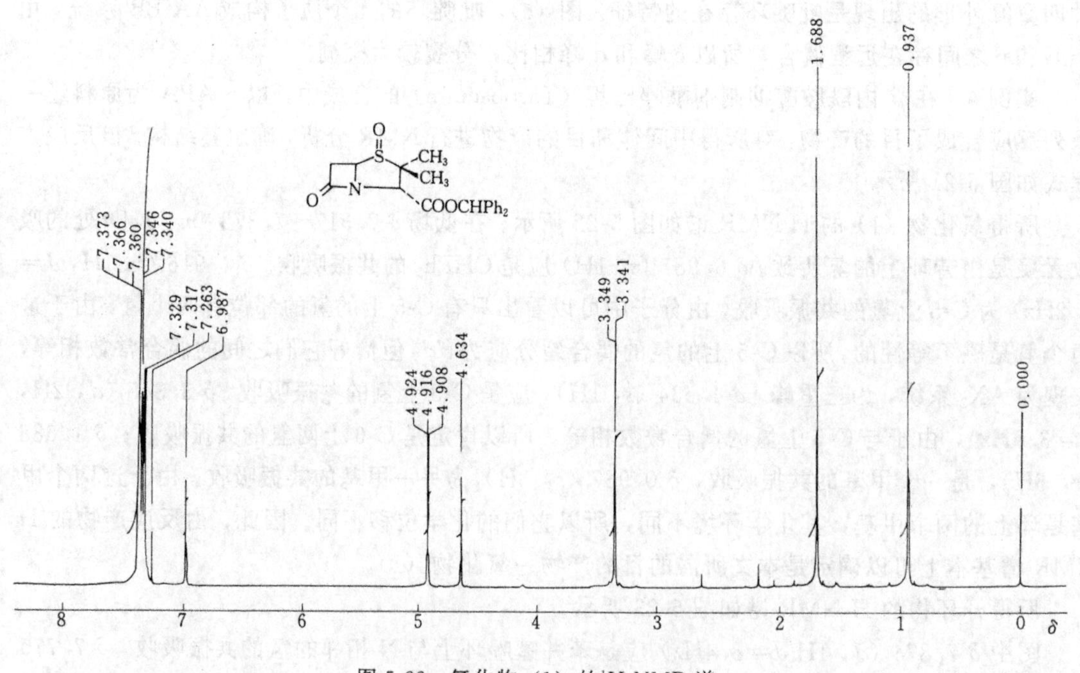

图 5-22 氧化物（1）的 ^{1}H NMR 谱

吸收，δ 5.386（*dd*，1H，J＝2.0Hz，1.6Hz）应是 β-内酰胺环上氢的共振吸收。δ 5.134（*s*，2H）是＝CH_2 的共振吸收，δ 5.006（*s*，1H）为 ＝CH_2—CO_2— 的共振吸收，δ 3.26

(d，1H，J=2.0Hz)、δ 3.187 (d，1H，J=1.6Hz) 与δ 5.386，吸收的偶合常数吻合，所以是β-内酰胺环上两个同碳氢的共振吸收，δ 1.906 (s，3H) 为甲基吸收峰，其他的峰是溶剂和少量杂质的吸收峰。图 5-24 是此化合物的^{13}C谱，也说明产物是此化合物。

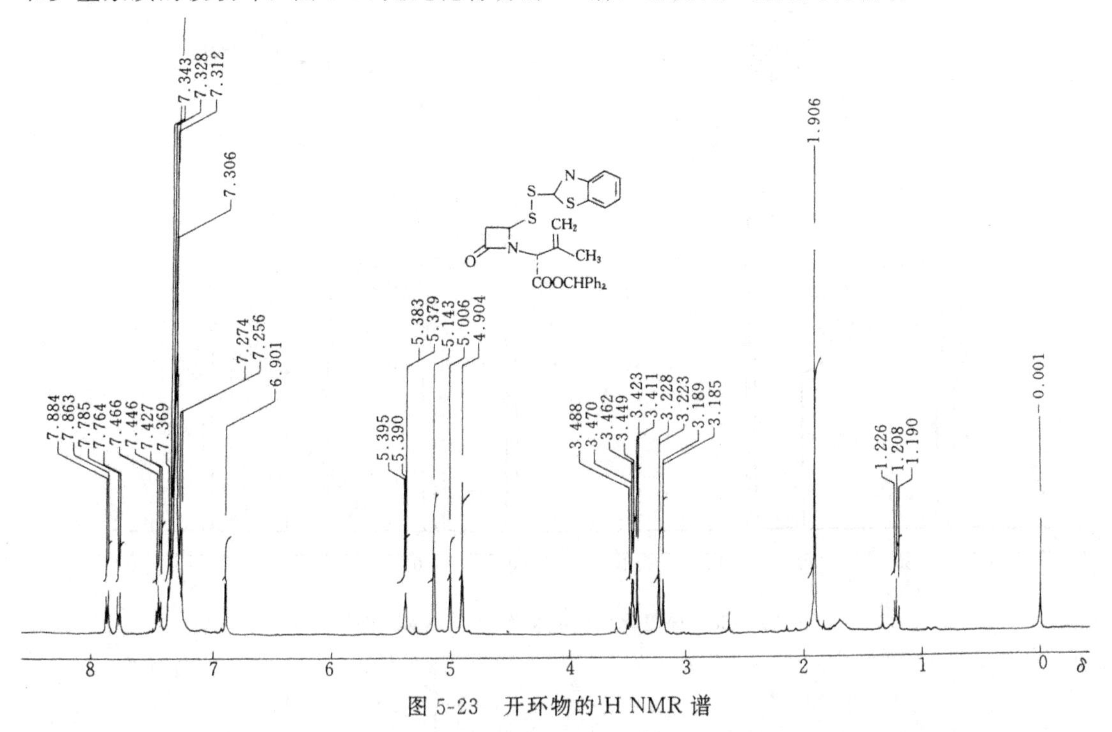

图 5-23 开环物的^{1}H NMR 谱

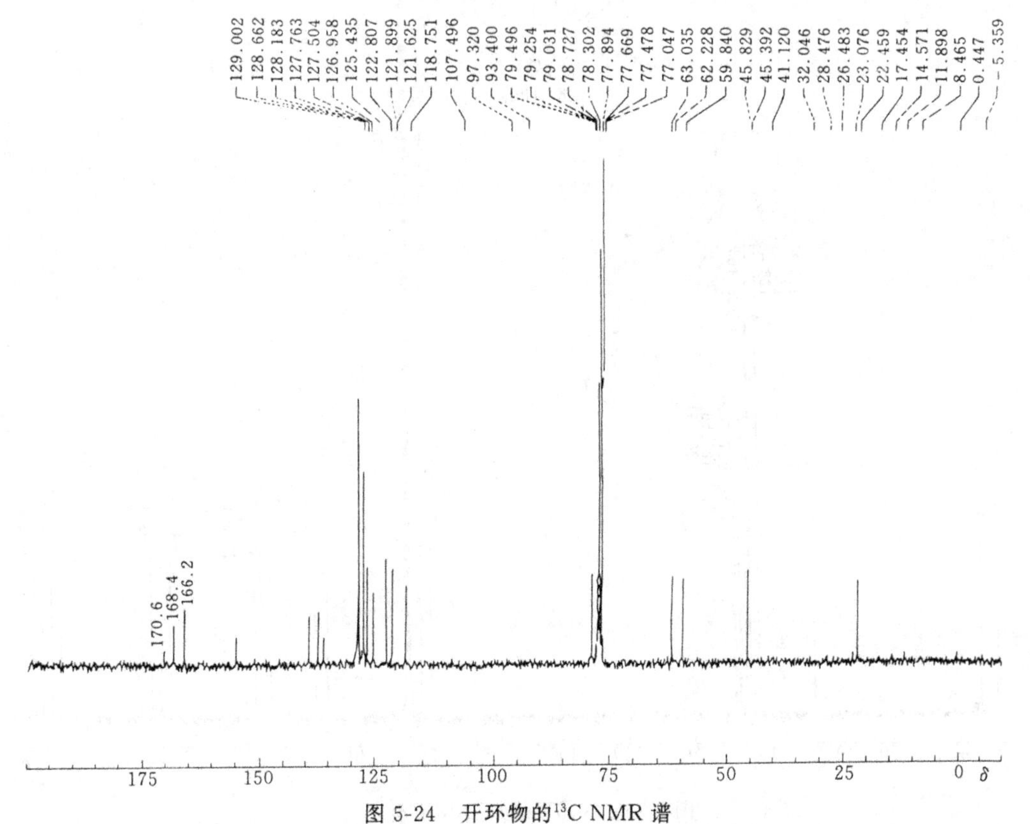

图 5-24 开环物的^{13}C NMR 谱

经叠氮化反应所得产物是五元环和六元环的混合物，其^{13}C谱如图 5-25 所示。经拆分分离得到两种化合物的^{13}C谱，如图 5-26 和图 5-27 所示。考虑到与五元环相连的 C═O 应比与六

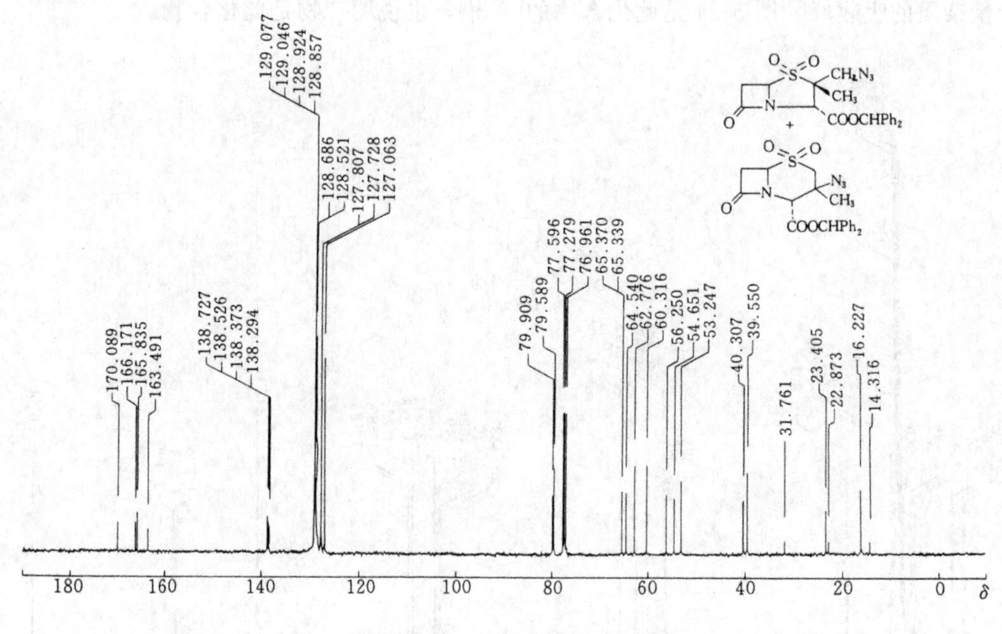

图 5-25 叠氮化反应混合物的^{13}C NMR 谱

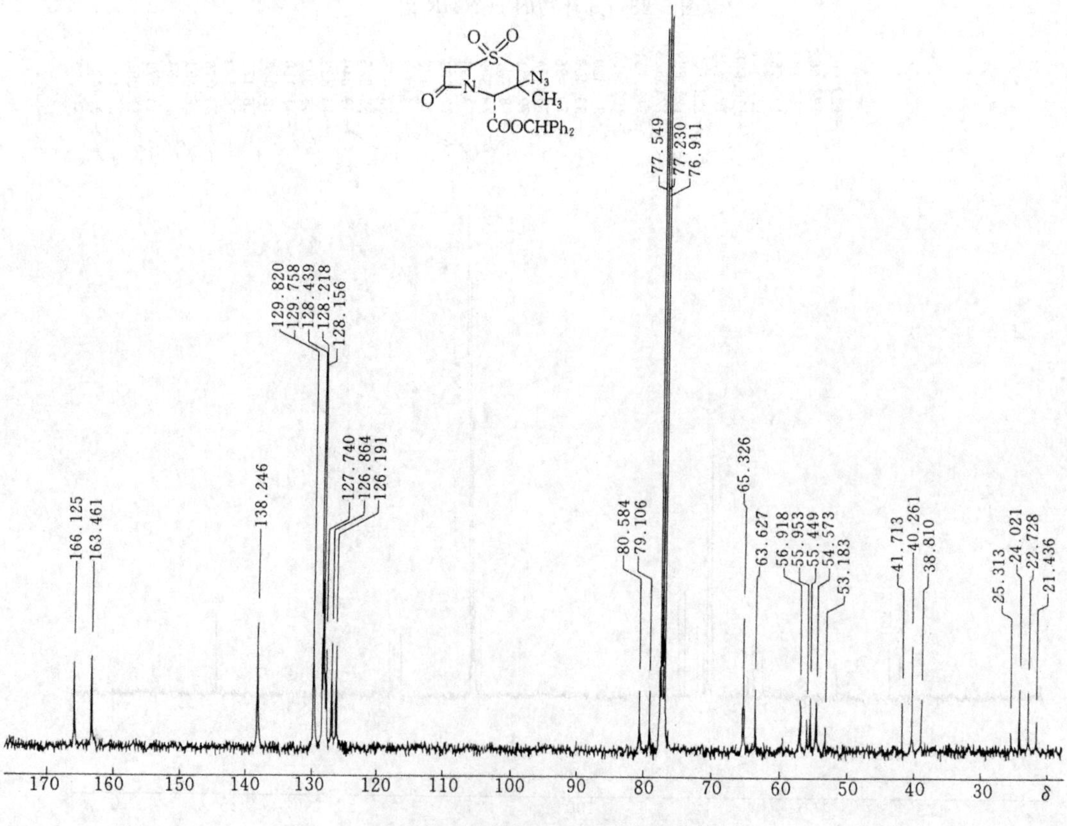

图 5-26 六元环的^{13}C NMR 谱

元环相连的 C═O 处于低场，所以 δ 170.116 为目的产物，δ 163.461 为六元环副产物，其他亦可一一归属。

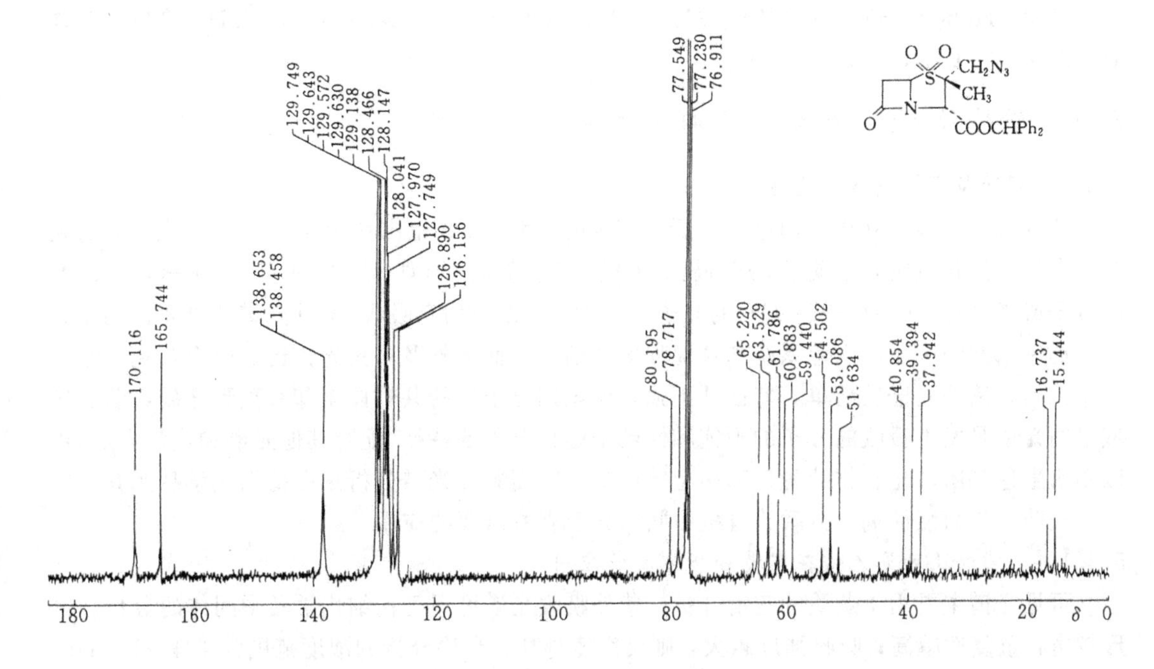

图 5-27　五元环的¹³C NMR 谱

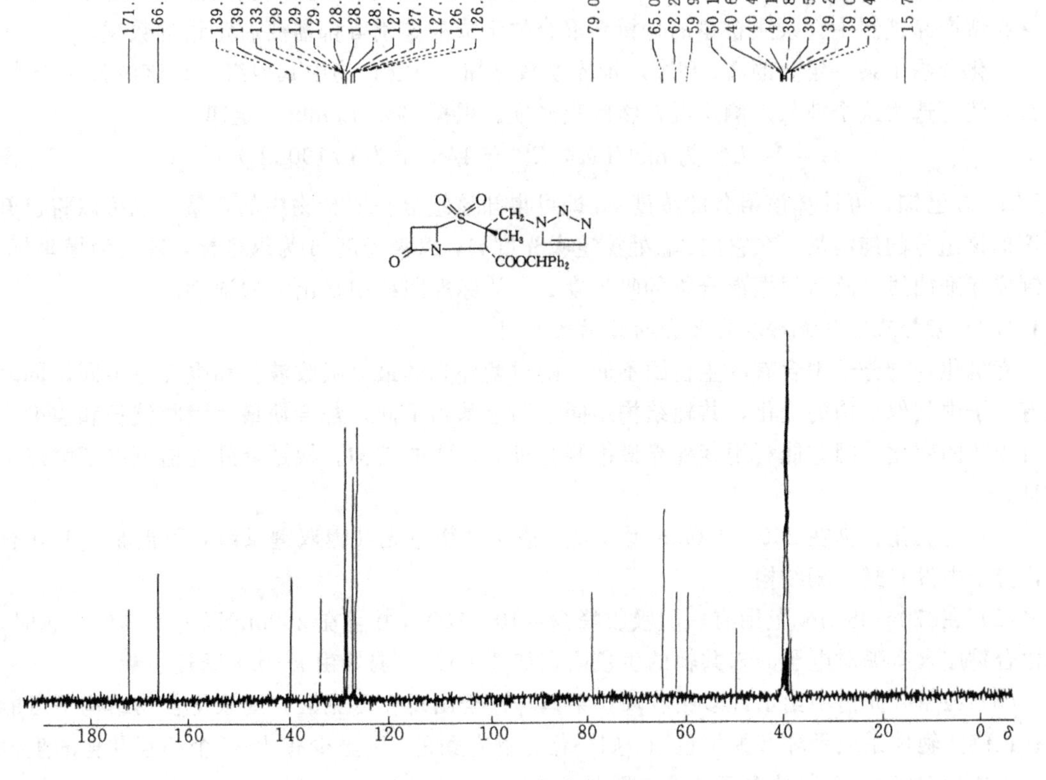

图 5-28　三唑物的¹³C 谱

图 5-28 是三唑物的^{13}C谱 δ 171.924 CO_2，δ 166.028 CO，δ 139.925 和 δ 133.880 为三唑环上的两个碳的共振吸收。δ 129～126.718 为芳环上的四种碳（邻、间、对、季）的吸收峰，δ 99.010 $CHPh_2$，δ 65.034 β-内酰胺环上-CH，δ 62.289 $CHCO_2$，δ 59.909 CH_2，δ 50.117季碳，δ 38.405 CH_2，δ 15.761 CH_3。

5.4 紫外及可见光谱在精细化学品中的应用

5.4.1 紫外及可见光谱的应用[5]

紫外及可见吸收光谱是由电子的跃迁产生的。紫外波长范围在 100～400nm。大多数有机分子在这个波长范围是透明的，那些既有π键、又有孤电子（如 C═O 或 C═CH—O—CH_3）的分子或者共轭（C═C—C═C）的分子，在 200nm 以上均有吸收。紫外光谱的重要作用就是它可提供未知物分子中生色系统和共轭程度的信息；而紫外及可见光谱还是研究共轭体系的一个工具。紫外光谱较简单，特征性不强，但识别分子中的共轭体系却有独到之处，紫外区域里的光谱是发生吸收的分子的不饱和性或未键合电子的特征，配合其他光谱和化学方法，可以阐明生色基团、化合物的骨架和构型等情况。因而紫外光谱分析法在精细化学品尤其是染料、农药、表面活性剂、芳香族有机中间体方面有着重要的应用[6]。

5.4.1.1 紫外及可见光谱在定量分析方面的应用

可见光谱主要用于杂质的定量分析，紫外吸收光谱可用于精细化学品中间体的分析。谱形越宽，重复性越高；吸收强度越大，则灵敏度越高，允许分析的浓度范围为 104～106mol/L。与经典重量法和容量法相比较，光谱法的准确性是差的；但灵敏度和分析速度要比容量法和重量法都高。紫外及可见吸收光谱的定量误差约为±1%，有时也可达到±0.2%。

分光光度定量分析的任务之一是测定精细化学品的含量，以控制生产操作及稳定产品质量。在新产品试制中，杂质含量的分析、混合物组成的鉴别等都需要有定量的数据。

若化合物中某一组分的 λ_{max}和摩尔消光系数已知，而混合物中其他组分在该波长无干扰，那么，就可选用这个波长来测定混合物的吸光度。根据 Beer-Lambert 定律：

$$\varepsilon = A/cL(c\text{ 为 mol/L})\text{或 } E_{\lambda_{cm}}^{1\%} = A/cL(c\text{ 为 g/100mL})$$

ε 已知，L 已知，可计算该组分的浓度 c，即可得知该组分在混合物中的含量。也可以将已知浓度的该组分的纯溶液，在它的 λ_{max}处测定吸光度 A，以吸光度 A 为纵坐标，浓度为横坐标，绘制成标准曲线，然后根据混合物的吸光度 A，从标准曲线中找出它的浓度。

5.4.1.2 紫外及可见光谱在定性分析方面的应用

有机化合物分子中含有的生色团不同，则对紫外光的最大吸收波长和强度也不同；同时随着分子中其他结构的变化，共轭结构不同、助色基团不同，都会使最大吸收波长和强度发生有规律的变化，因此能利用紫外光谱推测有机混合物的结构。根据紫外光谱可以了解以下信息。

(1) 有机化合物在 200～800nm 无吸收，该化合物应无共轭双键系统，可能是饱和化合物，分子中没有醛、酮结构。

(2) 在270～350nm 范围有一弱吸收峰（ε=10～100），并且在 200nm 以上无其他吸收时，该化合物应含有孤对电子的未共轭的生色团，如 C═O ，弱峰由 $n \to \pi *$ 跃迁引起。

(3) 在紫外光谱中给出许多吸收峰，某些峰甚至出现在可见区，则该化合物结构中可能具有长链共轭体系或稠环芳香生色团。如果化合物有颜色，则至少有 4～5 个相互共轭的生色团（主要指双键），但某些含氮化合物除外。

(4) 在紫外光谱中，在 210nm 以上有高强度（ε=10000～20000）吸收峰时，则有 α，β 不饱和酮或共轭烯烃结构。

(5) 在260～300nm 有中等强度的吸收峰（ε=200～1000），则可能有芳环。峰的精细结构是芳环的特征吸收。

紫外光谱与红外光谱、核磁共振谱等配合，可发挥较大的作用。

5.4.2 芳香族有机中间体及染料的紫外及可见光谱

5.4.2.1 芳香族有机中间体的紫外及可见光谱

(一) 苯系中间体的紫外及可见光谱

(1) 苯 苯是重要的精细化工原料。它有三个吸收带：184nm（E_1 带）、202nm（E_2 带）和 255nm（B 带），这些谱来自 π→π＊跃迁，其中，～184nm（ε=47000）的强吸收带来自允许跃迁，而 202nm 中等强度（ε=74000）和 255nm（ε=230）弱吸收带来自禁阻跃迁。苯的紫外光谱如图 5-29 所示。

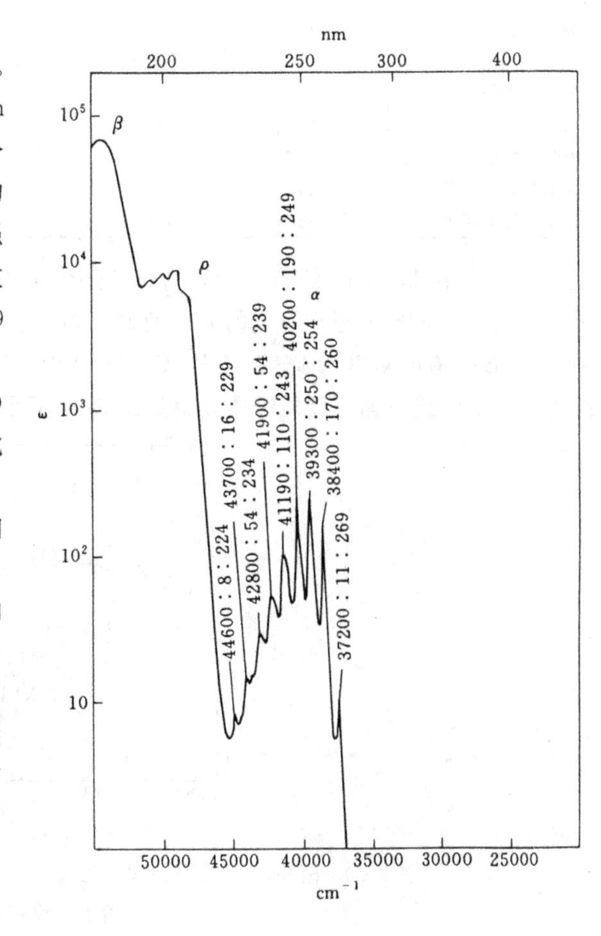

图 5-29 苯的紫外光谱

当苯环上引入生色团（与苯环共轭）时，吸收峰显著地红移，ε 值≫10000，此时的 E_2 带则称为 K 带。

苯及其同系物的 B 带特征是有精细结构的。在气相和非极性溶剂测定光谱时，精细结构很清楚，这是由于 π→π＊跃迁和振动效应的重叠而产生的。在极性溶剂中或苯环被单取代时，精细结构消失。

(2) 供电基取代的苯 供电基（如 $—NH_2$，—OH，—X，$—CH_3$… 等）分为两类情况：一是烷基；二是助色团如 $—NH_2$，—OH，—X 等。

由于烷基的超共轭效应，B 带发生红移，但是对于 E 带，烷基取代效应不明显。其紫外光谱数据如表 5-1 所示。

表 5-1 烷基的超共轭效应所显示的紫外光谱数据

化合物	E 带 λ/nm	ε	B 带 λ/nm	ε
苯	203.5	7400	254	204
甲基苯	206	7400	261	300

助色团取代的苯，由于 n→π＊共轭使 E 带和 B 带均发生红移，通常 B 带强度增大，而精细结构消失（或部分消失）。表 5-2 表示助色团取代后对苯的紫外光谱的影响。

苯酚负离子与苯酚相比，增加了未成键的电子，有利于与环上 π 电子的共轭，故起到红移和增色的作用。苯胺阳离子中一对未成键电子不再能同苯环的 π 电子共轭，结果与无取代的苯的光谱相类似。因此在判断分子中是否具有酚的结构时，可以比较化合物在中性和碱性（pH=13）溶液中测得的紫外光谱。为了证实是否是苯胺的衍生物，可以将它在中性和碱性（pH=1）溶液中测得的紫外光谱进行比较。

表 5-2　助色团取代后对苯的紫外光谱的影响

化合物	E_2带		B带		溶剂
	λ_{max}/nm	ε	λ_{max}/nm	ε	
苯	204	7400	256	200	己烷
氯苯	210	7600	265	240	乙醇
苯酚	210.5	6200	270	1450	水
苯酚负离子	235	9400	287	2600	碱性水溶液
苯胺	230	8600	280	1430	水
苯胺阳离子	203	7500	254	160	碱性水溶液
邻苯二酚	214	6300	276	2300	水（pH=3）
邻苯二酚负离子	236.5	6800	292	3500	水（pH=11）

（3）吸电基取代的苯　吸电子基团（如—NO_2，—CH ═ CH_2，—CHO，—CO，—$COCH_3$，COOH…等）取代的苯，使B带红移，并在200～250nm间出现一个K带（ε≫10000），B带有时被K带掩盖。若同 C═O 共轭，则在300nm附近出现新的吸收峰。硝基苯、乙酰苯、苯甲酸甲酯的紫外吸收光谱如图5-30所示。

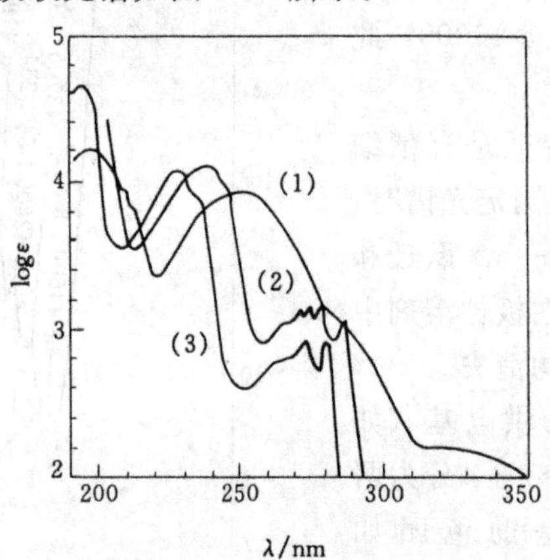

图 5-30　硝基苯（1）、乙酰苯（2）、苯甲酸甲酯（3）的紫外吸收光谱
（溶剂：庚烷）

表5-3表示吸电子基团取代后对苯的紫外光谱的影响。

表 5-3　吸电子基团取代后对苯的紫外光谱的影响

化合物	π→π* K带		B带		n→π* R带		溶剂
	λ_{max}/nm	ε	λ_{max}/nm	ε	λ_{max}/nm	ε	
苯	—	—	255	215	—	—	乙醇
苯乙烯	244	1200	282	450	—	—	乙醇
苯甲醛	244	15000	280	1500	328	20	乙醇
苯乙酮	240	13000	278	1100	319	50	乙醇
硝基苯	252	10000	280	1000	330	125	己烷
苯甲酸	230	10000	270	8000	—	—	水

（4）二取代苯　对于二取代的衍生物，由于取代基的性质不同，产生的影响也不同，往

往难以估计 λ_{max}的位置。下述三条定性规律常常是有用的。

① 当一个给电子基团和一个吸电子基团相互处于对位时，发生红移，红移的大小比两个基团单独取代时红移的总和要大。

例如，

化合物	λ_{max}/nm	ε
硝基苯	268	7800
苯胺	230	8600
对硝基苯胺	380	13500

② 当两个吸电子基或两个给电子基相互处于对位时，其光谱类似相应的一元取代衍生物，较强影响的基团决定 K 带的位移范围，并且邻、间、对三个异构体的波长相近。

例如，

化合物	λ_{max}/nm	ε
苯甲酸	230	11600
硝基苯	268	7800
对硝基苯甲酸	258	11000
间硝基苯甲酸	255	7600
邻硝基苯甲酸	255	3470

③ 当一个吸电子基团和一个给电子基团相互处于邻位和间位时，其光谱也类似相应的一元取代衍生物，较强影响的基团决定 K 带的位移范围。

例如，

化合物	λ_{max}/nm	ε
间硝基苯酚	274	6000
邻硝基苯酚	279	6600

（二）稠环芳香体系[7]

稠环芳香体系由于存在着大的共轭体系，吸收红移。表 5-4 列出了一些常见的稠环芳烃，按照第一吸收带（最长波长）将它们排列成序。

表 5-4 常见的稠环芳烃的紫外光谱数据

稠环芳烃	λ_{max}/nm(lg ε)	溶剂
萘	261(4.23),289(3.40),266(3.75),275(3.82)	乙醇
蒽	252(5.29),308(3.15),323(3.47),338(3.75),355(3.86),375(3.87)	乙醇
芴	261(4.23),289(3.75),301(3.99)	乙醇
苊	类似萘的光谱	乙醇
菲	233(4.25),242(4.68),251(4.78),274(4.18),281(4.14),293(4.30),309(2.04),314(2.48),323(2.54),330(2.52),337(3.40),354(3.46)	乙醇
苯并萘	234(4.40),320(3.90),348(3.70)	乙醇
屈	220(4.56),259(5.00),367(5.20),283(4.14),295(4.13),306(4.19),319(4.19),344(2.88),351(2.62),360(3.00)	乙醇
芘	231(4.62),241(4.90),251(4.040),262(4.40),272(4.67),292(3.62),305(4.06),318(4.47),334(4.71),352(2.82),362(2.60),371(2.40)	乙醇
苝	245(4.44),251(4.70),387(4.08),406(4.42),434(4.56)	乙醇
苊烯	229(4.72),264(3.46),274(3.43),311(3.93),323(4.03),334(3.70),340(3.70),440(2.00),468(1.56)	己烷
薁	209(4.34),221(4.03),249(3.99),280(2.69),286(2.35),许多弯曲	己烷
荧蒽	236(4.66),276(4.40),287(4.66),309(3.56),323(3.76),342(3.90),359(3.95)	乙醇

芳环上的烷基和卤素取代基对 λ_{max}的改变很小，因此在吸收光谱中，往往可以把它们看成是相同的环体系。如 1-溴萘和 2-溴萘可看成是同一萘衍生物，因为它们的吸收光谱与萘本身的光谱十分类似。

（三）紫外光谱定量分析萘 1,5-二磺酸[8,9]

1,5-萘二磺酸是重要的有机合成原料及染料、医药用中间体。采用紫外光谱可定量分析1，5-萘二磺酸的含量。

仪器：岛津 UV-3100 紫外，可见近红外记录式分光光度计，751 型分光光度计。

样品：配制 81.92%的 1,5-萘二磺酸水溶液 7.5mg。

标样：配制 81.92%的 1,5-萘二磺酸水溶液 7.5mg。

标样及样品分别进行紫外光谱测定如图 5-31、图 5-32 所示。

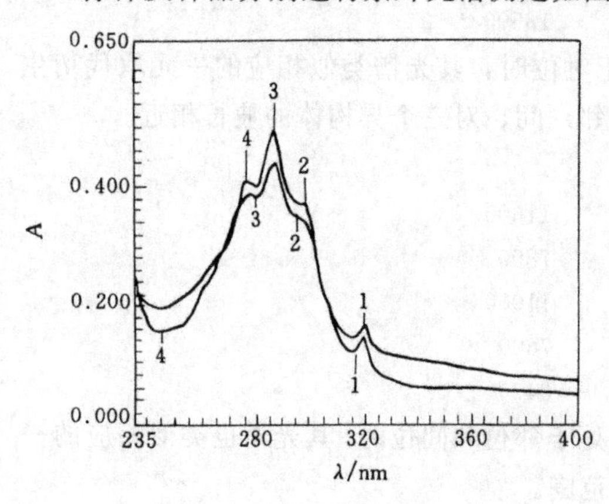

图 5-31 1,5-萘二磺酸标样光谱图

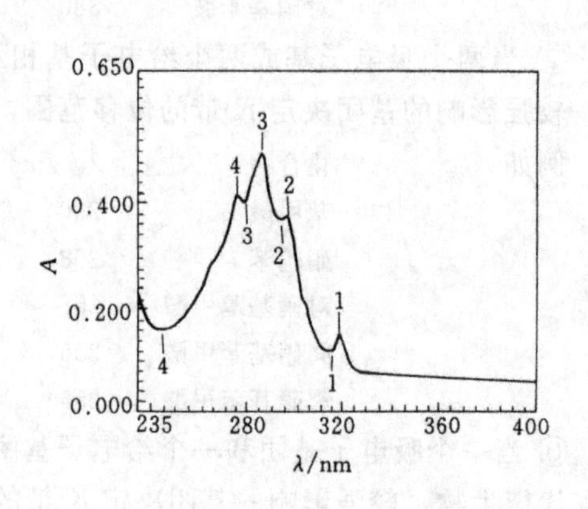

图 5-32 1,5-萘二磺酸样品光谱图

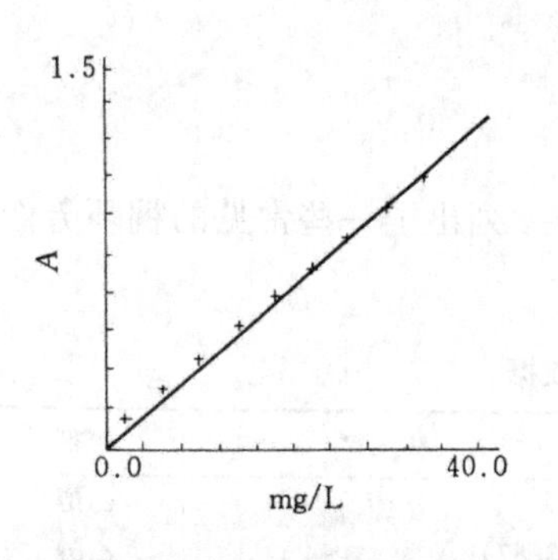

图 5-33 1,5-萘二磺酸的工作曲线

由图中可见，1,5-萘二磺酸在紫外区 240～320nm 处有强烈吸收，尤其是 287nm 处波峰突跃明显，具有最高的吸光度值。试样以标样的波峰处吸收波长均相同。为定量测定 1,5-萘二磺酸的含量，配制多组浓度溶液进行试验测试，找出最佳的溶液浓度范围为2～34mg/L，如图 5-33 所示。在此浓度范围内，工作曲线为一直线，线性状态良好。

根据光吸收定律，溶液的吸光度应与浓度成正比，即

$$A_{标}/A_{样}=c_{标}/c_{样}$$

在所选定的最高吸收峰 287nm 处分别测量它们的吸光度值 $A_{标}$ 与 $A_{样}$，再把测试结果代入上式中，可计算出样品的浓度。

例如，把含量为 99%的设定为标样，液相色谱分析含量为 89.52%的试样在相同条件下配制为相同浓度的溶液，分别测定紫外光谱，在 287nm 处，吸光度分别为 $A_{标}=0.491$，$A_{样}=0.438$，代入上式 c：

$$c_{样}=A_{样}\times c_{标}/A_{标}=0.438\times 99\%/0.491=88.31\%$$

可见紫外光谱法分析结果比较准确，与液相色谱法相比，具有简便迅速，大大节省费用的优点。

紫外光谱法测定在吐氏酸中的 2-萘胺见文献[10,11]。

5.4.2.2 紫外及可见光谱在染料方面的应用

有机染料常常是分子结构比较复杂的有机芳香族化合物。染料的颜色决定于它对可见光的吸收情况。因而可见光谱常常用于染料的分析。只有少数分子结构简单的染料及中间体才在紫外光谱出现。

(1) 对三联苯类化合物的紫外吸收光谱[12] 对三联苯胺是化学稳定性良好的紫端高激光染料。在对三联苯上引入一些简单的取代基团，使其激光辐射波长向短波移动或向长波移动，可以扩展其激光辐射波长的范围。通过测定这些化合物的紫外光谱，可以研究不同的取代基团及其取代位置和溶剂对吸收光谱性能的影响。

用岛津 UV240 紫外吸收分光光度计测定了对三联苯类化合物在环己烷溶剂中的紫外吸收光谱，如图 5-34 所示。其紫外吸收峰值见表 5-5。

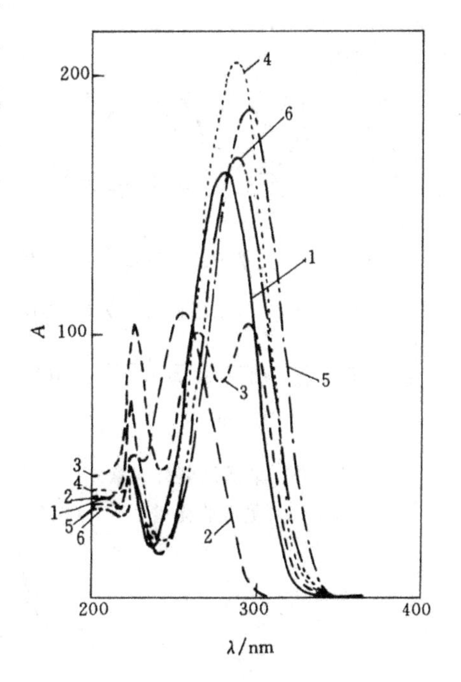

图 5-34 对三联苯类化合物在环己烷溶剂中的紫外吸收光谱

1— ——对三联苯；
2— — — —2,2′-二甲基对三联苯；
3— ----2,2′-二甲氧基对三联苯；
4— ······ 4,4′-二甲基对三联苯；
5— -·-·-·4,4′二甲氧基对三联苯；
6— —···—···—4,4′-二乙基对三联苯

由图可见，取代基团对对三联苯类化合物的紫外吸收光谱有不同程度的影响。

3,3′-二甲基对三联苯的共轭带与对三联苯的共轭带相近，这是因为 3 或 3′-位上甲基的超共轭效应对共轭带的影响不大。3,3′-位上烷基的显著效应是短波长吸收带的吸收强度增大。相对于对三联苯，2,2′-二甲基对三联苯、2,2′-二乙基对三联苯和 2,2′，4,4′，6,6′-六甲基对三联苯的共轭带的吸收强度依次减弱而吸收波长逐渐向短波移动，共轭带的短波区边缘与短波长吸收带的长波区边缘重氮程度逐渐增大，即共轭带与短波长吸收带之间的最小吸收特征逐渐变得模糊。这是因为取代基的立体效应所致。位阻效应越大，分子的平面性愈差，围绕连接苯环的 C—C 键的共轭性逐渐减弱，由此引起的向短波移动的幅度也就愈大。由非平面基态到近乎平面的激光态的跃迁导致吸收强度减弱。

表 5-5 对三联苯类化合物的紫外吸收峰值

化 合 物	浓度[10⁻⁴]	λ_{max}/nm	E_{max}[l/mol·cm]
对三联苯	0.5	275	318000
		214	22500
2,2′-二甲基对三联苯	1.0	250	20600
		214	34200
2,2′-二乙基对三联苯	1.0	248	20600
		214	34200
3,3′-二甲基对三联苯	1.0	276	30400
		214	35500
2,2′,4,4′,6,6′-六甲基对三联苯	2.0	238	15600
		220	26500

(2) 光谱法测芳胺[13] 染料是否因裂解而产生芳胺，通常可采用氧化显色法后，通过测定最大吸收光谱来进行鉴定。芳胺能与许多氧化剂反应生成有色溶液或沉淀。氯胺 T 已被用

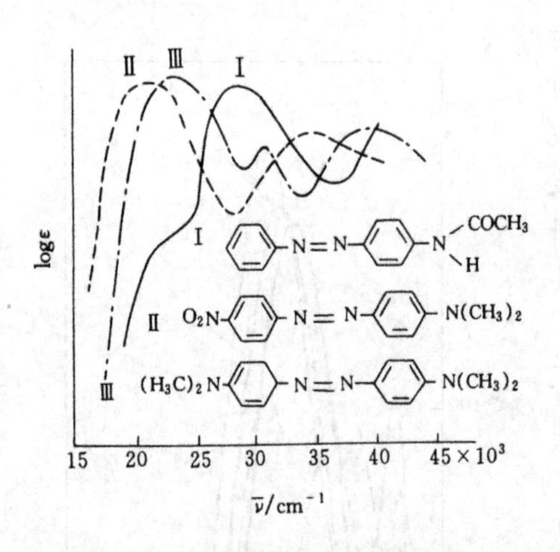

图 5-35　单偶氮染料的紫外、可见吸收光谱

来测定联苯胺及某些类似的化合物。氯胺 T 使联苯胺氧化产生黄色产物，再用适当的溶剂萃取，用分光光度法测定。联苯胺衍生物的最大吸收光谱有差别，如在氯仿中联苯胺氧化产物为 445nm，二甲氧基联苯胺氧化产物为 482nm。此法测定准确度为 $+10\%$，测定胺量在 $2\sim10\mu g$ 为宜。

(3) 偶氮染料　偶氮染料没有典型的特征吸收峰，其最高吸收位置受取代基影响很大，见图 5-35。

从图中可以看出随着共轭链的加长和电子流动性的加大，吸收光谱向长波移动。

(4) 蒽醌染料　用紫外和可见光谱研究蒽醌染料结构，可以看出，蒽醌结构的吸收光谱是由苯甲酮和醌两部分光谱所组成的。

O C R

λ_{max}：250nm 和 330nm

O O

醌 λ_{max}：250nm 和 330nm

羰基 λ_{max}：约 400nm

单取代蒽醌的紫外吸收峰见表 5-6。由表中可以看出，蒽的吸收光谱在 256nm、262nm 及 325nm 左右具有普遍规律，蒽醌衍生物的与萘醌衍生物相同，但蒽醌衍生物的强度几乎是两个酮和一个醌的总和，而萘醌衍生物的光谱强度只是一个酮和一个醌之和。

表 5-6　单取代蒽醌的紫外吸收峰

取代基	苯型吸收带/nm(消光系数)		醌型吸收带/nm(消光系数)	
NO_2	255(37000)	325(4300)	—	
CN	257(43000)	325(3400)	～272(约 12000)	
Cl	253(42800)	333(5000)	～266(约 14000)	～270(约 13000)
H	252(48100)	323(4500)	～262(约 2000)	272(18400)
CH_3	252(45200)	331(4800)	～263(约 18000)	272(14500)
OH	252(29000)	327(3300)	～266(约 14000)	～277(约 12000)
OCH_3	254(32800)	328(2900)	～262(约 23000)	～270(约 15000)
NH_2	236(32200)	298(5500)	261(12400)	～272(约－11000)
O	246(35000)	313(5000)	—	273(11400)
$NHCH_3$	243(31400)	312(7000)	—	272(11000)
$N(CH_3)_2$	246 (33000)	317 (6400)	—	～272 (约 11000)

(5) 三芳甲烷染料　碱性三苯甲烷染料的隐色体在紫外区的 260nm 及 300nm 处分别有两个吸收峰可作为该类染料分类的依据。

$(C_2H_5)_2N$　　$N(CH_3)_2$

H C

λ_{max}：262nm，300nm

羟基三芳甲烷染料的吸收光谱见图 5-36。

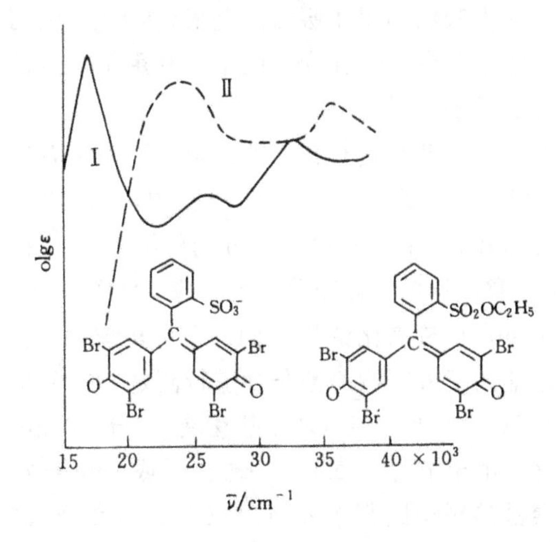

图 5-36 羟基三芳甲烷染料的吸收光谱

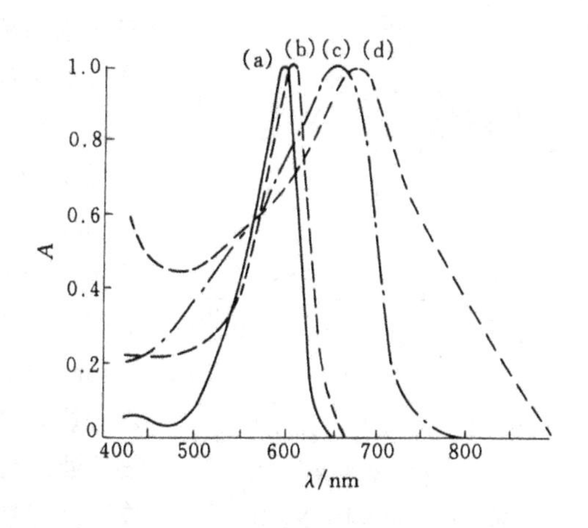

图 5-37 靛蓝在不同溶液中的光谱差异
(a)—氯仿;(b)—乙醇;
(c)—无定型固态;(d)—结晶状态

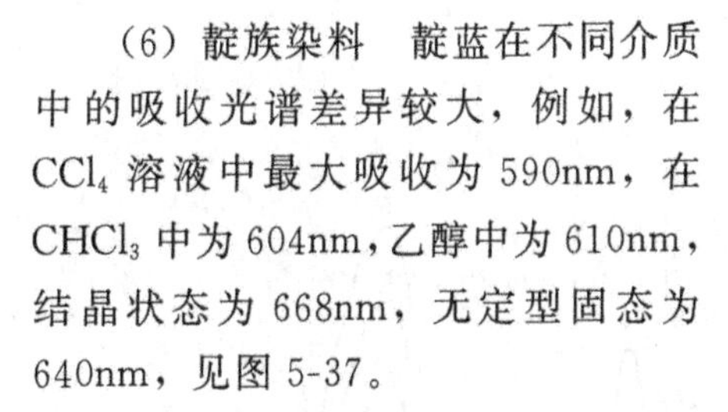

(6) 靛族染料 靛蓝在不同介质中的吸收光谱差异较大，例如，在 CCl_4 溶液中最大吸收为 590nm，在 $CHCl_3$ 中为 604nm，乙醇中为 610nm，结晶状态为 668nm，无定型固态为 640nm，见图 5-37。

(7) 酞菁颜料 铜酞菁衍生物在大部分溶液中都不溶，只溶于浓硫酸中，所以在浓硫酸中测定它们的光谱，例如铜酞菁蓝、铜酞菁绿（氯化）和铜酞菁绿 A（氯、溴化）的光谱，见图 5-38。

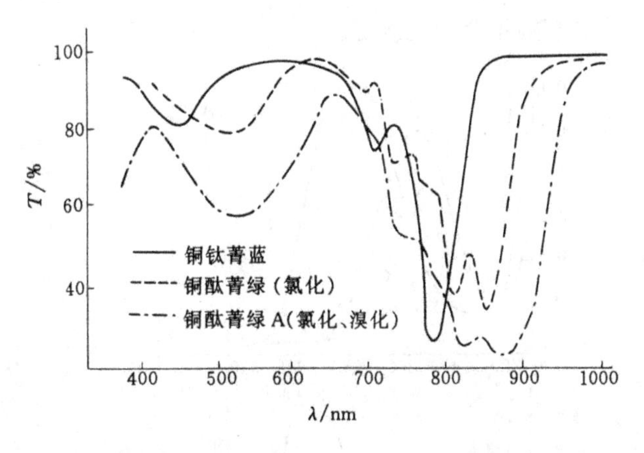

图 5-38 酞菁颜料在浓硫酸中的光谱

5.4.3 紫外及可见光谱在医药方面的应用[14]

紫外光谱法在药物分析中应用极为普遍，该法操作简单、准确度高、重现性好，不仅可直接用于原料药或制剂的分析，还可与其他方法结合使用。例如，药典中使用较为普遍的方法是将制剂柱分配层析或薄层层析分离后，再以紫外光谱法进行定量。近年来，随着现代分析仪器的发展和电子计算机的应用，用紫外光谱法可不经分离直接测定混合物的组分，既可用于杂质检查，又可用于复方制剂的含量测定。例如，差热分光光度法，双波长与三波长分光光度法，导数分光光度法、正交函数分光光度法。

5.4.3.1 *差热分光光度法*

差热分光光度（简称 ΔA 法）既保留了通常的分光光度法简易快速、直接读数的优点，又无需要事先分离，并能消除干扰。差热分光光度法可取出两份相等的供试溶液，其中一份加酸，而另一份加碱或加缓冲溶液或加其他能够发生某种化学反应的试剂；有时也可不加任何溶液，然后将两者分别稀释至同样浓度，一份置样品池中，另一份置参比池中。于适当波长处，测其吸光度的差（ΔA 值）。在供试溶液的一定浓度范围内，ΔA 与浓度之间呈线性关系。

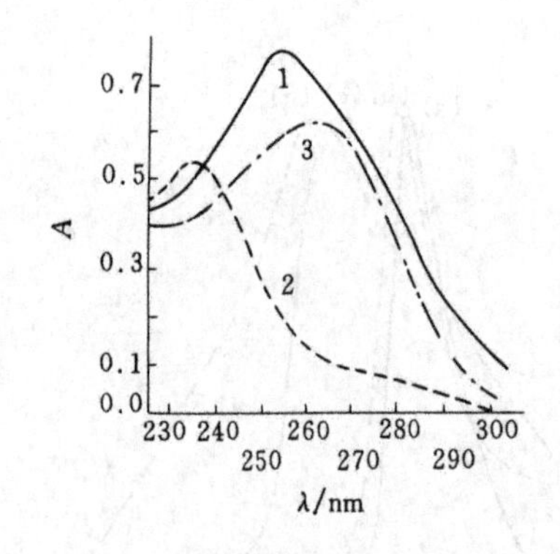

图 5-39　羟基保泰松（1mg/100mL）的吸收光谱

溶剂1：0.01mol/L NaOH

2：0.01mol/L HCl

3：磷酸盐缓冲液（pH7）

差热光谱中最大吸收与最小吸收的差值(即振幅)也用于药物的测定，它比通常的分光光度法中只利用单一波长进行测量往往更加精密。

（1）利用最大吸收波长进行药物的测定　羟基保泰松的紫外光谱对 pH 十分敏感。在酸性介质中，λ_{max} 位于 236nm，而在中性和碱性介质中，其 λ_{max} 分别移至 262nm 和 254nm。在光谱红移的同时，伴随着增色效应，见图 5-39。据此，可在 0.01mol/L 氢氧化钠和 0.01mol/L 盐酸中，于 254nm 单取代蒽醌的紫外吸收峰波长处进行测定，或者在磷酸盐缓冲液（pH＝7）和 0.01mol/L 盐酸液中，于 262nm 波长处进行测定。由于求得了 ΔA［（碱-酸）或（pH＝7-酸）］。羟基保泰松的平均回收率分别为 100.2＋1.23％和 100.1＋1.03％。在羟基保泰松与扑热息痛的复方片剂中，尽管扑热息痛是以羟基保泰松的 10 倍量存在，但在 0.05mol/L 盐酸条件下采用羟基保泰松的饱和溶液进行提取，以除去大量的扑热息痛，其少量残留的扑热息痛不会干扰测定。

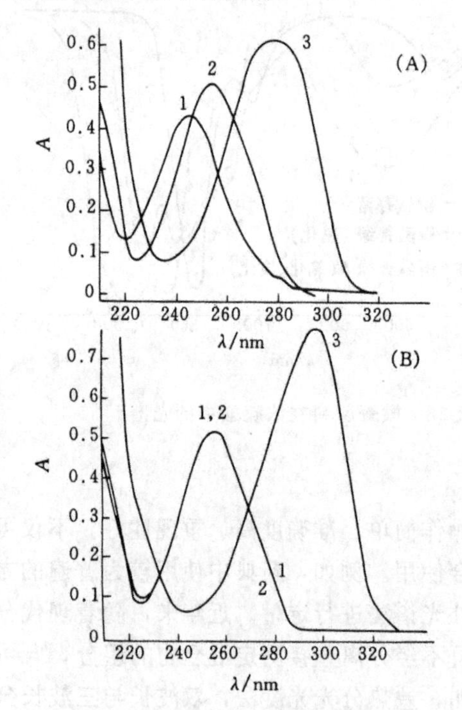

图 5-40　3.62×10^{-5}mol/L 对羟基苯甲酸（A）和 3.29×10^{-5}mol/L 尼泊金酯（B）的吸收光谱

溶剂1：pH＝5.9 缓冲液

2：0.1mol/L HCl

3：0.1mol/L NaOH

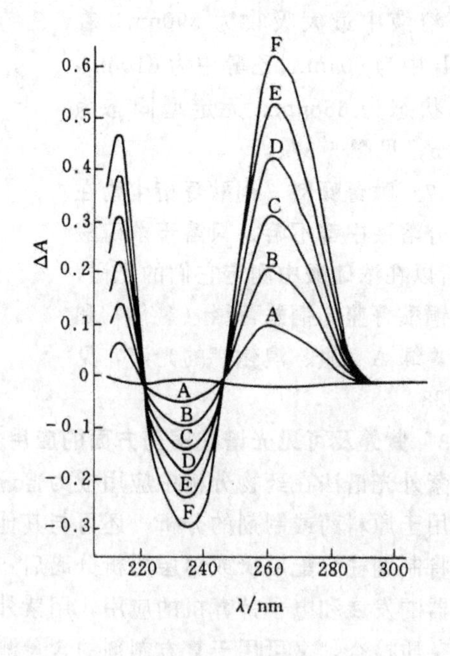

图 5-41　对羟基苯甲酸的差示光谱

样品溶液在 0.1mol/L HCl 中制成，参比溶液在 pH＝5.9 缓冲液中制成。浓度为 2.0（A），4.0（B），6.0（C），8.0（D），10.0（E），12.0（F）$\mu g_{对羟基苯甲酸}$/ml

（2）利用最大吸收与最小吸收之差（即振幅）进行药物的测定　对羟基苯甲酸在其酯的

共存下可以选择性地进行测定，方法是基于：在 pH=1～6 的介质中对羟基苯甲酸的光谱向短波方向位移并伴有羧基的电离；但其酯的光谱在 pH=1～6 范围内与之无关，见图 5-40。对羟基苯甲酸的差示光谱显示：在 260nm 处有最大吸收，235nm 处有最小吸收，221nm 和 246nm 处有等吸收点，见图 5-41。作者选用 0.1mol/L 盐酸盐和 pH=5.9 缓冲溶液作为溶剂，将样品（分子型）的酸溶液置样品池中，以含同浓度样品的pH=5.9 缓冲溶液置参比池中，在 260nm 和 235nm 处分别测定其吸光度，两者的差值直接与对羟苯甲酸浓度成正比。本法在以尼泊金酯类为防腐剂的合剂中能够检出低至 2%的对羟基苯甲酸。

(3) 利用干扰杂质的等吸收波长进行测定　在水杨酸存在下可以此法测定阿司匹林的含量，其原理是水杨酸的一钠盐和二钠盐的差示光谱在 263nm 和 300nm 处有等吸收点，而相同值的阿司匹林溶液的差示光谱在 300nm 处有最大吸收峰，见图 5-42，在 300nm 处测定阿司匹林的含量即可消除水杨酸的干扰。

测定方法是把水杨酸配制成不同浓度的溶液，分别调 pH=9 和 pH=13.5 的一钠盐和二钠盐溶液，将一钠盐溶液置参比池中，二钠盐溶液置样品池中，在 260～340nm 范围内测定它们的吸光度，以两者吸光度的差值作图，同时以相同的溶液和相同操作制备阿司匹林的差示光谱，即得如图 5-43 的图谱。

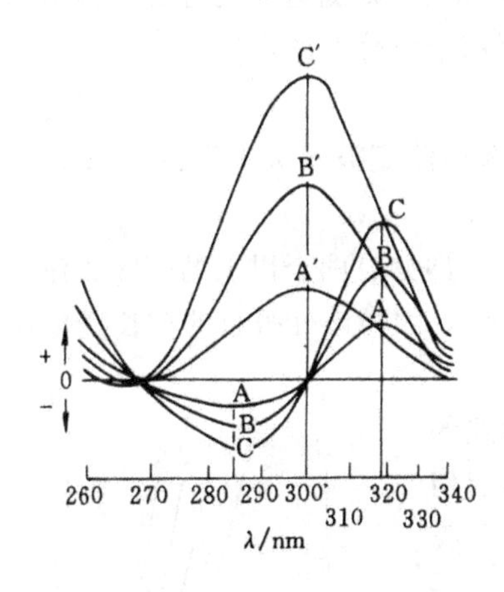

图 5-42　水杨酸（A，B，C）和阿司匹林（A′，B′，C′）的差示光谱

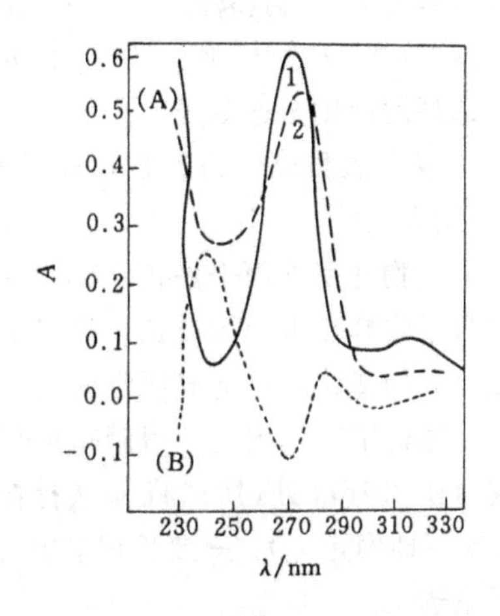

图 5-43　氢氯噻嗪的吸收光谱

溶剂1：0.05mol/L H_2SO_4；

2：0.1mol/L NaOH；

(A) 氢氯噻嗪（1mg/100mL）；

(B) ΔA 曲线

(4) 利用最小吸收波长（λ_{min}）处的增色效应进行药物的测定．例如，复方氢氯噻嗪片（每片含噻唑嗪 15mg，利血平 0.15mg）中氢氯噻嗪在碱性和酸性溶液中于 λ_{max}和 λ_{min}处吸收重叠，但其吸收值不同。在碱性溶液中于 λ_{min}238nm 处可产生增色效应，见图 5-43，利用此效应可测定氢氯噻嗪，适宜的浓度范围为 0.3～1.7mg/100mL。

测定方法：取本品 10 片，精密称定，研细，称取相等于 15mg 氢氯噻嗪的片粉，置 50mL 量瓶中，加乙醇至刻度。然后取 10mL，以乙醇稀释至 100mL，吸取两份，各 5mL，一份加 0.05mol/L 硫酸液，另一份加 0.1mol/L 氢氧化钠液，于 238nm 处以酸溶液为空白，测定碱液的吸光度。本法操作简单，平均回收率 98.74%。

5.4.3.2 双波长分光光度法

双波长分光光度法是选择两个适当波长的光以一定的间隔交替照射装有供试品溶液的比色池，测定和记录它们之间吸光度的差值，以计算待测物质的浓度。例如，呋喃妥因中硝基糠醛二乙酯的鉴定。呋喃妥因中含有硝基糠醛二乙酯，影响色泽，熔点偏低。各国药典均对呋喃妥因中硝基糠醛二乙酯的含量作了限制。英，美药典均规定其含量不得超过1%。

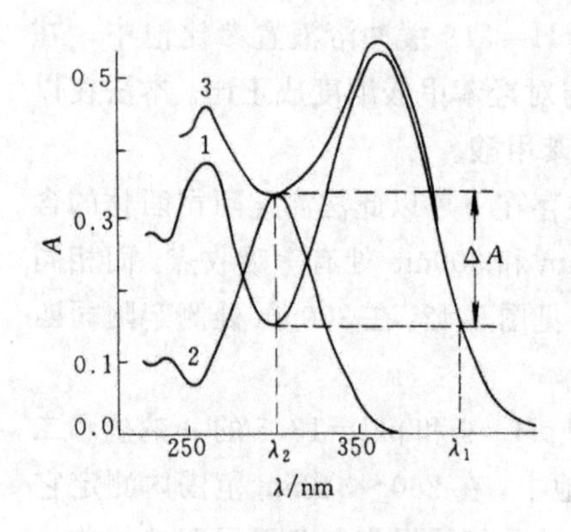

图 5-44　呋喃妥因和硝基糠醛二乙酯的吸收曲线

1—呋喃妥因；2—硝基糠醛二乙酯；3—1，2 的混合物

采用双波长分光光度法可不经分离，直接对呋喃妥因中少量硝基糠醛二乙酯进行测定。首先分别测定呋喃妥因（1），硝基糠醛二乙酯（2）及两组分混合物的曲线，如图 5-44。

此二元混合物中如要测定的杂质组分，要消除呋喃糠醛二乙酯的干扰，需要找出它的共吸收点的两个波长，由图 5-44 可见，呋喃妥因吸收曲线的波谷在 302nm 处，硝基糠醛二乙酯的吸收曲线最大吸收峰在 307nm 处，恰好处于呋喃妥因的波谷附近，因而可选择 307nm 为 λ_2，作图得 λ_1，有了 λ_1 和 λ_2，则测定样品可直接得出在两波长处的差值，即可用于组分 2 的定量。

波长选择的原则分述如下。

（1）一般在欲测成分的吸收峰处或靠近吸收峰处选择测定波长 λ_2，以满足 $\Delta A = A\lambda_2 - A\lambda_1$，尽可能大一些。

（2）干扰物在所选两个波长（λ_1，λ_2）处吸收值相等，即如有两个以上的等吸收波长，首先波长应为吸收峰靠近处的波长，最好不选在曲线陡坡处，因为该处很小的波长变化就会造成吸光度较大的变化，易造成测定误差。

（3）粗略选定，作图后，得硝基糠醛二乙酯吸收曲线的最大吸收峰在 307nm 处，所以将 λ_2 选择在 307nm 处，然后用一波长固定（即固定 λ_2），一波长扫描的方法，做 λ_1，λ_2 共吸收点的粗略选定。

操作方法：配制一定浓度的干扰物质的溶液，再依次以 1∶1 稀释若干溶液，并用一空白溶液，同时在一定波长范围内进行扫描。如本实验中共配了五个溶液，将其置于 307nm 处，使用一石英池，先后装入空白溶液以及溶液 1，2，3，4，5，使用 λ_1 由 450nm 向 350nm 逐个扫描，分别得曲线 1，2，3，4，5，它们的共同交点即为呋喃妥因曲线上与 307nm 处的共吸收点，约为 314nm，见图 5-45。

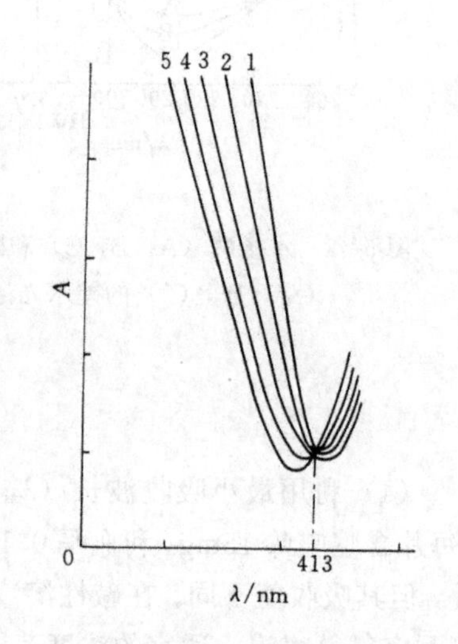

图 5-45　粗略选定共吸收点示意图

（4）精密选定，首先配制干扰成分的 a，b，c 溶液，同时作一空白，再以空白溶液用 λ_1 和 λ_2 调节至数字显示器为 0.000，再依次换入 a，b，c 溶液，分别读取 ΔA，结果如表 5-7 所示。

根据实验结果，呋喃妥因三种不同浓度的吸收曲线上，与 307nm 的共吸收点为 413.7nm，据此计可测定呋喃糠醛二乙酯的含量。

表 5-7　λ_2 固定，λ_1 在不同波长测得的 ΔA

测定编号	λ_2/nm	λ_1/nm	ΔA		
			a	b	c
1	307.0	420.0	0.238	0.279	0.314
2	307.0	418.0	0.168	0.197	0.221
3	307.0	416.0	0.096	0.111	0.125
4	307.0	415.0	0.054	0.062	0.070
5	307.0	415.5	0.035	0.043	0.040
6	307.0	414.0	0.015	0.017	0.015
7	307.0	413.7	0.000	0.002	0.001
8	307.0	413.5	−0.007	−0.012	−0.017
9	307.0	413.0	−0.023	−0.033	−0.035
10	307.0	412.0	−0.070	−0.089	−0.098
11	307.0	411.0	−0.118	−0.146	−0.159

此外还有三波长分光光度法，导数分光光度法，正交函数分光光度法。

5.4.4　紫外及可见光谱在农药及杀虫剂方面的应用

紫外光谱及可见光谱也常常用于农药的测定，尤其是可见光范围的分光光度法。农药的有效成分一般为无色，需要进行一些化学反应使其变成有颜色的化合物，这个过程称为显色。可以通过使待测物质显色，而杂质不显色来达到消除干扰。例如，在灭杀威（MPMC）和速灭威（MTMC）同时存在下测定速灭威的含量。它们的水解产物分别在 295nm 和 292nm 处有最大吸收。因而在波长 295nm 处测定，两者都有吸收。但把它们的水解产物与偶氮盐进行偶合反应，速灭威的水解产物间甲基苯酚中羟基的对位无取代基能进行偶合反应，产物在 495nm 处进行比色测定；而灭杀威的水解产物 3，4-二甲基苯酚中羟基的对位有取代基不能偶合，从而消除干扰。

H_3C—(3-CH_3)C_6H_3—O—C(=O)—$NHCH_3$ $\xrightarrow{OH^-}$ CH_3—(3-CH_3)C_6H_3—OH　295nm

(3-CH_3)C_6H_4—O—C(=O)—$NHCH_3$ $\xrightarrow{OH^-}$ (3-CH_3)C_6H_4—OH $\xrightarrow{C_6H_5N_2^+}$ HO—(2-CH_3)C_6H_3—N=N—C_6H_5　495nm

农药分析中经常使用的显色反应主要有以下三种。

（1）与偶氮盐偶合　这个方法经常用于氨基甲酸酯类农药的分析。偶氮盐可以与羟基对位没有取代基的酚及任何一级胺偶合，如：

C_6H_5—OH + C_6H_5—N_2^+ ⟶ HO—C_6H_4—N=N—C_6H_5

C_6H_5—NH_2 + C_6H_5—N_2^+ ⟶ C_6H_5—NH—N=N—C_6H_5 $\xrightarrow{40℃}$ C_6H_5—N=N—C_6H_4—NO_2

西维因的制剂可用比色法测定。西维因水解成 1-萘酚与对硝基偶氮氟硼酸盐进行偶合，在波长 475nm 处测定。同样，叶蝉散（MIPC）、巴沙（BPMC）、残杀威（Arprocarb）、速灭威等都可先经薄板层析去除杂质后用此法偶合，比色测定。应注意，偶合反应与 pH 值关系很大，见图 5-46。图中（A）、（B）分别为在碱性和酸性条件下的吸收光谱。偶合反应一般在碱性条件下进行。

经常使用的偶氮试剂是对硝基偶氮氟硼酸盐。例如速灭威，水杨硫磷（Salithion）也可用以下方法。经硅胶薄板分离杂质及甲醇提取后，用1%氢氧化钠在100℃水解，调节pH=8.3，加4-氨基氨替比啉和铁氰化钾使成络合物，在波长505nm处测定。某些农药如甲基对硫磷、对硫磷及脲类除草剂还可以还原成芳香胺后再与重氮盐偶合。

马拉硫磷可以作为一个烷基化试剂，在丙酮-水-乙醇混合溶液中与4-对硝基苯基吡啶生成一种染料中间体，然后用四乙烯五胺显色。

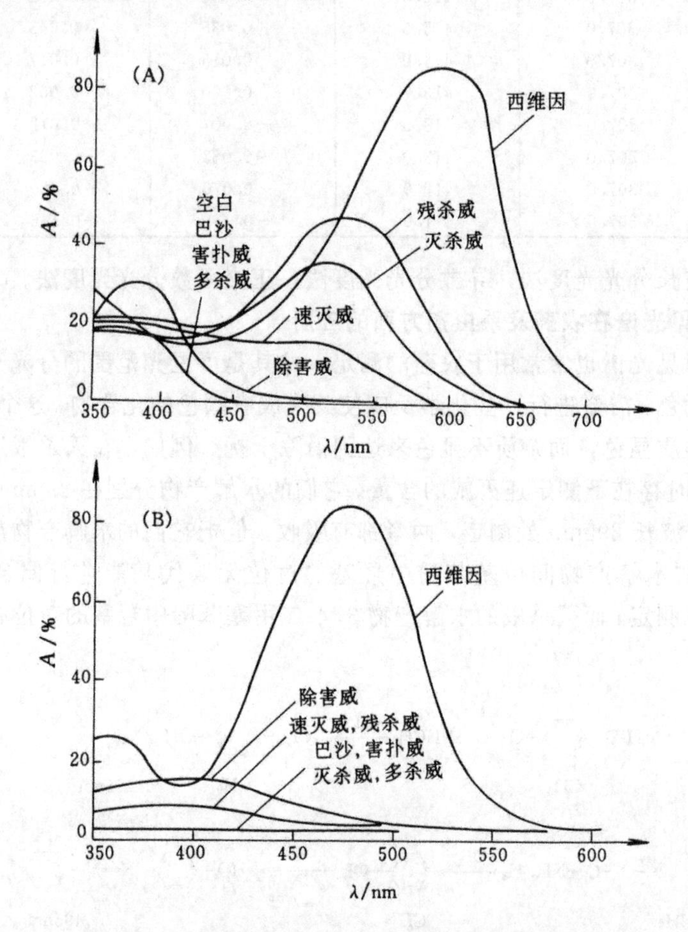

图 5-46　氨基甲酸酯类农药水解产物用偶氮盐显色后的吸收光谱

（A）碱性条件下；（B）酸性条件下

（2）形成π配合物　农药经过一些化学反应可以形成配合物而显色。几乎全部有机磷农药都可用磷钼杂多酸或磷钼蓝来测定。该法灵敏度高，不需要农药标准，但干扰较多，凡是含磷化合物对测定都有影响。所以待测样品必须先净化去除干扰后测定。如40%稻瘟净乳油标准中的仲裁法就是经薄板分离后，先用硝酸硝化，然后加高氯酸使分解成磷酸，在强酸性下与偏钒酸铵和钼酸铵生成黄色配合杂多酸。化学式用$H_3[PMO_3O_{10}]_4$表示。在420nm处测定，农药硝化成磷酸也可用硝酸和硫酸，但用高氯酸反应较快。操作时一定要注意必须先用硝酸把有机物全部分解后（即冒黄烟后）才能加高氯酸，否则易引起爆炸。磷酸和钼酸生成的配合杂多酸可用$SnCl_2$还原成钼蓝，在波长735nm处测定，最低检测量约10μg农药有效成分，比黄色杂多酸灵敏，但颜色没有后者稳定。

形成铜盐配合物也常在农药分析中应用。如亚胺硫磷，马拉硫磷，福美双，草灭特

(cycloate) 和灭草猛 (vernolate) 等都能与二价铜离子 $CuSO_4$ 形成黄色铜盐配合物，在 420nm 处测定，铜盐配合物在水溶液中及光照下很不稳定，需立刻用 CCl_4 抽提，在显色后 15min 内测定完毕。

(3) 形成根和离子　联吡啶类农药有效成分如百草枯 (paraquat) 和杀草快 (diquat)，可在碱性介质中被连二亚硫酸钠还原为很稳定的游离基，分别在 600nm 和 377nm 处有最大吸收。

甲基对硫磷、对硫磷、杀松，苯硫磷 (EPN) 和乐散松等，在碱性下都可水解成黄色的硝基酚离子，在 400nm 处测定。

同样，紫外光谱可用于农药及杀虫剂的定性、定量分析。

例如，种衣剂的紫外光谱分析[15]。种衣剂 19 号由克百威 (12%) 和福美双 (8%) 组成，用于玉米、高粱植物种田亲本和平原杂交玉米包衣，以防治茎基腐病、地下害虫以及粘虫、蓟马等，是目前全国推广面积最大的种衣剂型之一。

仪器：岛津 UV-1206 型、岛津 UV-190 型紫外分光光度计。

农药标准品：克百威 (99.0%) 和福美双 (99.0%)。

测定紫外光谱最大吸收波长：克百威 280nm，福美双 254nm。

配制多组浓度溶液进行试验测试，以测得吸光度值和相应有效成分的质量，建立回归方程。

又如，紫外光谱分析辛-灭乳油[16]。辛-灭乳油是一种防治棉铃虫的复配乳液。用紫外分光光度法对辛-灭乳油复配乳油进行含量分析。

仪器：紫外线分析仪 (254nm)。

农药标准品：辛硫磷 (99.9%)，灭多威 (82.0%)。

分别称取 0.2g 辛硫磷和 0.2g 灭多威 (82.0%) 的乳油样品与 2 个 50mL 容量瓶中，用甲醇稀释并定容。用紫外分光光度计分别在波长 240nm 以上用甲醇为空白溶液，测定标准品与样品灭多威的吸光度值 (辛硫磷在 282nm 处测定)，得到了理想的结果。

灭多威在乳油中的百分含量按下式计算：

$$X\%=[A_{样}\cdot m_{样}\cdot P/(A_{标}\cdot m_{标})]\times 100$$

式中　$m_{标}$，$m_{样}$——标准品，样品的质量，g；

P——标准品的纯度，%。

以 40%辛-灭乳油为实验样品，其中辛硫磷 385nm，灭多威 2%，十次测试结果如表 5-8 所示。

表 5-8　灭多威分析方法精确度试验结果

1	2	3	4	5	6	7	8	9	10	平均	标准偏差	变动系数/%
2.02	2.01	2.03	2.02	2.01	2.01	2.03	2.02	2.02	2.01	2.02	0.012	0.59

可以看出紫外光谱分析辛-灭乳油含量，其精确度可达到要求。

5.4.5　紫外及可见光谱在其他精细化学品方面的应用

紫外光谱还常常用于其他精细化学品，如染料助剂常采用紫外光谱来鉴定是否含有芳环。例如，芳香取代季铵盐及烷基季铵盐在紫外光谱上有明显差别，见图 5-47 和图 5-48，前者在 240～280nm 有苯环的特征吸收，而后者的吸收偏短波，因此从紫外光谱上很容易辨别。

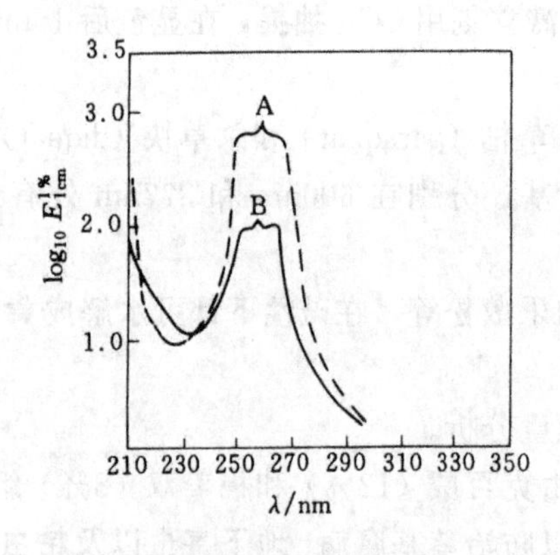

图 5-47　芳季铵盐的紫外光谱图

A—十六烷三甲铵溴化物；B—标准样

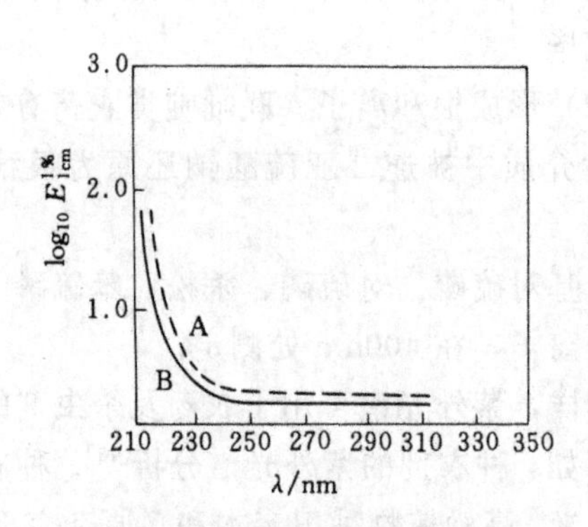

图 5-48　烷基季铵盐在紫外光谱图

A，B 同图 5-47

紫外光谱还可用于鉴定了表面活性剂如平平加、烷基磺酸钠、扩散剂、NNO、木质素磺酸钠和壬基苯酚聚氧乙烯醚的结构。

5.5　质谱在精细化学品中的应用

用质谱鉴定未知有机化合物有两种方法：第一是把质谱谱图作为“指纹”或图象来处理，并由图谱识别法或者与参考谱图库、质谱谱图集相比较的办法来实现鉴定；另一种方法是从解析的角度处理质谱谱图，以求根据质荷比来推断产生这种谱图的混合物种类。

5.5.1　质谱在染料方面的应用[17～22]

由于染料分子的复杂性，用质谱确定未知染料的结构通常需与其他谱图结合。

5.5.1.1　质谱在偶氮染料方面的应用

偶氮染料是合成染料中品种数量最多的一类染料。目前工业生产上染料品种半数以上都是偶氮染料。

有取代基的偶氮苯往往显示出骨架重排离子，是经失去 N_2 连同各种取代基而产生的。偶氮苯失去 N_2 形成联苯，联苯失去两个氢形成亚甲基联苯。通常也有 分子离子峰，其强度取决于其分子质量及取代基的不稳定性（相当与偶氮键本身）。例如，含有二乙胺基的偶氮染料显示了相当弱的分子粒子峰，其分子离子峰容易裂解，形成失去 CH_3，C_2H_4，C_2H_5，C_3H_8 的碎片。

偶氮基有三种裂解方式，最通常的裂解是在偶氮键的偶合端，正电荷留在偶合组分上；另一端的CN键断裂是很弱的。质谱常常能看到偶氮键断裂加氢形成的胺离子。换言之，如果偶氮染料是由重氮化的硝基苯胺偶合而成，则在质谱图上常出现硝基苯胺离子。这可能是偶氮基之间断裂或是重氮离子二级裂解的结果。单偶氮染料的分子离子峰的相对强度通常在10%～50%。双偶氮染料很难给出分子离子峰，因为它容易进一步裂解成碎片离子，不过很多染料常可根据存在的碎片加以推测。

OMe

Me_2NO_2S—⟨苯环⟩—N=N—⟨苯环⟩—N=N—⟨苯环⟩—OH

Me

高分辨质谱提供了分子离子为 453.1471、组成式为 $C_{22}H_{23}N_5O_4S$（理论值为 453.471）的氨基酚离子是谱图中最强的峰。第二强峰组成为C_7H_7NO，是中间的苯环系统形成的碎片，从分子离子失去一个或两个甲基的强峰也可观察到了。作为鉴定用，最有价值的离子之一是组成式为$C_8H_{10}NO$的离子，它相当于带一个甲基、一个甲氧基和一个氨基的苯环，这样就有了分子的大概特征，再通过红外、核磁谱图来进一步确定结构。

5.5.1.2　*质谱在蒽醌染料方面的应用*

最容易研究的染料是蒽醌染料，它们通常给出强的分子离子峰。带有简单的取代基（如羟基、氨基、卤素原子）的蒽醌环是十分稳定的。其最优势的裂解方式是失去一个和两个羰基。各种蒽醌染料的谱图见文献[23]。

当取代基变得比较复杂时，如苯胺基、甲苯氨基或烷氨基，取代基的碎片就会发生。对于单取代的胺类，通常可以找到失去胺上的取代基并结合一个质子的伯胺离子。这样，苯胺基蒽醌处除了分子离子峰外，还给出强的氨基蒽醌峰。在β-位上的取代基比α-位上的容易失去。不过，取代基的位置由核磁共振谱来确定更简单。

带有磺酸基的蒽醌染料分子不挥发，一般需去磺化后再测定质谱图。

α-取代蒽醌的特征质谱碎片裂解情形如下：

$OCH_2CH_2OCH_3$　$OCH_2CH_2OCH_3$

m/e 450($M^{+\cdot}$)

−58

$OCH_2CH_2OCH_3$

m/e 392

−58

m/e 306 ← CO

*

m/e 334(100%)

—HCNO

−28

m/e 291　　m/e 263

5.5.1.3　*质谱在阳离子染料方面的应用*

阳离子是盐，不易在质谱仪内挥发，而季铵盐去铵化的方法是在质谱仪内热解。大多是将阳离子染料处理成碘盐或苦味酸盐，在200 ℃左右的离子源中热解，给出可挥发的中性物质进行离子化。谱图中包括了碘化或苦味酸的离子。苦味酸及其碎裂产物离子的存在，有时会干扰中性热解物的谱图解析。而碘盐较易辨认。去季铵化时如失去一个甲基，碘甲烷峰就会存在。它可用来确定去季铵化时去掉了何种烷基。需要注意的是，碘离子也易与中性碎片结合，特别是碘化氢离子的存在不能表明失去的仅是一个质子。因为HI离子几乎总是存在于阳离子碘盐染料的质谱图中。

阳离子染料的质谱很难显示具有阳离子成分的离子，而只能是阳离子染料的热解产物。若季铵盐有甲基的话，很多情况下可以简单地失去甲基。有时基团的丢失可能比较剧烈。例如酱红色染料：

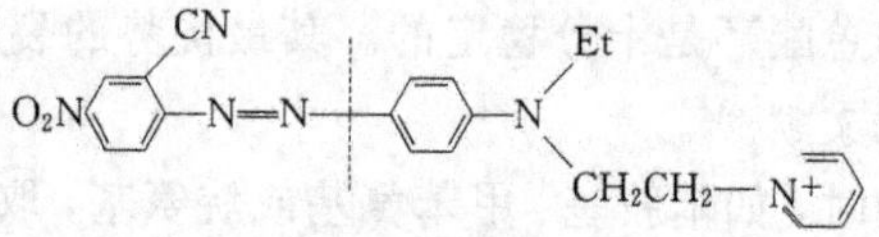

失去了整个乙基吡啶基团。谱图显示出如下离子结构。

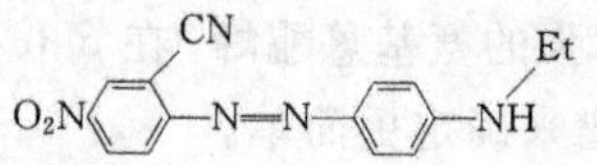

5.5.1.4　*质谱在酸性染料方面的应用*

酸性染料因分子中含有的磺酸基难以挥发，故较难用质谱分析。只有靠热分解，测定质谱得到的只能是有限的信息。在质谱仪内用热分解可以实现去磺化或制成较易挥发的磺酸衍生物，通常是磺酸甲酯。甲基化试剂不同，制备的产物所给出的质谱峰也不完全一样。如2-萘磺酸甲酯，用重氮甲烷法制成的酯给出弱的分子离子峰，而用四甲铵盐制得的酯很难给出分子离子。随着四甲铵盐在质谱仪中开始分解，可以观察到强的三甲胺峰。

5.5.1.5　*质谱在还原染料方面的应用*

质谱和核磁共振谱确定了许多未知结构的还原染料和颜料。例如，C.I.颜料红177的质谱为图5-49：

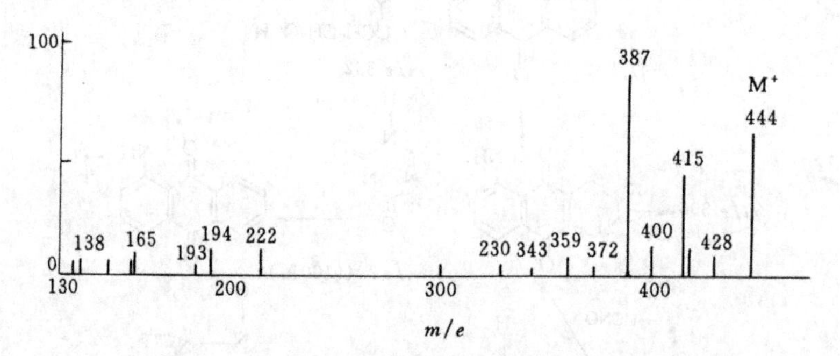

图5-49　C.I.颜料红177的质谱

经质谱、核磁共振谱、可见光谱和红外光谱证明，该染料是1,4-双取代结构。

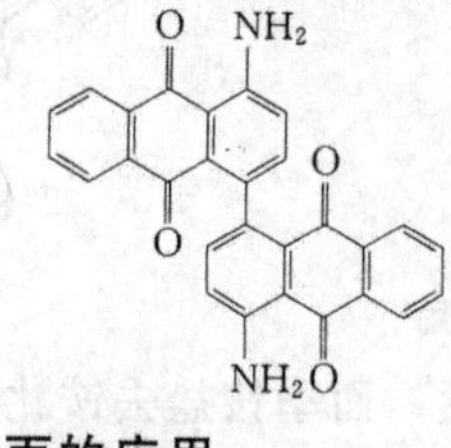

5.5.2　质谱在药物及天然化合物方面的应用

质谱已广泛用于药物及天然化合物的结构研究，例如，柱晶白霉素类中质谱运用得很有成效；但对热不稳定或极性较大等不易挥发的化合物，质谱至今不能得到充分的使用。有些大环多烯类也只能在进行化学还原降解之后，才能用质谱来判断骨架。但由植物分离出的天然化合物很多可直接得到分子离子峰。如有代表意义的是咖啡因、可可碱和茶碱，这三个生物碱的质谱已经进行了研究，由于分子中具有较大的共轭双键，缺乏容易裂解的化学键，所以三个生物碱的分子离子都比较坚固。例如咖啡因的质谱图见图 5-50 所示。

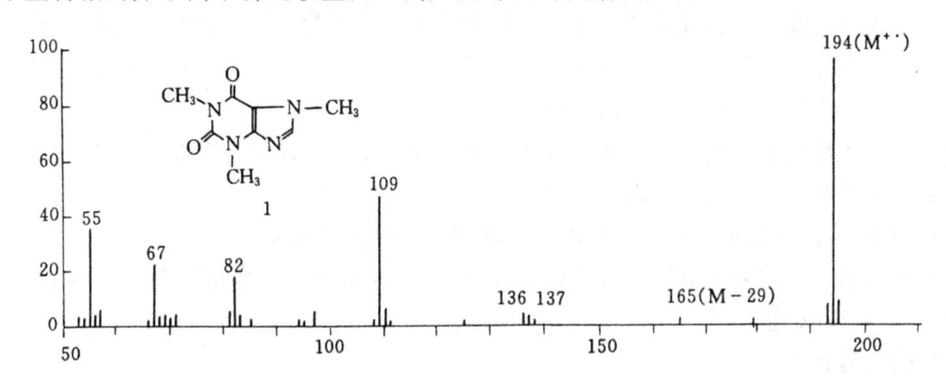

图 5-50　咖啡因的质谱图

咖啡因的分子离子峰（*m/e* 194）是基峰，第一个不太强的离子是 M-29（*m/e* 165）。其裂解方式是首先打开 $N_1—C_6$ 键，然后转移 N_1—甲基的一个氢原子到 C_6 上，再失去甲酰基并环合，得到 M—29 的离子（*m/e* 165）。

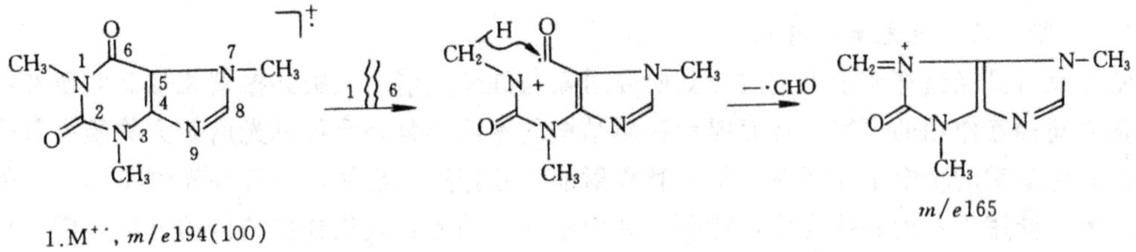

—·CHO

1.M⁺·, *m/e*194(100)　　　　*m/e*165

5.6　现代分析方法应用综述

前面几节分别介绍了红外光谱、核磁共振谱、紫外光谱、质谱在精细化学品中的应用。这些方法是鉴定有机化合物和测定其结构的有利工具。在实际工作中，单凭一种波谱往往不能解决问题，而需要几种方法互相补充、互相印证，才能得到正确的结论。

5.6.1　各种分析方法的异同点及应用范围

红外光谱、核磁共振谱、紫外光谱、质谱均可得到化合物的结构信息。各种波谱法都有特长，从不同角度提供有关分子结构的信息。红外光谱通过红外吸收确定一些主要官能团的存在；核磁共振谱通过化合物分子中氢质子的化学位移确定分子质子和碳的结构排列；紫外光谱通过紫外吸收确定生色基团、重键的存在及化合物的骨架构型；质谱通过离子碎片确定化合物的相对分子质量及分子式。

各类谱图着眼点如下。

5.6.1.1　红外光谱的特点

利用光谱法根据最大吸收位置来鉴定官能团常用的是红外技术。

（1）含氧官能团的判断，特别是没有氮时，对—OH、—C═O、C—O—C 的判断较容易。

（2）含氮官能团的判断，特别是对—NH、—CN、$—NO_2$ 的判断较容易。

（3）关于苯环的信息：有无苯环，对于烷基取代的苯用面外弯曲振动吸收来判断苯环的取代是可靠的。

(4) 炔、烯的有无判断。

5.6.1.2 核磁共振谱的特点

(一) ^{1}H-NMR 谱

(1) 从积分曲线算出各峰的相对面积，若分子的总质子数已知，按比例关系可求出每个或每组峰所代表的质子数。若不知道分子的总质子数，则以可靠的甲基信号或孤立亚甲基信号为标准、按比例推算各峰的相应质子数。

(2) 根据化学位移判断羧酸、醛、芳环、烯、烷质子，以及对与杂原子、不饱和键等邻接的甲基、亚甲基、次甲基的判断。

(3) 根据自旋-自旋相互作用，判断某一基团与相邻基团的关系。

(4) 对滴加重水前后的谱图进行比较，确定 OH、NH 等“活泼氢”质子的存在。

(二) ^{13}C-NMR 谱

(1) 碳数的确定。

(2) 从偏振去偶谱决定碳上所结合的氢数。

(3) sp^3 碳、sp^2 碳、羰基碳的判断。

(4) 从羰基碳的化学位移决定属何种羰基。

(5) 判断属何种甲基。

(6) 芳环或烯取代基数的判断和取代基种类的推断。

5.6.1.3 紫外及可见光谱的特点

紫外及可见光谱都属于电磁波，其研究对象与红外光谱及核磁共振谱相似。它研究物质和能量之间相互作用的规律，从而揭示物质结构的本质。紫外及可见光谱研究物质中各个原子间组成化学键的价电子和孤对电子与其辐射能相互作用的规律，与红外光谱不同，紫外及可见光谱只能用于不饱和化合物，特别是共轭不饱和的芳香族化合物结构的分析，因为单键在可见及紫外区无吸收，而红外吸收光谱几乎对所有化合物都能给出谱图。紫外及可见光谱的吸收谱带较宽，谱带数目不多，形状简单而弥散，且易受到被测定化合物取代基以及实验环境（如溶剂、温度、浓度等）的影响。因而电子吸收光谱对鉴定化合物结构的特征远不如红外谱。但另一方面，电子光谱也有其特点，紫外光谱可在相当复杂的分子中检出某些特征基团，比红外光谱、核磁共振谱及质谱容易；电子光谱的另一特点是它的光源能量较大，检测器灵敏度较高，所以谱带强度一般较强，摩尔消光系数 ε 值变化范围在 103～105，而红外光谱的 ε 值则一般都低于 103。由于电子光谱的摩尔消光系数较大，而且能较准确测量，所以非常适合定量分析。

紫外及可见光谱是研究共轭体系的一个工具。紫外光谱较简单，特征性不强。但识别分子中的共轭体系有独到之处，紫外区域里的光谱是发生吸收的分子的不饱和性或未键合电子的特征，配合其他光谱和化学方法，可以阐明生色基团、化合物的骨架和构型等情况。

5.6.1.4 质谱的特点

(1) 根据分子离子峰决定其相对分子质量，但应注意的是，最高质量端的较强峰常常不是分子离子峰。

(2) 氯、溴的检出（M+2，M+4 峰）。

(3) 含氮的判断（氮律、开裂方式）。

(4) 简单的碎片离子和由其他波谱得到的信息对比。

5.6.2 各种精细化学品适用的分析方法

5.6.2.1 染料的分析方法

可见光谱及紫外光谱是染料的最合适的分析方法。因为染料均是具有大共轭结构的大分子并在可见光区有吸收。紫外及可见光谱可在相当复杂分子中检出某些特征基团，如对于染料分子结构的分析，由于结构的复杂性将使红外光谱、核磁共振谱及质谱的谱带增多，从而在一定程度上增加了辨别结构的困难。

分光光度用于染料的分析可归纳为以下几个方面。

(1) 定量分析　分光光度常用于测定染料或中间体的含量(强度)，以控制生产操作及稳定产品质量；另外还可测量颜色。从染料的色度图可以一目了然地读出各种颜色的色调，亮度和纯度等参数，从而直接判明配色是否合理和染料质量的好坏。由于织物上色泽都是在可见光照射下被染料选择吸收后反射的结果，而色泽鲜艳与染料结构有关，因此在某种意义上说，颜色测量可以指导染料结构的设计。

(2) 染料及中间体的鉴定　可见及紫外吸收光谱是染料及中间体各自特有的物理性质，相同的染料或中间体必有各自特有的物理性质，相同的染料或中间体必有相同的吸收光谱，因此与已知样品比较吸收曲线，便可鉴定两者是否为同一结构。但是必须指出，具有相同的最大吸收，并不一定意味着是相同的化学结构。

染料及中间体在紫外和可见吸收光谱的吸光系数很高，且重复性好，用它进行定量分析要比红外光谱法灵敏和准确。因此紫外及可见分光光度法非常广泛地用于染料及中间体的生产和科研中，进行定量分析和控制反应分析。例如，用紫外分光光度法测定二苯乙烯三嗪型荧光增白剂的荧光强度；用纸上色层紫外分光光度法分析蒽醌系中间体溴氨酸；用紫外分光光度法直接测定萘磺化制 1-萘磺酸中 2-萘磺酸的含量；用可见光谱测定尼龙上染料的固色率和涤棉上染料的固色率；以及高速液相色谱分析中用分光光度检测器定量测定了蒽醌型及偶氮型分散染料和带磺酸基染料及中间体等，用途十分广泛，分析结果快速简便。大量染料及中间体的紫外与可见光谱可以参看有关文献。

5.6.2.2 医药及农药分析方法

医药及农药的定性分析常采用化学反应法和红外光谱，新药的结构鉴定常采用核磁谱和质谱，药物的含量分析常采用气相色谱、液相色谱和紫外及可见光谱。紫外及可见光谱在药物分析中的应用已极为普遍，由于其操作简单、准确度高、重现性好，各国药典均广泛使用，详细见 5.4.3。

5.6.3 精细化学品结构的综合分析实例

5.6.3.1 染料例——酸性染料分析实例

酸性染料比其他类别的染料更难用通常的光谱法鉴定。在质谱中酸性染料很少得到分子离子，完全给不出有用的质谱图是常有的事。在通常的核磁共振溶剂中，酸性染料的溶解度是相当低的。磺酸或磺酸盐一般在 1250～1000cm^{-1}容易显示可辨认的图形，但磺酸染料的红外谱图通常不好解析。这些染料强烈地吸收水分，遮盖了红外 NH/OH 伸缩区域，而且也会引起核磁共振的若干问题。特别是在分子含有容易交换的质子的情况下更是如此。但用联合光谱技术便可以解释酸性染料的结构。

蓝色蒽醌染料结构确定为 (1)，未知物的红外光谱有点类似于类型 (2) 的参考染料谱图，这表明基本结构多半是一个类似的取代蒽醌。220MHz 质子磁共振谱（见表 5-9）在芳香质子区域内显示具有蒽醌 A 环未取代的特征，两个对位二取代苯环和一个孤立的碳环质子也观察到了。

表 5-9 染料^{1}H NMR 谱①

化学位移	多重性	相对质子数	归属	化学位移	多重性	相对质子数	归属
2.42	*s*	3	$ArCH_3$	7.79	*d*	2	对位二取代
2.56	*s*	3	$=NCH_3$	7.87	*m*	2	H-6，H-7
4.12	*s*	2	$ArCH_2N=$	8.08	*s*	1	
7.32	*d*	2	对位二取代	8.29	*m*	2	H-3
7.42	*d*	2	对位二取代	10.1	*br*	1	H-5，H-8
7.52	*d*	2	对位二取代				=NH

① 在 DMSO-D_6 中。

红外光谱中 1250～1000cm^{-1}区域的强吸收图形。表明了磺酸或磺酸基团的存在，并为质谱中强的 SO_2 峰所证实。

根据质子磁共振谱，除了两对位取代的苯环外，支链上还有一个亚甲基和两个甲基。红外光谱表明在 337cm^{-1}和 1160cm^{-1}有中等强度带，暗示存在一个磺酰胺基团。虽然高分辨质谱不能产生分子离子，某些特征碎片还是注意到了。特别是观察到很强的 C_7H_7 离子。另外，一个组成式为 $C_8H_{11}NO_2S$ 的碎片可归为 $MeC_6H_4SO_2NHMe$。

鉴定过程的最后阶段包括了蒽醌的脱磺化。脱磺化后的高分辨质谱表明分子离子 M 是 511.1519，按 $C_{29}H_{25}N_3O_4S$ 的计算值为 511.1566。

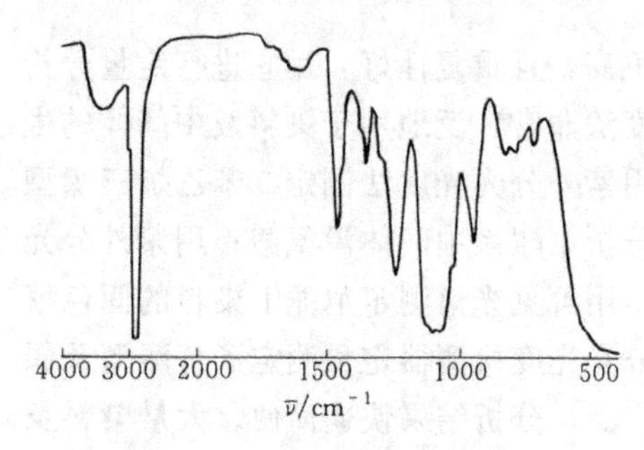

图 5-51 洗发液中阴离子表面活性剂的 IR 光谱图

5.6.3.2 *表面活性剂例——阴离子表面活性剂分析实例*

以洗发液中阴离子表面活性剂成分的分析为例：常用二烷基二甲基化铵、烷基三甲基氯化铵、烷基、苄基氯化铵等阳离子活性剂作为一般市售洗发液的阳离子性成分。除这些主要成分外，还配入各种物质。当将市售洗发液用通常的离子交换色谱按离子性类型分类时，除阳离子、非离子活性剂成分外，还可检测出少量磺酸盐或硫酸酯盐等阴离子活性成分，其 IR 光谱如图 5-51 所示。

由图中可见，在 1100cm^{-1}处有宽而大的吸收，可判断是高摩尔数 EO 加合的脂肪醇 POE 醚硫酸盐。在 1240cm^{-1}处有吸收，因为不是硫酸酯盐在 1220cm^{-1}附近的吸收位移，所以难以判断是高摩尔数 EO 加合的脂肪醇 POE 醚硫酸盐。但与烷基 POE 磷酸盐的 IR 光谱符合，却不完全一致。NMR 光谱图 5-52，除了 $\delta 0$ 处有甲基信号，$\delta 1.25$ 处有亚甲基链的信号外，还有 $\delta 3.5$ 处的信号，表示存在 POE 基。另外，在 $\delta 3.9$ 附近有信号，所以可判断是硫酸酯或磷酸酯。但 IR 否定了前者，所以是否可判断为后者？此外，$\delta 5.2$ 处的三重峰是否为双重峰所引起？尚不清楚。

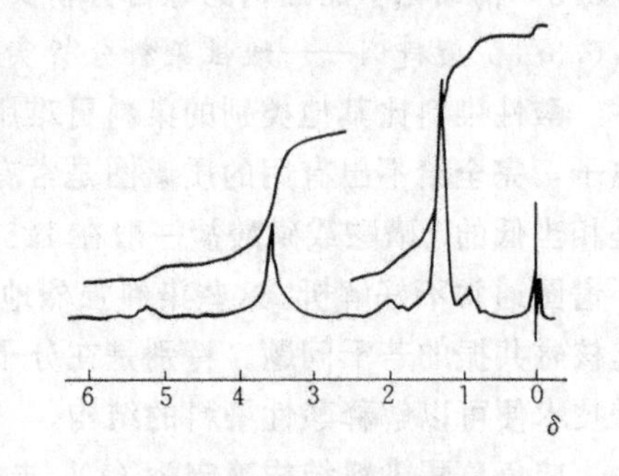

图 5-52 洗发液中阴离子表面活性剂 NMR 光谱

为了慎重起见，进行元素的定性，检出 P 和 Na，而没有 S。从显示的阴离子性来看，可以判断为烷基 POE 磷酸钠。为搞清烷基链长，进行 HI 分解，对碘代烷 GC

分析证实了烷基以油基为主。从以下实事可以清楚：NMR 在 $\delta5.2$ 处出现烷基中双键次甲基质子的信号，在 $\delta1.95$ 附近是邻接磷酸基的亚甲基质子信号。另外，IR 光谱中 $955cm^{-1}$峰和反式双键的CH 面外振动的位置接近，而油醇只有顺式双键，即使有些理由说明因异构化转变成反式构型，但从峰的大小来看可给予否定，故其归属尚不清楚。而且由 NMR 光谱烷基和 POE 的质子比，计算出 EO 加合摩尔数为 3.6，所有数据可说明具有如下结构：

$$CH_3(CH_2)_7CH{=}CH(CH_2)_8O(CH_2CH_2O)n\text{-}P\text{-}ONa$$

5.6.3.3　医药分析实例

医药的定性分析常采用化学分析法和红外光谱，可见及紫外光谱；定量分析采用气相色谱或高效液相色谱，可见及紫外光谱等。例如，苯甲酸类药物的分析。我国药典收载的苯甲酸类药物有丙磺舒，对羟基苯甲酸乙酯及胆影酸等药物。

（1）鉴别实验

① 紫外吸收与红外吸收光谱　用紫外吸收鉴别苯甲酸类药物，见表 5-10。

表 5-10　苯甲酸类药物紫外吸收数据

药　　物	溶　　剂	浓度 (μg/ml)	λ_{max}/nm	A	λ_{min}/nm	吸收比 λ_1/λ_2	$E_{1cm}^{1\%}$	备　　注
对氨基水杨酸钠 (Sodium para-aminosalicylate)	pH7 磷酸盐缓冲液	10	265±2 299±2			1.50～1.56		USP(XX)
丙磺舒 (Probenecid)	HCl-EtOH	20	225±1 249±1	0.67				
	EtOH	20	224～226 247～249		234～236			JP (10)
止血芳酸 (*p*-aminomethyl benzoic acid)	H_2O	10	227±1					
泛影酸 (Diatrizoic acid)	NaOH 液 (0.01mol/L)	10	237±1	0.56				
胆影酸 (Adipiodon)	NaOH 液 (0.01mol/L)	10	236±1	0.64				
对羟苯甲酸乙酯 (Ethylparaben)	EtOH	5	259	0.96				BP(1980)
咖啡酸 (Coffeic acid)	HCl 液 (0.5mol/L)	5	323±1		261±1			
布洛芬 (Ibuprofen)	NaOH 液 (0.1mol/L)	250	265±1		245±1			259±1nm 有一肩峰
苯丁酸氮芥 (Chlorambucil)	无水 EtOH	15	257±1 302±1		225±1 280±1			
安妥明 (Clofibrate)	EtOH	10	226±1				430～480	

美国，日本等国药典还采用红外吸收光谱鉴别丙磺舒，对羟基苯甲酸乙酯及胆影酸等药物，与相应的标准品对照，其红外吸收光谱应相同。如丙磺舒的红外吸收光谱见图 5-53。

② 薄层层析法　丙磺舒的薄层层析法为：取标准品适量，加氢氧化钠甲醇液（0.8g 氢氧化钠加甲醇至 1L）溶解配制成 1mg/mL 的溶液。另取供试品配成相同浓度，分别取 10μL 滴加于同一硅胶 GF_{254}薄板上，用氯仿-甲醇-氢氧化铵（20∶10∶2）展开后，挥去溶剂，于 254nm 波长紫外灯下观察，供试品所显主斑点的 G_f 值与照标准品的斑点一致。

③ 化学方法

（a）三氯化铁法，苯甲酸盐在中性溶液中与三氯化铁生成褐色沉淀。

(b) 茚三酮反应，含氨基酸结构的苯甲酸类药物（如止血芳酸），可与茚三酮反应，产生蓝紫色。

(c) 成盐反应，止血芳酸在弱碱性条件下与醋酸反应，形成白色汞盐沉淀。

(d) 水解产物的反应，泛影酸、胆影酸水解后具有芳伯氨基，可发生重氮化-偶合反应产生有色沉淀，如与2-萘酚反应，生成橙红色沉淀。对羟基苯甲酸酯类药物，水解后得到对羟基苯甲酸，可测定熔点（mp：213-215C）。

(e) 分解产物的反应，分解后可进行鉴定。如苯磺舒加氢氧化钠熔融后分解，生成亚硫酸盐，加硝酸氧化成硫酸盐，显硫酸盐反应。泛影酸，胆影酸干热分解，有紫色碘蒸气产生。

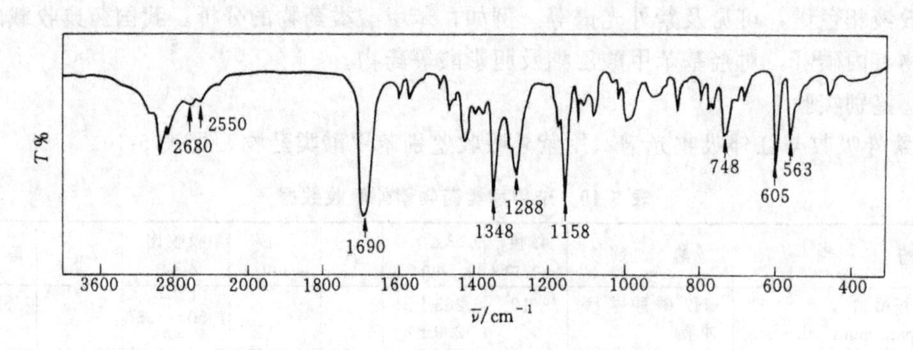

图 5-53　丙磺舒的红外吸收光谱

ν_{OH}	2680，2550
ν_{C-O}	1690
ν_{SO_2}（不对称）	1348
δ_{OH}及ν_{C-O}的偶合	1288
ν_{SO_2}（对称）	1158
1,4-取代苯环的δ_{CH}（面外）	740
δ_{SO_2}　605	

用溴化钾片

(2) 定量分析

① 用紫外分光光度法　测定含量。丙磺舒在249±1nm波长处有最大吸收。测定其含量的方法为：精密称取约相当于丙磺舒60mg的片粉于200mL量瓶中，加乙醇150mL与1mol/L盐酸液4mL，置70℃水浴上加热30min，放冷，用乙醇稀释至刻度，滤过，弃去初滤液，精密吸取滤液5mL于100ml量瓶中，加0.1mol/L盐酸盐2mL，用乙醇稀释至刻度，于249±1nm处测定吸收度，按$C_{15}H_{19}O_4NS$的吸收系数（$E^{1\%}_{1cm}$）为338nm计算即得丙磺舒的含量。

中国药典与英国药典用紫外分光光度法测定药物含量均采用吸收系数计算，优点是不需要参比标准品，但吸收必需事先按药典规定进行测定。而美国药典则采用参比标准品，即利用供试品在碱性及酸性液中转溶净化，氯仿提取丙磺舒，于257nm波长处测定吸收度。

(a) 供试液的制备，精密称取相当于100mg的丙磺舒片粉于250mL量瓶中，加氯仿至刻度，滤过，弃去初馏液，精密量取滤液5.0mL，置含有10mL氯仿的分液漏斗中，用碳酸钠（1∶100）提取4次，合并提取液，加5mol/L盐酸液使呈酸性，用氯仿提取数次，滤入100mL量瓶中，以氯仿洗涤滤器。洗液并入，用氯仿定容。

(b) 标准液的制备，丙磺舒参比标准品溶于氯仿制成20μg的溶液。

于1cm吸收池中，在257nm波长处分别测得供试液及标准的吸收度，按下式计算供试液中丙磺舒含量：

$$供试液中丙磺舒含量=5c\times(A_u/A_s)$$

式中　c——丙磺舒标准液的浓度；

A_u——供试样的吸收度；

A_s——标准液的吸收度；

5——稀释体积与浓度单位换算因数，$250\times100/5\times1/1000=5$

根据供试液中丙磺舒含量、供试品称取量及平均片重计算本品相当于标示量的百分数。

② 根据生产中可能引起的杂质，我国药典规定须检查酸度、硫酸盐及重金属等杂质。生产中可能引进的副产物是对双二丙基氨基甲酰苯磺酰胺（以下简称 I），可用高效液相色谱法检查。

测定条件

柱：双柱（300×4mm）串联，均填充 C_{18}烷基键合相粒度（5～10um），室温。

流动相：甲醇-水（9：1），流速 0.5mL/min。

检测器：紫外吸收检测器，254nm。

精密称取适量 I 溶于流动相，制成（5ug/mL）溶液作为标准液，同法制备供试液，其浓度为 1mg/mL。

分别取 I 的标准液，供试液 10μL 进样。从所得色谱图可见，本品与杂质 I 的保留时间分别为 6min，11min，并测量其峰高，供试液所检杂质的峰高不得超过对照标准品的峰高，其限量为 0.5%。

5.6.3.4　农药分析实例[24]

农药的定性分析常采用化学分析和红外光谱，定量分析采用薄层层析、气相色谱或高效液相色谱，可见及紫外光谱等。

例如，薄层层析-分光光度法测定杀螟青含量。

采用硅胶为 GF_{254}；展开剂为石油醚：乙酸乙酯=9：1；溶剂为无水甲醇。

称取杀螟青标准样品 0.2g（准确到 0.2mg）于 25mL 容量瓶中，用丙酮溶解并稀释到刻度，摇匀。准确吸取 0.5ml 此溶液于已活化好的薄层板上距底端 2cm。展开后，在紫外光 254nm 下照射，找出杀螟青谱带（R_f 值约为 0.3），将此谱带刮入玻璃沙芯漏斗中，用 20ml 甲醇分 4～5 次将有效成分洗至 25mL 容量瓶中，再用甲醇稀释至刻度。

分别准确吸取上述溶液 0、0.2、0.4、0.6、0.8、1.0ml 于 6 个 10mL 容量瓶中，再依次加入甲醇 1.0、0.8、0.6、0.4、0.2、0mL，然后用水稀释到刻度，摇匀。以甲醇+水（1+9）溶液（空白溶液）为对照，在波长 240nm 处，分别测出每个溶液的吸光度。以浓度 μg/ml 为横坐标，吸光度为纵坐标画出标准曲线。

称取含有效成分 0.2g（准确至 0.2）的样品，溶在 25 丙酮内，步骤与标准样品同，洗入容量瓶中，用甲醇定容。再取 0.5mL 放入 10mL 容量瓶中，加 0.5mL 甲醇，用水稀释到刻度。以空白溶液为对照，在波长 240nm 处测出其吸光度。并在标准曲线图上查出相应的杀螟青的重量，μg。

$$x=\frac{m_1\times p}{m_2\times\frac{0.5}{2.5}\times\frac{0.5}{25}\times\frac{1}{10}}\times100\%=\frac{m_1\times p\times2.5\times10^3}{m_2}\times100\%$$

式中　m_1——从标准曲线中查得的杀螟青的重量；

m_2——样品重量；

p——标准品的纯度，%；

2.5——稀释倍数。

参 考 文 献

1 赵天增.核磁共振氢谱.北京：北京大学出版社，1983.55～58，70～72，80～81，277

2 D H Williams，I Fleming. Spectroscopic Methods in Organic Chemistry. Mcgraw-Hill Book Co.. 1995. 5th ed，88～89，90～91，106～109

3 孟令芝，何永炳.有机波谱解析.武汉：武汉大学出版社，1996. p109～110，112～113，114，120～121

4 Ronald G. Micetich，Samarendra N. Maiti，Paul Spevak. Synthesis and β-Lactamase Inhibitory Properties of 2 β-[(1，2，3-Triazol-1-yl) methyl-]-2 α-methylpenam-3 α-carboxylicAcidl，1-Dioxide and Related Triazolyl Derivatives. J. Med. Chem.，1987，30：1469～1474

5 邝培翠．有机化合物波谱分析．武昌：华中师范大学出版社，1986. 135-229

6 [英]威廉，凯勃著.有机定性分析.黄宪，陈振初译．杭州：浙江科学技术出版社，1985. 175

7 张红兵．染料工业．1997，**34**(5)：38

8 丛浦珠．质谱学在天然有机化学中的应用．北京：科学出版社，1987. 971，9731

9 [日]北原文雄，早原茂夫，原一郎编著.表面活性剂分析和试验法．毛培坤译.北京：轻工业出版社，1988. 281

10 [美]F. W. 麦克拉佛蒂著．质谱解析．王光辉，姜龙飞，汪聪慧译．北京：化学工艺出版社，1987

11 张红兵，娄颖，王秀娜．染料工业，1998，**35**(5)：38

12 龙志庭．染料工业．1994，**31**(5)：35

13 陈亚庆．有机中间体的工业分析方法．北京：化学工业出版社，1997. 269～230

14 安登魁．药物分析．北京：人民卫生出版社，1980

15 白建军，高仁君，刘西莉，刘桂英．农药．1998，**37**(2)：25

16 J. H. B. Beynon，AS. E. William，Appl. Spectrose.，1960，**14**：327

17 李楠，覃柳琼，陈年春.农药．1997，**36**(2)：242

18 [印度]K. 文卡塔拉曼主编.合成染料的分析化学．苏聚汉，汪聪慧译.北京：纺织工业出版社，1985. 264-270

19 V. W. Reid，T. Alston and B. W. Young. Analyst. 1955，**80**：682

20 J. H. Bowie，G. E. Lewis，and R. E. Cooks，J. Chem. Soc. 1967，621

21 J. A. Voelmin，P. Pachlatko，and W. Simon，Helv，Chim，Acta，1969，**52**：737

22 [美]R. L. Shriner，R. C. Fuson，D. Y. Curtin，T. C. Morrill 著．有机化合物系统鉴定法．丁新藤译.上海：复旦大学出版社，1987，317-319

23 杭州大学化学系分析化学教研室编.分析化学手册.第三分册.电化学分析与光学分析.北京：化学工业出版社，1983，384

24 张胜华，曾国湘.农药. 1995，**34**(3)：15

第六章 其他现代分析方法在精细化学品中的应用

6.1 X-射线衍射

X-射线是1895年物理学家伦琴在研究阴极射线时发现的。X-射线的波长范围很大，其波长范围为0.001～10nm。X-射线衍射分析中常用的X-射线波长位于0.05～0.25nm，这一区段是对原子结构基本知识做出重要贡献的一个来源。

由于X-射线的频率约为可见光线的1000倍，因而X-光子具有比可见光的光子大得多的能量。正因为X-射线的波长短并且光子的能量大，所以X-射线和物质的作用与其他光和物质的作用截然不同。对于所有介质，X-射线的折射率都近于1，在普通实验条件下，折射是没有用处的。X-射线虽可偏振化，但亦不受其所经过的介质的影响。X-射线光学的全部兴趣集中于散射和衍射现象。

晶体物质的原子间距与X-射线波长近于相等。它能够衍射X-射线，是X-射线衍射分析的基础；根据所测定的衍射角大小的不同，可以对晶体物质加以定性鉴定。X-射线衍射法还可用作分离X-射线光谱仪中具特定波长的X-射线，这与常规的可见或紫外分光光度仪中的棱镜或光栅的作用相类似。由于X-射线衍射法具有非常重要的作用，所以关于X-射线衍射法的专著有许多[1,2]。

6.1.1 基本原理

6.1.1.1 X-射线谱线

X-射线是通过使用电子或质子等高能粒子或X-射线光子轰击物质而产生。若原子受到上述粒子轰击，则一个电子将从原子的一个内层上被轰出，该空位将立即为从较高能量电子层上来的一个电子所充填，结果在此较高能量电子层上又形成一个空位，它又为从能量更高的电子层上来的一个电子所充填，这样，通过一系列的跃迁（L→K，M→L，N→M），使每个新产生的空位被充填，直至受激发的原子返回其基态为止。如果K层的电子被逐出，则发生的X-射线波长最短，称K系射线；若L层电子被逐出，则发生的射线称L系射线，见图6-1。

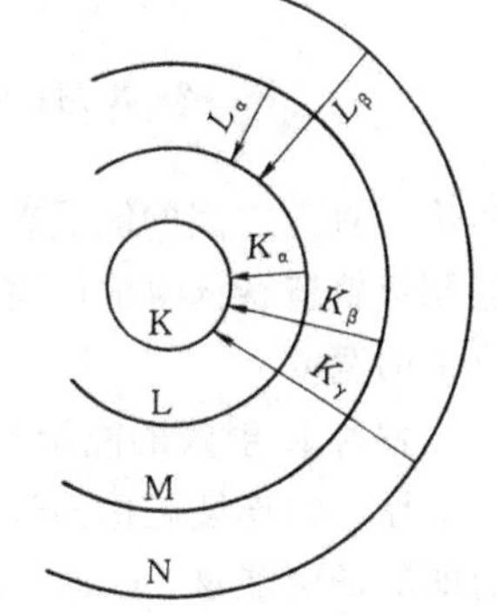

图6-1 产生特征X-射线光谱线的示意图

每次电子跃迁（除无辐射跃迁外）都导致发射特征X-射线光谱线，其能量hν为与跃迁有关的两个电子的结合能之差。受量子力学规律的制约，只有某些电子跃迁是允许的。电子由L层进入K层，就得到K_α射线；电子由M层进入K层，得到K_β射线；电子由M层进入到L层，则得到L_α射线等。X-射线谱线的能量或波长是定性分析的基础，它们以Ni $K_{\alpha1}$、Fe $K_{\beta2}$、Sn $L_{\alpha2}$和U $M_{\alpha1}$之类的符号来表示，其中Ni、Fe、Sn和U代表化学元素，K、L、M等分别表示最先从K、L、M层移去电子后所产生的光谱线；系列中的特定谱线以希腊字母α、β等（代表与跃迁有关的外层电子所在的亚壳层）加数字下标表示；数字下标表示某一特定系列中每根谱线的相对强度，例如$K_{\alpha1}$比$K_{\alpha2}$强度大。另外由于可能发生的内层跃迁的数目有限，所以X-射线光谱比因失去价电子或价电子的跃迁而产生的复杂光谱要简单；此外，X-射线的强度和波长基本上与被激发元素的化学和物理状态无关。

6.1.1.2　X-射线管

X-射线通常是在局部抽真空的X-射线管中用电子束轰击适当的元素而产生的。电子束可以通过X-射线管中气体正离子轰击阴极的方法，也可以通过加热灯丝的热阴极发射的方法产生。最新式的管子均使用加热灯丝的方法产生电子束，每秒钟发射电子的数目（电子束电流）是通过调节灯丝温度来控制。发射出的电子在灯丝与阳极之间的高电位差作用下朝着靶加速运动。电子射到靶之前所具有的动能，可以通过改变靶与灯丝之间的电压进行控制。

X-射线管的设计有固定式的靶或可拆卸式的靶。后者总是用在靶本身就是待分析的样品或者用来滤过不同波长的单色的X-射线。装有固定式靶的X-射线管是永久密封的，所以不需要真空泵。带有可拆卸式靶的X-射线管需要使用扩散真空泵和机械旋转泵连续抽真空。通常，X-射线管的靶必须用水冷却，因为99%以上的入射电子的动能在靶上转化为热能，而至少1%的动能转变为X-射线光子。如果不用水冷却，靶将熔化。图6-2是X-射线管的一种类型。

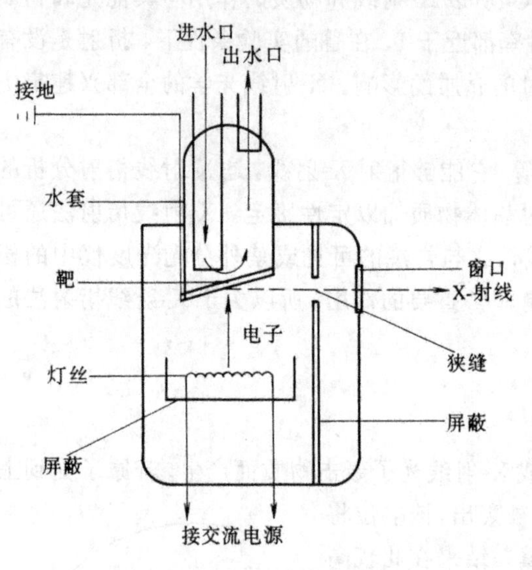

图6-2　X-射线管的示意图

当电子束撞击靶时，电子或将靶的一个内层电子打出，或是由于与靶中一些原子相互作用而失去部分或全部动能。在第一种情况下，电子转移足够的能量给原子，打出一个电子，从而形成了具有一个内层空穴的离子。随后一个外层电子跃迁到空穴，就发射出一条具有特征频率的X-射线。在第二种情况下，电子转移的能量不足以产生离子化，然而内层电子激发到价层是可能的。价层轨道总括称之为价带。因为价层轨道之间的能量差相对于产生X-射线辐射相关联的能级差小，所以价带中的电子从邻近能级轨道跃入空的内层所发射的X-射线全部为宽带光谱。发射的连续光谱的宽度等于靶中价带的宽度。

发射X-射线的能量与入射电子和靶相互作用时所损失的动能相等。由于入射电子与靶中若干原子的连续碰撞而逐渐失去它的能量，所以，发射的X-射线可具有等于或少于电子原有动能的任何能量。因此，靶发射的X-射线辐射是连续光谱。从靶中驱逐电子而产生的特征光谱重叠在发射的连续光谱上。连续光谱称为连续辐射或韧致辐射。

当入射电子的能量足够将靶原子离子化，此时内层电子被打出，X-射线管能够发射线光谱。如果入射电子的动能足够打出一个内层电子，那么，紧接着外层电子跃入空穴并同时发射一条X-射线。入射电子的能量可以用灯丝和靶之间的加速电位来测量。如果加速电位不足以引起靶中原子内层的电子发射，那么，仅仅发射连续谱。在较高的加速电位下，靶元素的特征线光谱便叠加在韧致辐射上。X-射线管通常是在加速电位为10～100kV之间的条件下工作。

由X-射线吸收所产生的荧光是单色的。作为光源用的X-射线管，所使用的靶金属常具有相当大的原子序数。良好的导热率和高熔点。大的原子序数可保证得到一个强的发射连续谱，高的导热率可以防止靶过热。可用来做靶的元素有 Ag、Co、Cr、Cu、Fe、Mo、Ni、Pt、Rh、W 和 Y，通常优先选用钨。含有其他元素的管子不能在象使用含钨靶的管子那样高的功率下使用。每当希望得到那些元素所发射的特征线时才使用相应的元素做为靶材，或者是当钨线影响分析时才使用其他元素做靶材。分析原子序数小于 22（Ti）的元素时，选用铬靶管子，因为铬发射的特征线光谱含有高强度线,可以有效地激发象铝和氯等一些低原子序数的元素。阳极的原子序数越高，所得到 X-射线能量越大，波长越短，穿透能力就愈强，这就是术语所说的硬 X-射线。通常人体透视就属这种。硬 X-射线不易为生物组织所吸收，因此对人体的破坏性较软 X-射线小得多。用做衍射分析的 X-射线要较医用的 X-射线软。表 6-1 列出常用的阳极金属的 K 系射线的波长。

表 6-1　常用的 X-射线管阳极金属的 K 系射线的波长

金属元素		波长 λ/nm			K 系的激发电压 kV	适宜的工作电压 kV
原子序数	名称	$K_{\alpha2}$(强)	$K_{\alpha1}$(最强)	K_{β}(次强)		
24	Cr	0.28889	0.22850	0.20806	5.98	20～25
26	Fe	0.19360	0.19321	0.17530	7.10	30
27	Co	0.17892	0.17853	0.16174	7.71	30
28	Ni	0.16584	0.16545	0.14971	8.29	30～35
29	Cu	0.15123	0.15374	0.13894	8.86	35～40
42	Mo	0.07128	0.07078	0.06310	20.00	60
74	W	0.02135	0.02086	0.01842	69.3	70～75

6.1.1.3　X-射线在晶体中的衍射

（1）X-射线分析法　X-射线分析法主要是指 X-衍射分析和荧光 X-射线光谱分析。通过 X-射线衍射分析可以得到物质结晶状态的独特衍射图样，了解物质的晶体结构或原子排列，从而进一步推知物质的物理性质和化学性质。

荧光 X-射线光谱法是把构成物质的元素作为研究对象。当 X-射线照射物质后，该物质放出具有独特波长的荧光 X-射线，分光后测量射线的反射角度和强度，由此可求出元素的种类和含量。

（2）衍射现象　当 X-光的交变电磁场掠射晶体时，将引起晶体原子中电子受迫振动并向四周辐射球面波，当球面波的波长和频率与 X-光的波长和频率相同时，就形成相干散射，即光子只改变方向而并不损失能量。它给出与初级辐射波一样的辐射称为散射辐射。如果 X-射线掠射在同一晶体的相邻两个晶面，某方向散射位相相同时，会产生散射波的干涉，使合成波振幅增大，散射强度增强。这种由于次级波干涉而使散射强度随不同方向而改变的现象称之为 X-光的衍射。

X-光衍射的意义在于：可用结构已知的晶体来测定 X-射线的波长，更为重要的是用已知波长的 X-射线来确定晶体的结构。

（3）布拉格方程　X-射线深入到晶体内部以后，被属于各平面的原子所散射。散射出来的射线将互相干涉，并且根据其位相关系而互相增强或减弱。只有当两射线的路程差为其波长的整数倍时才有最大的增强。这种由于大量原子散射波的叠加、互相干涉所产生的最大程度增强光束称为 X-射线的衍射线，最大程度增强的方向称为衍射方向，如图 6-3 所示。

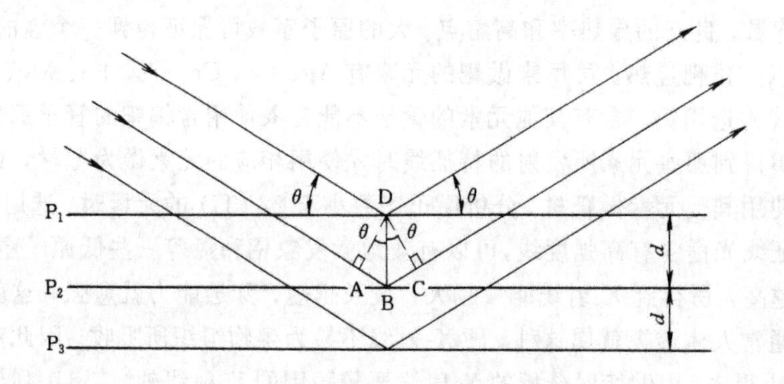

图 6-3 晶体平面对 X-射线的衍射

两束平行的波长为 λ 的 X-光发射到两晶面 P_1 和 P_2 上，其反射角及入射角都是 θ，平面 P_2 衍射的光束所通过的距离比平面 P_1 衍射的光束所通过的距离多 ABC 这段。因为角 ADB 和角 BDC 等于入射角和衍射角 θ，故有 $AB=d\sin\theta$ 或 $ABC=2d\sin\theta$。衍射后不同相的波相互间将产生毁灭性的干涉而不可能观测到；只有同相波才互相加强而能被观测到。若 ABC 恰好是入射光束波长 λ 的整倍数，则：

$$n\lambda=2d\cdot\sin\theta \tag{6-1}$$

这就是布拉格（Bragg）方程，它是 X-射线结晶构造分析和 X-射线光谱分析的基本计算公式。若 $n=1$，则衍射辐射称为一级衍射辐射。衍射辐射的级数越高，强度就越小。当晶面距离 d 及入射角 θ 为已知时，可以测出 X-射线的波长；相反，若知道 X-射线波长及入射角 θ 时，也可以计算出晶格间的晶面间距 d，从而判断结晶的构造。

布拉格使用此关系式是利用氯化钠晶体来衍射 X-射线，并将从晶体密度和阿伏伽德罗常数求得的数值用作 d 值。只要测得 λ，就可应用 X-射线衍射法来测定其他晶体中的晶面间距 d，从而诞生出研究晶体的科学——X-射线结晶学。

6.1.2 仪器

X-射线衍射仪通常用于测定粉末、板、块、丝状样，通常有如下两种方法。

6.1.2.1 照相法

该法又称第拜-塞勒粉末照相法，其手续较繁，需底片曝光、冲洗、测量等过程。现多以电子检测方法所代替，但对于微量样品或形状为丝、条状物的样品仍然适用。图 6-4 为一 X-射线粉末照相机示意图。来自 X-射线源的辐射通过滤色片变成单色光，该单色光束通过一个准直仪照射到样品上，准直仪是一个具有入射、出射孔的圆筒。

粉末照相机使用粉末而非单晶。将粉末放置在塑料、玻璃或硼酸锂的圆形容器中，或将粉末与一种粘合剂混合并做成圆筒状干燥。典型的 $1mm^3$ 粉末包含大约 10^{12} 个晶体，每个晶体体积大约为 $10^{-21}m^3$。由于样品中有大量的随机定向晶体，因此与 X-射线光束成任何角度取向的晶体都大量存在。在结晶粉末内忽略原子间的距离，一些晶体可被反射线很好的标定。

由于粉末中晶体的取向几乎无限多，来自晶体特殊原子间距离所反射的 X-射线形成以样品为顶点的锥形，见图 6-4。X-射线探测器是一条感光底片。将底片密封在围绕样品周围的圆形盒的内侧面，样品放置在底片所形成圆的中心处。胶片的孔是为了准直仪和未被反射的 X-射线透射光束而设计的。一部分来自样品的 X-射线的锥形反射光在底片的相交点处曝光，出现一条弧。在某些仪器中底片形成半圆而不是围绕样品的整个圆；晶体内每个原子间的距离在胶片上曝光后出现一条独立的弧。

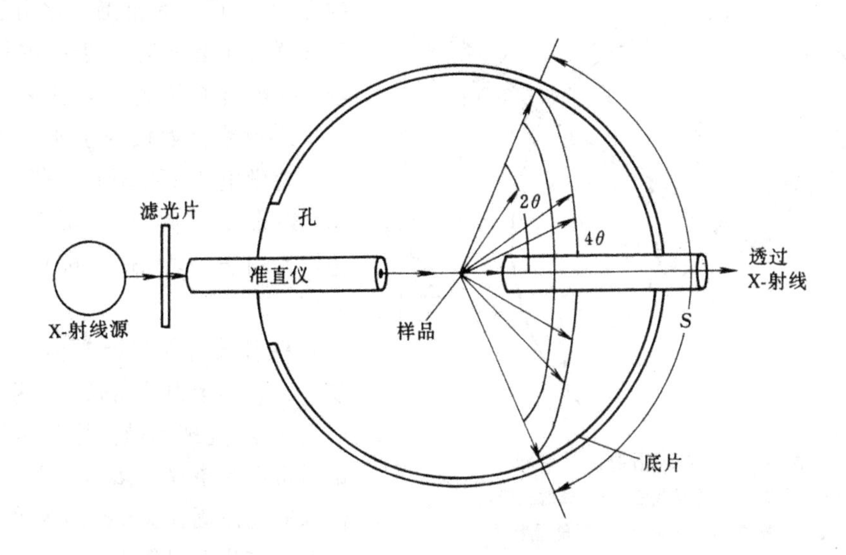

图 6-4 X-射线粉末照相机图

胶片曝光之后，关掉光源，取出胶片，然后显影。显影后的胶片有一系列如图 6-5 所示的黑线。胶片上每条线是一个核间距的特征曝光弧线。X-射线束与连结样品弧线之间的角度，以弧度表示，是 2θ（见图 6-4）。因为胶片绕成圆的半径是已知的，所以与特定角 2θ 有关的入射（准直仪）和出射孔在片上的距离也以度算出来。将此值代入布拉格方程式中，就可以计算晶体内部原子之间的距离 d。

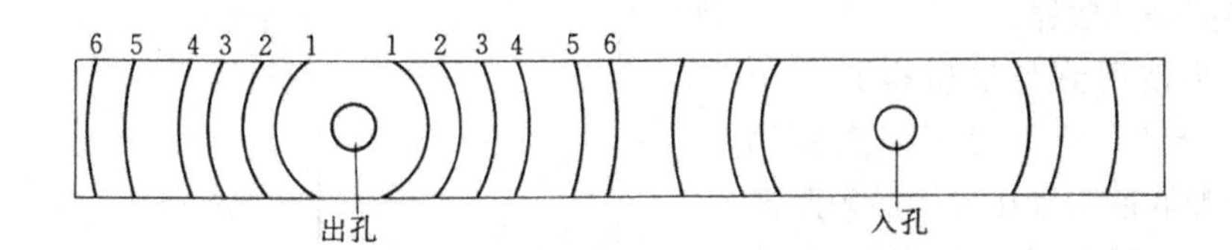

图 6-5 X-射线胶片显影后的粉末图

在实际中，胶片上的距离 S 可从出射孔两边对应的同一锥形线之间来测量。与样品弧度有关的两条线之间的夹角是 4θ。4θ 角的弧度可以用圆上围绕 4θ 角度的距离 S 除以圆半径 r 计算求得。粉末照相机的结果是：

$$4\theta_{弧度} = S/r$$

代入布拉格方程的角度必须以角度数表示。因为 1 弧度为 57.295779°，所以必须将 $\theta_{弧度}$ 转换为 $\theta_{角}$。故可上将方程式转化为：

$$\theta_{角} = 14.324S/r$$

用于 X-射线结晶学的入射 X-射线束应是单色光。在许多情况下，使用 0.154nm 的 Cu K_{α} 线。某些粉末照相机有一个与样品架相连的电动机，在测量过程中，电动机用来转动样品。当样品的粒度相当大时，转动样品是非常重要的。当不转动样品时，粗粒晶体的衍射图形是样品中晶体物理取向的函数。

6.1.2.2 X-射线衍射仪

除了摄影胶片外，探测器也可以用于测定衍射。将探测器安装在测角仪上，并且围绕样品缓慢旋转，同时辐射强度用角函数的形式记录下来。X-射线衍射仪是用计数器记录衍射线

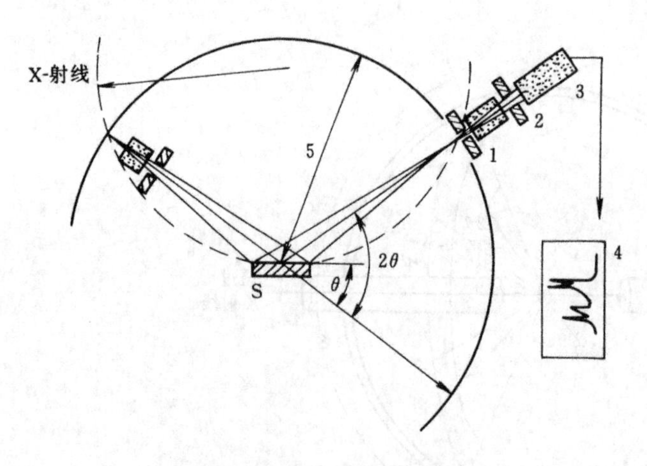

图 6-6　X-射线衍射仪示意图

S—试样；1—接受狭缝；2—散射狭缝；3—计数器；4—记录；5—测角器半径

的强度，它可以大范围变化衍射角，记录下试样各组晶面对X-射线的衍射强度。图6-6给出了X-射线衍射仪的示意图。

X-射线衍射仪的主要生产厂家有：日本理学电机（Rigaku）、荷兰飞利浦公司（Philips）、荷兰 Enraf-Nonius 公司、德国西门子公司（Siemens）、丹东仪表元件厂。

X-射线衍射仪通常由X-射线发生装置、试样衍射测角仪、辐射探测设备以及记录、处理和操作控制四部分组成。试样可以为单晶、多晶粉末、液体、熔体和非晶态固体。入射的X-射线经梭拉光栅（其作用是限制X-射线垂直发散，它是由一组相互平行的金属薄片组成，相邻两薄片的间隙在0.5nm以下，薄片厚度约为0.05mm）、发散狭缝（其作用是限制X-射线水平发散）后，射到试样S上。产生的衍射线光束聚焦后，经过同在一个运载器上的接收狭缝1、梭拉光栅、散射狭缝2进入计数器3中。在X-射线衍射仪测试样品时，样品S每转动θ角度时，运载器同时转动2θ角度。

计数器是X-射线衍射器的探测器，其作用是将衍射线的强度转化为直流电信号，经过一系列的电路将信号传入记录仪，记录出衍射线的谱图。常用的计数器有盖哥-弥勒计数器、正比计数器和闪烁计数器。

图6-7是使用测角仪所得到一个X-射线衍射光谱。也可使用多道探测器。多道探测器被安置在与样品等距离的不同角度上，同时测定衍射辐射。

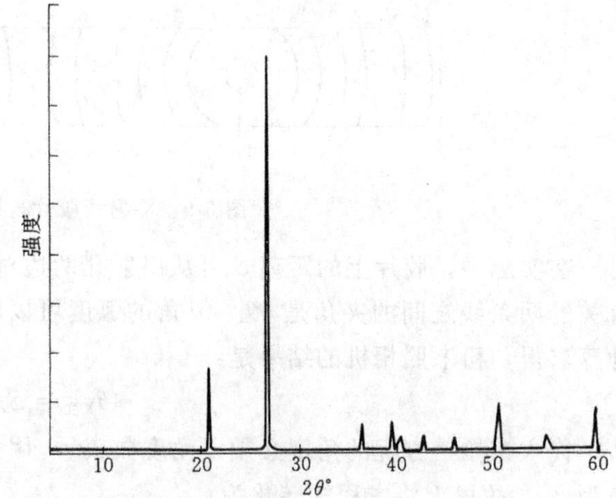

图 6-7　应用测角仪所得到的 α-石英 X-射线衍射光谱

应用X-射线衍射技术可以进行定性和定量化学分析。定性分析通常使用粉末照相法，用样品的X-射线衍射引起的胶片上图象与标准物的衍射图象相比较。很少使用衍射法进行定量分析。可以在相对于入射线有固定角度的方向上，通过测定特定衍射线强度的方法进行定量测量。测定的强度再与一个或多个标准物的强度相比较。

6.1.3　应用

X-射线衍射的应用十分广泛，几乎遍及物理、化学、地球科学、生命科学（核酸等天然高分子[3]）、材料学、金属学、半导体、矿物、冶金以及工程技术科学等一切学科领域，成为一种重要的实验手段和分析方法。X-射线衍射在精细化工领域中的应用也十分广泛，凡是涉及到晶型、晶相等问题的领域都会应用X-射线衍射（例如涂料领域[4]、染料领域[5]）。以下仅以制药工业、颜料工业为例，列举X-射线衍射在精细化工领域中的应用。

6.1.3.1 X-射线衍射在制药工业中的应用

药物中普遍存在多相态现象，不同相态的药物可能会有相同的药性，但也常会有不同的药性。因此，利用X-射线衍射研究药物的相态是十分必要的。

(1) 药物中的多相态现象　多相态现象系指同一化学组成的物质可以具有不同的聚集态（晶态、无定形态、悬浮液等）及不同的晶型（同分异构、几何异构等）存在的现象。同一种化学组成的药物以不同相态存在是一种十分普遍的现象，如巴比妥类药物及甾体类药物有70%存在多相态，而磺胺类药物的40%也有多相态现象。药物在不同的情况下结晶，所包含的溶剂分子数可以不同，形成不同的溶剂合物。例如，头孢菌素Ⅲ及Ⅳ就有8～10种溶剂合物；雌二醇也可与30多种溶剂生成溶剂合物。

(2) 相态与药效的关系　不同相态药物的药效有时相近，更多的时候是不同的，甚至有很大的区别。这就是要研究药物多相态的原因。药效可以从药理与物理性能两方面来讨论。

① 不同的相态有不同的药理性能　无味氯霉素有A、B两种晶型，其中A型是无效的，B型是有效的。1975年以前中国所生产的氯霉素原料、片剂及胶囊剂均为无效的A型，只有混悬剂在制剂过程中自动转化为有效的B型。又如消炎痛有α、β、γ三种晶型，其中α型有较大毒性、不能作药用，只有γ型才有药性。再如α-甲基多巴，具有左旋$S(-)$和右旋$R(+)$两种光学异构体，$S(-)$的抗高血质作用明显大于$R(+)$；而柳安苄心定的$S(-)$和$R(+)$两种异构体则有着完全不同的药性，$S(-)$是支气管扩张药，而$R(+)$是抗血小板凝聚药。

② 不同的相态会有不同的物理性能　药物的药效不仅与其药性有关，还与其许多物理性质（溶解度、溶解速率、压片性能等）密切有关。只有在具备有效的药性和合适的物理性能时，药物才能有良好的药效。

- 药物的溶解度与其相态有关。药物的溶解度是衡量药物生物利用度的一个重要指标，因为药物只有溶解后才能被吸收而发挥作用。
- 药物的稳定性与其相态有关。1976年以前中国生产的利福平均为无定形态，这种无定形态的药物不稳定、易分解，无法保证药物的有效期。1977年后改为结晶态，药效就稳定了。
- 压片性能与药物的相态有关。药物常被压成片剂服用，晶型不同会影响压片性能。如甲苯磺丁尿的A型结晶成菱形，压片性能良好；而B型结晶为片型，压片性能较差。
- 药物的分散度与其相态有关。晶态α-细辛醚难溶于水，药效不好，但将它与聚乙烯吡咯烷酮按一定步骤共沉淀，就可大大提高其溶解度与溶出速率，提高药效。这是由于原药在聚乙烯吡咯烷酮的骨架中高度分散的缘故。

(3) X-射线物相分析用于药物的相态鉴定

① X-射线物相分析可用于药物构效关系的研究。众所周知，药物中普遍存在多相态现象，而且不同相态药物的药效又常不同。因此只有测定药物的各种相态，并对不同相态的药物分别进行药理试验及物性测定，才能准确确定有效药物的相态。通过对于药物相态与药效关系的长期研究，可得出药物的构效关系，为设计具有确定功能的新药提供依据。

一些国家药典已将X-射线衍射分析规定为一种测定药物相态的标准分析方法，并规定某些药物必须由X-射线衍射确认其物相。例如，法国标准第七版，在药品鉴定方法中专门列入“X-射线衍射”一节，并列出一些多相态药物的标准图谱。美国药典也对X-射线衍射作了规定。中国的利福平生产厂家也规定产品出厂前必须作X-光衍射检查，以防止由于生产条件波动引起的晶型变化。

② X-射线物相分析可用于药物的物相定量分析。利用衍射峰的强度可以对混合药物中的

不同相态进行定量分析。有的药物在合成过程中晶化不完整，部分为晶态，部分为无定形，这当然会影响药效，因此可用X-射线衍射测定其结晶度。图6-8是具有不同结晶度的先锋霉素的X-射线粉末衍射图。图中三条曲线所分析的样品的结晶度由上而下逐渐变大。

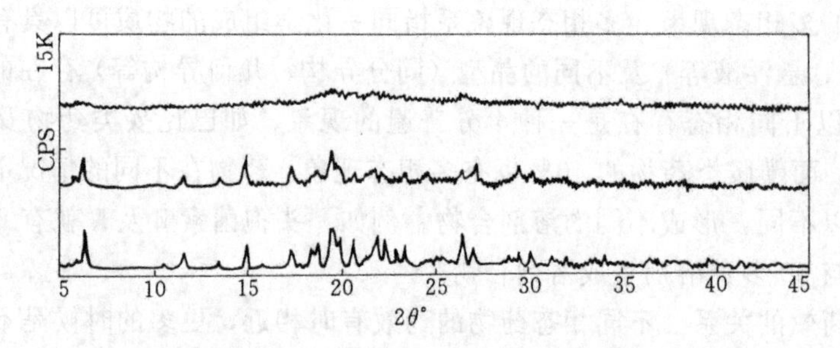

图6-8 具有不同结晶度的先锋霉素的X-射线粉末衍射图

③ X-射线物相分析可用于研究药物的生产和贮运条件。相态的形成与转变现象与药物生产及保存条件密切相关。利用X-射线粉末衍射可以研究药物生产条件、加工条件以及贮运条件对其晶型变化的影响，从而决定了生产有效晶型所需要的最佳条件。药物加工、生产中影响晶型变化的主要因素包括：研磨、溶剂、温度、压力和湿度等。

④ X-射线物相分析可用于中药分析提炼的研究。对中药材进行真伪鉴别，成分分析，监测其加工过程，以及检查中药材在贮存过程中的变化。

● 对中药材进行表征与真伪鉴别。中药与西药不同，它不是单一的化学物质，而是天然的动物、植物或矿物成分。X-射线粉末衍射谱具有指纹性，因而可作为一种表征中药材的现代测试手段，以进行表征与真伪鉴别。人们曾经利用X-射线衍射方法用于鉴别结石类药物分析[6]，例如天然牛黄、人工牛黄、猴枣、马宝、人胆结石等。

● 成份分析。利用X-射线粉末衍射可以分析出中药所含的各种物相及相对含量；可以分析不同产地，不同采摘期，不同部位药材的组成变化。这对正确使用各种药物，充分发挥其药效，减少副作用，提炼有效成分有很大的作用。

● 监测中药材的加工过程，并观察其物相变化，以便对加工工艺的合理性作出判断。人们在研究白参的炮制过程中发现炮制后产品的衍射谱与原谱截然不同，经过分析炮制后的产品是蔗糖（见图6-9），说明在白参的这种炮制过程中损坏了参体内的原有成分，因此这种白参的炮制过程是不适宜的。

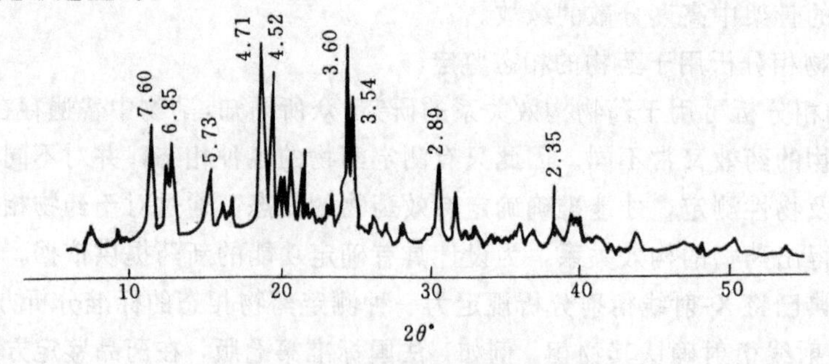

图6-9 白参的X-射线衍射图

● 检查中药材贮存过程中的相变化。

6.1.3.2 X-射线衍射在染料、颜料工业中的应用

(1) 染料、颜料中的同质异晶现象 同质异晶现象是指物质分子的化学结构相同，但由

于晶体分子排列方式的不同而产生了不同的晶体结构，它们显示不同的物理化学特性，产生不同的晶型或晶相。染料和颜料经常存在同质异晶现象，它们的不同的晶型特性会直接影响其使用性能。染料的晶型不同，将影响色光、染色强度、上染速度、固色率及分散体的稳定性。如还原染料在染色后，还原清洗、皂煮，可使色光更鲜艳、更稳定。对于化学结构同为染料（A）的物质，由于晶型不同，它们的某些物理化学性质也明显变化，见表 6-2。

表 6-2　染料（A）的晶型与表观、熔点的关系

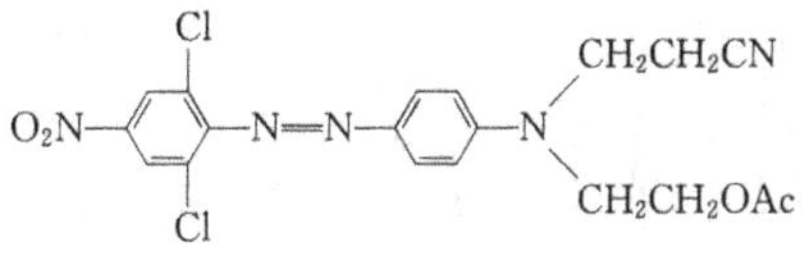

Cl

O_2N—◯—N═N—◯—N

Cl

CH_2CH_2CN

CH_2CH_2OAc

染料（A）

晶　型	形　状	颜　色	熔点，/℃	晶　型	形　状	颜　色	熔点，/℃
$\alpha_{Ⅰ}$	无定形	红棕	135～137	β	直角形	黄棕	138～140
$\alpha_{Ⅱ}$	无定形	棕	135～138	γ	尖状	橙	142～143

（2）X-射线衍射在染料、颜料工业中的应用[7]　目前，X-射线衍射法已有效地应用于染料、颜料晶型的定性和定量分析，也广泛应用于各类染料、颜料的晶体结构与性能的研究。其应用可以概括为五个方面：定性鉴定同质异晶现象；定性测定不同晶型（混晶）的各自含量；测定晶体试样微晶的粒子尺寸大小；控制产品质量；结晶度对比实验。现仅举两例加以说明。

① 定性鉴定同质异晶现象。用已知结构物质测得X-射线粉末衍射数据作为标准，如1941年 ASTM（The American Society for Testing and Materials）发表了一系列衍射卡片，汇编成X-射线粉末衍射资料，称为 ASTM 卡片。1970 年后，美国、英国、加拿大、法国等国成立了粉末衍射标准委员会（JCPDS），整理汇编了一套粉末衍射档案（Powder Diffraction Files），同时以卡片、图书、缩微胶片及磁带等四种形式出版。粉末衍射数据卡片简称为 JCPDS 卡片，到 1992 年已出版了 43 组，分为无机化合物（4 万多张），有机化合物（1 万多张），只是染料、颜料的数据很少。对于未知晶型结构的试样，测其X-射线衍射图，获得主要衍射峰的衍射角，与 JCPDS 资料卡相核对，达到定性鉴定晶型的目的。有机染料、有机颜料及某些高分子化合物多数在 $2\theta=5°\sim35°$内有衍射峰。

② 定性测定不同晶型（混晶）的各自含量。当有机颜料试样中存在两种以上的不同晶型，且当不同晶型组分是机械混合（不呈固态溶液或共熔体）时，可以应用X-射线粉末分析方法测定各种晶型的相对百分含量。

采用该测定方法，对含有混晶的试样可以显示每一种晶型的X-射线衍射峰，并且衍射峰强度与其含量成正比。通过扣除衍射曲线的背景强度，可以绘制与不同已知晶型含量对应强度的工作曲线，计算出未知试样的每一晶型的含量。例如，对于同时含有 α-型与 β-型铜酞菁（CuPc）的混合试样，可以测定混合试样中的 α-型 CuPc 和 β-型 CuPc 的百分含量。通常在测定时选用 α-型与 β-型的特征衍射角（2θ），较理想的是 β-型 $2\theta=12.5°$（$11.5°\sim13.4°$），α-型 $2\theta=15.8°$。由于 α-型的 $2\theta=15.8°$附近存在 $2\theta=15.4°$的 β-型谱线的干扰，所以必须消除 β-型对 α-型的影响。即可以利用 β-型在 $2\theta=13.9°$的强度（此处不受 α-型的干扰）几乎与 $2\theta=15.4°$的强度相等的特性，从 $2\theta=14.5°\sim17.0°$范围内测得的谱线累积强度中扣除 $2\theta=13.4°\sim14.4°$的累积强度，以消除 β-型对 α-型的 $2\theta=15.8°$附近影响，最终得到 $2\theta=15.8°$的 α-型谱线强度。然后与 $2\theta=11.5°\sim13.5°$范围内 β-型强度相比进行计算。图 6-10 为 α/β 等量混合试样的X-射线衍射曲线。

对于ε-型与β-型混合铜酞菁试样，可以选用β-CuPc的$2\theta=12.3°$，ε-CuPc的$2\theta=14.2°$。采用方差分析法求出$I_ε/I_β$与$G_ε/G_β$的工作曲线，见图6-11，再计算未知试样的组成。

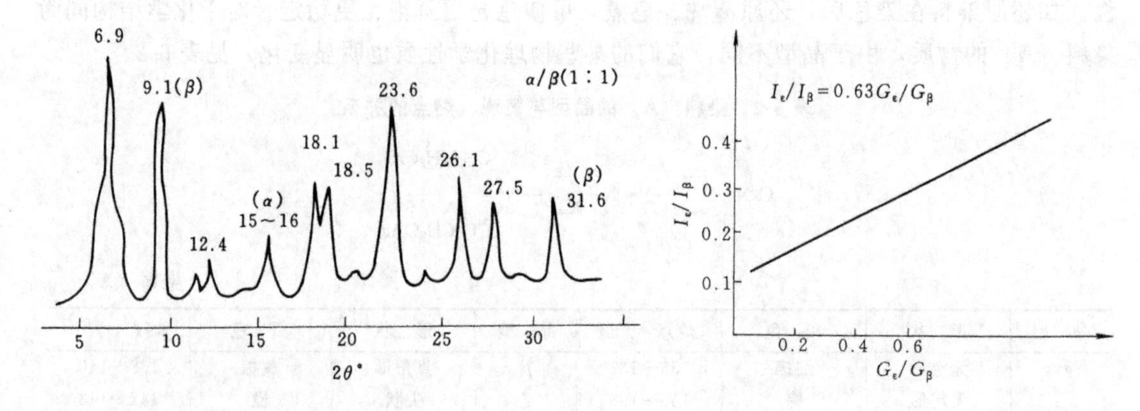

图6-10　α/β-CuPc等量混合试样的X-射线衍射曲线

图6-11　ε-CuPc/β-CuPc的工作曲线

6.2　电子显微镜[8]

人的眼睛不能直接观察直径小于0.1mm的物体或物质结构，通过光学显微镜可以观察到细菌、细胞那样小的物体，光学显微镜的分辨极限是0.2μm。为了观察更微小的物体，必须利用波长更短的波作为光源。电子波的波长比可见光的波长小十几万倍，利用电子在磁场中运动与光线在介质中传播相似的性质，人们在20世纪30年代成功研制了电子显微镜。

中国从1958年开始制造电子显微镜，现在已经能生产性能较好的透射电镜和扫描电镜。现代高性能的透射电子显微镜，点分辨本领优于3×10^{-8}cm，晶格分辨本领达到$(1\sim2)\times10^{-8}$cm，自动化程度相当高，而且具备多方面的综合分析功能。

目前电子显微镜作为观察微观世界的重要工具，已成为科学研究中一种不可缺少的仪器。在生物学、医学、物理、化学等学科中，在金属、高分子、陶瓷，半导体等材料科学中，在矿物、地质等领域中，电子显微分析都发挥着重要的作用。电子显微技术的进一步发展，有可能使人们对物质结构的认识有新的重大进展。

6.2.1　透射电子显微镜

6.2.1.1　电子光学

(1) 电子的波动性及电子波的波长　根据德布洛依假设，运动微粒和一个平面单色波相联系；初速度为0的电子，受到电位差为V的电场的加速，根据能量守恒原理，电子获得了动能，电子的波长与加速电压有关。透射电镜的加速电压一般在50kV～100kV，电子波长在$(0.0536\sim0.0370)\times10^{-8}$cm，比可见光的波长小十几万倍，比结构分析中常用的X-射线的波长也小1～2个数量级。

运动电子具有波粒二象性。电子在电、磁场中的运动轨迹以及试样对电子的散射等问题是从电子的粒子性来考虑的；而电子的衍射以及衍衬成像问题是从电子的波动性来考虑的。

(2) 静电透镜　根据电磁学原理，电子在静电场中受到的洛伦兹力的作用。当电子不沿着电场的方向运动时，运动电子受电场的作用发生折射。

静电场中，电子光学折射定律反映了电子在电场中的运动规律，与光线在光学介质中的传播规律相似。但是在电子光学中，电子运动的介质是电场，折射面是电场的等位面。

利用电子在电场中运动的特性，制成了各种电子光学透镜。带电的旋转对称的电极在空间形成旋转对称的静电场，轴对称的弯曲电场对电子束有会聚成像的性质，这种旋转对称的电场空间系统被称为静电电子透镜（简称静电透镜）。阴极处于透镜电场中的静电透镜称为静电浸没物镜。只有静电场才可能使自由电子增加动能，从而得到由高速运动电子构成的电子束。所以各种电子显微镜的电子枪都必须采用静电透镜，一般用静电浸没物镜。

图 6-12 是静电浸没物镜的原理图。它由阴极，控制极（亦称栅极）和阳极组成。阴极处于零电位，阳极电场等位面接正电位，控制极一般接负电位。在空间所形成的电场分布参见图 6-12。阴极尖端附近的自由电子在阳极作用下获得加速度，电子束所具有的能量取决于阴极和阳极的电位差。控制极附近的电场对电子起会聚作用，且能控制电子束的强度。阳极附近的电场有发散作用，电子接近阳极时，运动速度已经相当大，阳极孔的直径又比较大，因此发散作用较小。

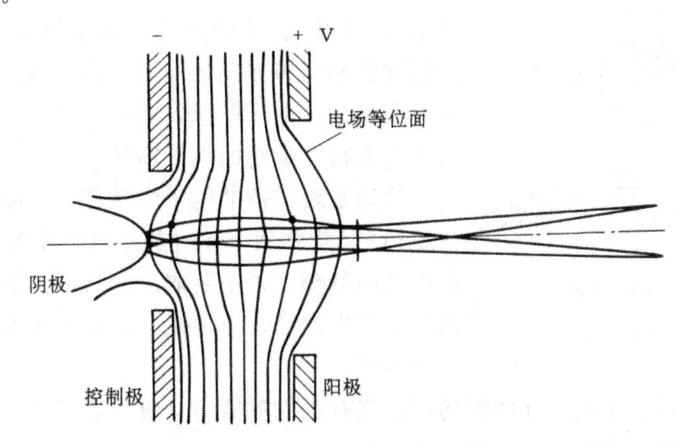

图 6-12　静电浸没物镜原理图

(3) 磁透镜　运动电子在磁场中因受洛伦兹力的作用而不断改变运动方向，但运动速度不改变。通入电流的圆柱形线圈会产生旋转对称的磁场，这种旋转对称的磁场被称为磁电子透镜（简称磁透镜）。电子受磁透镜的作用，以螺旋方式不断靠近轴并向前运动。轴对称的磁场对运动电子总是起会聚作用，磁透镜都是会聚透镜。另外，磁透镜能够将物转化成清晰的几何相似的电子图像。所以，在电子显微镜中，磁透镜可用作聚透镜和成像透镜。磁透镜分为短磁透镜、带极靴的磁透镜、单场透镜和不对称磁透镜。它们均具有聚成像的作用，只是由于磁透镜材料的不同而使其焦距、分辨本领各不相同。

6.2.1.2　透射电子显微镜的结构与性能

(1) 透射电子显微镜的结构　电子显微镜主要包括电子光学系统、真空系统和电器三部分。

① 电子光学系统　电镜的电子光学系统放置在电镜的镜筒内。图 6-13 是镜筒中各主要电子光学部件的结构图。由电子枪发出的电子束经过会聚透镜会聚后，形成的电子光源照射在试样上，电子穿过试样后经物镜成像，再经中间镜和投影镜进一步放大，最后在荧光屏上得到电子显微图像。镜筒由以下几部分组成。

a. 电子照明系统。电镜的电子照明系统包括电子枪、会聚透镜和对中系统等。该系统的作用是提供具有相当高能量和足够大电流密度的电子束。由阴极、控制极、阳极构成三极电子枪，透射电镜的加速电压一般在 50～200kV 之间，200kV 以上的电子枪常采用多级加速的

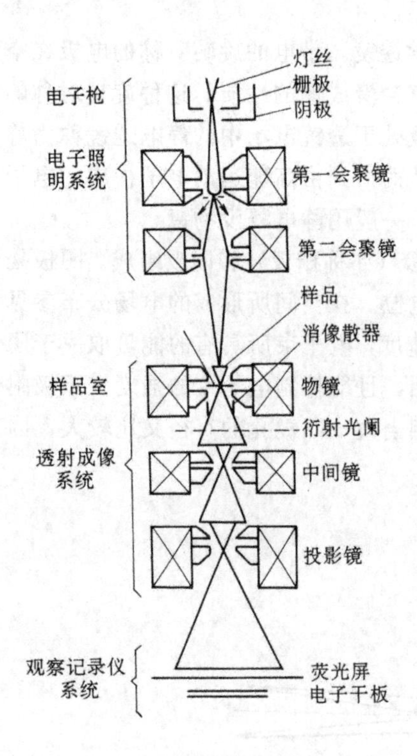

图 6-13 透射电子显微镜的电子光学系统结构图

办法。近年来发展了场发射电子枪及六硼化镧阴极电子枪。这些电子枪的亮度大、电子束能量分散性小，有利于提高电镜的分辨本领。

会聚镜将电子枪发出的电子束会聚于试样平面上，调节会聚镜电流可以改变试样平面处电子束的孔径角。束电流密度及照明斑点的大小。为了便于调节照明斑点，现代电镜一般采用双聚光镜。

照明系统中装有对中装置，它可以分别改变电子束的方向和位置，以便使电子束及成像透镜系统合轴。

b. 透镜成像系统。透镜成像系统由物镜、中间镜、投影镜和反差光阑、衍射光阑以及消像散器等电子光学部件组成。穿过试样的电子束包含了反映试样特征的信息，经过物镜和反差光阑的作用，在物镜后的像平面上形成放大了的一次电子图像，经中间镜和投影镜再放大后在荧光屏上得到最终的电子图像。

物镜是最关键的电子光学部件，通常用强磁透镜作为物镜，其焦距为 2mm 左右，放大率为 100～200 倍。透射电镜的分辨本领主要取决于物镜。物镜的焦距应尽量短，所产生的像差应尽量小，以便获得高放大倍率和高分辨本领。

为消除物镜的轴上像散，在物镜场附近装有消像散器。一般用能够产生一个椭圆磁场的八极式电磁消像散器，使轴上像散得到矫正。

在物镜的后焦面处，与透镜同轴放置一个物镜光阑，以限制物镜的孔径角和增加图像的反差。

中间镜一般是用弱磁透镜，通过调节中间镜电流来改变整个成像系统的放大倍率。一台电镜中可以使用一个或多个中间镜，中间镜有时起到放大图像的作用，有时却起到缩小图像的作用。做电子衍射时，有一个中间镜是衍射透镜，这时初次衍射谱就是中间镜成像的物。

投影镜的作用是将物镜和中间镜形成的电子图像或电子衍射谱进一步放大并投射到荧光屏上。所以要求投影镜有较高的放大倍率，一般用强磁透镜。

简单的电子显微镜由物镜、一个中间镜和一个投影镜组成三级成像系统。高性能的电镜采用多级成像系统，可以大大提高放大率，以适应高分辨率的需要，并可在较大的范围改变相机长度。各种电镜多级成像系统的光路设计不尽相同，一般是在不同放大率范围内，采用不同的透镜组合，以获得最高的放大率。

c. 试样室。被观察的试样放在支持网上，固定在试样支持器中。试样能在垂直于光轴的平面上移动，以便改变观察位置。在近代电镜中，配有各种特殊功能的支持器，能使试样倾斜和旋转，它是近代电子显微镜不可缺少的一种附件。

d. 图像的观察、记录系统。镜筒的下部是图像观察和记录系统。电子直接打在荧光屏上使荧光物质发光，显示出电子图像（或衍射谱图）。可以通过观察窗观察荧光屏上的图像，也可以将荧光屏移开，将图像拍照记录下来。

② 真空部分　要求电镜的镜筒内部处于高真空。高真空可以避免运动的电子与空气中的

气体分子碰撞而发生散射，避免电子枪放电，延长电子枪中灯丝的寿命，减小试样污染。通常用旋转机械泵抽前级真空，再用扩散泵抽到高真空。若要更高的真空度，可以采用液氮冷却系统，或者用离子吸附泵。

③ 电器部分　电镜的电器主要包括：电子枪的高压电源；磁透镜激磁电流的电源；各种操作、调整设备的电器（包括电对中系统的电源、消像散器的电源、自动真空阀门、自动照像及其他自动控制系统的电路等）；真空系统电源；安全保护用电器等。

（2）电子显微镜的主要性能指标　标志电子显微镜性能的主要指标是：分辨本领、放大率、加速电压、衍射相机长度、自动化程度、所具备的附加功能等。

① 分辨本领（亦称分辨率）　在电子图像上能分辨开的相邻两点在试样上的距离称为电子显微镜的分辨本领，或称点分辨本领（亦称点分辨率）。电子图像上能分辨出的最小晶面间距称为电子显微镜的线分辨率（亦称晶格分辨率）。电镜的分辨本领表示电镜观察物质微观细节的能力，是标志电镜水平的首要指标，也是电镜性能的主要综合性指标。

② 放大率　电镜的放大率是指电子图像相对于试样的线性放大倍数。将最小可分辨距离放大到人眼可以分辨的大小所需要的放大率称有效放大率，有效放大率是与仪器的分辨率相匹配的。另外需要有 50～100 倍的更低倍率，用以普查试样、选择视场。通过调整电镜的放大率，可以在不同倍率下观察不同尺度的微观结构。

③ 加速电压　电镜的加速电压是指电子枪中阳极相对于灯丝的电压，从而决定了电子束的能量。加速电压高时，电子束对试样的穿透能力强，能直接观察较厚的试样；也有利于获得高分辨本领，对试样造成的电子辐照损伤也比较小。一般电镜的加速电压在50～200kV，加速电压在 1000kV 以上的电镜称超高压电镜。

④ 相机长度　相机长度范围大，有利于做更多的电子衍射工作。

6.2.1.3　透射电子显微图像的衬度原理及电子衍射原理

在透射电镜中，电子的加速电压很高，试样很薄，所接受的是透过的电子信号，因此要考虑电子的散射、干涉和衍射等作用。电子图像上明、暗（或黑、白）的差异称为图像的衬度，或者称为图像的反差。不同情况下，电子图像上衬度形成的原理不同。透射电镜的图像衬度主要有散射衬度、衍射衬度和相位差衬度。

（1）散射衬度　入射电子进入试样后，与试样原子的原子核及核外电子发生相互作用，使入射电子发生散射。如果入射电子散射后运动方向发生变化而能量不变的散射称为弹性散射；如果方向和能量都发生变化的散射称为非弹性散射。对于非弹性散射来说，由于电子有能量损失，因而在成像时造成色差，使图像的清晰度下降。

当电子束经试样散射后，由于试样上各部位散射能力不同所形成的衬度称为散射衬度。由于试样上的不同区域对电子的散射能力不同，电子束穿过试样的不同区域后散射情况也不同，这种散射能力的差别变成了有明暗反差的电子图像。一般来说，物质的原子序数越大，散射电子的能力越强；明场像中成像电子越少，荧光屏上相应位置越暗，而越暗的部位对应的试样越厚；当相邻部位的厚度相差大时，得到的电子图像反差大。图像的衬度还与密度有关，但这种反差一般比较弱。总之，散射衬度主要反映了试样的质量和厚度的差异，故也将散射衬度称为质量-厚度衬度。散射衬度原理适用于非晶态或者是晶粒非常小的试样。

（2）衍射衬度　运动电子具有波粒二相性，在一定的加速电压作用下，电子束具有一定的波长，电子束与晶体物质作用，可以发生衍射现象。应用电子衍射可以研究晶粒很小或者衍射作用相当弱的样品。由于电子的散射作用强，电子束的穿透能力很小，所以电子衍射只适于研究薄晶体。薄晶试样电镜图像的衬度，是由与样品内结晶学性质有关的电子衍射特征决定的，这种衬度称衍射衬度。晶体试样上的不同部位满足布拉格条件的程度不同，所形成的电子显微图像也不同。衍射衬度的图像反映试样内部的结晶学特性，因此，薄晶样品的电子显微分析必须与电子衍射分析结合起来，才能正确理解图像的衬度。

(3) 相位差衬度　随着电子显微镜分辨率的不断提高，现在已经能够观察原子的点阵结构像和原子像。进行这种观察要求试样厚度必须小于10nm。高分辨电子显微图像的形成原理是相位衬度原理。入射电子波穿过极薄的试样后，形成的散射波和直接透射波之间产生相位差，经物镜的会聚作用，在像平面上会发生干涉。由于穿过试样各点后电子波的相位差情况不同，在像平面上电子波发生干涉形成的合成波也不同，由此形成了图像上的衬度。

6.2.1.4　样品的制备方法及电镜图像的分析

样品制备方法在透射电子显微术中起着非常重要的作用。透射电镜应用的深度和广度在一定程度上依赖于样品制备技术的发展。图像的理解也与样品的制备方法有直接关系。

在透射电镜中研究的样品有以下要求：置于电镜铜网上载样的最大尺度不超过1mm；必须薄到电子束可以穿透；只能研究固体样品，样品中所含有的水分、易挥发物质及酸碱等腐蚀性物质必须事先处理；样品需要有足够的强度和稳定性，且不荷电；样品要非常清洁。

样品的主要制备方法包括：直接法（粉末颗粒、直接薄膜、超薄切片），间接法（一级复型、二级复型）和半间接法（萃取复型）。

粉末颗粒样品可以直接放在载样铜网上，也可以在铜网上制备支持膜，以防止样品从网孔中落下。支持膜要有一定强度，对电子透明性好，不显示自身的结构。常用的支持膜有火棉胶膜、碳膜、碳补强的火棉胶膜等。粉末样品在支持膜上必须有良好的分散性且不过分稀疏，具体方法有悬浮液法、喷雾法、超声波振荡分散法等。有些轻元素组成的样品（如有机物、高分子聚合物等）对电子的散射能力差，在电子图像上形成的衬度很小、不易分辨，可以采用重金属投影来提高衬度。

由于大块物体不能直接用电镜观察，制备薄膜的方法又有局限性，为此常选用适当的材料，将物体表面复制。用复制品在电镜中进行观察研究称为表面复型方法。这种方法一般只能研究物体表面的形貌特征，不能研究样品内部的结构及成分分布。复型的制做方法很多，目前常用的方法有：火棉胶（或其他塑料）一级复型；碳膜一级复型；塑料-碳膜二级复型；萃取复型等。

可以将欲研究的试样制成电子束能穿透的薄膜样品，直接在电镜中进行观察。对于薄膜的厚度要求与试样的材料及电镜的加速电压有关。直接薄膜样品的优点在于能直接观察样品内部的结构，能对形貌、结晶学性质及微区成分进行综合分析；还可以对这类样品进行动态研究（如在加热、冷却、拉伸等作用过程中观察其变化）。制备薄膜样品的方法很多，包括：真空蒸发法、溶液凝固（或结晶）法、离子轰击减薄法、超薄切片法。

6.2.1.5　应用

由上所述，电子显微镜在生物医学领域、材料科学领域（包括金属材料、高分子材料、陶瓷、半导体材料、建筑材料等等）、地质、矿物、冶金、环境保护领域，以及在物理、化学等基础学科的研究中得到了广泛的应用。随着仪器水平的进一步提高和样品制备方法的不断改进，透射电镜的应用领域将会不断扩大，研究的问题将更加深入。透射电子显微术所研究的问题主要包括：分析固体颗粒的形状、大小、粒度分布；研究由于试样表面起伏所表现的微观结构；研究样品中的各部分对电子的散射能力有差异的微观结构；研究金属薄膜及其他晶态结构薄膜中对电子衍射敏感的结构问题；电子衍射分析。

6.2.2 扫描电子显微镜

扫描电子显微镜（SEM）是一种大型分析仪器，目前在材料科学、地质学、生物学、医学、物理学、化学等学科领域获得越来越广泛的应用。扫描电镜的迅速发展和广泛应用，得益于其本身所具有特点：仪器分辨本领较高；仪器放大倍数变化范围大且能连续可调，图像清晰；观察试样的景深大，图像富有立体感；样品制备简单，不需采用复型技术，因而使图像更近于样品的真实状态；可以方便有效地控制和改善图像的质量；可配以其他的仪器进行综合分析。

6.2.2.1 *扫描电镜成像原理*

（1）电子与物质相互作用　电子与物质的相互作用是一个很复杂的过程，是扫描电镜所能显示各种图像的依据。当高能入射电子束轰击样品表面时，由于入射电子束与样品间的相互作用，将有99%以上的入射电子能量转变成样品热能，而余下的约1%的入射电子能量，将从样品中激发出各种有用的信息，主要有：二次电子（从距样品表面10nm左右深度激发出的低能电子）；背散射电子（从距样品表面0.1～1μm深度范围内散射回来的入射电子）；透射电子（透过样品的入射电子）；吸收电子（残存在样品中的入射电子）；俄歇电子（从距样品表面零点几nm深度范围内发射的、具有特征能量的二次电子）；X-射线（从样品的原子内部发射出的特征X-射线）；阴极荧光（从样品中激发出的可见光或红外光）；感应电动势（电子束照射半导体器件的pn结所产生的电动势）。

在高能入射电子束轰击样品时，从样品中可激发出以上不同的信息，反映了样品本身不同的物理、化学性质。扫描电镜的功能就是根据不同信息产生的机理，采用不同的信息检测器，检测上述的激发信息。检测器不同，所检测到的图像也各不相同。

（2）成像原理　扫描电镜成像过程与透射电镜的成像原理完全不同。透射电镜是利用成像电磁透镜成像，并一次成像；而扫描电镜的成像则不需要成像透镜，其图像是按一定时间空间顺序逐点形成，并在镜体外显像管上显示。

二次电子像是用扫描电镜所获得的各种图像中应用最广泛、分辨本领最高的一种图像，下面以二次电子像为例来讨论扫描电镜的成像原理及有关问题。

图6-14是扫描电镜的结构原理图。由电子枪发射的电子束，经会聚透镜和物镜缩小、聚焦，在样品表面形成一个具有一定能量、强度以及斑点直径的电子束。在扫描线圈的磁场作用下，入射电子束在样品表面上按一定时间、空间顺序作光栅式逐点扫描。入射电子将样品激发出二次电子，通过二次电子收集极的作用，将发射的二次电子汇集起来，再经加速极加速，射到闪烁体上转变成光信号、经过光导管到达光电倍增管；使光信号再转变成电信号。电信号经视频放大器放大，并输出至显像管的栅极，调制显像管的亮度。在荧光屏上便呈现一幅亮暗程度不同的，反映样品表面起伏程度（形貌）的二次电子像。

对于扫描电镜来讲，入射电子束在样品上的扫描和显像管中电子束在荧光屏上的扫描是用一个共同的扫描发生器控制的，这样就保证了入射电子束的扫描和显像管中电子束的扫描完全同步，即保证了样品上的“物点”与荧光屏上的“像点”在时间与空间上一一对应。采用不同的检测器使得扫描电镜除能显示一般的形貌外，还能将样品局部范围内的化学元素、光、电、磁等性质的差异以二维图像形式显示出来。

扫描电镜二次电子像的分辨本领一般为6～10nm，扫描电镜观察样品的景深最大，光学显微镜景深最小。

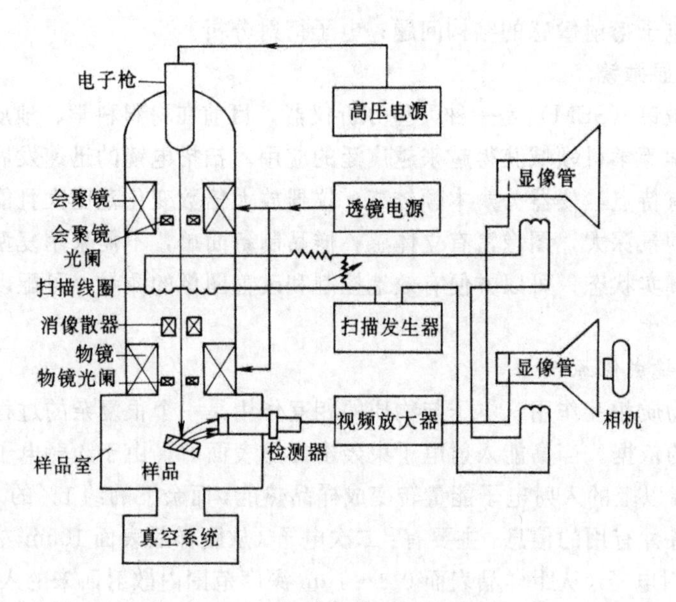

图 6-14 扫描电镜结构原理图

6.2.2.2 *扫描电镜的结构*

扫描电镜的仪器结构但大体可分为以下五个主要部分：产生电子束的电子光学镜筒；样品室；镜体真空抽气系统；信号检测、放大及显示系统；电源系统。

(1) 电子光学镜筒　扫描电镜的电子光学镜筒实际上起着样品信息激发源的作用，它提供一个能量、强度和斑点直径可调的电子束，并将其打到样品上。电子光学镜筒主要组成是电子枪、电磁透镜、光阑、像散校正器扫描线圈及有关电源。

电子枪能形成一个具有一定能量的电子束，其结构与透射电镜类似。电子透镜是由轴对称的电场或磁场构成的缩小透镜，通常使用两个或三个电子透镜，靠近电子枪的电子透镜叫会聚透镜，靠近样品的透镜叫物镜。会聚透镜主要用来调节打到样品上入射电子束的强度，以改变图像亮度和反差。物镜主要用来调节电子束斑直径并实现图像聚焦。

扫描电镜中主要有会聚镜光阑和物镜光阑。会聚镜光阑的作用是挡掉由电子枪出来的散射角度较大的电子或其他杂散电子，以降低噪声本底，防止绝缘物荷电等。物镜光阑的作用是减小物镜球差，提高分辨本领和改变景深。

消像散器一般都装在物镜上的，其作用是消除电子光学系统因沾污等原因引起的像散，以提高分辨本领。

(2) 其他部分　样品室一般处于镜筒的下方，内部装有样品台。通过调节样品台可使样品作各种运动，这些运动有样品在 x、y 方向的平面运动和在 z 方向的工作距离的变化。真空系统的作用与透射电镜相同。

信号检测、显示系统是扫描电镜的重要组成部分，由各种检测器、放大器、显示荧光屏等组成。通过不同的信号检测器对电子束在样品上激发出来的信号加以检测，放大，最终得到表征样品形貌或物理、化学等性质的电子图像。

6.2.2.3 *扫描电镜样品制备*

对于导电性良好的样品，一般保持原始形状，不经或稍经处理，就可在电镜中进行观察。对于不导电的，或在真空中有失水、放气、收缩变形现象的样品，需经适当处理，才能进行观察。对于扫描电镜所用的样品有以下制备要求：

① 观察的样品必须为固体（块状或粉末），同时在真空条件下能保持长时间的稳定，对于含有水分的样品，应事先干燥；

② 观察样品应有良好的导电性，导电性不好或不导电的样品，应进行真空镀膜，以消除荷电现象；

③ 金属断口以及质量事故中的一些样品，一般可保持原始形态放到扫描电镜中观察；

④ 用波长色散X-射线光谱仪进行元素分析时，分析样品应事先进行研磨抛光，以免影响X-射线检测；对不导电样品，表面应喷涂碳膜，以使样品表面具有良好的导电性，不致对X-射线产生强烈的吸收；

⑤ 生物样品一般需要进行脱水干燥，固定，染色，真空镀膜等处理。

6.2.2.4 扫描电镜的应用

利用扫描电镜可以对样品进行图像观察、元素分析和晶体结构分析。目前，扫描电镜在金属材料、陶瓷材料、高分子材料、半导体、生物学、医学等方面得到广泛的应用。

金属材料的性能与材料的化学组成、金相组织、热处理工艺以及杂质元素等有关。利用扫描电镜具有景深大的特点，可对金属材料的拉伸样品等断面和金相样品进行直接的形貌观察，同时可在样品微区进行组成元素分析。

利用扫描电镜，可以观察陶瓷材料的晶粒形状和大小、断口的形貌、晶粒间相互结合的状况及夹杂物、气孔的分布等，探讨它们的显微结构与宏观性能之间的关系，从而改善产品生产工艺以提高产品的使用的性能。

利用扫描电镜研究高分子材料的形貌，可以改善制备工艺，提高产品性能。利用扫描电镜可以对半导体的复杂表面进行观察。

6.3 热分析

热分析技术广泛应用于研究物质的各种转变与反应（如聚合物的玻璃化转变现象、脱水、氧化裂解、交联、环化等）。另外，也可用于物质的定性鉴定、测定物质的组成以及特性参数等。热分析是指在程序控温下，测量物质的物理性质（如质量、温度、热量，力学量、光学量、磁学量等）与温度关系的技术。热分析技术作为一种科学的实验方法，最常用的有两种——原始的差热分析（DTA）和热重法（TG）。它们分别由法国 Le Chatelier 和日本本多光太郎创立。

目前常应用量热方法来探索样品的性质与温度的函数关系，或探索与化学反应相关的温度变化。关于热分析的专著有许多[9]，本节只叙述应用最普遍的几种有关的热分析方法。

热重法很相似于经典的重量分析，它以样品的质量作为温度的函数。差热分析是以样品与非活性参照物之间的温度差作为两种物质（一般为参照物）之一的控制温度的函数被监测。差示扫描量热法（DSC）相似于差热分析，除了流入样品和流入参照物之间的热不同外，是以温度或时间（如果温度是恒定的）的函数被监测。在一个样品经受压力下来监测它的力学性质，这种量热法称为动态力学分析（DMA）。热机分析（TMA）是将被测样品的尺寸作为可变温度的函数。热测量可用来确定某些滴定终点。测温滴定是将滴定温度作为滴定体积的函数而记录的。直接注入热函法（DIE）是将一种超量化学试剂突然加入样品后监测样品温度改变的一种技术。连续流动热函法（CFE）是当一种过剩的化学试剂连续加到样品流中时，测定温度改变的一种技术。

6.3.1 热重法

热重法是在程序控温下，测量物质质量与温度关系的技术。当然该法也包括在恒温条件下，测量物质质量与时间的关系。当进行热重研究时，样品的质量或是作为温度或是作为时间的函数而被测量。质量分数或初始质量分数对温度或时间作图就是热重曲线。在研究过程中如果温度是变量，就以质量作为温度的函数绘图。在等热量研究或程序温度研究的恒温部分中，是以质量作为时间的函数作图。发生质量变化的任何一个过程均可用热重方法研究。质量变化一般是由于易挥发组分（例如水、二氧化碳、氧化氮等）从样品中失去造成的。热重法不能应用到不涉及质量改变的过程（如熔化）。质量改变可用于定量分析，而过程中温度变化用作定性分析。

6.3.1.1 仪器

同时可以加热样品又可测其质量的仪器称为热天平。

图 6-15 是热天平的示意图。它是用高灵敏度的微量天平测量质量，通常这种天平是一个电动装置。将样品放在天平单盘的样品舟中，砝码挂在天平相反方向的臂上，如同实验室的单盘天平一样。天平梁是石英做的，被固定在位于两个电磁铁间的金属臂上。通过观察固定在天平梁上的光敏零位检测器上的光束的折射，或由其他方法来观测天平的运动。天平梁的偏转是通过流经电磁铁的电流变化得到自动补偿并使梁恢复到原来位置，它与样品质量有关；流经电磁铁的电流大小可监测出来。电信号正比于天平上的质量并显示在读出装置上。通常被检测的样品质量以 5～25mg 为最适宜的量。

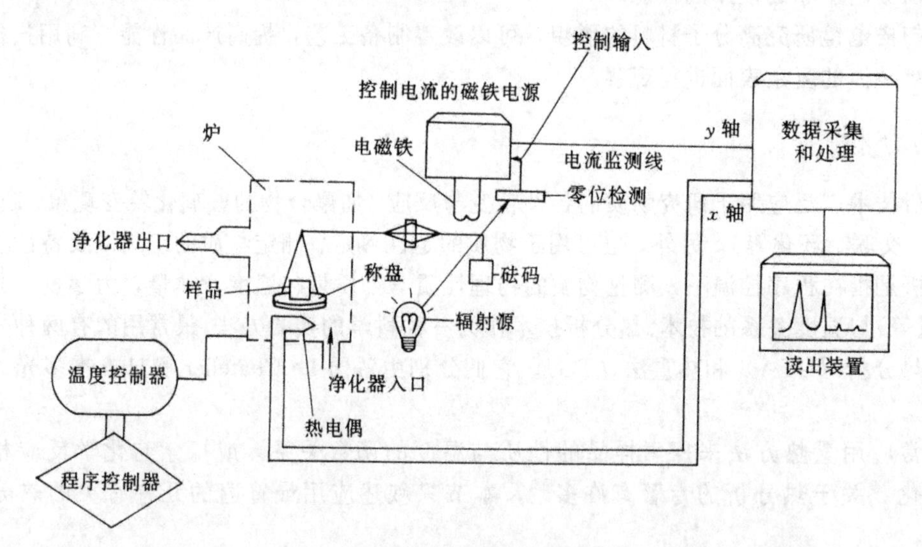

图 6-15 热天平图

Perkin-Elmer 公司的 TGS-2，Du Pont 公司的 951 热天平，以及日本理学电机、岛津制作所的热天平使用较为多见。国内生产的热天平有：北京光学仪器厂的 PCT 系列差热天平，上海天平仪器厂的 WRT-1、WRT-2 型微量热天平、PRT-1 普通型热天平以及海城无线电一厂的 TG-1 型微量热天平。

6.3.1.2 基本原理

适于进行热重分析的样品是参与下列两大类反应之一的固体：

$$\text{反应物(固体)} \longrightarrow \text{产物(固体)} + \text{气体}$$

$$\text{气体} + \text{反应物(固体)} \longrightarrow \text{产物(固体)}$$

第一个反应过程涉及质量减少，而第二个反应过程则涉及质量增加。不发生质量变化的过程不能用热重法加以研究。一张简单的硫酸铜五水合物的热重量曲线示于图 6-16。

热重量曲线有两个主要特点：一是可以观察谱图的一般形状和发生质量变化的特定温度，但是发生质量变化的温度的再现性受许多实验条件的严重影响，因此会影响热重法的定性分析能力；二是可以观察到质量变化的大小，质量变化直接与所进行的反应的特定化学计量关系有关，而与温度无关，因此，可以对已知定性组成的样品进行精确的定量分析，此外还能推断新化合物的组成。

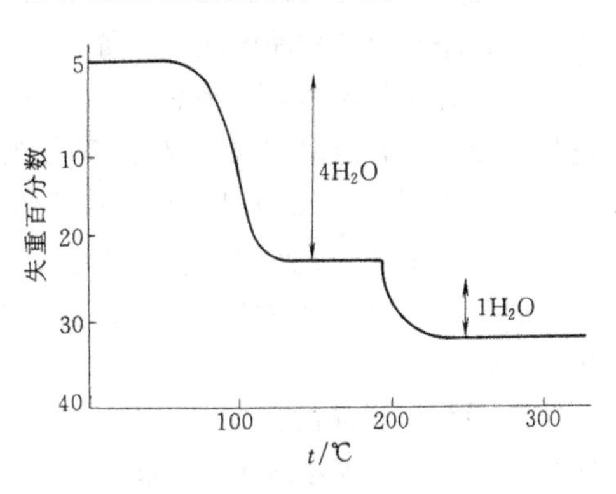

图 6-16　硫酸铜水合物脱水的热重量曲线

6.3.1.3　*数据处理及其影响因素*

(1) 热重数据的表示方法　由热重法测定的记录为热重曲线（TG 曲线）。它表示过程的失重累积量，属积分型。热重曲线横轴表示温度或时间，从左到右表示增加，在动力学分析中采用热力学温度或其倒数 $1/T$(K)。纵轴为质量，从上向下表示减少，以余重（实际称重 mg 或剩余百分数%）或剩余份数 C（从 1→0）表示。DTG 曲线以每分钟或每度产生的变化表示，如 mg/min，mg/℃ 或为%/min，%/℃ 等（如图 6-17）。

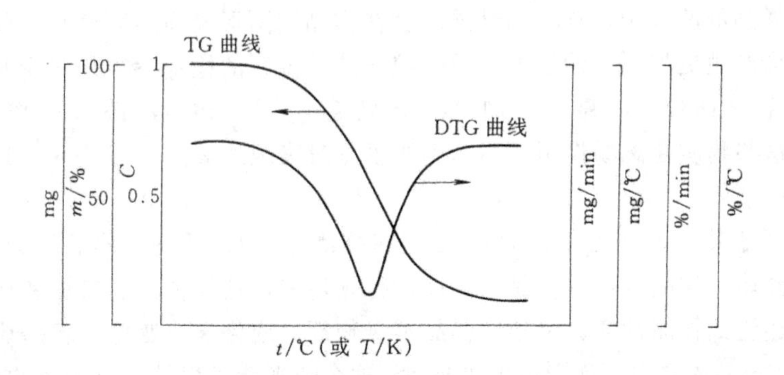

图 6-17　TG，DTG 曲线示意图

测定失重速率的是微商热重法（Derivative Thermogravimetry，DTG），它是热重曲线对时间或温度一阶微商的方法，记录为微商热重曲线（DTG 曲线）。纵轴为质量变化速率，向下表示减小，所以峰应朝下。

热重曲线一般可直接从记录曲线取得。由于受仪器精度的限制，为了更有把握，也可由实验前后样品的实际称重与记录的失重曲线对照，重新校核仪器的实际量程。如果仪器没有直接记录 DTG 曲线，则可通过作图或计算求得。如逐点作切线，求斜率，但此法有一定的任意性，易形成作图误差。当取的实验点足够密时，相邻两点间的失重速率可近似地取它们的差商。所取的间隔越小，求出的峰值越接近实际，但各点会有较大的跳动。

(2) 热重数据的影响因素　热分析（包括热重分析）数据往往不是物质固有的参数，它们具有程序性的特点，受仪器结构、实验条件和样品本身反应的影响。所以，在表达热分析数据时必须注明分析条件。热重分析结果的影响因素包括以下几个方面。

① 仪器因素

a. 浮力和对流对于热重数据的影响。在热重分析的过程中，样品周围气体随着温度的升高而膨胀，气体的密度变小，导致浮力变小，表现为增重。由于天平系统放在常温，而样品周围受热会引起对流的影响，可采用热屏（如冷却水套）等措施克服。浮力和对流这两个问题由于天平部分和样品的相互位置不同而有所不同，一般来说以水平配置较好。但由于设计和制造上方便的原因，许多热天平仍采用上皿式的结构。目前，某些热天平在结构和适应微量化的要求等方面都有很多改进。采取的一些措施使零线稳定，浮力问题得到了很好的克服。

b. 挥发物的再凝集对于热重数据的影响。在热重分析的过程中，挥发产物可凝缩在称重系统的较冷部分（如支持器的较冷部分），而且通气速度也可以影响挥发产物在支持器的不同部位的凝结，因此热重曲线很不重复。为了防止挥发物的再凝集可以设置屏板，以防止挥发物在支持器上的凝集。

c. 坩埚与样品的反应及坩埚的几何特性对于热重数据的影响。在碳酸钠的热重分析的过程中，曾经发现碳酸钠在石英和陶瓷坩埚中的分解温度要比在铂坩埚中低，这是由于坩埚与样品在约 500℃ 反应，形成硅酸盐和碳酸盐，使热重曲线变形。另外，也曾发现聚四氟乙烯在一定条件下与陶瓷或石英坩埚起反应，易形成具有挥发性的硅酸盐化合物。

坩埚的物理性状，如形状、尺寸、多孔性也可影响实验结果。所以，应尽量使用少量的样品，并将样品薄薄地摊在浅皿状坩埚中，使热重分析过程免受扩散控制。除非为了防止样品飞溅，一般不采用加盖封闭坩埚，否则会造成反应体系气流状态和气体组成的改变。

d. 温度的测量与标定对于热重数据的影响。在热分析过程中，热电偶通常是不与样品直接接触，而置于样品的凹穴中，这样当升温时会在样品周围形成高温度分布。使用导热性差的陶瓷坩埚时，会产生更加明显的温度滞后。校正热重温度的检定参样是采用几种合金强磁性体［镍铝合金（165℃），镍（354℃），派克合金（592℃），铁（780℃），Hisat-50（1002℃）等］，这些物质在磁场作用下当达到居里点时表现失重。

② 实验条件

a. 升温速率对于热重数据的影响。热重法是将样品边升温边称重，样品和炉壁不能接触。样品的升温是以介质—样品容器—样品的顺序进行热传递，这样会在加热炉和样品之间形成温差。这种热传递受到样品性质、尺寸、样品本身物理（或化学）变化引起的热焓变化等因素的影响，另外在样品内部也可能形成温度梯度。这个非平衡过程随升温速率的变大而变大，即温差随升温速率的提高而增加。

提高升温速率使热重曲线向高温推移，借此可进行动力学分析。改变升温速率可以分离相邻反应，快速升温时曲线表现为转折，而慢速升温时曲线可表现为平台。例如，测定 $NiSO_4 \cdot 7H_2O$ 的热重曲线，当升温速率为 2.5℃/min 时，只观察到一水合物的平台；当以 0.6℃/min 的升温速率升温时，可检测到六、四、二和一水合物的平台。由此说明，分析含大量键合水的样品，必须采用慢速升温。慢速升温有利于中间体的鉴定与解析。

b. 样品用量、粒度和形状对于热重数据的影响。当样品量大时，由于热传导而会使样品内部形成温度梯度，并且样品量越大，则在样品内部的温度降也越大。扩散障碍影响分解的挥发产物由内层向外层扩散，影响挥发产物逸出表面。样品量变大会使曲线的清晰度变差，并移向较高温度，反应所需的时间加长。

使用少量样品虽可观测到分解的真实特点，人为误差较小，但在某些情况下，加大样品量却可扩大两样品间的较小差异。例如，当被测试的低压聚乙烯的样品量增加到 5g 时，可观察到约为 0.4% 的起始失重。

对于在瞬间完成的爆炸式的反应，由于在反应瞬间天平不能达到平衡。所以在这种情况下，应采用少量样品或一定量参比物稀释的办法。

对样品的物理状态和形状，也需慎重考虑。粒度往往会影响热重曲线，粉料越细，反应面越大，使反应起、终点的温度降低，反应加速。此外，在样品粉碎和研磨过程中，应注意不要引进机械杂质。

c. 气氛对热重结果有明显的影响。由于气氛对实验结果有影响，因此需注明气氛条件，其中包括：静态还是动态气氛；气氛的种类（空气；N_2，Ar，He 等惰性气氛；H_2，CO 等还原性气氛；O_2 等强氧化性气氛；CO_2，Cl_2，F_2 等腐蚀性气体；水蒸气；以上气体的混合气氛；减压、真空、高压）；气氛的流量。

改变实验的气氛条件应该注意的问题：气氛与热电偶、样品容器及气路其他部件所用的材料是否反应；要防止爆炸和中毒的危险；确认产物气对测定结果有严重影响时，则应排出（特别是水蒸气）；由于不同气氛的热传导不同，是否会导致炉内的温度分布和热传递特性发生变化。

d. 记录纸的走速可对曲线的清晰度和形状有明显的影响。加大走纸速度可使某失重量温度读得准些，但可能使曲线的某些特征温度（如反应的起始、终点和转折）变得不明确，引起作图误差，带有相当大的任意性。

提高升温速率或对于快速失重，须相应地提高走纸速度。测定高聚物的热重曲线，纸速通常可选取 5℃/min ～ 60mm/h，10℃/min ～ 120mm/h。失重线的夹角一般以 45℃ 为宜。

③ 样品的反应　由于样品的温度比炉温低，会存在温度滞后并产生温差。这个温差与热传导、样品热焓变化有关。如样品本身的物理或化学反应是放热的，则温差降低；若为吸热，则温差增加。

此外，粉末状样品的静电特性、天平灵敏度、记录系统等均影响热重结果。

6.3.1.4　应用

有关热重分析的研究与应用可概述为如下几方面：无机、有机和聚合物的热分解；高温下金属在不同气氛中的腐蚀；固态反应；矿物的焙烧；液体的气化；煤、石油和木材的裂解；湿气、挥发物和灰分的测定；气化和升华速率；脱水与吸湿性研究；聚合物的热氧化裂解；共聚物组成，添加剂的含量测定；爆炸物质的分解；反应动力学研究；新化合物的发现；吸附与解吸附曲线。热重法目前在无机化学、分析化学、有机化学、高分子化学、金属合金、地质、生命科学、含能材料、催化科学、药学、土壤分析等领域得到广泛的应用，现仅举几个例子加以介绍。

（1）在药物分析中的应用　热分析可以在动态下快速测定药物原料、产品、中间体产物的某些物理性质，具有操作简便、样品用量少、不需特别处理、曲线易于辨认等特点。所以，热分析在药物的研究与生产中已作为常规的质量控制方法和测试手段被广泛地应用。

当热重分析应用于药物原料、产品、中间体产物的水分含量测定时，可以用 TG 法测定水分的含量，用 DTG 法测定脱水速度。美国药典已指定采用 TG 法测定抗癌药硫酸长春碱（硫酸长春碱的熔点为 211～216℃）的干燥失重，所用样品的量只要 10mg，可快速测定样品的水分，温度范围为室温到 200℃。采用 TG 法测定干燥失重所需要的样品量比常规的干燥失重测量法的样品量少 100 倍。由此说明，当测定昂贵药品或对氧环境敏感的物质的水分含量时，可以采用 TG 法进行测试。图 6-18 是 5′-去氧-5′-（1，4-二胺-4-羧丁基）腺苷的 TG 曲线，该样品在 30℃ 开始失去结晶水，147℃ 脱水形成环酰胺，在 217℃ 开始热分解失重。

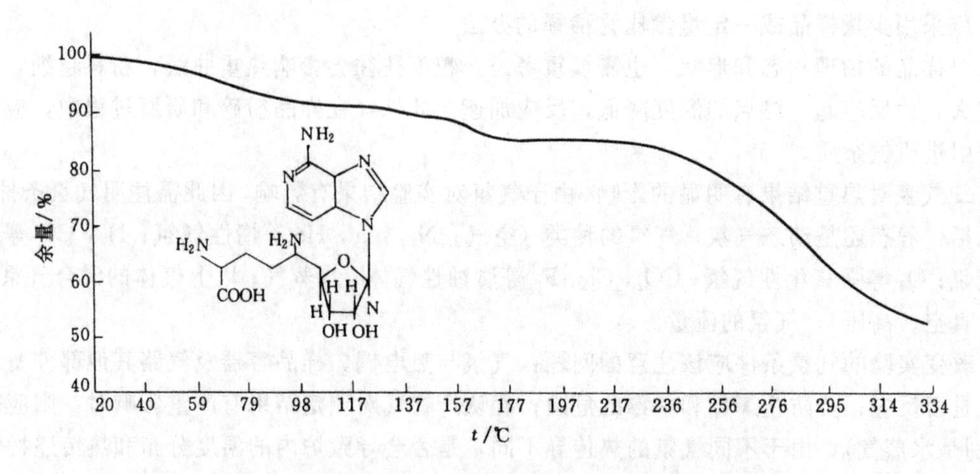

图 6-18　5′-去氧-5′-(1,4-二胺-4-羧丁基）腺苷的 TG 曲线

升温速率：5℃/min；N_2：40cm³/min；试样量：22.44mg

另外，TG 法还可用于研究和测定药物的降解机理及降解条件；研究药物的适宜储藏条件。对于药物制剂，尤其是含有挥发性药物的制剂的研究是有价值的。尤其重要的是在开发中药的研究中，对于挥发性药物的定量分析，TG 法会有广泛的应用前景。采用热重分析法对于人参、西洋参的粉末及其浸出物进行分析，可以对于西洋参系列产品进行真伪鉴别[10]。

（2）在聚合物分析中的应用　热重法在聚合物的生产及研究中也起到非常重要的作用。例如，可以采用热重法来研究聚合物在热处理过程中的热分解。应用热重法还可以测定聚合物的热分解动力学[11]。另外，聚合物材料经碳化反应所生成的碳具有特殊的物理性能，这种碳具有石墨化结构。聚合物在惰性气氛中经2000℃的高温处理就会成石墨化碳，其石墨化的程度取决于700～900℃时制得的碳的性质。通过研究碳化过程中聚合物的熔化与生成的碳在高温下石墨化能力之间的关系后，发现只有聚合物熔化才能生成石墨化碳；在较低的温度时，聚合物生成的多环芳香结构易取向而形成石墨。热重法，特别是与 DTA 和 EGA 联用，对揭示碳化过程发生的变化非常有用。

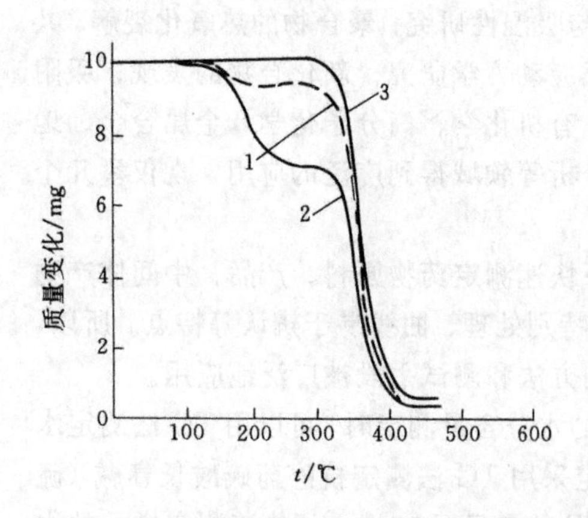

图 6-19　不同组成聚丁酸乙烯酯的 TG 图

应用 TG 法还可以对聚合物的热稳定性和热寿命进行测试。通过热重法鉴别和分析共聚物体系发现，共聚物的热稳定性总是介于两种均聚物的热稳定性之间，随共聚物的组成变化而变化。

应用热重法对聚合物中的各种添加剂（有机添加剂、无机添加剂）进行分析，比一般的方法要简单方便。图 6-19 表示 TG 法能快速测定增塑剂的含量。三条曲线分别为：不含增塑剂的聚丁酸乙烯酯（曲线 3）；含有 31％增塑剂的聚丁酸乙烯酯（曲线 2）；用正己烷萃取掉增塑剂后的聚丁酸乙烯酯（曲线 1）。显然，曲线 2 的前半部分形状是由于增塑剂的挥发造成的失重，由此可算出增塑剂的含量。

6.3.2　差热分析法

差热分析是在程序控制温度下，测量物质与参比物之间的温度差与温度关系的一种技术。差热分析曲线（DTA 曲线）是描述样品与参比物之间的温差随温度或时间的变化关系。在

DTA 试验中，样品温度的变化是由于相转变或反应的吸热或放热效应引起的，例如，相转变、熔化、结晶结构的转变、沸腾、升华、蒸发、脱氢反应、断裂或分解反应、氧化或还原反应、晶格结构的破坏和其他化学反应。一般来说，相转变、脱氢还原和一些分解反应产生吸热效应；而结晶、氧化和一些分解反应产生放热效应。

6.3.2.1　基本原理

当样品中发生涉及一定的反应热的变化（如化学反应、相变、结构变化等）时，将观察到样品和惰性参比物间的温度差。若 ΔH 是正值（吸热反应），则样品温度将低于参比物温度。若 ΔH 是负值（放热反应）那么样品温度将高于参比物温度。图 6-20 表明了这两种情况的差热分析曲线。由于差热分析法不局限于有质量变化的反应，所以差热分析法比热重分析法有着更广泛的应用。

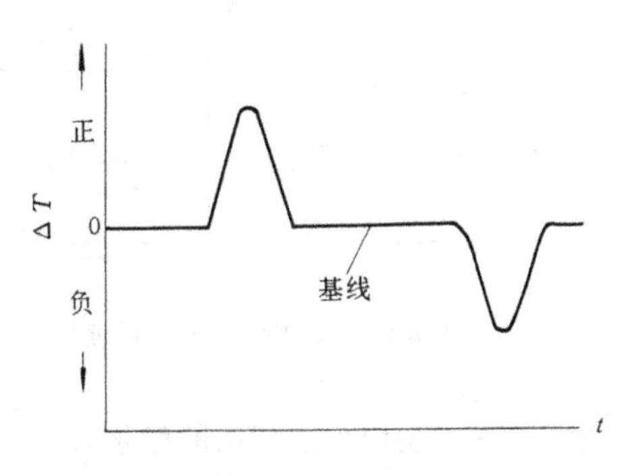

图 6-20　差热分析曲线上的放热峰和吸热峰

差热分析加热曲线既可用于定性分析，也可用于定量分析。峰的位置和形状可以用来测定样品的组成。由于峰下的面积与反应热及存在物质的量成正比，所以可以进行定量分析。此外，在小心控制的条件下加热曲线的形状也可用来研究反应动力学。

6.3.2.2　仪器

进行差热分析需要以下的组件：测量温度差的电路；加热装置和温度控制装置；放大和记录装置；气氛控制装置。

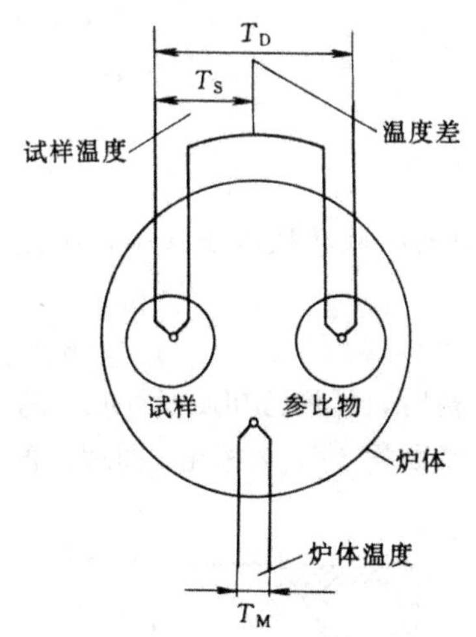

图 6-21　差热分析池中的热电偶装置示意图

热电偶是差热分析法监测温度的最可靠装置，典型的装置见图 6-21。在差热分析法中需要注意对于样品和参比物的实际温度的正确测定的再现性。和热重分析法一样，差热分析的热平衡极为重要。由于在样品的外部和内部之间会存在一定的温度差，所以反应经常只在样品的表面发生，而内部未反应。因此所测试的样品量要尽可能少，并且样品颗粒大小要均匀、填装要均匀。根据使用仪器的不同，热电偶可以直接插入样品中，或者简化成与样品架直接接触；要注意热电偶必须精确地定位。所用热电偶对温度响应应该匹配，并且样品热电偶和参比物热电偶在炉内的几何位置应该完全对称。

为了减少加热炉对热电偶的电干扰，大部分仪器都有样品和参比物的内金属室，以用作电屏蔽并使热波动减少到最低程度。由于容易控制气氛，对流不再是重要的影响因素。

放大信号和记录结果的方式与热重分析十分类似，不同之处在于采用热电偶间的电位差信号代替质量变化信号，图 6-22 是典型的差热分析装置示意图。

由于热重分析法和差热分析法很类似，因此许多商品仪器具备可以进行两种类型分析的能力，加热装置、温度控制装置、气氛控制装置和记录装置均可共用，只有热天平和差热分析样品室是分开的。与热重量分析仪器一样，大多数现代差热分析仪器均配备有数字数据收

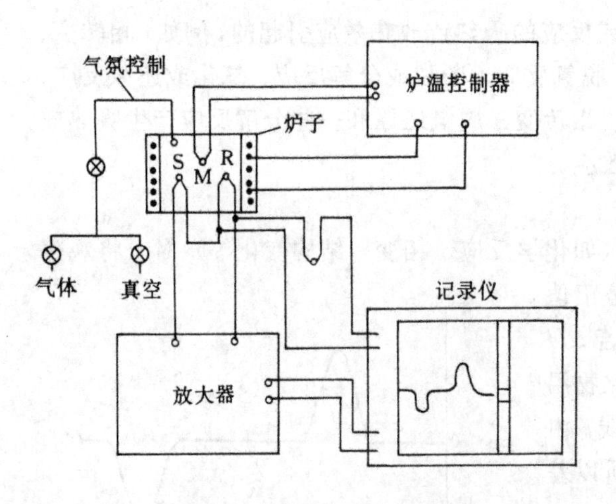

图 6-22　差热分析装置示意图

集和数据处理系统。

6.3.2.3　数据处理及其影响因素

(1) 数据的表示方法　热量由环境流向样品或由样品流向环境的定量关系可用牛顿冷却定律表示：

$$dQ/dt=k(T_s-T_e) \quad (6\text{-}2)$$

式中　k——与体系热导率有关的常数；

T_s——样品温度；

T_e——环境温度。

若 dQ/dt 是负值，则热量 (Q) 由环境流向样品。在加热曲线的基线区，情况总是这样。化学过程的热量产生速率方程式为：

$$dQ/dt=(-\Delta H)dn_p/dt \quad (6\text{-}3)$$

式中　n_p——反应生成产物的摩尔数。

样品的净热量变化可联立式 (6-2) 和式 (6-3) 解出。对于一个放热过程，反应开始使得热量增加速率增大，而由环境到样品的热传递的速率减小，在式 (6-2) 中 T_s-T_e 趋向于减小。若式 (6-2) 等于式 (6-3)，则可观察到差热分析峰的极大值或极小值。

差热分析峰面积 (A) 主要取决于样品量、反应热以及从环境流向样品或从样品流向环境的热流动。它们的关系可用下列公式表示：

$$A=-m\Delta H/(gk) \quad (6\text{-}4)$$

式中　g——与样品几何形状有关的常数；

k——与热导率有关的常数；

m——样品中反应组分的量，mol。

尽管常数 g 和 k 可由实验测定，但通常将它们合并到一个简单的经验转换因子 k' 中，由此得到：

$$A=k'm(-\Delta H) \quad (6\text{-}5)$$

由式 (6-5) 可知，峰面积与质量成正比。因此，在定量分析时，可将已知质量 (m_k) 的样品的峰面积 (A_k) 与在相同条件下操作的未知样品 (m_{unk}) 的峰面积 (A_{unk}) 相比。同理，通过与已知 ΔH 的样品相比较，可以测定反应热，但是在测定反应热和样品质量时必须注意：式 (6-4) 中的与峰面积和 ΔH 有关的常数随温度而变，并可能产生误差。因此，已知样品和未知样品应该在相同的温度下反应，并且它们的峰面积应该大致相等。

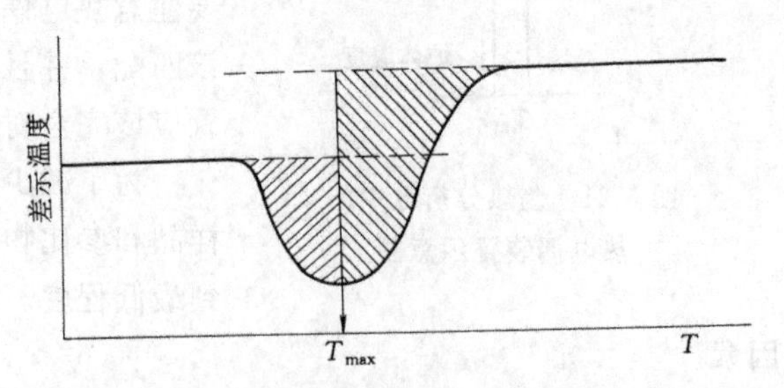

图 6-23　差热分析峰面积计算的图解

加热曲线峰下面面积的计算方法还不统一，这是由于反应的结果改变了热导率和比热容，从而使得基线的前部和后部通常不一致。通过延伸两条基线，并使得两条延长线与由曲线极大值的垂直线相交，然后测定曲线两半部分下面的面积并加和，就可以迅速估算出待测峰的面积 (见图 6-23)。

加热速率改变时，从测得的差热分析曲线的变化中能计算差热分析中待测反应的速率和活化能，可应用的关系式为：

$$d[\ln(b/T_{max}^2)]/d(1/T_{max}) = -E^*/R \tag{6-6}$$

式中　E^*——反应活化能；

R——气体常数；

b——加热速率；

T_{max}——曲线极大值温度，K。

以 $\ln(b/T_{max}^2)$ 对 $1/T_{max}$ 作图，得到斜率为 $-E^*/R$ 的直线。

用热重法进行动力学分析的有关问题也可用差热分析法加以研究。而且固体样品的微观状态常常对表观反应速率有很大影响。

(2) 影响 DTA 曲线的因素　在 DTA 中影响曲线的因素比在热重法中所讨论的因素更多而且更复杂。如果 DTA 曲线用于定性分析，那么吸热和放热曲线峰的形状、位置、数目是重要的。改变实验条件如升温速率或炉子气氛，不但峰的位置会改变，峰的数目也可能会改变。对于定量研究来说，更应注意曲线峰所包围的面积变化，因此必须弄清实验参数对于面积的影响。当 DTA 用于比热容测定时，要想得到精确和重复的结果并防止基线的漂移，还必须考虑样品粒度大小、稀释剂、系统的对称性和样品的装填方式等条件。

同热重法一样，DTA 曲线与两个变量有关：仪器因素和样品特性。仪器因素包括：炉子气氛；炉子尺寸和形状；样品支持器材料；样品支持器几何形状；热电偶接合点球的尺寸和导线；升温速率；记录笔的速率和响应；热电偶在样品中的位置。样品特性包括：粒度大小；热传导率；比热容；装填密度；样品膨胀和收缩；样品量；稀释效应；结晶度。

6.3.2.4　应用

DTA 曲线是由一系列以温差为纵坐标，时间或温度为横坐标，吸热反应向下，放热反应向上的峰组成的。DTA 的特点是峰在温度轴或时间轴的位置、峰的形状和峰的数目与物质的性质有关，故可用来定性地表征和鉴定物质。而峰的面积与反应热焓有关，所以 DTA 可用来定量的估计参与反应的物质的量或测定热化学参数。由于有很多因素影响样品的 DTA 曲线，所以峰的温度和面积的确定经常取决于经验。但是只要严格控制操作条件，实验得到的曲线是可以重复的。借助于各种标定物质，便可以说明曲线峰的面积与化学反应、相转变、聚合过程、熔化等热效应的关系。如果反应物的热焓已经知道，便可计算出反应物的量。

DTA 可检测出热焓变化或热容量变化的现象。这些现象主要是由于物质的反应性、化学组分和状态改变引起的。另外基线的改变与样品的热量变化有关，这对检测聚合物的玻璃化转变温度极为重要。峰的面积既取决于热焓的改变，也受其他因素的影响，例如，样品的尺寸、热传导率和比热容等因素。

许多年来，地质学家，陶瓷学家和冶金学家一直采用 DTA 技术来从事他们的研究工作。实验已证明，DTA 对于测量和鉴定粘土和其他矿物的相转变，相图、高温窑中的反应是一种快速的分析工具。DTA 可与 X-射线衍射、膨胀计，热重法，电导率以及其他分析技术互为补充。DTA 主要应用领域包括：研究催化剂的相组成、分解反应以及催化剂鉴定；聚合材料的相图、玻璃化转变、降解、熔化和结晶等现象或性质的测定[12]；润滑脂的反应动力学研究；脂和油的固相反应研究；配位化合物的脱水反应研究；碳水化合物的辐射损伤测试；氨基酸和蛋白质的催化作用研究；金属盐水合物的吸附热测定；金属和非金属氧化物的反应热测定；煤和褐煤的聚合热测定；木材和有关物质的升华热的测定；天然产物的转变热的测定；有机物以及粘土和矿物的脱溶剂化反应；金和合金的固-气反应研究；铁磁性材料的居里点测定；土壤的固化点测定；液晶材料的转变热；生物材料的纯度测定；热稳定性、氧化稳定性、玻璃转变测定等。现仅举几例加以说明。

(1) 在聚合物分析中的应用　聚合物分析大概是最常见的差热分析的应用。在小心控制的条件下，加热曲线的形状表明了聚合物的类型和制备方法。因此，它不仅能鉴定聚合物，而且在当生产过程不同时，能够确定是哪家企业的产品。配合物的“结晶度”在很大程度上决定其物理性质。在差热分析中，通常有两个峰，一个峰对应于样品结晶部分的反应，另一个峰对应于非结晶部分的反应（这两个峰往往重叠），所以可以用这些峰的大小求算结晶度百分数。差热分析法在这种应用中的显著优点在于可以研究未处理的聚合物，可以避免由于样品预处理（如溶解或研磨）所引起的可能变化。

在用DTA研究了合成纤维（尼龙66）、氯丁胶W在空气和氮气中的热降解发现，聚合物在热降解中发生重排、交联和解聚等反应。DTA对这些变化过程都可给予鉴定，并检测出聚合物组分的变化或聚合物骨架上取代基的变化，这有助于对这类聚合物的热降解机制的研究。

图6-24表示尼龙66和氯丁胶W在空气和氮气中的DTA曲线。尼龙66曲线中在大约100℃出现弱的吸热峰，这是由于吸附水的失去引起的；在空气中，大约185℃开始有放热峰，对应于$\Delta T_{\min}$温度为250℃；另一小的吸热峰是聚合物熔化（熔点255℃）引起的。在氮气中不出现放热峰，这说明放热现象是由于空气氧化引起的。在氮气中曲线有两个吸热峰，这是由于聚合物熔化和解聚反应引起的。显然，(a) 图说明尼龙66在空气和氮气中的热降解机制不同。在氯丁胶W的DTA曲线上，两曲线中都出现$\Delta T_{\min}$对应的温度大约为377℃的放热峰，这是由于HCl的消除和残留物的交联引起的。

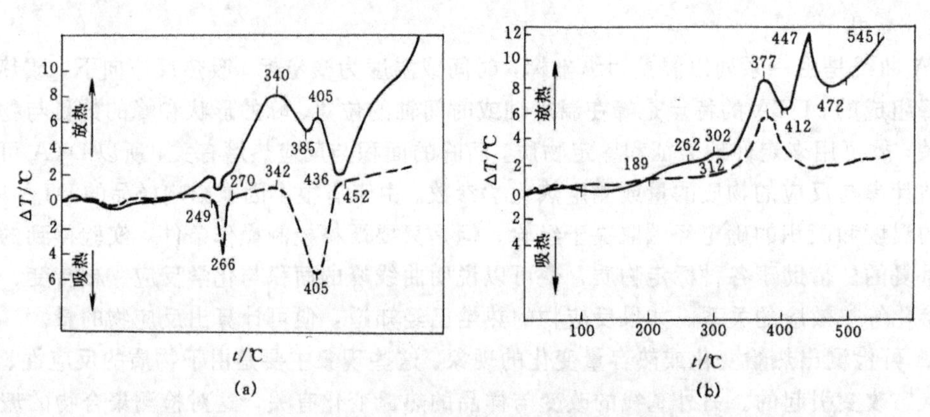

图6-24　尼龙66和氯丁胶W在空气和氮气中的DTA曲线

——在空气中；---在N_2中；(a) 尼龙66；(b) 氯丁胶W

(2) 在药物分析中的应用　DTA可以应用于药物原辅料的表征，药物晶型及其转变的表征，药物配伍禁忌的研究以及固体药物稳定性的研究。

大多数的药物原辅料都有特征的热分析曲线，所以可以将测试曲线与标准曲线相比，从熔点的相似性，如晶体的初熔、全熔过程、熔距的大小、峰形的尖锐程度等判断样品的纯度水平。还可从药物的脱水、脱溶剂的温度，降解的温度，峰形、峰位等方面与标准样品进行比较，从而快速简便地判定原辅料。特别是当某一药物混有其他成分，而用一般化学或物理测试法很难确定时，应用热分析技术往往迎刃而解。

在制药工业中，淀粉是常用片剂的辅料，不同来源的淀粉性能差异很大，对压片的影响很显著。由于不同来源的淀粉化学性质十分相似，故应用化学分析方法不易鉴别。而采用差热分析法可以鉴别玉米淀粉、马铃薯淀粉或其他来源淀粉的性质（见图 6-25）。

6.3.3 差示扫描量热法

在差热分析法中，通过测量试样与参比物的温度差来探测反应，这种温度差引起热流，从而使曲线的理论描述复杂化，并降低了灵敏度。保持试样和参比物的温度相同并测量热量（维持两者温度恒定所必需的）流向试样或参比物的速率，是有益的。将加热元件分别放入试样室和参比室，以达到试样和参比物温度相同的要求；可以按预想控制和测量这些元件加热的速率，这就是差示扫描量热法（DSC）的基础。

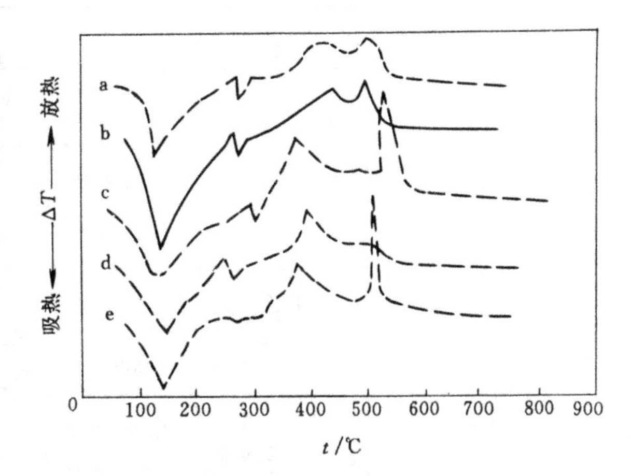

图 6-25 玉米淀粉与马铃薯淀粉的 DTA 曲线

a—马铃薯淀粉；b—二次扫描的马铃薯淀粉；c—玉米淀粉；d—甲醇萃取过的玉米淀粉；e—铵液预胶化的玉米淀粉

差示扫描量热曲线是差示加热速率（J/s）-温度图（见图 6-26）。峰面积正比于反应释放或吸收的热量，曲线高度则正比于反应速率。尽管存在类似于式（6-5）中 k' 的比例常数，但它是电转换因子，而不是与试样特性有关的因子。该比例常数基本上与温度无关，是差示扫描量热法优于差热分析法的一个主要优点。

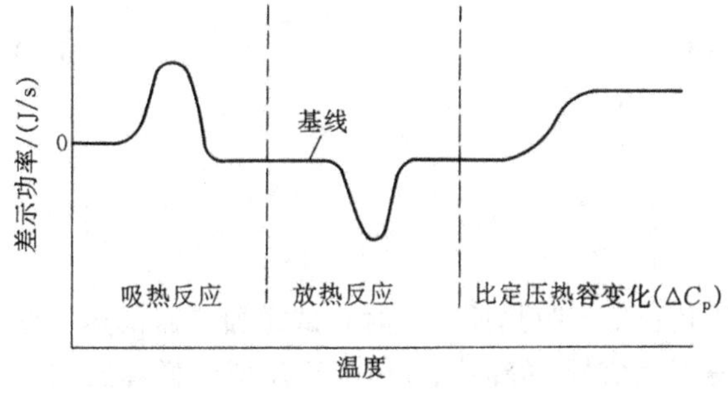

图 6-26 差示扫描量热法观察到的三种过程的理想图形

6.3.3.1 基本原理及仪器

图 6-27 是差示扫描量热器的电路图。有两个分开的加热电路：平均温度控制电路和差示温度控制电路。平均温度控制电路的作用是测量及平均试样和参比物的温度，自动调节平均加热器的热输出，以便试样和参比物的平均温度以线性升高。差示温度控制电路的作用在于监测试样和参比物间的温度差，并自动调节供给试样室或参比室的功率，以保持温度相同。试样温度置于记录器的 x 轴（时间），供给两个差示加热器的功率之差显示于 y 轴。功率差以单位时间的焦耳数表示。

由于对吸热反应可以向试样室供热而不影响加热速率，所以可以制作一个简单的差示温度控制器来监测吸热反应。但对放热过程，为保持试样和参比物等温而只向参比室供热，会造成非线性的加热速率。图 6-27 的电路解决了这个问题。在放热过程进行时，平均温度控制电路等同地降低参比物和试样的加热速率；在试样室中，反应热补偿上述加热速率的降低，而参比室中的差示温度加热器补偿平均温度加热器所减少的加热。

将 1～100mg 要分析的试样封入与加热器和温度敏感器直接接触的金属箔或金属容器中。使试样室和参比室完全隔开，以避免热量由一室流向另一室；通过仔细选择两室的材料和几何形状，可使散失到环境中的热量相同。使用较宽范围的加热速率（0.5～80℃/min），仪器一般很灵敏，足以检测到小于 4.184mJ/s 的释放热或吸收热。使用密封试样容器，使得在大多数场合无需考虑气氛的影响。用铝电阻装置监测温度。

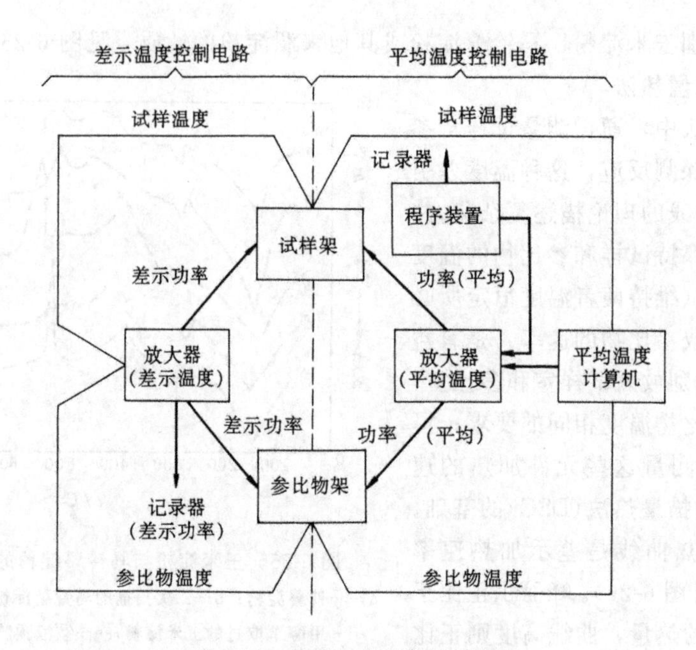

图 6-27　差示扫描量热器示意图

单位时间内由差示加热器产生的热量为：

$$P=\mathrm{d}Q/\mathrm{d}t=i^2R \tag{6-7}$$

式中　P——功率，W；

Q——热量，J；

i——电流，A；

R——电阻，Ω。

化学反应按式（6-7）放热或吸热。当 ΔH 是正值（吸热反应）时，试样加热器供热，得到正信号；ΔH 是负值时，参比加热器供热，得到负信号。峰的积分值等于反应试样释放或吸收的热量。在差示扫描量热法中重新达到基线，说明反应已完成。

差示扫描量热法不仅对有一定 ΔH 的过程是灵敏的，而且对试样和参比物的热容差也是非常灵敏的。若试样的热容比参比物的大，则试样差示加热器即使正在基线区运行，也给出正信号；类似地，较高的参比物热容将产生负基线。由基线位移将看到试样或参比物的热容变化。实际基线和仪器零线间的差（J/s）除以加热速率（℃/s），等于试样和参比体系间的热容差（J/℃）。因此若已知参比物的热容，就可以在较宽的温度范围内测定试样的热容。例如，很多聚合物的结构变化只有很小的 ΔH，用差热分析法实际上不能检测，但用差示扫描量热法可定量测量其热容。

6.3.3.2　*差示扫描量热法影响因素*

（1）差示扫描量热法数据的表示方法　实际上每个化学过程都涉及试样热容的变化。用差示扫描量热法测量时，上述变化引起类似于图 6-26 的曲线（y 轴用 J/s 表示）。差示扫描量热曲线下的面积可用与差热分析法中相同的方式加以测量。这个面积正比于反应放出或吸收的热量，将其除以所用试样的摩尔数就得到反应热。若已知反应热，可以从基本上相同的方程式计算该试样的摩尔数。在进行各种测定前，应该通过分析已知质量和 ΔH 的标准试样对所用的特定的仪器进行校正。

对于 ΔH 为零的过程，差示扫描量热曲线下的面积为零。在这种情况，比定压热容的变化可由下式测定：

$$\Delta C_p = \Delta \text{基线}/(mb) \tag{6-8}$$

式中　m——试样质量；

　　b——加热速率。

（2）差示扫描量热法数据的影响因素　对差热分析曲线有不利影响的因素，对差示扫描量热曲线的影响却非常小。特别是，由曲线下的总面积所得到的测量结果（ΔH 和试样质量的计算）不受影响。然而，这些因素可能仍然对反应速率及从其计算的任何值有影响，尤其当试样或参比物中出现较大的热梯度时，影响更为严重。

在差示扫描量热法中必须考虑放热反应的放热速率。即使关闭平均加热器和差示加热器，迅速的放热反应也可能使试样温度的升高速率超过程序加热速率。吸热过程中有时也存在类似的问题，这时迅速的吸热反应可能严重地冷却试样，以致两个加热器最大程度地联合供热也不能维持线性加热速率和等温条件。调整加热速率或试样量，可以容易地对上述两种情况予以校正。

6.3.3.3　应用

由于差示扫描量热法和差热分析法非常类似，所以对于前面描述和提及的差热分析的应用领域，差示扫描量热法都适用。

差示扫描量热法的特点是测定热容。通过将差示功率（J/s）除以加热速率（℃/s），可以得到试样和参比物间的热容差（仅在基线区）；由基线的位移看到热容的变化。DSC 曲线与 DTA 曲线略有不同，它是一系列以热流率为纵坐标，时间或温度为横坐标，吸热反应向上，放热反应向下的峰组成。DSC 与 DTA 的共同特点是峰在温度轴或时间轴的位置、峰的形状以及峰的数目与物质的性质有关，故可用来定性地表征和鉴定物质。而峰的面积与反应热焓有关，故可用来定量地估计参与反应的物质的量或测定热化学参数。对于差示扫描量热法的应用，现仅就其在药物分析中的应用加以说明。

在药物分析中 DSC 与 DTA 的应用相同，可以应用于药物原辅料的表征[13]、药物晶型及其转变的表征、药物配伍禁忌的研究[14]、固体药物稳定性的研究[15]，而且可以应用于药物纯度的测定[16,17]。

此法与经典的纯度分析法相比，试样用量少（mg 级），快速（几十分钟）、操作简便、不分离杂质。由 DSC 曲线计算出的杂质含量，对理想化合物来说，重现性好，变异系数在 0.1% 以内，熔点测定重现性标准差约为 0.2℃。理想化合物试样应满足下列条件：纯度在 98.5% 以上；杂质不与主成分起反应，不与主成分形成共晶或固溶体；杂质与熔融试样有化学相似性，即在液相可溶并形成理想溶液；药物如存在多晶型现象，则必须全部转变成某一晶型；药物在熔融过程中化学性稳定。对于药物是否适合上述理想化合物的条件，必须作一番实验考察。在药品质量管理时，应用 DSC 作不同批号产品纯度的比较特别理想。因为药品中的杂质（如多晶型，生产过程的中间体和降解产物）在化学结构上与纯品极为相似，但是低相对分子质量有机化合物间不常见固体溶液。从理论上看，高纯度且结晶完善的化合物，其 DSC 熔融峰非常尖锐。熔融峰变宽是估计化合物纯度的灵敏标准。纯度降低，熔融起始温度降低，峰高度下降，熔程加宽。

药物多晶型是大多数有机药物的常见现象，不同晶型的药物，熔点往往有差异，通常只有一种晶型在热力学上是稳定的。稳定的晶型熔点较高，化学稳定性较好，溶解度较小，溶出速度较低，比亚稳态有较低的蒸气压。多晶型之间可能发生互相转变。药学上十分重视亚稳态转变到热力学稳定结构对生物利用度的影响以及晶型转变过程。受温度的影响，晶型转变过程加速且伴有热效应，故可用 DTA 或 DSC 研究晶型转变或判定晶型。就无味氯霉素常见的两种晶型（A 型和 B 型）来说，混有两种多晶型的无味氯霉素试样的升温热分析曲线有 2 个吸热峰．85℃是 B 型的特性峰，90℃是 A 型的吸热特性峰。冷却至室温后再升温，则只剩下 85℃的 1 个熔化吸热峰，说明已从混合晶型转化为具有生理活性的 B 型（图 6-28）。

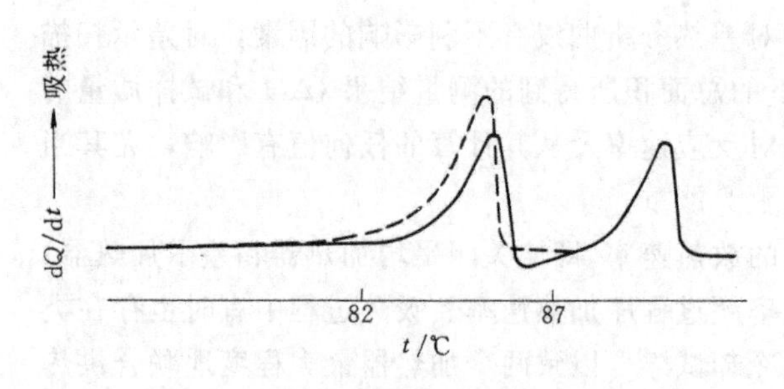

图 6-28　无味氯霉素的 DSC 曲线

实线为第一次升温的曲线；虚线为第二次升温的曲线

研究药物的多晶型时，应同时应用 DTA、DSC 和 TG，这样可以准确判定药物相变时是否失重。晶型的相变不失重，但含结晶水或溶剂的药物则会出现失重现象。

药物配伍禁忌的研究是药物制剂配方时必须首先考虑的问题。应用热分析研究药物配伍禁忌是十分有价值的。应用热分析进行药物配伍禁忌的研究，首先是将药物或原料分别在同样条件下进行 DTA 或 DSC 扫描，然后将所需要配伍的药物或原料按一定的比例配制成物理混合物，再在上述的相同条件下进行热分析测定。如果曲线的原有特征峰消失或出现新峰、峰变宽、峰位移动或熔融热焓有变化，就表明物料间发生了物理或化学变化。

6.3.4　热分析联用技术[18~21]

热分析的重要特点之一是其联用技术广泛，而且这方面的发展很快。联用技术的含义包括以下三个方面：同时联用技术是指对于一个试样同时采用两种或多种热分析技术（如热重法与差热分析的联用，以 TG-DTA 表示）；串接联用技术是指对于一个试样同时采用两种或多种热分析技术，而第二种分析仪器通过联接面（即能够把两种分析仪器联接到一起共同进行分析测试的专门联接装置）与第一种分析仪器相串联的技术（如差热分析和质谱的联用，以 DTA-MS 表示）；间歇联用技术是指仪器的联接形式同串接联用技术，但第二种分析技术的采样不连续（如差热分析和气相色谱的间歇联用，以 DTA-GC 表示）。

6.3.4.1　TG-DTA、TG-DSC 同时联用技术

热重法和差热分析的应用都已有七八十年历史了，可称为经典热分析方法。1957 年 Powell 和 Blazek 分别制造了 TG-DTA 同时联用仪器，从此发展很快。20 世纪 60 年代初就有商品仪器供应。

（1）仪器及原理　TG-DTA 同时联用仪器的设计思想是在热重法的基础上加一个参比物支持器及一对差示热电偶，用来测定试样与参比物之间的温度差，然后通过放大，与 TG 信号同时用一台三笔记录仪记录下来。

图 6-29 是日本理学电机公司生产的 TG-DTA 同时联用仪的原理图，其特点是把 DTA 仪的参比物与试样坩埚及其支持器和差示热电偶组装成一个“TG-DTA”样品杆，一起装在天平一侧。天平为吊带型，与一般分析天平用的刀口型相比，有更好的抗震性能。用一个试样可同时得到 TG 与 DTA 两条曲线，而且试样与参比物坩埚相对位置不变。电炉是开启式的，可在导轨上作上下滑动，对 DTA 曲线基线影响不大。但该仪器存在三个方面的缺点：样品杆较重，影响天平的灵敏度；天平的样品侧从上到下距离很长，垂直度不易保持；试样若有气体挥发，且在参比物上或参比物支持器上冷凝吸附时，失重的测定值会偏低。

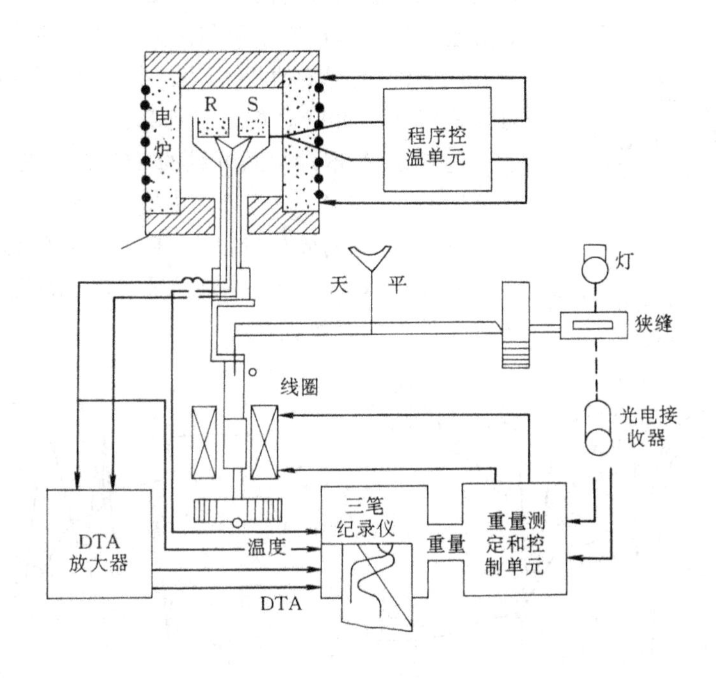

图 6-29 TG-TDA 同时联用仪的原理图

日本真空理公司将上述仪器进行了改进：把参比物支持器单独固定，天平梁上只有试样支持器。这样使得天平灵敏度有所提高，参比物及其支持器重量的变化不影响 TG 测定的结果。但是这种改进会使得试样支持器与在加热炉中的相对位置发生变化，对 DTA 测定会有影响。另外，天平重，影响灵敏度的问题也没有彻底解决。

TG-DTA 同时联用的热天平，不如单独热天平灵敏；联用的 DTA 不如单独的 DTA 灵敏；同样 TG-DSC 联用的 DSC 更不如单独的 DSC 灵敏。这就产生了第三种仪器的设计思想，如美国 P-E 公司生产的 DSC-2 和日本岛津公司的 TD-30 系列热分析仪。它们的 TG 和 DSC 或 DTA 都是分别装试样，各有加热炉和控温系统，用复杂的电路使其同步控温，把测定的 TG 和 DSC（或 DTA）曲线在同一台记录仪上画在一张记录纸上。这克服了前述两种 TG-DSC（或 TG-DTA）联用仪的缺点。TG 和 DSC（或 DTA）的灵敏度各提高约一个数量级，基线较前述同时联用仪也好。然而从严格的定义出发，这不能称 TG-DTA 或 TG-DSC 同时联用，因为这种仪器用了两个试样，而不是“一个试样”，两个试样的微小差异难以避免。另外，仪器越复杂，不但昂贵，而且使用、维护都较复杂。

TG-DSC 同时联用与 TG-DTA 相似，仅在两个支持器中再各加一组加热电炉丝，并有控制系统。

（2）应用 研究 TG-DTA 或 TG-DSC 联用技术，主要是因其能解决只用 TG 或只用 DTA 技术解决不了的问题。TG 可以测定重量变化；DTA 或 DSC 可以测定试样的热效应。这两项技术可以相辅相成，互为补充，互相印证。大部分物理变化和化学反应既有重量变化又有能量变化；但也有一些只有能量变化而无重量变化的，如熔融、结晶、晶形转变、固相反应等。用 TG-DTA 就可与其他一些变化区别开来。往往对解释热分析曲线很有好处。

图 6-30 是结晶硫酸铜（$CuSO_4 \cdot 5H_2O$）热分解的 TG-DTA 曲线。通过此二曲线，对结晶

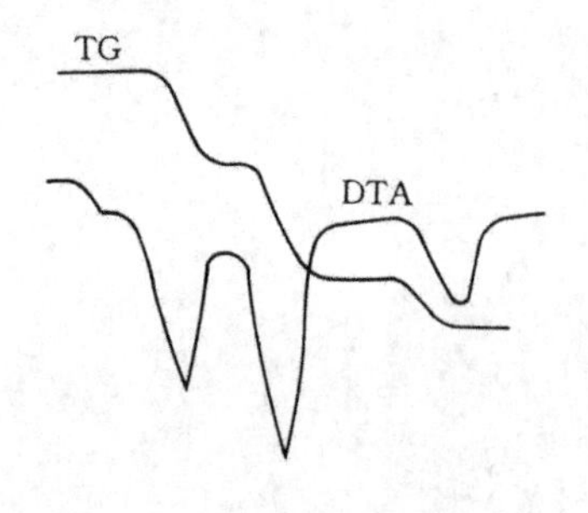

图 6-30 $CuSO_4 \cdot 5H_2O$ 热分解的 TG-DTA 曲线

硫酸铜三步脱水反应的认识就更加清晰，而且每步的反应热效应也可以计算出来，可与热力学计算的结果进行比较。

图 6-31 是石膏的 TG-DSC 曲线，情况与图 6-30 相似，也可以进行 TG 和 DSC 的定量计算。

图 6-32 是聚丙烯腈纤维的 TG-DTA 曲线，开始时满刻度范围是±100μV。在 430℃ 左右，因为记录笔要出格而改为±250μV，这说明放热量很大。聚丙烯腈纤维在 250℃ 时余重还有 66%，这是由于腈基环化成键时，在更高温度下会进一步氧化放热的缘故。

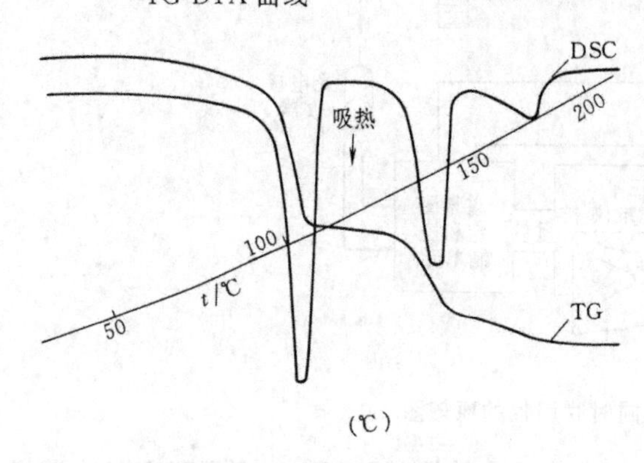

图 6-31 石膏的 TG-DSC 曲线

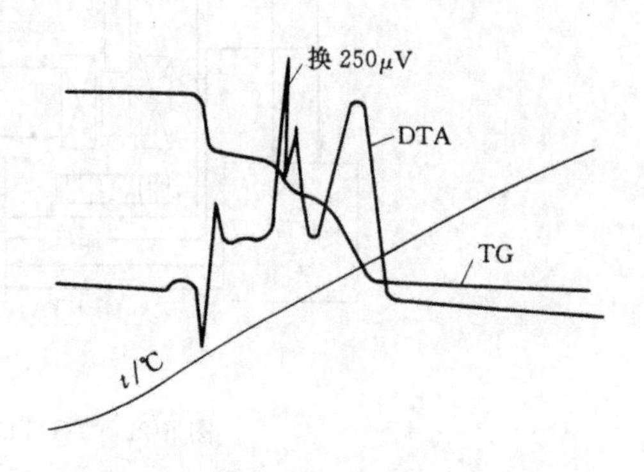

图 6-32 聚丙烯腈纤维的 TG-DTA 曲线

对于固相反应：

$$\underset{(绿色)}{CoO}+\underset{(白色)}{Al_2O_3}\longrightarrow\underset{(宝石蓝色)}{CoAl_2O_4}$$

其 TG-DTA 曲线在 930℃ 左右有一吸热峰，可认为是上述反应的反应热，但由热力学文献得知，上述反应为放热反应且数值不大。另外，还发现 DTA 曲线吸热峰处对应的 TG 曲线有失重，这说明 DTA 曲线的吸热峰不是因固相反应所致，或者不只是因一个固相反应所致，必然存在一个失重反应。这就是 TG-DTA 同时联用的优越性。若单独用 CoO 在空气中再作一次 TG-DTA 测定（见图 6-33)，与上述固相反应热分析曲线几乎一样。

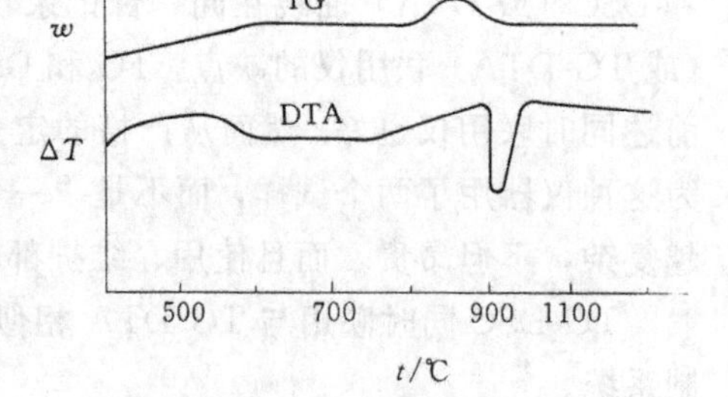

图 6-33 CoO 在空气中的 TG-DTA 曲线

TG 曲线从室温开始升高到 580℃ 左右，一直缓慢增重，580℃ 以后呈水平；到 900～920℃时，DTA 曲线出现吸热峰，同时 TG 曲线失重 7%，这与下列反应相对应：

$$Co_2O_3 \longrightarrow 2CoO + 0.5O_2$$

这说明 CoO 在空气中加热会成为 Co_2O_3，从 900℃ 开始分解恢复为 CoO，同时与 Al_2O_3 反应生成 $CoAl_2O_3$ 尖晶石。DTA 曲线也表明，在 580℃ 以前也有放热，这也说明 CoO 在不断被氧化。

6.3.4.2 TG-DTG-DTA（或 DSC）同时联用技术

微商热重法严格讲不是一种联用技术，可看作是 TG 技术的一种衍生技术，是在原来 TG

仪器的基础上增加一组微分电路，把检测出来的重量变化再对时间进行一次微商处理，可以方便地得到 DTG 曲线。

图 6-34 是高岭石的 TG-DTG 曲线，表明在 510℃附近，脱去 12％的结晶水，失重最快的点在 DTG 曲线的顶峰。

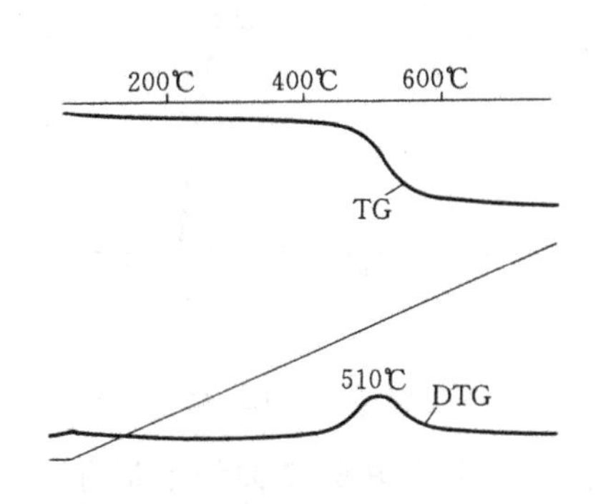

图 6-34 高岭石的 TG-DTG 曲线

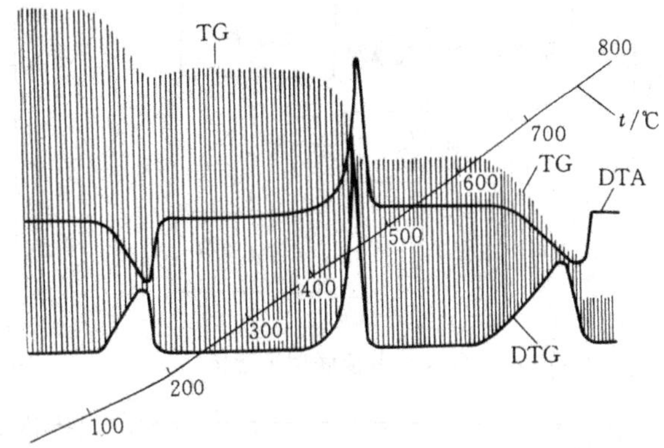

图 6-35 草酸钙（$CaC_2O_4 \cdot H_2O$）的 TG-DTG-DTA 曲线
试样量：10.1mg；DTA 灵敏度：±100μV；
TG 范围：10mg；DTG 灵敏度：0.5；
升温速度 10K/min；静止空气

采用 TG-DTG-DTA 同时联用技术测定了草酸钙（$CaC_2O_4 \cdot H_2O$）的热分析曲线示于图 6-35。由图可以看出，草酸钙的热分解反应分三步进行：含水草酸钙在 200℃ 吸热，脱结晶水；草酸钙在 480℃ 分解、放出 CO、为吸热反应，分解所放出的 CO 被氧化并放热，故草酸钙在 480℃ 时总的反应为放热反应；碳酸钙在 750℃ 吸热分解生成氧化钙和二氧化碳。

图 6-35 中扫描曲线的上包络线为 TG 曲线，表示失重量。下包络线为 DTG 曲线，其中峰顶对应最大失重速度点，失重速度可以通过 DTG 峰的高度读出来，其单位用“（小格/min）/小格”表示，DTG 曲线上的点代表对应的 TG 曲线的斜率，用“小格/min”表示 TG 曲线每分钟下降（变化）多少小格。TG 曲线下降的小格数，不但与试样性质有关，还与 TG 仪器所用灵敏度（即满刻度范围值）有关。如 DTG 的量程单位是“（0.5 小格/min）/小格”，其含意是 DTG 曲线的每一小格，等于 TG 曲线每分钟下降 0.5 小格。

6.2.4.3 EGD 和 EGA

EGD 是逸出气体检测的简称，定义为：在程序控制温度下，定性检测从物质中是否有挥发性产物逸出及其与温度关系的技术（应指明检测气体的方法）。

EGA 是逸出气体分析的简称，定义为：在程序控制温度下，测量从物质中释放出的挥发性产物的性质和（或）数量与温度关系的技术（应指明气体分析的方法）。

从上述两定义看，EGD 和 EGA 都属于串接联用技术，但对逸出气体的检测与分析手段是没有规定的。从目前发展情况看，EGA 最常用的方法是质谱（MS）与气相色谱（GC）。

（1）与质谱（MS）串接联用　1963 年 Langer 和 Gohlke 第一次使用了质谱热分析仪（MTA），通过改进可以同时与 DTA 联用，称为“MDTA”。1965 年 Shulman 开始把质谱与热分析联用来研究高聚物的热降解。Zitomer 利用 TG-MS 联用仪研究了聚亚甲基硫醚（Polymethylene Sulfide），其联接面如图 6-36 所示。所用质谱仪是快速扫描的飞行时间质谱仪。这种质谱仪是间歇取样，所用联接面由隔膜阀及三通计量阀组成。

图6-37是含有溶剂及未聚合单体的聚亚甲基硫醚试样的TG曲线，曲线上的点代表取

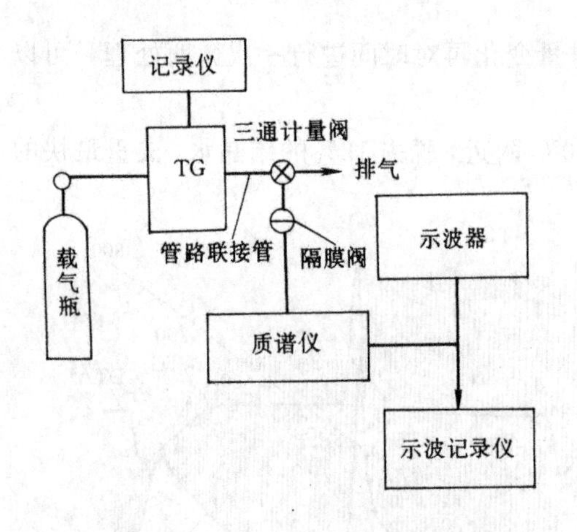

图 6-36 TG-MS 串接联用示意图

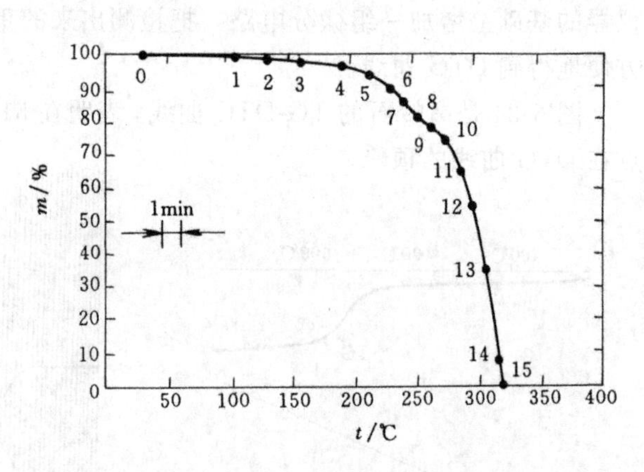

图 6-37 聚亚甲基硫醚的 TG 曲线及 MS 取样点

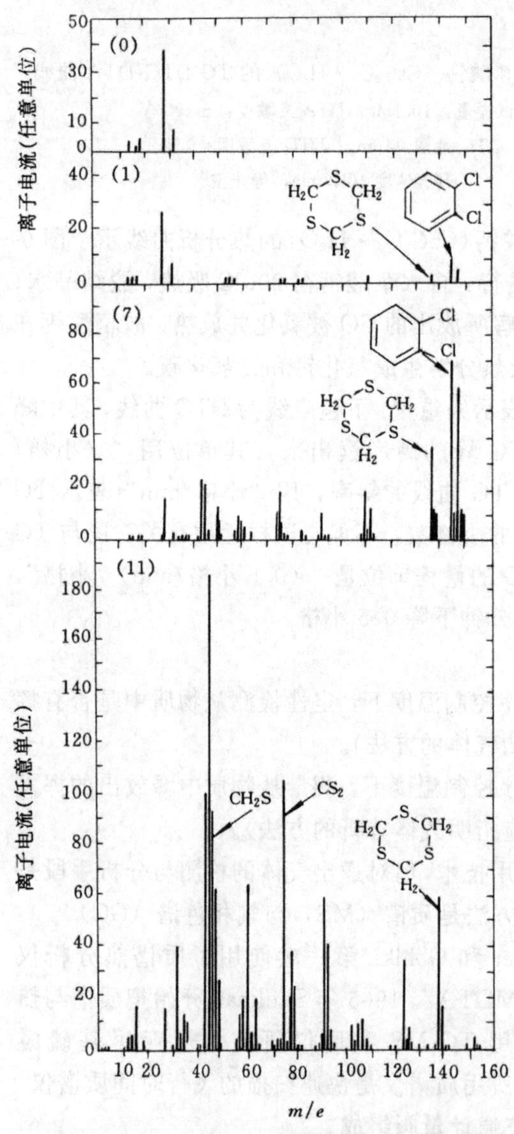

图 6-38 对应图 6-37 取出的四个气体质谱图

样次数。图 6-38 是从图 6-37 曲线上带有数字各点取出的逸出气体所作的质谱图中的 4 张图。

点“0”是热分析刚开始的点，质谱图表明只有少量的空气和水，这是由于仪器中残余的少量空气所致。点“1”的质谱图中，第一次出现的挥发物是荷质比（m/e）为 138 和 146 的三硫杂环己烷和邻二氯苯，前者是未聚合的单体，后者是残留的溶剂。点“7”是刚刚开始降解的点，上述化合物均明显增多。点“11”是聚合物降解的情况，其主要分解产物是甲硫醛和二硫化碳。TG-MS 串接联用对于有溶剂和杂质加入的化学反应动力学及机理研究有效。

（2）TG-DTA-GC 联用　热分析是一种连续的测定过程，一般测定时间为 0.5h～1h 左右，而气相色谱（GC）是间歇测定，每次进样到出峰结束要 15min～30min。相对于热分析，气相色谱还不够快，因此热分析仪与气相色谱仪的联接面要起三个作用：要能按时准确地从热分析仪中取样；取样管要有一定数量，而且气体样品应能在取样管中保留一定时间；要能按时、准确地向气相色谱仪送样。

在上述全部过程中，要保证样品不冷凝。为此管线和阀门要能加热、保温，一般加热到 150℃ 即可。而且温度要能控制、调节。温度太低，高沸点样品会冷凝；温度太高，样品会再分解、聚合，因此要根据需要来控制温度。另外，管线要尽量短一些、细一些。

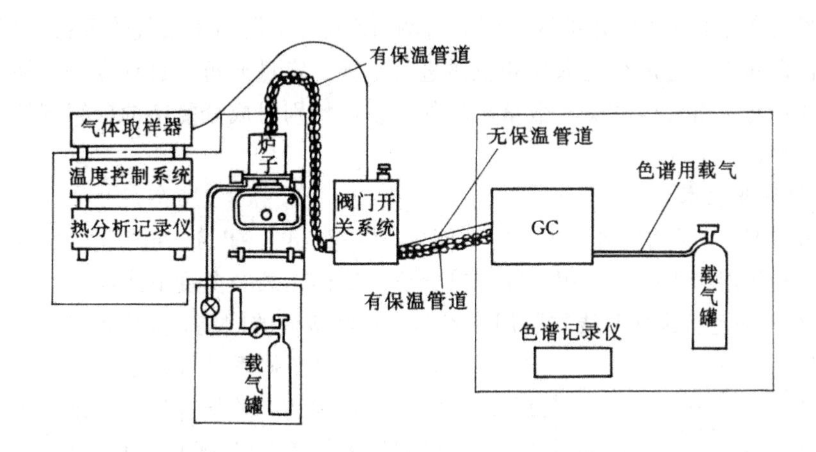

图 6-39 热分析-气相色谱串接联用示意图

现以日本理学电机公司的产品为例介绍热分析-色谱联用仪，其他型号仪器的工作原理也类似，见图 6-39。在热分析仪之前有一个气氛控制单元，它的作用是向热分析仪进载气、调节流量和控制抽真空（以便热分析仪排换气及作真空条件下的热分析）。热天平中载气的流向、流速的变动对热分析也有影响。载气流量的变化要缓慢，抽空气也要慢，以免造成热天平的剧烈震动而造成虚假的重量变化信号。一般载气通入可采用下进气，当气氛对于天平构件可能有腐蚀时，要通天平保护气（如氮气）。一般通气速度不宜太大，否则对逸出气体过分稀释，对 GC 检测不利，一般采用 15mL/min～30mL/min 的流速即可。理学仪器把联接面叫作自动气体取样器，包括一个阀门开关系统。其前方连接热分析仪的气体出口，其后方与气相色谱连接。

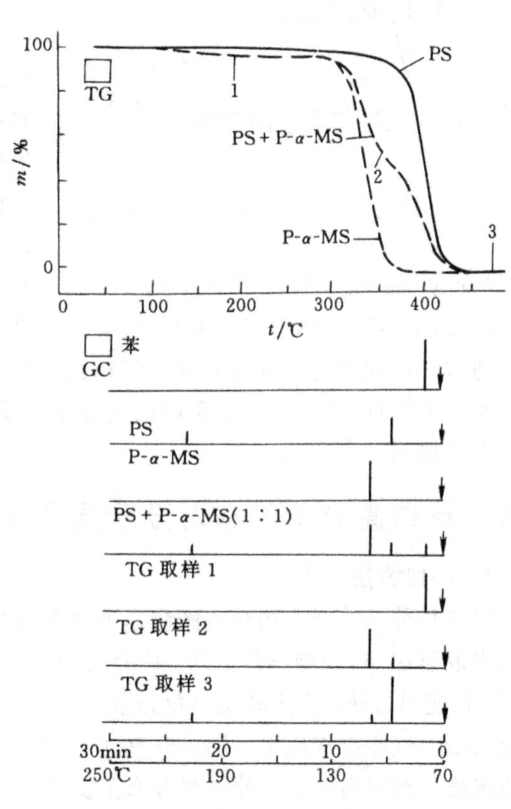

图 6-40 聚苯乙烯和聚-α-甲基苯乙烯混合物的 TG-GC 串接联用曲线

人们用 TG-GC 研究了聚苯乙烯（PS）和聚-α-甲基苯乙烯（P-α-MS）的混合物，结果见图 6-40。上图是用 PS、P-α-MS 及 PS＋P-α-MS 的试样分别作的 TG 曲线，说明 P-α-MS 的热稳定性比 PS 差。而混合试样有一个不太明显的平台，1、2、3 是三次取样的时间。下图是气相色谱图，↓是时间起点即气象色谱进样时间，第 1，2，3 条曲线分别表示纯苯、PS 和 P-α-MS 的保留时间，第 4 条曲线是 PS＋P-α-MS(1∶1)的混合样的色谱图。第 5，6，7 条曲线代表 1，2，3 次取样的色谱图。图下的两条标尺，一条是时间，一条是柱温，柱温是程序升温，升温速率 6K/min。从三次取样的曲线看出，在 1 处的逸出气体主要是苯；2 处取的样主要是 P-α-MS，还有少量 PS；3 处取的样主要是 PS；还有少量的 P-α-MS。

以上介绍的实际是用GC作的逸出气体检测(EGD)。早期的逸出气体分析是用液氮冷阱，把逸出气体收集起来，再加热送入气相色谱进行定性、定量分析，这种方法的缺点是不能确定时间（温度）与逸出气体种类、数量之间的关系，特别对成分复杂的分解气体，只知其总含量，意义不大。

6.2.4.4 其他联用技术

热分析除与EGA联用以外，还与电位能、磁性能、电子能谱、光衍射、红外光谱等技术串接联用。这些联用多为间歇联用，即把热分析的试样在某一温度下冷却（也可采用急冷方式），再作另外的测定。这种离线的联用技术不存在联接面的问题，操作也是独立的。它对于研究一个复杂体系常常是很有用的。如利用TG-DTA-GC联用，并配合红外光谱分析，研究了青海湖盐水氯镁石($MgCl_2 \cdot 6H_2O$)脱水热分解的机理。图6-41是$MgCl_2 \cdot 6H_2O$的TG-DTA曲线。该DTA曲线共有六个峰。

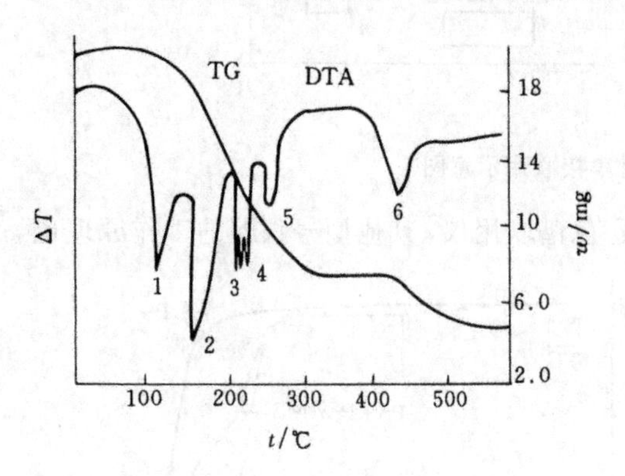

图6-41 $MgCl_2 \cdot 6H_2O$的TG-DTA曲线

第一个峰（118℃）为$MgCl_2 \cdot 6H_2O$的熔点。第二个峰（156℃）对应于失两个分子结晶水的反应，即由$MgCl_2 \cdot 6H_2O$变为$MgCl_2 \cdot 4H_2O$第三个峰（191℃）是进一步脱两个分子结晶水，即由$MgCl_2 \cdot 4H_2O$变为$MgCl_2 \cdot 2H_2O$。第四个峰（216℃）是再脱1分子结晶水，即由$MgCl_2 \cdot 2H_2O$变为$MgCl_2 \cdot H_2O$。第五个峰（261℃）是脱HCl生成碱式氯化镁，即由$MgCl_2 \cdot H_2O$变为MgOHCl。第六个峰（461℃），是再脱HCl生成氧化镁，即由MgOHCl变为MgO。

通过在不同温度下分别取样作气相色谱定性，又将各温度下的固体样品分别进行红外光谱分析，再用TG曲线计算各阶段的失重率和总失重率(78.5%)，与理论失重率进行比较，确定了上述机理。

6.4 精细高分子的相对分子质量及其分布的测定

6.4.1 一般方法

对于高分子的结构和性能的测定方法有许多，高分子相对分子质量的研究测定方法包括：溶液光散射法，凝胶渗透色谱法，粘度法，扩散法，超速离心法，溶液激光小角光散射法，渗透压法，气相渗透压法，沸点升高法和端基滴定法。对于高分子的分子量分布的测定方法包括：凝胶渗透色谱，熔体流变行为，分级沉淀法，超速离心法。从液相色谱中派生出来的凝胶渗透色谱是当前测定高聚物相对分子质量及其分布的最好办法。本节简要介绍凝胶渗透色谱的应用。

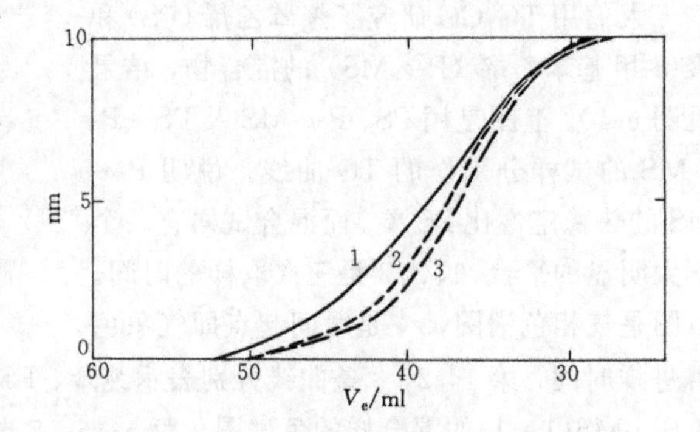

图6-42 不同工艺流程生产的聚碳酸酯的凝胶渗透色谱积分曲线

1—塔式连续聚合；2—釜式聚合；3—釜式连续聚合

6.4.2 应用

由于聚合物的物理性质与其平均相对分

子质量及其分布密切相关，所以凝胶渗透色谱成了一个快速鉴定聚合物高、低分子成分的唯一的分析工具。凝胶渗透色谱能用作表示聚合物之间差别的一种定性工具，或用作计算聚合物的平均相对分子质量及其分布的一种定量工具。

图 6-42 表明，不同生产工艺所制备聚碳酸酯的凝胶渗透色谱的积分曲线是各不相同的。

凝胶色谱在高聚物材料的生产及研究工作中的应用可概括为以下四方面：

① 高聚物生产过程中工艺的选择，聚合反应机理的研究及控制聚合过程；

② 在高聚物材料的加工及使用过程中用于研究相对分子质量及其分布与加工使用性能的关系，助剂在加工和使用过程的作用，以及老化机理的研究；

③ 用于分离和分析高聚物材料的组成、结构以及高聚物单一试样的制备；

④ 用于小分子物质方面的分析，例如在石油、涂料工业方面的应用。

参 考 文 献

1 Ullmann's Encyclopedia of Industrial Chemistry. 5., Vol. B5. Weinheim：Varlag Chemie Gmbh，1991. 341

2 刘世宏等. X-射线光电子能谱分析. 北京：科学出版社，1988

3 Ullmann's Encyclopedia of Industrial Chemistry. 5., Vol. A18. Weinheim：Varlag Chemie Gmbh，1991. 14，515

4 Ullmann's Encyclopedia of Industrial Chemistry. 5., Vol. A18. Weinheim：Varlag Chemie Gmbh，1991. 515

5 杨锦宗. 染料的分析与剖析. 北京：化学工业出版社，1987

6 吴赵云，钱海. 中成药. 1996，**18**(9):9

7 周春隆，穆振义. 有机颜料化学及工艺学. 北京：中国石化出版社，1997

8 清华大学分析化学教研室. 现代仪器分析（下）. 北京：清华大学出版社，1983

9 Ullmann's Encyclopedia of Industrial Chemistry. 5., Vol. B6. Weinheim：Varlag Chemie Gmbh，1991. 1

10 陈黎，陈婉蓉. 中成药. 1997，**19**(10):15

11 生瑜等. 橡胶工业. 1996，**43**(8):486

12 蔡文胜等. 高分子材料科学与工程. 1996，**12**(5):47

13 郑俊民等. 沈阳药科大学学报. 1996，**13**(3):196

14 王立身. 中国医药工业杂志. 1992，**23**(4):171

15 郑颉，张建芳. 药学学报. 1987，**22**(4):278

16 王仲山，邱在峰. 药学通报. 1979，**14**(7):320

17 张伟，赵明. 中国药学杂志. 1993，**28**(10):606

18 吴人洁. 现代分析技术——在高聚物中的应用. 上海：上海科学技术出版社，1987

19 天津大学化工系工业催化教研室. 催化实验方法. 1988

20 Robert, D. B. 著. 最新仪器分析技术全书. 北京大学化学系、清华大学分析中心、南开大学测试中心合译. 北京：化学工业出版社，1990

21 J. R. 安德森等著. 催化剂表征与测试. 庞礼等译. 北京：烃加工出版社，1989

第七章　精细化学品的剖析

精细化学品的剖析在其产品开发研究以及生产管理中起着十分重要的作用。剖析工作的对象和目标大致有三个方面：国内外新产品；天然产物；产品生产过程中出现的剖析工作课题。

通过对国内外新产品的剖析研究，人们可以对这些新产品的组成、结构有清晰的了解，对于产品的性能与其组成、结构的关系有深入的认识。

天然化合物尤其是中草药和海洋生物中的活性成分对人类疾病有着特殊的疗效，但目前对其中的许多有效组分还不十分清楚，有待于人们去剖析和鉴定，以便能够进行人工合成的探索。

各种化工产品在研制和生产过程中经常出现化合物结构测定的问题，尤其是新产品研制过程中遇到的剖析课题很多。对这些产品、中间体或副产品的结构搞清楚后，才有利于产品质量的稳步提高，有利于副产品的综合利用。

7.1　剖析的一般原则[1]

剖析工作是十分繁琐的工作，所以在进行剖析工作时，思路要清晰，要有步骤地按以下一般顺序进行：① 对样品进行了解和调查；② 对样品进行初步检验；③ 对混合物样品各组分作分离和纯化；④ 对各个组分作定性分析；⑤ 对各个组分作定量测定；⑥ 依据剖析结果制备样品并进行应用实验。

7.1.1　对样品的了解和调查

对欲剖析的样品进行了解和调查是非常重要的一步，它对剖析工作能起到事半功倍的效果。对样品来源和用途的深入了解（如样品的固有特性、使用特性以及可能的组分等），能够大大缩小剖析的范围，省去一些不必要的实验工作，可以增强工作信心和动力。

如果剖析一些特殊用途的有机物样品，最好能查阅有关资料，设法了解该样品的使用特性、用途以及可能的结构组分等，以尽可能地取得更多的知识。如可以在了解样品生产厂家或商品牌号的基础上，通过查阅美国化学文摘中的作者索引或索引指南，来了解关于样品的信息。

如果样品来自于某一化工产品生产过程，则首先要了解该产品的生产流程、反应方程式、欲剖析的样品来源以及其可能的组分结构。

7.1.2　对样品进行初步检验

对样品的外观进行认真的观察，再用一些简单方法进行初步检验，可以缩小剖析的范围，甚至可以确定其中的某些组分。

7.1.2.1　观察物理状态

首先观察样品是固体还是液体。如样品是固体时，还应大致判断样品是高分子制品，还是一般的固体样品。在显微镜或放大镜下观察晶体形状，察看样品中是否有两种或数种不同形状的晶体存在，由此可以初步判断样品的纯度。如样品是液体时，应注意观察其中是否有固体悬浮物或有互不相溶的其他液相存在。

7.1.2.2 颜色的审察

大多数有机化合物，当样品为纯品时，本身是无色的。但是有些化合物见光或接触空气氧化时，易生成少量的有色杂质。例如，芳香胺和酚，特别是多官能团的胺和酚，一般呈现黄到褐色。对于这些易变色的芳香胺和酚，在分析鉴定时，不必彻底精制。对于有色物质纯度的一种验证方法，就是将其经过重结晶或蒸馏，观察所得到的纯化合物样品是否仍然具有颜色，如已没有颜色说明只是由杂质引起的；如果具有颜色，则该化合物必然含有生色基团或者具有双键的共轭体系，如硝基化合物、亚硝基化合物、偶氮化合物和醌等。有些化合物在光照时会发生荧光，例如荧光增白剂。有时候，有颜色的化合物会掩盖其他无色化合物组分的存在，因此在剖析时，必须先分离这些化合物组分，才能进一步分析鉴定。

7.1.2.3 嗅味的审察

对于具有特征性嗅味的化合物，可以通过特征性嗅味来识别。取出样品并将其滴 1～2 滴于滤纸上，使其挥发并嗅其气味。

常见的有机化合物的典型嗅味表现为：萜类烃、环已酮、频哪酮及正丁醇具有萜嗅味；低级脂肪酸中甲酸、乙酸具有鲜明的酸嗅味，丙酸以上的酸具有汗臭的不愉快嗅味；低级酮、醛、氯代烃具有麻醉剂的甜嗅味；酚具有“石炭酸”嗅味；酚醚具有大茴香或茴香嗅味；芳香族硝基化合物具有苦杏仁嗅味；脂肪酸酯具有水果香味；异腈具有讨厌的甜嗅味；硫醇、硫醚具有类似硫化氢的不愉快嗅味；吲哚类化合物的粪臭等。

但对于混合物样品不能单凭气味武断地作出结论，需要结合其他分析结果综合考虑。

7.1.2.4 测定物理常数

一般测定的物理常数包括熔点、沸点、相对密度、折射率、比旋光度等。测定物理常数最好在确定试样化合物纯度较高时进行。如试样是混合物，则需要将试样先进行分离，再对分离后的纯品进行物理常数的测定。

一般从熔点或熔点范围测定值，即能判断出试样的纯度。熔点（或沸点）范围越窄，试样的纯度越高。

7.1.2.5 溶解度试验

通过测定样品的溶解度，可以了解有关其分子的极性和某些官能团的资料。此外，溶解度试验还能提示固体物质怎样精制和用重结晶方法能否把混合物分离开来。溶解度试验最好是用下列溶剂进行：水、乙醚、5％氢氧化钠溶液、5％碳酸氢钠溶液、5％盐酸、浓硫酸、酒精、苯、冰醋酸、石油醚。

溶解度试验步骤：取 0.01～0.1g 样品，加入约 3ml 溶剂充分混合；为了测定样品在稀氢氧化钠、碳酸氢钠溶液和盐酸中的溶解度，要仔细振摇。在把样品溶解于碳酸氢钠溶液时，应当观察是否有二氧化碳放出。如果是混合物，则将其不溶物分出去后，将滤液中和，并注意在中和时析出的是否是原来的化合物，如发生混浊则表明样品中有酸性或碱性成分。

如果样品在室温下不溶解，可将其稍微加热至沸。在这种情况下，特别是当样品与酸或碱一同加热时，必须确定样品是否由于水解或类似的不可逆反应而发生了任何变化，即重新把样品分离出来，并测定其熔点或沸点。

从溶解度试验得出如下的结论。

(1) 在水和乙醚中的溶解情况　一般含有极性官能团的有机化合物能溶于水，但是随着分子中烃基部分的增大，极性相应地减小，在水中的溶解度也减小。大多数有机化合物能溶于乙醚，而极性强的化合物则不溶于乙醚中。易溶于乙醚的化合物通常是非极性的或中等极性的。有机化合物按照它们在水和乙醚中溶解度的不同，可分成下列4类。

① 溶于水、不溶于乙醚类物质的极性化合物，主要是盐、多元醇、糖、氨基醇、羟基羧酸、二元酸和多元酸、低级酰胺、脂肪族氨基酸、磺酸。

② 溶于乙醚、不溶于水类物质的非极性化合物，主要是烃、卤代烃、醚、C_5以上的醇、高级酮和醛、高级肟、中等和高级羧酸、芳香羧酸、酸酐、内酯、酯、高级腈和酰胺、酚、硫酚、高级胺、醌和偶氮化合物。

③ 溶于水和乙醚类物质的极性和非极性基团的影响处于均衡状态的化合物，如低级脂肪醇、低级脂肪醛和酮、低级脂肪腈、酰胺和肟、低级环状醚（四氢呋喃、二氧己环）、低级和中级羧酸、羟基酸、酮酸、二羧酸、多羟基酚、脂肪胺、吡啶及其同系物和氨基酚。

④ 不溶于水和乙醚类物质的化合物，如高级稠合烃、高级酰胺、蒽醌、嘌呤衍生物、某些氨基酸（胱氨酸、酪氨酸）、氨基苯磺酸、高级胺、磺酰胺和高分子化合物。

（2）在碱和酸中的溶解情况　在这些试验中，必须核对样品是否发生了什么变化。上述溶解度分类中的②和④类化合物，与酸或碱发生反应是很显然的，因为这类化合物通过成盐而变为水溶性的；对于①和③类，其本身为水溶性化合物，应预先用试纸检定溶液的pH。

溶解于稀盐酸的是脂肪胺、芳香胺（溶解度随芳香基数目的增加而显著降低。二苯胺微溶，三苯胺完全不溶）和胍类等含氮的碱性有机化合物。可同时溶解于氢氧化钠溶液和碳酸氢钠溶液的是高级酸类（如羧酸、磺酸和亚磺酸）、某些酸性酚（硝基酚、4-羟基香豆素）等。只溶解于氢氧化钠溶液的是酚、某些烯醇、酰亚胺、脂肪族伯硝基化合物、芳基磺酰胺（氮原子上不带取代基和带简单取代基的）、肟、硫醇和硫酚。

有机碱的盐跟碱溶液反应析出游离碱。它或者以结晶状态析出，或者析出油状物，也可以通过嗅味来鉴别。C_{12}以上的脂肪酸在碱中不能生成透明的溶液，而是形成乳白色的典型的肥皂。

β-双羰基化合物与苛性钾反应立即成盐，而不能用5%氢氧化钠水溶液中和。在碱和酸中都能溶解的化合物（两性化合物）有：氨基酸、氨基酚、氨基磺酸和氨基亚磺酸等。

（3）在浓硫酸中的溶解情况　有机化合物溶解于浓硫酸时常常伴随着放热和放出气体等反应发生，因此硫酸试验一般得不到关于化合物分类的确切结论，但也常可得到有用的资料。例如，在浓硫酸中不饱和化合物转变成水溶性的硫酸酯，含氧化合物（如果其烃基不超过9～12个碳原子）一般形成盐而溶解，醇发生酯化或脱水反应，烯烃可能聚合，某些烃发生磺化，三苯甲醇、酚酞和类似的化合物会发生加酸显色现象，含碘化合物分解释放出碘。

需要注意的是，当化合物具有一个以上的官能团时，可能对溶解性能有严重的影响，以致于常常不能单从溶解性能数据来推导其结构。

7.1.2.6　灼烧试验

通过燃烧试验可以区分脂肪族化合物、芳香族和一些不饱和化合物。具体的操作为：取样品数滴或结晶数粒（0.1g）放在不锈钢刮刀上，隔火逐渐加热。当样品着火时，从火焰中取出刮刀，观察并记录样品的燃烧变化：颜色、嗅味和挥发成分的出现。如果样品是可燃的、微微发光的蓝色火焰，表示样品含氧较多（醇、醚等）；如果发出黄色火焰并生成烟，则表明是碳含量高的不饱和化合物（芳香烃、炔烃等）；如果加热后有残余物，可灼烧到含碳成分完全氧化，对剩余的无机残渣再进行分析；如果存在燃烧残渣，则表明存在金属离子的无机盐，或者是金属有机化合物；如果残渣是金属的氧化物或碳酸盐，说明样品是酸性化合物的盐（羧酸、酚等）；如果是金属的硫化物、亚硫酸盐或硫酸盐，则说明样品是醛或酮的酸式亚硫酸盐加成物，也可能是亚磺酸盐、磺酸盐或硫醇的衍生物。

另外需要注意，样品的不同组分会影响燃烧特点的判断，而且燃烧实验会破坏样品。利用红外光谱对样品进行初步检验，可以大致推断样品主要组分的类别。

7.1.2.7 红外光谱的初步检测

红外光谱法在有机物剖析中占有首要的地位，广泛用于化合物定性和化学结构鉴定。该方法具有特征性高、分析时间短、分析用试样量少、不破坏试样等优点。在对被剖析试样分离以前，可以先对试样进行初步的红外光谱分析。由红外光谱测定的结果可以初步推断样品的主要化学组成。

对于液体样品可以先对样品进行红外光谱分析，然后再将液体中的溶剂减压干燥或直接加热除去溶剂后再进行红外光谱分析。对比两个红外光谱测定的结果，可以得到溶剂的红外光谱主要吸收峰，从而推断出溶剂的种类和结构，并可以得到样品中不挥发性物质的红外光谱的特征吸收峰，从而也可以推断不挥发性物质的种类和结构。

7.1.3 混合物中各组分的分离和提纯

对一些复杂组分的未知物样品，必须采取不同的分离方法，将样品中的各个组分分离开，再用各种分析仪器来鉴定各个组分的化学结构。一般来说，分离和纯化效果的好坏是决定分析鉴定成败的关键。分离纯化试验往往需要反复试验多次，才能得到满意的结果，其工作量通常占整个剖析工作量的一大半。

常用的分离、纯化方法包括：萃取法，沉淀法，蒸馏法，制备衍生物法，重结晶法，盐析法，升华法，酸碱法，电泳法，浓差渗析法，泡沫浮选法等方法，色谱法（纸色谱法、薄层色谱法、柱色谱法、离子交换色谱、凝胶色谱、制备色谱法）也是非常常用的分离纯化方法。

7.1.4 各个组分的定性分析

从有机混合物中分离提纯后的每种组分，可根据不同情况选用各种分析手段进行测试，并给予推测和鉴定，最后还要进行验证工作。

寻找符合鉴定结果的已知化合物（现有的药品或试剂，或者是自己合成的样品），把这些已知化合物和欲剖析的未知化合物在相同的实验条件下，用一、二种分析测试方法进行对比定性测试，验证鉴定结果的可靠性。

常用的分析鉴定方法有化学分析、色谱、红外光谱、核磁共振波谱、质谱、紫外光谱、元素分析和物理常数测试方法等。但是这些仪器分析技术各有特长与不足，因而遇到复杂的剖析课题，往往需要联合使用这些仪器分析技术，取长补短，综合分析。

7.1.5 各个组分的定量测定

当未知有机混合物中各个组分已分别鉴定出结构后，可以分别对其含量进行定量测定。定量测定的方法有很多。有化学分析方法，也有各种仪器分析方法，其中色谱法和光谱法（紫外光谱、红外光谱）是常用的定量测定方法。

7.1.6 应用实验

剖析工作的最后一步，也是非常重要的一步，就是实践应用的过程。即根据剖析的定性、定量结果制备与样品相似的产品，在同样的应用条件下，对比被剖析的样品与所制备的样品的应用性能。

7.2 分离提纯方法[2,3]

对于混合物样品（如复合材料）难以直接进行结构鉴定工作。所以在剖析时，需要首先采用各种分离技术，先将样品按类别分离，将每类材料中各种组分依次分离，并纯化得到各个较纯的组分。对后者可分别利用化学分析和仪器分析进行定性分析，以确定各个组分的化学结构。分离和纯化效果的好坏是决定分析鉴定成败的关键，所以分离纯化试验往往需要反复试验多次，才能得到满意的结果。如果分离方法选择不当，得到的组分不纯，就会干扰下一步的结构鉴定工作，甚至会得到错误的剖析结果。

7.2.1 分离原理

混合物的分离有时是错综复杂的。广义而言，混合物分离方法按原理可分为3大类。

（1）根据各组分的不同化学性质进行分离　例如，可利用物质在酸碱性溶液中化学性质的差异进行分离。

（2）根据各组分在水溶液里挥发性的差异进行分离　这个方法一般用于分离水溶性混合物，也用于其中一个组分是微溶于水的混合物的分离。例如，带有一个水溶性官能团（氨基、羟基或羧基）的化合物通常能随水蒸气蒸发；带有两个或两个以上的这样的官能团化合物，一般不能随水蒸气蒸发。

能随水蒸气蒸发的有机碱或酸的盐类，可以用硫酸或氢氧化钠分解，再通过水蒸气蒸馏，把有机碱或酸从水溶液或悬浮液中蒸馏出来。例如，在分离丁酮和醋酸的混合物时，可用足够量的稀氢氧化钠溶液处理，把醋酸变成醋酸钠，然后进行水蒸气蒸馏，丁酮即随水蒸气而蒸出；而蒸馏后残存在烧瓶里的醋酸钠用稀硫酸酸化后，释放出醋酸来，通过水蒸气蒸馏或萃取法予以分离。

（3）根据各组分不同的物理常数进行分离　当以上两种方法不能满意地分离混合物时，可采用物理方法分离。例如挥发性液体混合物可以进行分馏；非挥发性固体混合物常常利用其在惰性溶剂中溶解度的差异进行萃取分离；某些具有升华性的物质可进行升华法分离和提纯。

色谱分离法也属于物理方法，它是根据混合物中各个组分的吸附、分配等物理性质的不同进行分离的。对于成分复杂、含量极微的天然产物，高效液相色谱可以极大地提高分离效率。另外，气相色谱和质谱联用，气相色谱和红外光谱联用等联用技术，将定性分析和定量分析相结合，使有机物的分离和结构鉴定工作更加方便快捷。

7.2.2 理化分离法

7.2.2.1 溶剂萃取法

溶剂萃取法是一种行之有效、简便的常用分离方法。溶剂萃取法主要是根据未知试样中各种组分在溶剂中溶解度不同的原理，选择一种合适的溶剂连续萃取，达到各组分分离的目的。根据被萃取物质的物理状态（液态还是固态）可以将溶剂萃取法分类为：液-液萃取法和液-固萃取法。

对于未知试样，可以依次用石油醚（苯）、乙醚、氯仿、乙酸乙酯、丙酮、乙醇和水等一系列极性不同、溶解性质各异的溶剂进行萃取。

液-液萃取是利用物质在不相混溶的两个液相之间的转移来实现分离的。该分离方法经常用于金属离子或复杂有机混合物的分离。根据分离方法的不同，可以分为：错流萃取和逆流萃取。逆流萃取是在精细化学品的剖析或产品分离中经常采用的方法。对于剖析工作来说，色谱法比逆流萃取法更加快速而且简便。在实验室常用的液-液萃取设备是分液漏斗（间歇提取）、渗滤器（连续提取）。

液-固萃取可以在室温下进行，也可以在梯氏提取器、索氏提取器或垂熔玻板中进行热萃取。但要注意所使用的萃取溶剂必须是试剂级的。以保证溶剂挥发后没有残留物，否则就需预先蒸馏处理。溶剂萃取还有几项注意事项：固体试样尽量粉碎，因颗粒大小与萃取效果有直接关系；萃取温度应比所用溶剂沸点低；萃取液通常用红外灯加热，除去萃取液中的溶剂；萃取液蒸干后的残留物，可用红外光谱作初步检查，判断主要成分以后，再作进一步分离试验。无机盐不溶于有机溶剂，因此可以采用溶剂萃取方法，将无机物组分和有机物组分分离。

7.2.2.2 *溶解沉淀法*

此法通常应用于分离高分子材料中的高聚物与添加剂上。将高分子材料溶解于溶剂（一般是丙酮、N,N-二甲基甲酰胺、二甲基亚砜）中，配制成较浓的溶液，在不断搅拌下将此溶液以点滴方式缓慢滴入沉淀剂中。常用的沉淀剂是那些与欲剖析的高聚物不溶解，且与上述溶剂相溶性极好的溶剂（例如甲醇、乙醇等），其用量约为高分子溶液量的10倍以上。

高分子溶液滴入沉淀剂中，由于溶解高分子材料的溶剂与沉淀剂的相互溶解，使得高聚物立即沉淀出来，产生絮状物或细颗粒沉淀。经过反复用沉淀剂洗涤沉淀物，或重复沉淀，就可得到较纯的高聚物。而高分子材料中的添加剂则留在滤液中。

7.2.2.3 *蒸馏法*

蒸馏法是分离和精制液态样品的最重要方法，可以分为：简单蒸馏、精馏、水蒸气蒸馏和共沸蒸馏等形式。蒸馏法仅适用于对热有足够稳定的组分分离，而对样品量很少的试样分离是不合适的。另外，用此法要把非常复杂的混合物分离成单个组分是非常困难的。有些液体加热时会氧化，可以在蒸馏时于充灌惰性气体保护下蒸馏。在进行减压蒸馏时，可以参考蒸气压与温度关系的算图法，即哈斯-牛顿（Hass-Newton）法。

对于在蒸馏过程中只有蒸汽一相在移动的蒸馏过程称为直接蒸馏或简单蒸馏。简单蒸馏适用于混合物中各个纯组分的蒸气压差别较大的场合。这种差别越大，在蒸气中易挥发组分的富集程度越高。

对于部分冷凝的蒸汽经与上升蒸汽对流并连续返回到沸腾的烧瓶中的蒸馏过程称为精馏，精馏是在分馏柱中进行。它用于一次简单蒸馏难以将混合物分离的场合，这通常是指欲分离的各个组分的沸点差小于80℃。常用的分馏柱包括：筛板分馏柱、空心管、填充柱及转动柱等。分馏柱的选择取决于分离的难度、待馏物的数量以及蒸馏时的压力范围。

水蒸气蒸馏是以水作为混合物中的一种组分，是实践中最重要的两相蒸馏。它能将在水中基本不溶的物质以其与水的混合物形式蒸馏出来。此方法特别适用于样品中含有多种不挥发性固体或树脂，且产物被吸附的情况。由于蒸馏温度较低，有时也用于热敏物质的提纯。

很多互溶二元系统并不符合拉乌尔定律，有一些会发生正或负偏差。由于共沸混合物的气相和液相具有相同的组成，因此共沸物不可能通过蒸馏而分离为纯组分。利用共沸混合物的形成可将混合物中的某一组分带出。共沸干燥就是将一种既能与水形成共沸混合物，而又尽可能（在冷却时）与水不互溶的物质（例如苯）加入待干燥的物质内，将混合物加热至沸腾。水与苯即形成共沸混合物而被蒸出，冷却时流出的水滴沉积于分水器的底部，这样很容易看出混合物中的水分是否已被除尽，蒸出的水也便于计量。在产生水的化学反应中，又可借此观察反应的进程；而且将反应所生成的水连续蒸去能使平衡向要求的方向移动。常用的“带水剂”是苯、甲苯、二甲苯、三氯甲烷以及四氯化碳等。需要注意的是带水剂的相对密度不同，所用的分水器的结构与操作方法也有所不同。

蒸馏主要用于分离液体样品和纯液体的制备。对于精确进行多组分的分析而言，蒸馏法是不能与色谱法相比较的。但蒸馏法的优点在于：它适于制备大量高纯度（>99.9%）的化合物，适于液体的一般筛选，价格比较便宜，操作比较简单。其缺点是选择性不好（由于受到蒸气压的限制，不能分离全部的产品），常常形成恒沸点化合物，不适于一些热稳定性差的样品，分离速度慢，所要求的样品量大，难以进行定量分析。

7.2.2.4　制备衍生物法

对于从混合物中难以分离出来的化合物，可将其先制成衍生物，这样就可能比较容易分离。例如，羰基化合物易与2,4-二硝基苯肼进行加成反应，生成2，4-二硝基苯腙的衍生物，呈黄色或红色沉淀析出，并与其他组分分离。再利用各种仪器分析方法对该衍生物进行定性分析，鉴定出衍生物的结构，由此衍生物的结构再推断出原来的羰基化合物的结构。

难挥发的脂肪酸转变成相应的易挥发的甲酯化合物，就可以采用气相色谱法进行分离测试。对于含有氨基、羟基或羰基等官能团的难挥发化合物，可以将其硅烷化，生成易挥发的硅烷化衍生物，进行气相色谱分离测试。

7.2.2.5　重结晶法

本法一般用于固体试样的纯化处理。操作方法是先将化合物粗品与适当的溶剂配制成热的饱和溶液，趁热过滤以除去不溶的组分。冷却后物质通常以纯净的状态重新结晶析出。

（1）溶剂的选择　重结晶法所选择的溶剂应该具备以下的条件：

① 在较高温度时（溶剂沸点附近），试样在其中的溶解度比在室温或较低温度下的溶解度至少大3倍；

② 杂质与试样在溶剂中的溶解度相差很大，高温时杂质的溶解度很小，可以趁热过滤除去，在低温时杂质在溶剂中溶解度很大，不致随试样一同结晶析出；

③ 溶剂沸点在30～150℃之间，沸点过低，溶剂易挥发逸失，沸点太高，则不易将结晶表面附着的溶剂除去；

④ 溶剂与试样不发生化学反应；

⑤ 试样在溶剂中能形成良好晶体析出；

⑥ 溶剂应价廉，无剧毒。

溶剂的选择通常是根据经验，即“相似者相容”。如果对溶剂的选择与溶剂的用量都不十分清楚，可以先利用试管进行少量实验。

此外，复合溶剂的重结晶也是值得重视的方法。复合溶剂重结晶又称为沉淀法重结晶。复合溶剂经常采用水-乙醇、水-二氧杂环已烷、氯仿-石油醚、苯-甲醇等“溶剂对”。

（2）重结晶的操作　在进行重结晶操作时，首先将物质与溶剂一起加热，此时所用溶剂的量还不足以将物质全部溶解。因为在通常情况下，溶解度曲线在接近溶剂的沸点时会突然升高，故在重结晶中总应将溶剂加热到沸点。小心地通过冷凝管补加溶剂，直到在沸腾时固体物质全部溶解为止。

在重结晶操作时，要注意防止所用的溶剂着火。为了便于重复操作，固体和溶剂都应先予称量。倘若在预试验中已发现不溶解的杂质系以残渣存留，则不应加入过多溶剂。

使用混合溶剂时，最好先将物质溶于少量的溶解度较高的溶剂中，然后趁热慢慢加入溶解度较低的那种溶剂，直到在后者触及溶液的部位有沉淀生成、但立刻又溶解为止。如果溶液的总体积太小，则可多加一些溶解度大的溶剂，然后重复上述操作。

如有必要，可在物质溶解之后加入粉末状活性炭或骨架碳进行脱色，或加入滤纸浆、硅藻土等脱色剂使溶液澄清。要防止因加入脱色剂所引起的剧烈的、爆炸性的沸腾（暴沸）。

7.2.2.6　升华法

在相图上，固-液、固-气和液-气三条平衡曲线的交点（即固、液、气三相的平衡点）与固体的熔点几乎相同。虽然在该温度下蒸气压达到或超过 101kPa 的物质为数很少，但有很多物质的蒸气压已经足够大，只要进行减压，它们便能顺利地升华。表 7-1 列出了一些这样的化合物。另外，很多芳胺和酚也容易升华。

表 7-1　某些容易升华的物质

化合物	熔点/℃	熔点下的蒸气压/kPa	化合物	熔点/℃	熔点下的蒸气压/kPa
二氧化碳（固体）	−57	527	苯（固体）	5	4.8
六氯环己烷	186	104	邻苯二甲酸酐	131	1.2
樟脑	179	49.3	萘	80	0.9
碘	114	12	苯甲酸	122	0.8
蒽	218	5.5			

升华点是固体物质的蒸气压与外压相等时的温度。在该温度下，晶体的内部甚至也发生激烈的蒸发，引起爆炸而沾污升华产物。因此通常是将升华在低于升华点的温度下进行，此时固体的蒸气压低于外压。如果混合物中各组分的蒸气压相差不大，升华的分离效果就不会好。

对于在常压下不能升华或升华很慢的物质可进行真空升华。从升华室到冷却面的距离必须尽可能短，以便获得高的升华速度。由于升华是从表面发生的，故被升华物总应研得很细。提高升华温度能使升华加快，但也使产物的晶体变得很小，且也使产物纯度降低。在任何情况下，升华温度均应低于物质的熔点。一般来说升华法所得到产品很纯。

7.2.3　色谱法[5]

在精细化学品的剖析工作中，色谱法是非常重要并行之有效的方法。色谱法主要是按流动相的物理状态进行分类的。细分类则是以固定相状态以及溶质与固定相之间的作用力类型为根据，见表 7-2。

表 7-2　色谱法的详细分类

流动相	固定相	名称
气体	柱式床	
	1. 固体吸附剂	气固色谱（GSC），吸附色谱
	2. 液体	气液色谱（GLC），吸收色谱
液体	柱式床	
	1. 固体，吸附剂	液固色谱（LSC），吸附色谱，柱色谱
	2. 固体，离子交换树脂	离子交换色谱
	3. 液体	液液色谱（LLC），吸收色谱
	4. 固体，分子筛	凝胶渗透色谱
液体	平面床	
	1. 纸	纸色谱（PC）
	2. 固体（吸附剂、分子筛）	薄层色谱（TLC）

在精细化学品的剖析工作中，薄层色谱、纸色谱、气相色谱（气液色谱和气固色谱）、柱色谱、液相色谱（液固色谱和液液色谱）、凝胶渗透色谱是最常用的分离方法。大多数色谱法既可以分离混合物并进行定量分析，又可以制备纯品。当其用作制备纯化合物时，这种色谱又称为制备色谱。

气相色谱一般应用于沸点低于450℃的易挥发性物质或挥发性衍生物的分析。气相色谱包括气液色谱和气固色谱。气液色谱中的色谱柱装有含液体固定相的惰性固体担体，气固色谱中的色谱柱装的是固体固定相。气相色谱可用于有机混合物的定量和定性分析。在定性分析方面，在检验纯度时，必须要用两种以上的极性不同的固定相进行层析。在进行定量分析时，将被分析的混合物中加入精确计量的标准样品，可使定量更加精确。在气相色谱用于制备性分离时，可将分离得到的物质在柱的末端用冷阱冷冻下来，作进一步研究（元素分析、生物试验、核磁共振波谱、紫外吸收光谱、拉曼光谱等）。另外，通过一个接口，可以将气相色谱与红外光谱、质谱仪相连接，形成定量分离与定性分析相结合的联用仪器。气相色谱的优点在于效率高、选择性好、应用范围广，速度快，便于定量分析，样品量少，非破坏性；缺点在于样品必须有挥发性和热稳定性，难于进行制备分离。

高效液相色谱的优点在于高压、高速、高效和高灵敏度。它与气相色谱相比较，可适用于非挥发性样品，高沸点、热稳定性差、相对分子量大的有机物原则上都可以利用高效液相色谱法来进行分离和分析。但是液相色谱分析速度比气相色谱慢，操作复杂。高效液相色谱根据分离机理的不同可以分为：液液色谱，液固色谱，离子交换色谱，离子对色谱，离子色谱和空间排阻色谱（凝胶渗透色谱）。在精细化学品分析中较常用的高效液相色谱包括液固色谱、液液色谱、凝胶渗透色谱。其样品量也可大至数克规模，可以用于制备纯样。应用高效液相色谱对试样进行分析时，必须综合考虑各种因素，从而合理地选择适宜的色谱方法。需要考虑的因素包括：样品的性质（相对分子质量、化学结构、极性、溶解度参数等物化性质），液相色谱分离类型的特点及应用范围，实验条件（仪器、色谱柱等）。例如，对于相对分子质量大于 2000 的聚合物、蛋白质等化合物，适宜的液相色谱为凝胶渗透色谱，同时它还可以测出化合物的相对分子质量分布。

固定相是一种固体物质，溶质以吸附的机理在液固界面上分配。高效液固色谱、柱层析以及大多数薄层色谱、纸色谱等都属于这种液固过程。

纸色谱又称为纸层析，是一种微量的分析方法。固定相的载体是由高纯度纤维素制成的质地均匀的特种滤纸。固定相为纤维素上的水分，或为浸润在滤纸上的溶剂。需要注意，当纸层析用于检验物质纯度时，要用至少两种不同的流动相体系对试样进行层析，以使结果可靠。

纸色谱与薄层色谱的差别很小，纸色谱的固定相载体是应用各类纤维素，薄层色谱则是应用硅胶或类似吸附剂，它们均属于液相平板色谱。薄层色谱的分析速度比纸色谱的快，其效率较高，适用性广，可用腐蚀性试剂，试样消耗量少。另外，薄层色谱可负荷的样品量比纸色谱大 2～3 个数量级，故薄层色谱也可用于混合物的制备性分离。目前，已发展出高效薄层色谱，其有效塔板数可以达到 5000，而一般的薄层色谱的塔板数为 600。在进行柱层析以前，可用薄层色谱作预试验，以便检测确定柱层析的分析条件。

薄层色谱的一个缺点在于当试样量大于 50mg 时，会导致分离效率变低。故如对混合物中含量较少的组分感兴趣时，就有必要应用柱层析分离。柱层析虽然耗时多、分离效率低，但可分离的试样量较大。

7.2.4 电泳法

7.2.4.1 区带电泳

电泳是在外加电场影响下，带电的胶体粒子或离子在介质中作定向移动的现象。例如蛋白质分子在偏碱性缓冲液中（缓冲液 pH 大于蛋白质等电点）以带负电的阴离子形式存在，在外电场作用下向正极移动。混合物中带不同电荷的粒子由于荷电量不同以及分子的相对质量与大小不同，泳动速度也就不同，从而使带电荷的胶体粒子或离子得到分离。电泳有两种基本类型：前流的和区带的。前流技术通常是在无支持体的溶液中进行的，故称为“自由电泳”；而区带电泳是在支持体（如纸）上进行的。

如果支持体的长为 L，电解质离子的半径为 r，则当外加电位差为 E 时，该离子的迁移率 m 为：

$$m=\frac{V}{E/L}=\frac{q^{\pm}}{6\pi r\eta} \tag{7-1}$$

式中 E/L——电位梯度，V/cm；

V——离子移动速度，cm/min；

$q^{\pm}$——该离子的电荷，C；

r——离子半径，cm；

η——溶剂的粘度。

当迁移距离为 S，而电泳时间为 t 时，即 $V=\frac{S}{t}$，所以 $m=\frac{SL}{Et}$，重排以后：

$$S=\frac{mEt}{L} \tag{7-2}$$

因此，迁移距离 S 与离子迁移率 m 成正比。当其他条件相同，两价离子的迁移距离是一价离子的两倍。对两种带有电荷的离子 A 与 B 之间相隔的距离 ΔS 为：

$$\Delta S=S_A-S_B=(m_A-m_B)Et/L \tag{7-3}$$

为了达到良好的分离，ΔS 要大，即要求两种离子的迁移率相差要大，电泳时间要长，电位梯度要大。在同一体系中溶剂粘度对于 A、B 两种离子来说是相同的，溶剂的粘度小则离子的迁移率大，电泳时间短。要使 A、B 的迁移率相差大，两种离子的半径要有差异。

在分析分离中通常使用的是区带电泳，它是将色谱与电泳相结合的方法，故又叫电色谱法。区带电泳是在固体或类固体的支持体上进行的，常用的支持体有滤纸、醋酸纤维膜、生淀粉、淀粉凝胶、琼脂、聚丙烯酰胺凝胶等。用滤纸为支持体时称作纸电泳，用凝胶为支持体时也叫凝胶电泳。区带电泳设备简单，操作方便。在两个电解槽中放入适宜的电解质溶液，将加有样品的支持体连接两个电解槽，然后通入直流电(图 7-1)，即可将各组分分开。用适宜的方法如喷雾，紫外光照射等显出组分的位置。根据组分运动的距离或与标准物质对照可进行定性分析，根据组分斑点大小或其他方法可进行定量分析。

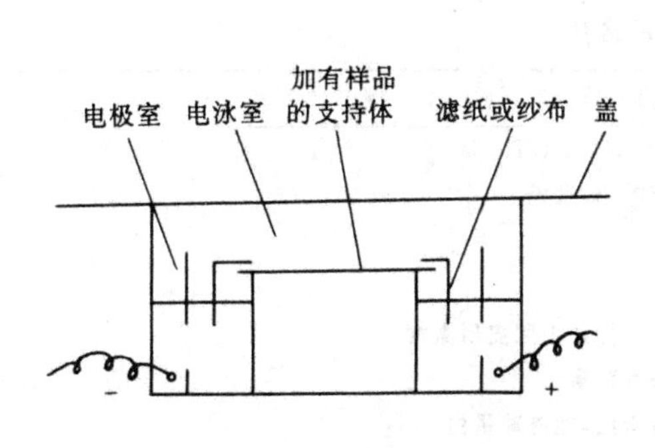

图 7-1　区带电泳

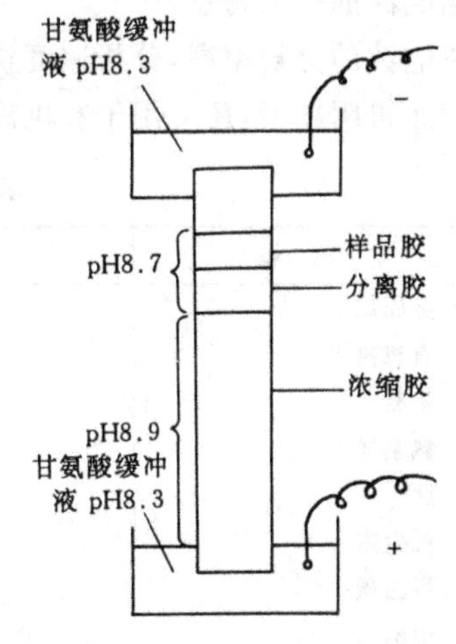

图 7-2　聚丙烯酰胺凝胶电泳

在区带电泳中，聚丙烯酰胺凝胶电泳的分离效果通常要比其他电泳好，因为这种凝胶具有分子筛的性质。在图 7-2 装置中，装有聚丙烯酰胺凝胶的玻璃管垂直放在两个电解槽之间。也可将凝胶做成板状，垂直放在电泳仪中进行电泳，称之为垂直板形电泳。

7.2.4.2　等速电泳

20 世纪 60 年代初，荷兰 Everaerts 提出了等速电泳的分离方法，即在普通的区带电泳中，将恒电压下的电泳改成恒电流下的电泳。在开始时，其情况和等压电泳是一样的，各组分的泳动速度不同，开始形成不同的区带，如图 7-3(a)所示。

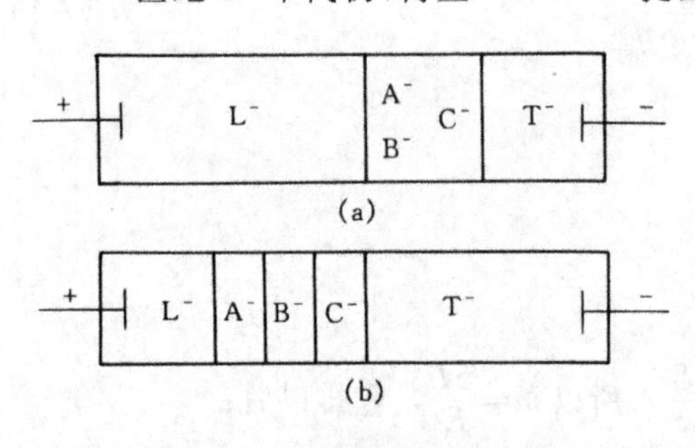

图 7-3　等速电泳示意图

假定是做阴离子的电泳，则离子向正极运动。其中 L^- 称为前导离子，它的迁移率在整个体系中是最大的；T^- 称为殿后离子，其迁移率最小。A^-，B^- 和 C^- 是样品离子，假定迁移率顺序是 $A^- > B^- > C^-$。当加上电场以后(维持恒定的电流)，由于迁移率的不同，逐渐形成 A^-，B^-，C^- 三个区带，每个区带只有一种阴离子，L^- 和 T^- 是体系中的电解质溶液。当已形成了 A^-，B^-，C^- 三个区带时，就开始了等速状态[图 7-3(b)]。因为 L^- 虽然迁移得快，但是如果与 A^- 区带脱离开了，就会出现一"真空"地段(没有离子)，这一地段中的电场强度将无限增高。因为离子泳动速度是与电场强度成正比的，所以 A^- 离子就会加速赶上去，直到 A^- 区带与 L^- 区带衔接为止。反之，A^- 离子也不会进入 L^- 区带，因为 L^- 区带中的场强比在 A^- 低，如果 A^- 离子因为热运动等原因进入 L^- 区，则其速度将减慢，A^- 逐渐落后仍落入 A^- 区带中。其他各区带的离子也与此相同。由于在不同区带中形成了不同强度的电场，各区带将紧紧邻接、不会脱离，并以相同速度前进，亦即达到速度平衡状态。另外，各区带也不会交错或混合，保持着鲜明的界线。这就是所谓的"自锐化效应"。由此可见，等速电泳分辨率很高，且可以制备纯度很高的物质。

在一般的色谱或电泳分离过程中，同时伴有扩散作用，所以随着时间的延长，区带越来越宽。但等速电泳例外，在等速电泳过程开始以后，混合物逐渐形成各个组分的单独区带，直到彼此之间完全分离而进入稳定状态。此后，即保持着这样最佳的分离效果，不因时间延长而改变，这是等速电泳的一大特点。

等速电泳的分辨率高，分析速度快，便于分析蛋白质、核酸等生物大分子，也适宜于分析金属离子和无机阴离子，还可用于有机离子的分析和同位素的富集等方面，见表 7-3。

表 7-3　等速电泳的应用

应用领域	具体对象举例
金属离子	Al，Be，Cd，Ce，Cr，Cs，La，Ni，Tl，Na
有机离子	低、高级脂肪酸，咪唑，葡萄糖
染料	四磺化靛青
氨基酸	各种氨基酸
肽	胰岛素，血管紧张肽，促肾上腺皮质激素
抗生素	青霉素，四环素，头孢菌素
蛋白质	白蛋白，球蛋白，脂蛋白，免疫球蛋白
细胞	红细胞，白细胞，病毒，
酶的研究	三磷酸腺苷酶，胆碱脂酶，己糖激酶，乳酸脱氢酶
核苷酸	13 种核苷酸的同时分离

7.3 分离与分析方法的选择[2]

一般来说,色谱法是非常有效的分离测试方法。紫外光谱和红外光谱、核磁共振波谱法、质谱法和元素分析法是在有机化合物的定性分析中非常重要的方法。但对于不同的被剖析的样品,可以根据其所含有组分的复杂情况,适当选择上述分析方法。

7.3.1 选择分离方法的准则

影响分离方法选择的因素有很多,其中主要包括:分离对象的性质,规模(浓度,数量),要求分离后达到的纯度等。此外,一些外界因素,如现有的条件(设备、试剂),操作者对某些方法熟练与否,熟练程度等等也是要考虑的因素。因为分离是依据欲分离组分之间在某些化学、物理性质方面的差异,因此只要组分性质有差别,尽管是很小的差别,就有可能利用它们的溶解度、挥发度、电离度、移动速度、颗粒大小等方面来选择、设计合适的分离方法。例如,要分离两种非离子型的物质,则离子交换,电泳、电渗等方法就不能考虑。

为了清晰分离方法的选择,可以将分离方法的选择归纳为 10 个原则:① 样品是否具有亲水性,② 样品是否可以离子化,③ 样品的挥发性,④ 样品中的组分数量,⑤ 定性还是定量分析、以个体或组体分析,⑥ 要求纯度高还是回收率高,⑦ 样品量,⑧ 成本与速度,⑨ 个人习惯,⑩ 可能得到的设备。前 4 个准则是对于样品的要求,后 6 个准则是对于分析的要求。

通常将上述分离准则中的前 8 个作为主要的分离准则,并据此对分离方法进行分类(表 7-4)。

表 7-4 分离方法的分类①

标准		分离方法									
A	B	LLE	D	GC	LSC	LLC	IEC	E	GPC	PC	P
1. 亲水的	疏水的	X	B	B	B	B	A	A	X	X	A
2. 离子的	非离子的	X	B	B	B	B	A	A	B	X	A
3. 挥发的	不挥发的	B	A	A	B	B	B	B	B	B	B
4. 简单的	复杂的	A	A	B	B	B	B	A	B	A	A
5. 定量的	定性的	A	B	A	A	A	A	B	A	B	A
6. 个别的	成组的	X	A	A	X	A	A	X	X	B	B
7. 回收的	纯的	X	A	B	B	B	B	B	B	B	A
8. 分析的	制备的	X	B	A	A	A	A	A	A	A	X

① LLE—液液萃取;D—蒸馏;GC—气相色谱;LSC—液固色谱;LLC—液液色谱;IEC—离子交换色谱;GPC—凝胶渗透色谱;E—电泳;PC—平面色谱(纸色谱,薄层色谱);P—沉淀。

表 7-4 中第一项标准又分成 A,B 两类,并在每一种方法下面注明该法适合于哪一类。对两类标准都适用的方法或者差别不大时,则用 X 表示。还要注意的是根据表中所列的标准来选择方法时,常常是根据习惯而不是按它们可能的用途来选择。例如液-固色谱和液-液色谱也可用于制备分离,但现时高压液相色谱主要用于分离。尽管表 7-4 中所列的有些方法十分类似,但它们并不完全属于同一种类型。

7.3.2 样品性质对选择分离方法的影响

前面已经说过,分离对象的性质不同,对分离方法的要求也不同。表 7-4 中第 1,2 两项性质,即分离对象的亲水性与疏水性,以及它们是离子的还是非离子的,常常相互关联。大多数分离方法只适用于其中的一类。例如,适用于离子的、亲水的类型时,一般就不适用于非离子的、疏水的类型,不能两者同时适用。只有液-液萃取与平面色谱是例外。

对于分离对象的第3项特性——挥发性来说，蒸馏和气相色谱可能是比较合适的分离方法。当然，分离的样品要有一定的热稳定性，以免在操作温度升高时分解。此外，也要考虑到化学反应性，蒸馏和气相色谱法仅限于那些在升温操作条件下稳定的具有挥发性的化合物。目前还不能在化学反应规律方面总结出一个对任何样品都适用的一般规律。这里要考虑到体系中组分之间起化学反应的可能性。例如在GSC、LSC、PC及区带电泳中，固体的表面常常是有活性的或有催化性的，会与分离对象发生化学反应而改变分离效果。也还应当考虑到加入的物质(如溶剂，沉淀剂)等对后面其他组分是否有影响。

综上所述，分离过程总是反映了欲分离物质的宏观性质上的差别，而某些性质(如蒸气压、溶解度)则往往与组分的分子性质及其结构有关。一般说来，能影响分离方法选择的分子性质包括：相对分子量，分子的体积与形状，偶极矩与极化率，分子电荷与化学反应性等。对于凝胶渗透、分子筛吸附、渗析、应用大环多元醚的萃取以及色谱等方法，涉及到孔穴的大小，因此分子的形状和大小起着决定性作用，另外也要适当考虑化学反应性。而对离子交换、电泳、离子对缔合萃取等方法，分子电荷起主导作用，当然也要考虑到化学反应性、分子形状。而对蒸馏来说，决定性的是分子间的力，它与偶极矩与极化率有关，也还要考虑到分子形状和相对分子质量的大小。

样品的复杂性是与样品中组分数目有关的。表7-4中存在是两种极端情况：简单的和复杂的。到目前为止，只有色谱技术能一次将复杂的样品中各种组分彼此分离。

7.3.3 分析方法的要求对选择分离方法的影响

在选择分离方法时，首先要考虑到后随的分析步骤是定性还是定量。GC将是优先考虑的最适合于定量分析的分离方法，但是它所分离的组分必须具有挥发性。沉淀法尽管费时，但由于它适应性比较强，所以仍有广泛的用途，可用于各种不同类型的样品，它的后随分析方法常常是重量法。

被分离组分的含量和浓度也会对分离方法的选择有影响，例如，微量组分的分离与富集往往采用各种色谱技术和萃取法。除此之外，也要考虑到分析方法要求的精密度与准确度。

分析方法要求的分离程度，即被分离物质的纯度，也是选择分离方法时要考虑的。有些分析要求把各组分一一分离开来，而另外一些情况下却不需一一分离，只要知道某一类物质的量即可。例如，对于一个烃类混合物来说，当要求测出每一种烃的含量时，GC是最合适的方法。但是如果只要求知道该样品中烷烃类总量、烯烃类总量时，就可以采用其他的分离方法。如要测定各个镧系元素的含量时，最好使用色谱技术；但当只要求测定镧系的总量时，就可选用沉淀或萃取等方法。

被分离样品的量也是选择分离方法时要考虑的。但是，一般说来，色谱技术很难按比例放大来处理大量的物质。此外，可用的样品有多少，也对分离方法的选择有限制。例如，如果只有10μL样品，那就不能选择蒸馏法。

还有两个准则在表7-4中没有列入，即分离所需的费用和速度，个人对分离方法的喜爱和可供使用的分离仪器。

7.3.4 处理问题的方法

第一步是观察样品的状态。对气体，首先考虑应用气相色谱的方法分离。其他的可能性是应用热扩散和化学反应。采用分馏法时，样品必须是液体。对固体来说，相应的选择是区域熔炼。无论是固体还是液体都可以用其他方法进行分离，包括GC在内，只要样品有所需的挥发性。

如果样品的组成是未知的，第二步最好的技术是蒸馏(对液体)和 LLC(对液体和固体)。如果整个样品是挥发的，可用程序升温气相色谱。若样品是水溶液，要使用一些特殊的固定相(如 Porapak，一种聚苯乙烯型固定相)，也可用电泳。为了分离得更完全，可根据样品的特性，即对表 7-4 中上面四项准则进行考虑，通常就可以找出一、两个最好的方法。根据样品的相对分子质量，可以合理选择适宜的色谱方法：对相对分子质量低(几百以下)的样品，GC 是最好的方法；对于中等相对分子质量(几百到几千)的样品，LLC 与 LSC 最好；而对高相对分子质量的样品，GPC 最好。

对复杂的样品，为达到分离之目的，应联合使用两种或两种以上的方法，如像二维平面色谱那样，将色谱和带状电泳结合使用，可以得到很好的分离效果。在多步分离中，单纯的分级萃取常常作为这种分离的第一步，例如联合使用溶剂萃取和环炉法以达到预富集时就是如此。

7.4 剖析实例

本节仅对染料、颜料、中间体、表面活性剂、助剂、药物等精细化工领域，分别举例介绍剖析的基本方法。国内已经有一些专著介绍染料、高分子等领域的剖析书籍[6,7]。

7.4.1 化学法染料结构的剖析[8]

狄尔玛蓝 R 是瑞士山道士公司生产的一种蓝色皮革浸染染料，该产品各项应用性能较好，其剖析过程如下。

(1) 染料提纯　取商品染料 15g，加 250mL 5%HCl 溶液，搅拌均匀，过滤。滤饼用 5% HCl 溶液洗涤至滤液无色，滤饼烘干得带金属光泽的蓝色染料，经硅胶 G 薄层分析试验得三个斑点（图 7-4)。

为了进一步得到纯的蓝色染料，从薄层层析中发现，二个副染料在某些混合溶剂中溶解性极大，而蓝色染料几乎不溶。因此选择正丁醇：无水乙醇：水=15：1：5 的混合溶剂把副染料萃取除去，于是得到纯的蓝色染料。

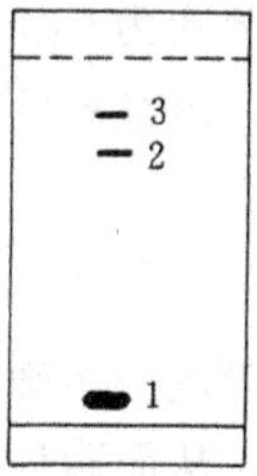

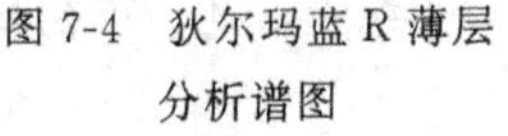

图 7-4　狄尔玛蓝 R 薄层分析谱图

展开剂—正丁醇：无水乙醇：水=15：1：5；1—染料主斑点（蓝色)；2,3—二个副斑（紫红色)

(2) 染料类别试验　向染料水溶液中加适量保险粉，加热，溶液褪色，加双氧水，溶液颜色不复现，说明该染料属偶氮型。

(3) 元素定性分析　经钠融法鉴定，染料中含 N、S，不含卤素和金属离子。

(4) 还原、裂解及产物鉴定

① 还原、裂解反应。用 300mL 蒸馏水将 10g 染料加热溶解后，加入 60mL 40%$SnCl_2$-HCl 溶液，加热回流至褪色，冷却后有沉淀析出。过滤，得灰色固体（组分 A)。滤液经电解去锡后进行减压浓缩至 1/2 体积，析出后过滤得到红色固体（组分 B)。

② 采用 2%盐酸作为展开剂，可以较好地分离 A、B 组分。

③ 还原及裂解组分的鉴定。

a. 组分 A 可以溶于热水，在空气中极易氧化，熔点高于 350℃，元素定性鉴定含 N、S，不含卤素。和 Ehrlich 试剂作用显橙色，和 NH_4OH 作用斑点显橙色带黄、绿色边，遇酸变成蓝色，与 1%$FeCl_3$ 溶液作用显紫色带蓝边，空气中放置变成桃红色。该组分上述特性与氨基 H 酸的特性反应相一致。

元素定量分析结果：C 32.44%，H 3.51%，N 6.60%，S 16.29%。

红外光谱图如图 7-5 所示，图中 3250cm^{-1}处的强宽峰为—OH 峰，2950cm^{-1}处的强宽峰

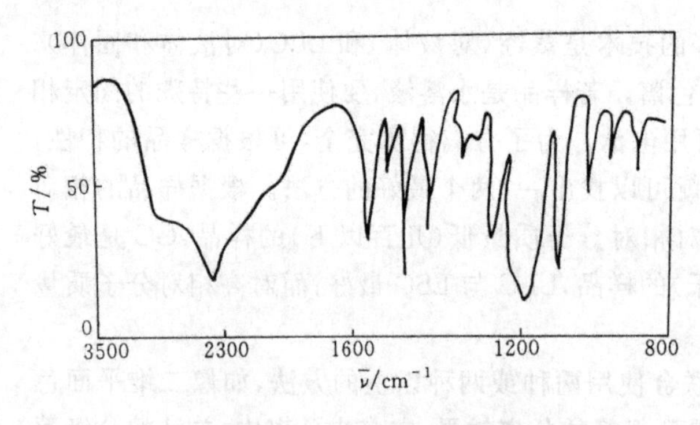

图 7-5 组分 A 的红外光谱图

为—$NH_2\cdot HCl$峰，1180cm^{-1}处的强宽峰为—SO_3H 峰，证明组分中有—NH_2、—OH 与—SO_3H的存在。

核磁共振谱中 $\delta=8\times10^{-6}$附近群峰证明了芳香 H 质子的存在。综合上述分析结果，证明组分 A 为氨基 H 酸结构。

b. 组分 B 易溶于乙醇，和 Ehrlich 试剂作用显橙红色，和 $FeCl_3$ 作用显暗紫色。经定性分析，组分 B 含有 N，不含 S 和卤素。

元素定量分析结果：C 69.02%，H 6.20%，N 10.99%。

从红外光谱分析结果看，2800cm^{-1}处的强宽峰为—$NH_2\cdot HCl$，1620cm^{-1}，1570cm^{-1}峰为苯环振动，860cm^{-1}、820cm^{-1}处峰为苯环 1,2,4-取代所致，可知组分 B 为含—NH 的 1，2，4-取代苯化合物。

从核磁共振谱分析结果看，$\delta=4.05\times10^{-6}$处单峰归属为—OCH_3，$\delta=5.7\times10^{-6}$宽峰归属为—NH_2(D_2O 取代后该峰消失)，$\delta=7.5\times10^{-6}$附近多重峰归属为芳香氢质子，因此分子还含有—OCH_3。

从质谱图上可得组分 B 的相对分子质量 244，含偶数个氮。结合元素定量分析结果计算可得分子式为 $C_{14}H_{16}N_2O_2$，除了两个—NH_2 与—OCH_3 外，剩余部分为 $C_{12}H_6$，为两个三取代的芳环，由红外已知为 1,2,4-三取代，故可推测组分 B 的可能结构为：

H_3CO OCH_3
H_2N— —NH_2

为进一步确证组分 B 的结构，取联大茴香与组分 B 进行对照试验。紫外、红外谱图完全一致，从而确证了该结构。

综上所述，可初步确定狄尔玛蓝 R 结构为：

H_2N OH H_3CO OCH_3 HO NH_2
—N═N— —N═N—
HO_3S SO_3H HO_3S SO_3H

(5) 合成验证 根据上述推测的结构进行合成验证，将合成的染料和狄尔蓝 R 进行对照试验，其硅胶 G 板、薄层色谱，紫外、红外谱完全一致。

7.4.2 化学法颜料结构的剖析

阿克拉明藏青 FR 系德国拜耳公司生产的涂料印花品种，具有色光鲜艳、得色浓深、牢度优良的优点。该涂料印花浆为深蓝色粘稠状物质，颗粒细小，分散性好。其剖析过程如下。

(1) 灼烧实验与色层分析 将少许商品颜料灼烧，呈蓝绿色火焰，灼烧后有黑色残渣。将残渣加浓盐酸煮沸，并蒸发至干，再加水加热溶解，得浅黄色溶液（A），根据火焰的颜色和盐酸水溶液的颜色，估计试样中可能含有铜。将（A）与氯化铜水溶液作色层对比（图 7-6）。

同时做定性试验：A 与 NaOH 溶液作用显蓝色，与 NH_4OH 作用显深蓝色，与亚铁氰化钾作用产生铜棕色沉淀，加 NH_4OH 后变为深蓝色。

(2) 氧化裂解 将试样用 1%$KMnO_4$ 在醋酸介质中氧化裂解，加热至 60～70℃ 即褪色，并析出棕色沉淀。过滤此氧化裂解混合物，滤液用乙醚抽取，乙醚层为黄色。将乙醚层蒸干后析出针状结晶用无水乙醇重结晶，得到白色针状结晶。取少量白色结晶，加 2 滴浓硫酸溶液，加入间苯二酚，摇动至溶解。加热至干后加入 NaOH 溶解，溶液具有绿色荧光。加水稀释后绿色荧光变为显著的黄色，此为邻苯二甲酰亚胺特性反应之一。由以上实验说明裂解产物可能为邻苯二甲酰亚胺，可推知颜料结构中含铜酞菁。

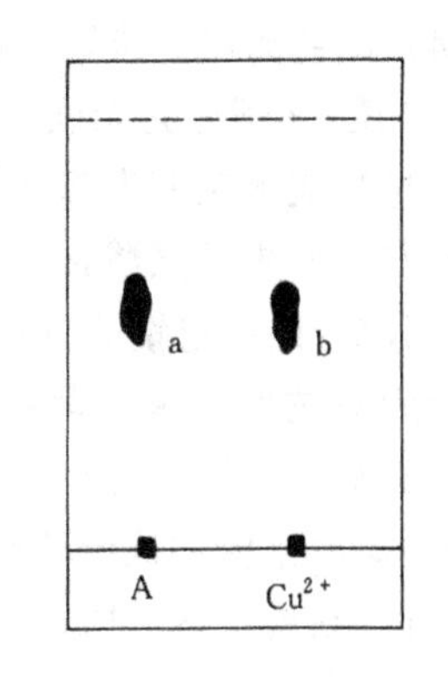

图 7-6 (A)与氯化铜水溶液色层对比

展开剂：异丙醇：氯化氢＝74：26；显色：① 氨熏后，a、b 均变蓝；② 喷黄血盐水溶液后，a、b 均变红棕色。

商品颜料在 $SnCl_2$-HCl 中还原变蓝绿色，不褪色；在保险粉中还原不褪色，析出略带棕色的蓝色沉淀。将样品按还原染料使用方法染棉纱，棉纱为蓝色，染液为艳蓝色的铜酞菁。上述现象为还原染料的特性，故样品中除铜酞菁外还可能含有还原染料。

(3) 还原分离　取试样约 3g，在 NaOH 介质中用保险粉还原，还原液为暗蓝色，略带棕色，趁热过滤还原液，分别进行如下处理。

① 滤饼经浓硫酸作点滴试验为带棕色的绿色，即铜酞菁与还原染料的混合物 A。

② 滤液冷却后析出暗蓝色沉淀 B，用水洗至滤液为无色，将 B 烘干。将 B 加浓硫酸作点滴试验为棕色，外圈略带绿色，再加水后变艳蓝。通过与还原蓝 RSN 作对比试验，发现两者性质相同。将 B 与还原蓝分别作分光对比、红外光谱分析，发现谱图完全一致。

B 的元素定量分析结果为：C 68.61%，H 4.06%，N 5.275%。与 RSN 的计算值相符合。

由以上试验确定该涂料印花浆由铜酞菁与还原蓝 RSN 组成。

7.4.3 色谱法中间体纯度的分析

薄层色谱法不仅可用来进行定性分析，也可以定量分析中间体的纯度。溴氨酸是酸性和活性艳蓝染料的重要中间体，一般以 1-氨基蒽醌经磺化、溴化制成，合成过程中往往引入一些杂质。采用薄层色谱分离、萃取样品，经光电比色，可简便、快速有效地测定其含量。分析过程介绍如下。

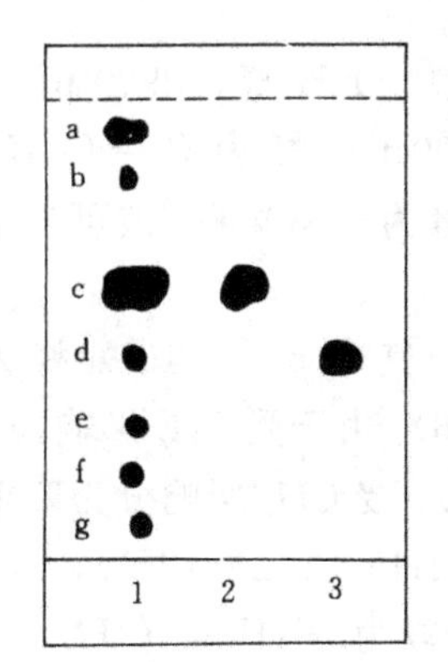

图 7-7 溴氨酸薄层色谱图

1—溴氨酸产品；2—经提纯溴氨酸产品；3—经提纯 1-氨基蒽醌-2-磺酸标准品；a—未磺化的蒽醌化合物（橙黄色）；b—未定（红色）；c—溴氨酸主斑点（红橙色）；d—1-氨基蒽醌-2-磺酸（橙色）；e，f，g—多磺化蒽醌化合物（蓝光红）

(1) 标准样品的制备　溴氨酸精制品可采用氧化铝吸附柱提纯制得。1-氨基蒽醌-2-磺酸（A）也以同法进行柱层析提纯。

(2) 基准物参比溶液的配制　称取 3.739mg 基准物 1-氨基蒽醌-2-磺酸用水溶解于 250mL 的容量瓶中，用水稀释至刻度，配成 1-氨基蒽醌-2-磺酸基准物参比溶液 C。另称取 3.300mg 的溴氨酸基准样品，用水溶解，稀释至 250mL，配成溴氨酸基准物参比溶液 B。

(3) 色谱分离　吸附剂为酸性氧化铝 200～300 目（pH4～5），展开剂为正丁醇：醋酸丁酯：醋酸＝3：1：1，薄层色谱结果如图 7-7 所示。

分离时，用 100μL 注射器，准确吸取上述样品（A）溶液，点样至 50mm×200mm 的吸附基线上。点成带状后展开 1h，分别刮取溴氨酸和 1-氨基蒽醌-2-磺酸色带至砂芯漏斗中，用 1%氢氧化钠水溶液直接洗滤至 25mL 的容量瓶中，稀释至刻度，各为溶液 D 和 E，进行比色测定。

(4) 比色测定　溴氨酸的最大吸收波长为 494nm，1-氨基蒽醌-2-磺酸的最大吸收波长为 483nm。用 72 型分光光度计在 494nm 处测得溶液 D 的消光值，在 483nm 处测溶液 E 的消光值，同时相应测定基准参比溶液 C 和 B 的消光值，计算测定组分的含量。

该方法分析溴氨酸含量，其精确度在 1.0%左右。此外，氨基氯蒽醌及 1-氨基蒽醌也可采用薄层分离-比色定量的方法测定纯度。

应用双波长 CS910 薄层扫描层可得斑点的光密度曲线。依据标准浓度系列所测光密度曲线的峰面积值得到的标准曲线可不经分离，测定某些中间体产品的纯度。

7.4.4　染料结构的波谱法剖析

7.4.4.1　列索林蓝（Resolin Blue）5R 的剖析

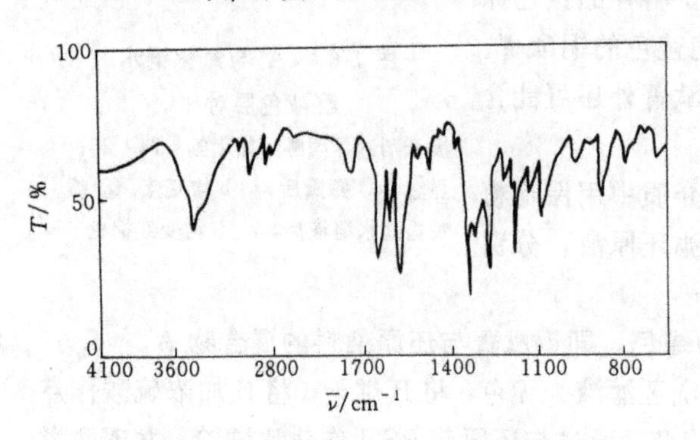

图 7-8　染料的红外光谱图

列索林蓝 5R 是德国拜耳公司生产的蓝紫色分散染料，用于涤棉的染色，其剖析过程如下。

商品染料在脂肪萃取器中用无水乙醇萃取，得紫色有金属光泽的结晶，熔点为 176～178℃。萃取液进行两次重结晶后，所得到的染料熔点为 174.5～176℃。以苯：丙酮（4：1）为展开剂，色层分析结果均为一个斑点，为单色染料。用钠熔法测定，染料样品含 N 和 Br，不含 S 和金属离子。将染料溶于碱性保险粉中，加热溶解，染料褪色，冷却后加双氧水氧化，溶液颜色不复现，属偶氮型染料。再进行如下鉴定。

(1) 红外光谱分析　从谱图（图 7-8）可见，3400cm^{-1} 单峰为—NH 峰，2900cm^{-1}、2880cm^{-1} 峰为—CH_3 峰，2930cm^{-1}、2850cm^{-1} 峰为—CH_2 峰，1700cm^{-1} 峰为 C ═O 峰，1600cm^{-1}、1550cm^{-1}处峰为苯骨架振动峰，1530cm^{-1}与 1330cm^{-1}处峰为—NO_2 峰，故可知染料分子中含—NO_2、—C ═O、—NH_2、—CH_2 与—CH_3 基团。

(2) 核磁共振谱分析　图 7-9 为染料样品的核磁共振谱图，其中 $\delta=1.46$ 处峰为—CH_2CH_3中 CH_3 三重峰（6H，从各氢核积分值比例得该氢原子数为 6），由于受 CH_2 影响，裂分为三重峰；$\delta=3.54$ 处四重峰为—CH_2CH_3 中的—CH_2 四重峰（4H），受 CH_3 影响分为四重峰；$\delta=2.34$ 处单峰为—$COCH_3$ 中的—CH_3 峰（3H）；$\delta=6.6$（1H），7.28（1H），7.7（1H），8.2（1H），8.34（1H）分别为苯核上 H 质子峰；$\delta=8.68$ 处峰为—NH 峰（1H）。

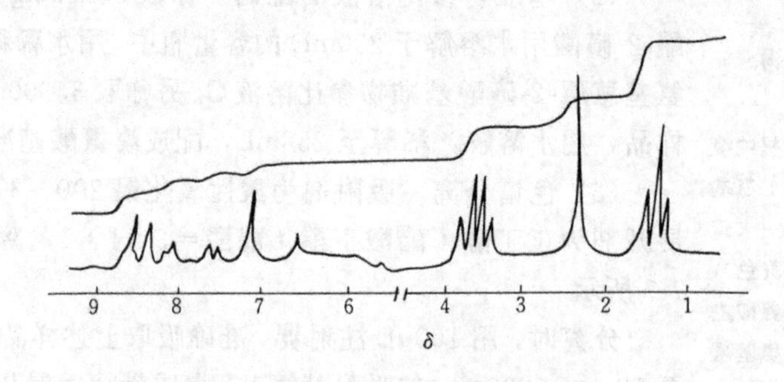

图 7-9　染料样品的核磁共振谱图

从上述核磁共振检测结果看，染料分子中含有两个—CH_2CH_3 基，含一个—NH 与

—$COCH_3$基，它们组合在一起，可能为—$NHCOCH_3$ 基。

（3）质谱分析和元素分析　通过对样品的质谱分析发现，样品的分子离子峰 M^+ 为 478，此染料相对分子质量为 478。又 [M+2] 480 峰与 M^+478 峰强度几乎为 1∶1，故染料结构中含一个 Br。

元素定量分析结果为：C 45.65%，H 4.28%，N 19.22%。元素比为 C∶H∶N=18∶19∶6（相对分子质量为 478）加上 Br，分子式为 $C_{18}H_{19}N_6BrO_{15}$。已知分子含—NO_2，—Br，—$NHCOCH_3$ 两个—CH_2CH_3，剩余部分为 $C_{12}N_4H_5O_2$，可能还含一个—NO_2，一个 N 与—CH_2CH_3相邻和偶氮基 $C_{12}H_5N_2$。

综合上述分析结果，推测该染料可能的分子结构为：

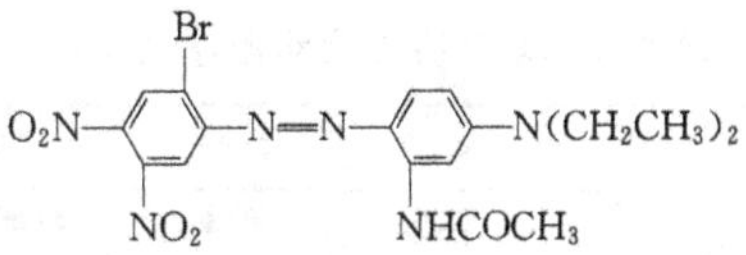

Br
O_2N—⟨苯环⟩—N=N—⟨苯环⟩—$N(CH_2CH_3)_2$
NO_2　　　　$NHCOCH_3$

根据上述推测的染料结构进行了合成试验，将合成后的染料和剖析样品列索林蓝 5R 进行色层对比，两者 R_f 值与颜色完全相同。两者的红外光谱图也完全一致，从而确证了上述结构。

7.4.4.2　Lanaset Blue 2R 的剖析

Lanaset 染料是瑞士汽巴-嘉基公司生产的新型毛用活性染料。据介绍该系列染料用于羊毛染色固色率高，染品的各项牢度较好，色泽鲜艳，而且具有高的上色率和优异的重演性。其染色性能极佳，纤维损坏最小，染色效果可靠度高，并且质量均一，使羊毛染色达到简易、安全和经济。

采用薄层色谱、化学鉴定、紫外光谱、红外光谱和核磁共振光谱对 Lanaset 系列染料中 Blue 2R 染料进行了分离和鉴定工作，确定了 Lanaset Blue 2R 染料的结构[9]。

（1）单一性鉴定　取少许商品染料用甲醇溶解，点在硅胶 G 薄板上，用苯∶氯仿∶甲醇（30∶20∶15）溶液作展开剂展开。结果表明该染料为单一染料，前沿和原点处蓝色斑点为副染料。

（2）类型鉴定　取少许商品染料溶于水中，加入少许保险粉，染料溶液不褪色。再加入 2 滴 10%氢氧化钠溶液，溶液变为红棕色，加入过硫酸盐溶液又变为蓝色，空气中慢慢氧化也能复色。此为蒽醌类染料的特征反应，说明该染料母体为蒽醌系。

（3）分离提纯　将商品染料拌硅胶（100～200 目），干法上硅胶柱。甲醇冲下染料，再将染料的甲醇溶液置于红外灯下浓缩后，点于硅胶 G 板上，用苯∶氯仿∶甲醇（30∶20∶15）溶液展开，做大样分离样品。刮下染料主色带，除去硅胶，红外灯下烤干。用少许甲醇溶解，加苯析出染料，过滤后烘干。重复一次，得 Lanaset Blue 2R 染料纯品。

（4）紫外可见吸收光谱鉴定　染料的紫外吸收光谱 ν_{max}=257nm，显示了蒽醌系染料的特征吸收。

（5）红外吸收光谱鉴定　纯染料用溴化钾压片测定其红外吸收光谱，见图 7-10。

由染料的红外吸收光谱可看出该染料含下列基团：1640cm^{-1}单峰为酰胺基峰，2920cm^{-1}、2840cm^{-1}、1460cm^{-1}、1390cm^{-1}峰为烷基峰，1220cm^{-1}（宽）、1040cm^{-1}、1020cm^{-1}（双峰）为磺酸基峰，故可知染料分子中含酰胺基、烷基和磺酸基。

（6）核磁共振光谱鉴定　纯染料用二甲基亚砜作溶剂，四甲基硅作内标测定其核磁共振光谱，仪器 90M。其核磁共振波谱的归属见表 7-5。

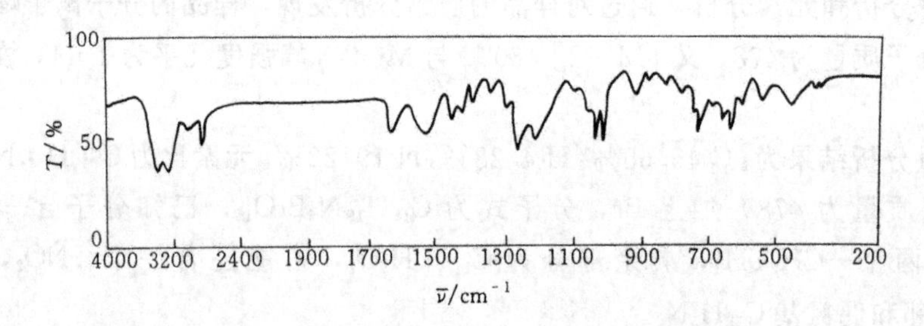

图 7-10　Lanaset Blue 2R 染料的红外光谱图

表 7-5　染料的核磁共振波谱解析

δ	2.22	2.36	3.73	4.02	4.44	7.17	7.87	8.3	8.34
峰形	单峰	单峰	单峰	单峰	单峰	单峰	四峰	单峰	四峰
相对质子数	6H	3H	1H	1H	1H	1H	2H	1H	2H
归属	a	b	c	d	e	f	g	h	i

由染料的核磁共振光谱数据可以推测该染料的结构为：

(7) 元素分析　提纯后的染料元素定量分析如下：N 5.77%，S 4.21%，Br 22.08%。元素比为 N∶S∶Br=3∶1∶2。

综合上述分析数据，Lanaset Blue 2R 染料的结构为：

7.4.5　食品添加剂及助剂剖析

7.4.5.1　食品添加剂的结构分析

食品制造、加工过程中，需加入一些添加剂，如乳化剂、抗氧剂、防腐剂、食用色素、调味剂等。食品添加剂必须安全无毒，其品种较为有限。常用的食品乳化剂有脂肪酸单甘油酯、蔗糖脂肪酸酯、丙二醇脂肪酸酯及缩水山梨糖醇脂肪酸酯等。对食品乳化剂分析前，首先将它从食品中萃取出来。若为混合组分，还需进一步分离为单一组分，然后才能进行鉴定。

首先，可采用萃取法，以有机溶剂将食品添加剂从食品中分离出来，各类食品中不同食品添加剂所适用的萃取剂列于表 7-6。

(1) 从黄油中萃取分离甘油脂肪酸酯　从黄油中可以用 200mL 苯洗脱出甘油三酯，用 200mL 苯-乙醚 (10∶1) 洗脱甘油双酯、游离酸，用 200mL 乙醚洗脱出甘油单酯。蒸出溶剂，可得甘油单酯、甘油双酯及甘油三酯各组分。

表 7-6　食品乳化剂的萃取溶剂

食　　品	乳　化　剂	萃　取　溶　剂
面包	甘油单脂肪酯	石油醚
	甘油单琥珀酯	正丙醇-水
	POE 甘油脂肪酸脂	氯仿-乙醇
蛋糕	脂肪酸丙二醇酯	石油醚
	脂肪酸缩水山梨糖醇	乙醇
可可	卵磷酯（大豆磷脂质）	氯仿-乙醇
冰淇淋	甘油单脂肪酸酯	乙醇
人造黄油	柠檬酸酯	甲醇
	聚甘油酯	甲醇
	蔗糖	甲醇

（2）脂肪酸甘油单酯的结构分析

① 离子型鉴定与官能团化学定性。以亚甲基蓝法试验，试样溶液加入亚甲基蓝溶液和氯仿，振荡、静置，水溶液层呈乳状，水层与氯仿层基本为同一颜色，表明该表面活性剂属非离子型。

对酯的羟肟酸试验，呈阳性，溶液呈紫色，显示为羟酸衍生物。

将试样在磷酸存在下加热，生成物导入水中，加入过氧化氢，加入 12mol/L 盐酸与 3%均苯三酚-乙醚溶液，呈鲜明桃红色。以上实验结果表明甘油衍生物分解出的丙烯醛，在过氧化氢作用下生成丙二醛，遇均苯三酚生成桃色化合物。表明该乳化剂为甘油衍生物，可能为羧酸甘油酯。

② 红外光谱分析。图 7-11 为乳化剂的红外光谱图，其中，$1730cm^{-1}$为 C ═O 峰，$1177cm^{-1}$为酯的吸收峰，$720cm^{-1}$为—CH_2 峰，$3333cm^{-1}$为—OH 峰，$1111cm^{-1}$为仲醇—OH 峰，$1064cm^{-1}$、$1042cm^{-1}$为伯醇—OH 峰。由此可知该化合物为羧酸甘油酯，又因为分子中含伯、仲醇，所以甘油的酯化位置在 1-位。

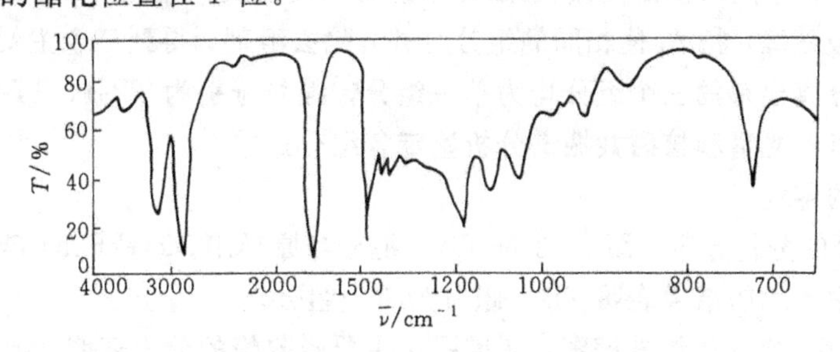

图 7-11　乳化剂的红外光谱图

③ 核磁共振。将乳化剂进行核磁共振分析，其结果为图 7-12。

乳化剂的核磁共振谱图的各峰可归属如下：δ=0.9 峰为 CH_3 的氢核峰；δ=1.3 峰为不邻接氧原子和酯基的 CH_2 氢核峰；δ=24 峰为—$OCOCH_2$ 上氢核，受邻近 CH_2 作用裂分为三重峰；δ=3.73 处峰为甘油基上 3-位上的 2 个氢核峰；δ=3.90 处峰为甘油基上 2-位上的 2 个氢核峰；δ=4.17 处峰为甘油基上 1-位上的 2 个氢核峰；

由积分值的比求得烷基碳数为 18，因此该食品乳化剂可确证为硬脂酸单甘油酯：

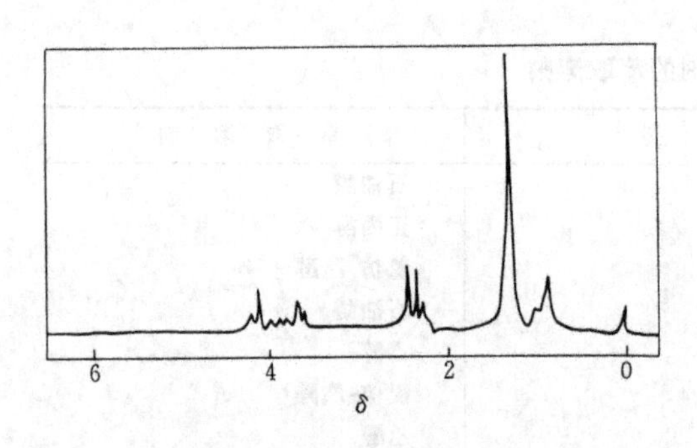

图 7-12 乳化剂的核磁共振谱图

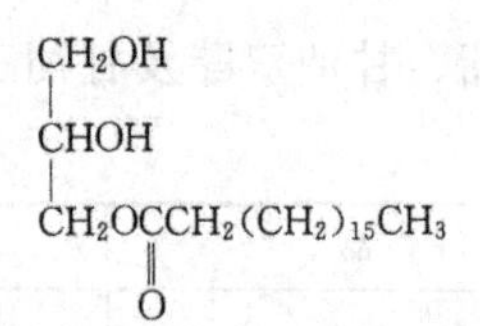

7.4.5.2 紫外光辐射固化粘合剂主成分的分离和鉴定

紫外光辐射固化粘合剂是一种新型的粘合剂。它具有不含溶剂，低毒，粘接速度快，密封性能好和高透明度的特点。在室温下经紫外光照射能在数秒至数十秒内即可交联固化，达到优良的粘接效果。所以它特别适合于精密加工行业的应用，如手表的玻璃盖面与金属表壳的粘接和密封，电子器件如液晶显示板的粘接和密封等。应用紫外光辐射固化粘合剂不但提高了生产效率和产品质量，而且还达到了节能、降低成本和保护环境的要求，所以它是粘合剂发展的一个新方向。

紫外光辐射固化粘合剂是由预聚体、活性稀释剂和光引发剂等组分所组成，各组分的活性高，见光或遇热易聚合。在紫外光辐射固化粘合剂 TB-3501 的分离和鉴定工作中人们采用丙酮作溶剂，石油醚作沉淀剂分离出相对分子质量较大且含量多的预聚体。这样不但达到富集含量少的组分、有利于柱层析分离其他组分的目的，而且克服了样品中某些组分的聚合而造成分离困难的问题，获得满意的结果[10]。

(1) 主成分的分离　用丙酮把样品 TB-3501 溶解成 10%左右的溶液，滴加入石油醚中并搅拌即析出沉淀。把过滤出来的沉淀物再溶解和沉淀二次，滤液合并留作下一步分离用。沉淀物经真空干燥（≤35℃）得到白色粉状固体，经薄层层析法检查，确定为单一组分，编号为 TB-4。

把沉淀分离后的滤液减压浓缩得淡黄色透明液体。把此液体进行柱层析分离，固定相用柱层析硅胶，流动相采用石油醚-乙酸乙酯体系进行梯度洗脱，流速为 2.5～3.0mL/min。流出液用硅胶薄层板跟踪，把 R_f 值相同的组分合并，除去溶剂，得到三个主要组分。经薄层层析法检查，确定分离出来的三个组分均为单一组分，编号分别为 TB-1，TB-2，和 TB-3。最后用红外光谱、紫外光谱和核磁共振谱分析鉴定各组分。

(2) 主成分的鉴定

① TB-4 组分的分析鉴定。图 7-13 是 TB-4 组分与原样用 MerekF254 硅胶薄层板对比检查的结果，从图中显示的结果表明 TB-4 组分为单一组分。

图 7-14 是 TB-4 成分的红外谱图，从谱图中主要吸收峰的分析表明 $3457cm^{-1}$是—OH 的吸收峰，$2965cm^{-1}$是甲基的吸收峰，$1733cm^{-1}$、$1296cm^{-1}$、$1249cm^{-1}$、$1183cm^{-1}$是不饱和酸酯基的吸收峰，$3125cm^{-1}$、$3099cm^{-1}$、$3028cm^{-1}$、$1609cm^{-1}$、$1511cm^{-1}$是苯环的吸收峰，$1382cm^{-1}$、$1362cm^{-1}$是$>C(CH_3)_2$ 的吸收峰，$829.6cm^{-1}$是苯环对位取代的吸收峰，$1640cm^{-1}$、$810cm^{-1}$是分子末端双键的吸收峰。根据对红外谱图的分析结果，确认 TB-4 组分为双酚 A 环氧丙烯酸酯类。结果与对照物双酚 A 环氧双丙烯酸酯（Epoxy 601）的红外谱图基本一致。

TB-4 组分的^1H NMR 谱图，从放大后的谱图与对照物的^1H NMR 谱图基本一致。在 TB-4 组分的紫外谱图，谱图中出现 λ_{max}为 225nm、276.7nm 及 283.7nm 是含苯环化合物的吸收峰，与对照物的紫外谱图基本相同。所以确定 TB-4 组分为双酚 A 环氧双丙烯酸酯树脂。TB-

4组分的谱图与对照物的谱图之间有一些差别，这是由于TB-4组分的相对分子质量比对照物（Epoxy 601）的相对分子质量大得多所致。用蒸汽渗透压法测得数均相对分子质量 $M_n = 1.85 \times 10^3$。

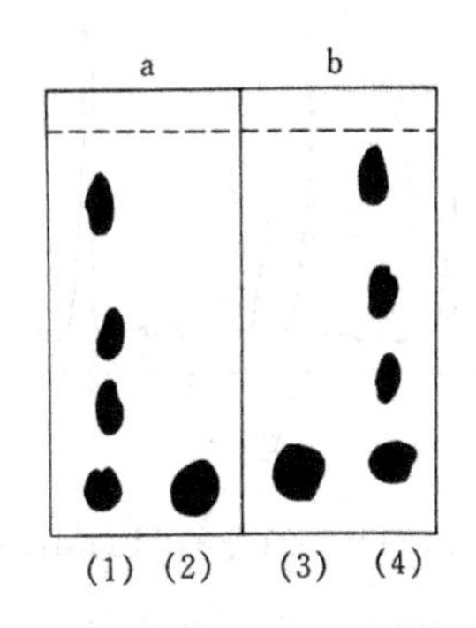

图7-13 TB-4与原样的薄层色谱图

(1)，(4)—原样；(2)，(3)—TB-4；a—石油醚：乙酸乙酯=7：3；b—石油醚：丙酮=7：3

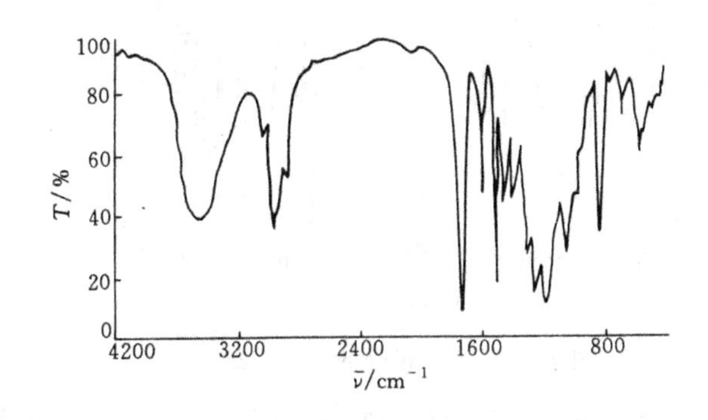

图7-14 TB-4的红外谱图

② TB-1组分的分析鉴定。图7-15是TB-1组分的红外谱图，从谱图中最强的和主要的吸收峰分析表明，1681cm^{-1}苯甲酮的羰基吸收峰，1102cm^{-1}是—OR吸收峰，699cm^{-1}是苯环单取代的吸收峰，3036cm^{-1}、3062cm^{-1}、1599cm^{-1}是苯环的吸收峰，2977cm^{-1}、2927cm^{-1}、2876cm^{-1}分别是—CH_3和CH_2的吸收峰。按红外谱图的分析结果，确认TB-1组分为安息香醚类化分物，结果与安息香乙醚的红外标准谱图相一致。

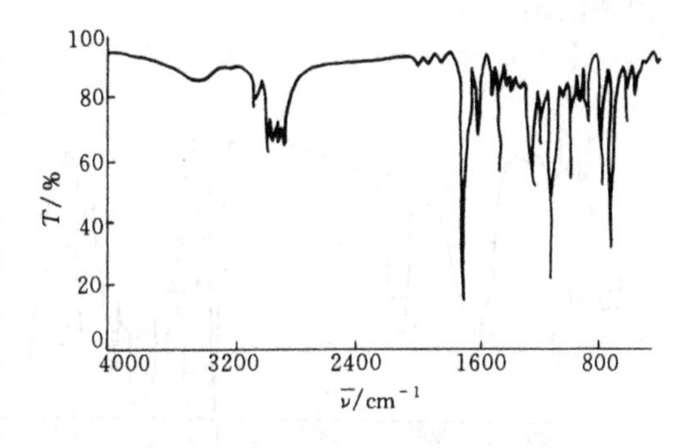

图7-15 TB-1组分的红外谱图

图7-16是TB-1组分的^{1}H NMR谱图，它与安息香乙醚的^{1}H NMR标准谱图相同。另外，TB-1的紫外光谱谱图也与安息香乙醚的紫外标准谱图相同。所以确定TB-1组分为安息香乙醚。

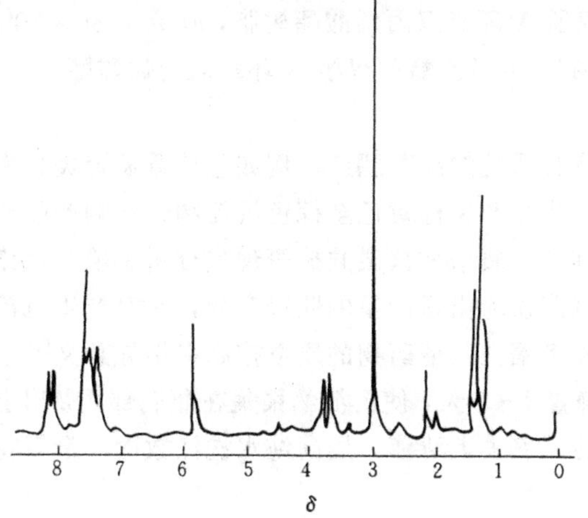

图7-16 TB-1组分的^{1}H NMR谱图

③ TB-2组分的分析鉴定　图7-17是TB-2组分的红外谱图，从谱图中主要吸收峰的分析表明，3436cm^{-1}是—OH的吸收峰，1719cm^{-1}、1322cm^{-1}、1298cm^{-1}、1170cm^{-1}是不饱和酸酯基的吸收峰，2957cm^{-1}、2885cm^{-1}分别是—CH_3和>CH_2的吸收峰。按红外谱图的分析结果，确认TB-2组分是含羟基的丙烯酸酯类化合物。结果与甲基丙烯酸-β-羟乙酯的红外标准谱图相一致。图7-18是TB-2组分的^{1}H NMR谱图，与甲基丙烯酸-β-羟乙酯的^{1}H NMR标准谱图相同，所以确定TB-2组分为甲基丙烯酸-β-羟乙酯。

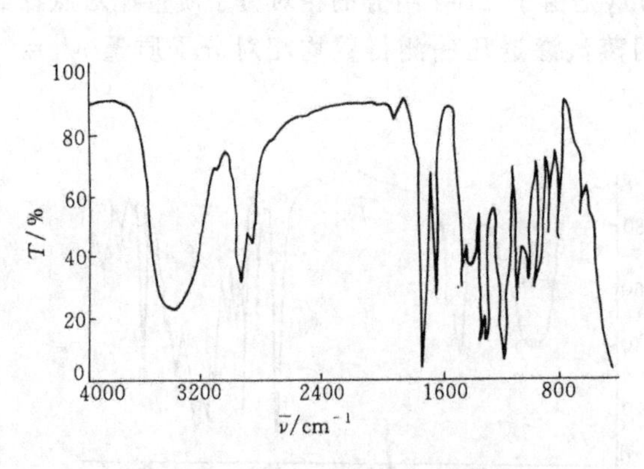

图 7-17　TB-2 组分的红外谱图

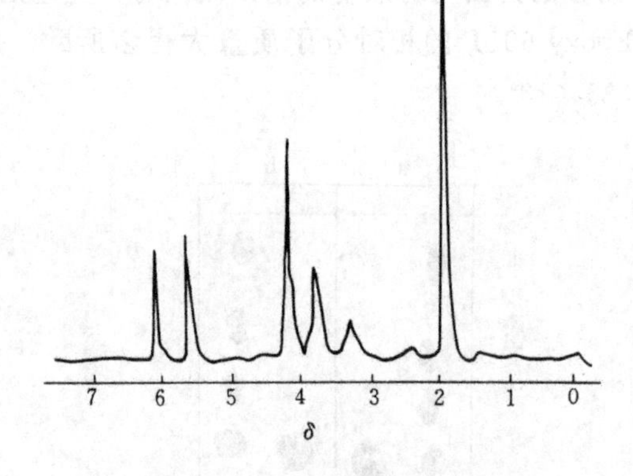

图 7-18　TB-2 组分的^{1}H NMR 谱图

④ TB-3 组分的分析鉴定　图 7-19 是 TB-3 组分的红外谱图，从谱图中的主要吸收峰分析表明与对照物双酚 A 环氧双丙烯酸酯的红外谱图相同。图 7-20 是 TB-3 组分的^{1}H NMR 谱图，也与双酚 A 环氧双丙烯酸酯的^{1}H NMR 谱图相同，所以确定 TB-3 组分为双酚 A 环氧双丙烯酸酯。

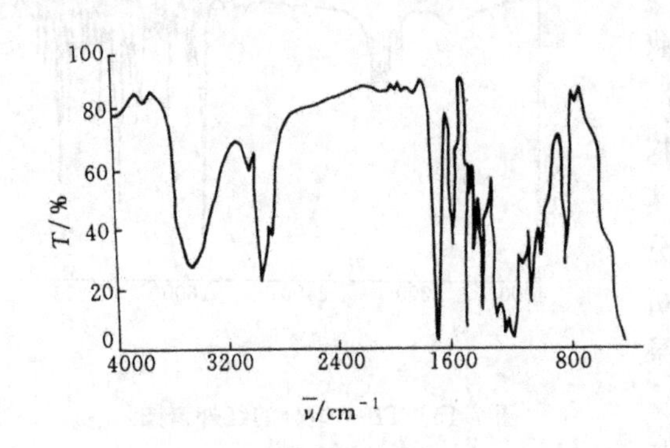

图 7-19　TB-3 组分的红外谱图

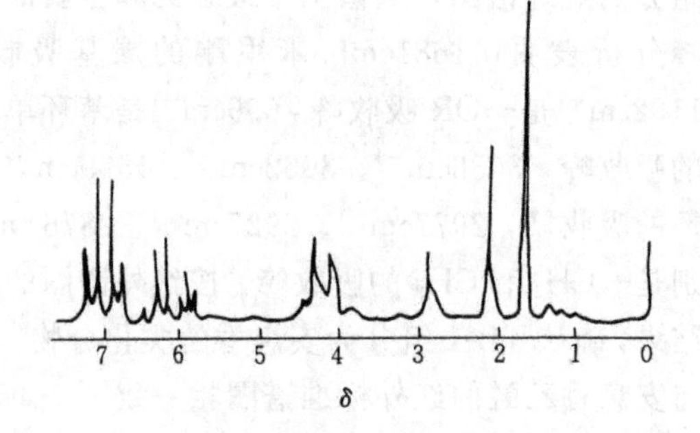

图 7-20　TB-3 组分的^{1}H NMR 谱图

从 TB-3051 型紫外光固化粘合剂分离和鉴定的结果表明，采用上述的分离和鉴定的方法是可行的。说明该粘合剂的主成分是预聚体一双酚 A 环氧双丙烯酸酯树脂，$M_n = 1.85 \times 10^3$；光引发剂为安息香乙醚；活性稀释剂为甲基丙烯酸-β-羟乙酯和双酚 A 环氧双丙烯酸酯。

7.4.6　药物的剖析

诺氟沙星注射液主要用于治疗泌尿系统、胃肠系统的细菌感染，例如急性肾盂肾炎、慢性肾盂肾炎急性发作及菌痢等。该品经灭菌后，往往产生棕黄色至棕色沉淀物，影响产品质量。人们应用现代分析手段，例如采用紫外、红外、质谱和核磁共振等现代分析手段，对诺氟沙星注射液中的沉淀物进行了研究，确定该沉淀物为诺氟沙星的脱羧产物，并对产生沉淀的原因进行了分析，这对诺氟沙星注射液以及喹诺酮类其他药物的质量控制有指导意义[11]。

(1) 沉淀物的分离　将含沉淀物的注射液静置 4～5 天，使沉淀物聚集在瓶底部，吸出上清液。转移沉淀物至洁净的离心管中，离心沉淀，移去上清液，用高纯水洗涤数次，最后将沉淀物经 100℃ 真空干燥 2h 后，供测定用。

(2) 沉淀物的分析　经解剖显微镜观察沉淀物为棕黄色至棕色的粉末。沉淀物在水、甲醇、乙醇和醋酸乙酯中不溶，在氢氧化钠液（0.1mol/L）和 N,N-二甲基甲酰胺中溶解。注射液的 pH4.8，溶液显酸性。沉淀物的熔点＞300℃，而诺氟沙星的熔点为 218～224℃，两者差别极大。对于所得到的沉淀物，采用紫外光谱、红外光谱、薄层色谱、质谱、核磁共振等仪器分析方法进行了定性分析。

① 紫外光谱分析。分别取沉淀物和诺氟沙星适量，加氢氧化钠液（0.1mol/L）制成每 1mL 中约含 5μg 的溶液；分别绘制紫外吸收光谱，见图 7-21。两者图谱基本类同，只在 200～240nm 波长处有些差别。说明两者结构的母体基本相同。

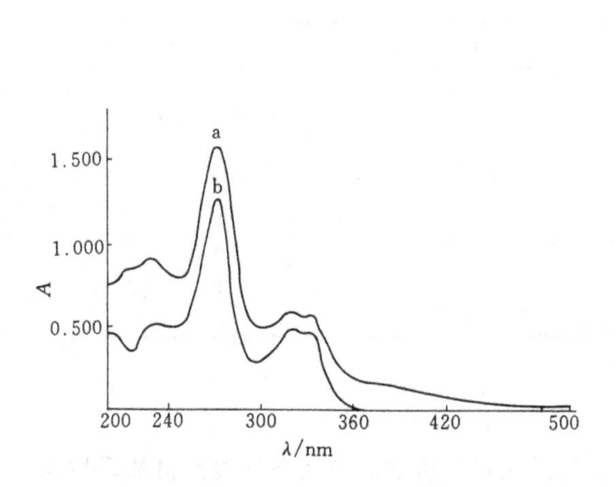

图 7-21 诺氟沙星与其沉淀物的紫外光谱图

a—诺氟沙星沉淀物；b—诺氟沙星

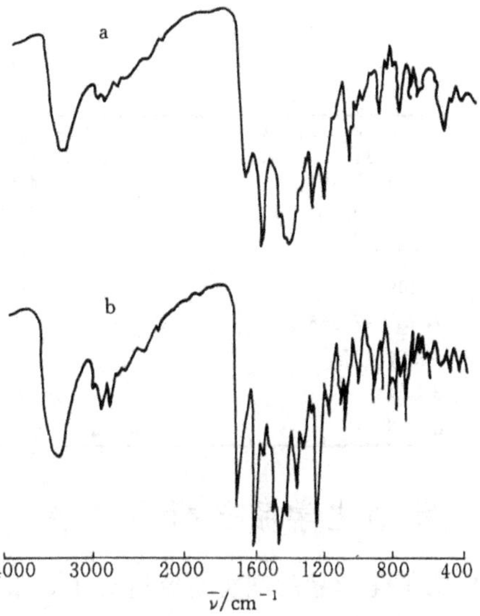

图 7-22 诺氟沙星与其沉淀物的红外光谱图

a—诺氟沙星沉淀物；b—诺氟沙星

② 红外光谱分析。分别取沉淀物和诺氟沙星制备 KBr 压片，进行红外吸收光谱测试，见图 7-22。图谱表明两者在特征区和指纹区有显著差异。诺氟沙星结构中羧基的 $\nu_{c=o}$强吸收带，在沉淀物的红外图谱中基本消失。可初步推断该沉淀物为诺氟沙星的脱羧产物。

③ 薄层层析分析。分别取沉淀物和诺氟沙星适量，加 *N*，*N*-二甲基甲酰胺制成每 1mL 中约含 2mg 的溶液，在硅胶 G 或硅胶 GF254（加 0.5%羧甲基纤维素钠制板）薄层板上点样1～3μL，在氯仿-无水甲醇-浓氨水（15∶10∶3）中展开，展距为10～13cm，置紫外光灯（254nm）下检视，结果见图 7-23。图谱表明沉淀物的 R_f 值与诺氟沙星主斑点的 R_f 值不同。

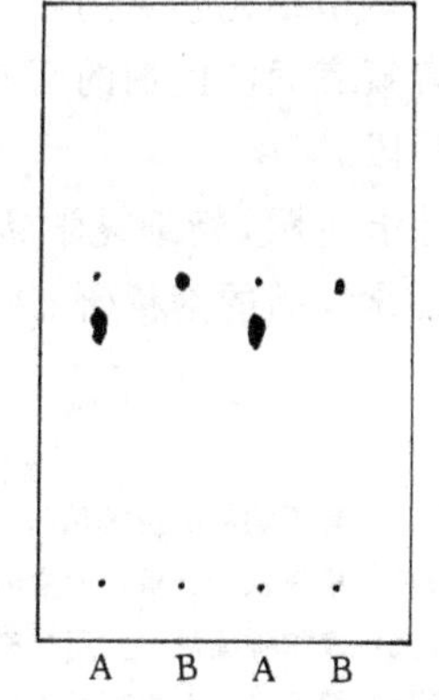

图 7-23 诺氟沙星及其沉淀物的薄层色谱图

A—诺氟沙星；

B—诺氟沙星沉淀物

④ 质谱分析。沉淀物质谱分析条件为：电子轰击电压 70eV，离子源温度300℃，程序升温50～250℃，30℃/min。直接导入法测定，结果表明沉淀物为诺氟沙星的脱羧基产物。

⑤ 核磁共振分析。以四甲基硅烷为内标，二甲基亚砜（DMSO）为溶剂，沉淀物的^{1}H NMR 的结果见表 7-7。

红外光谱分析初步推断该沉淀物主要是诺氟沙星的脱羧产物。质谱和核磁共振光谱进一步确证该沉淀物的结构，其化学名为 1-乙基-6-氟-4-氧代-1，4-二氢-7-（1-哌嗪基）喹啉。在诺氟沙星结构中，3-位碳上的 COOH，属 *β*-酮酸类，它在酸性介质中易脱羧，若有金属离子的存在，则可加速脱羧进程；若在酸性条件下，加温过高，时间过长，也会加速脱羧进程，脱羧物慢慢沉淀下来，致使注射液的澄明度不合格。

表 7-7　诺氟沙星沉淀物的 ^1H NMR 谱

化学位移	多峰性	H强度	归属
1.223～1.403	多峰	3	a
3.317～3.407	多峰	8	1′，2′，3′，4′
4.604～4.736	q	2	b
7.209	d	1	3
7.335～7.356	d	1	8
7.960	s	1	5
8.554	s	1	2
8.976	s	1	c

7.5　精细化学品剖析新进展

在精细化学品的剖析研究进展中，最为突出的是仪器分析法的应用与进展。目前，快速灵敏的仪器分析法在很大程度上取代了繁杂费时的化学分析法，极大地提高了分析工作的效率，分析精度与可靠性。另一方面，近年来环境保护问题日益受到重视，需对各种排放物进行微量分析，气相色谱、高压液相色谱及光电比色等仪器分析法可有效地用于这方面的分析检测。

新型精细化学品的开发研究导致了波谱分析新技术的产生和发展。近20年来开发的新颖系列含氟表面活性剂的研究使得F核磁共振法发展起来，预计将成为该类化合物结构检测的重要手段。

综上所示，精细化学品的剖析技术正不断地向着仪器化、微量化和定量化的方向发展，预计精细化学品的剖析研究将会取得更大的进展。

参考文献

1　洪少良．有机物剖析技术基础．北京：化学工业出版社，1988
2　王应玮，粱树权．分析化学中的分离方法．北京：科学出版社，1988
3　李述文，范如霖编译．实用有机化学手册．上海：上海科学技术出版社，1981
4　周春隆，穆振义．有机颜料化学及工艺学．北京：中国石化出版社，1997
5　Ullmann's Encyclopedia of Industrial Chemistry. 5.，Vol. B5. Weinheim：Varlags Chemie Gmbh，1991.1
6　吴善农．高分子材料的剖析．北京：科学出版社，1988
7　杨锦宗．染料的分析与剖析．北京：化学工业出版社，1987
8　天津大学应化系精细化工教研室．精细化学品分析．1988
9　张守栋．染料工业．1991，**28**(5)：25
10　林燕宜，林木良．中国胶粘剂．1994，**3**(3)：6
11　李芸等．中国药科大学学报．1993，**24**(1)：33

第八章　精细化学品现代分离与分析方法的发展趋势

20世纪90年代以来，精细化学品的现代分离与分析方法日新月异，有些新技术进入实用阶段。虽说在某些应用领域尚存在一些理论和技术性难题，但已显示出其潜在的应用前景。这些新的技术包括现代光谱分析技术、现代色谱分析技术、核磁共振新技术、串联质谱[1]等等。

8.1　气相色谱-质谱联用

从首次试图把色谱和质谱结合起来，迄今已有42年了[2]，目前该技术已广泛应用于精细化工的各个部门[3~5]。在色谱-质谱联用出现以前，要想对20个或更多的有机物混合物组分进行完全的定性分析是不大现实的。甚至要分离和鉴定2～3个主要组分，如果使用经典的分析法，大约要做1年的工作，而每个组分所需要的样品量，通常至少也要数毫克。但如今，采用色谱-质谱联用技术，可使含有100个组分的混合物（其含量低至0.1%）预期在1天之内，就能在某种程度上定性地鉴别几乎每一个色谱峰；所需的混合物样品总量可以在1mg之内。

例如，鉴定甲基异丁基酮产品中的杂质组分[6]。丙酮加氢一步法生成甲基异丁基酮是一种较为先进的方法，为了提高产品质量，必须对该工艺可能生成的杂质组分进行鉴定，气相色谱-质谱联用就具有独特的优越性。

仪器：美国惠普公司的HP 5988 GC/MS。

色谱条件：HP-5毛细管柱25m×0.2mm×0.2μm为弹性石英柱，初温40℃，停留2min，以10℃/min升至120℃，保持2min；进样器温度200℃，分流比50∶1；进样0.5μL。

质谱条件：EI源，源温200℃，电子能量70eV，接口温度200℃，扫描范围20～200amu（原子质量单位）。

样品：工业品，不需处理。

甲基异丁基酮及杂质的总离子流图见图8-1。分离出6个杂质峰，峰1～6的定性结果见表8-1。

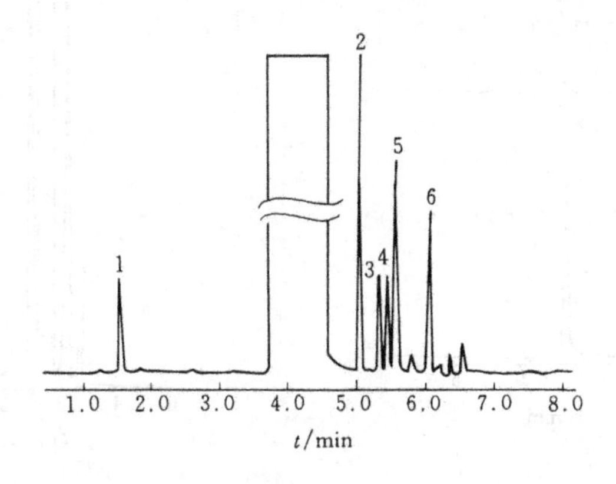

图8-1　甲基异丁基酮及杂质的总离子流图

1—丙酮-异丙醇；2—4-甲基-2-戊酮；3—2,4-二甲基丙烷；4—2,6-二甲基庚烷；

5—1,3,5-(a,a,a)-三甲基环己烷；6—1,3,5-三甲基环己烷

表 8-1　甲基异丁基酮产品中杂质的定性分析

峰号	定　性　结　果	定性方法	峰号	定　性　结　果	定性方法
1	丙酮-异丙醇	GC/MS	4	2,6-二甲基庚烷	GC/MS
2	异丙亚甲基丙酮 4-甲基-2-戊酮	GC/MS	5	1,3,5-(*a*,*a*,*a*)-三甲基环已烷	GC/MS
3	2,4-二甲基丙烷	GC/MS	6	1,3,5-三甲基环已烷	GC/MS

对峰1进行逐点扫描检索，发现峰前部和后部的质谱图有差别见图 8-2。可能是因为 HP-5 是非极性柱，致使低沸点的含氧化合物未能分开，而其中丙酮是杂质的可能性较大。在加氢条件下丙酮可能还原为异丙醇。从化合物在质谱条件下的离子生成机理考虑，丙酮的特征粒子是：m/e 58 是分子离子峰，m/e 43 为失去甲基后的碎片，异丙醇的分子离子峰质量为 60，失去一个氢后质量为 59，以及 β-断裂方式生成 m/e 45 碎片峰。

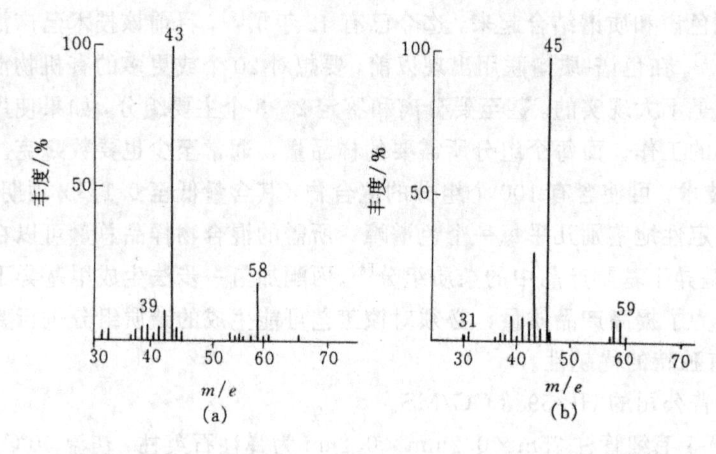

图 8-2　号峰在第 97 次扫描点（a）和第 101 次扫描点处（b）的质谱图

利用计算机进行数据处理后得到的质量色谱图见图 8-3，进一步证明峰 1 为丙酮与异丙醇的重叠峰。利用 HP-20M 极性柱对样品极性进行 GC 分析，标样定性，结果确实分离出丙酮与异丙醇（见图 8-4）。

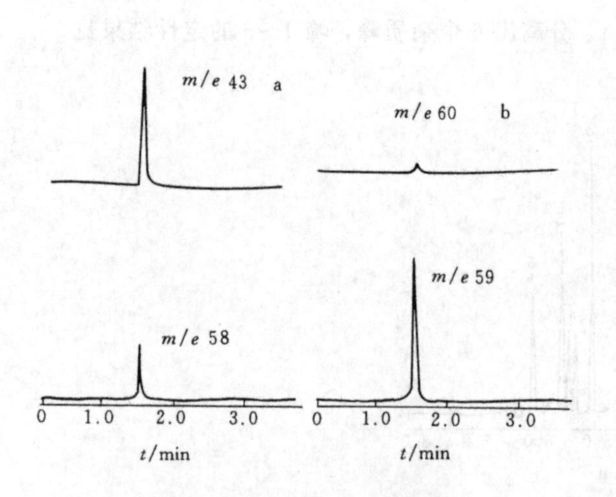

图 8-3　特征离子的质量色谱图

a. 丙酮（AC）：m/e 58，m/e 43；

b. 异丙醇（IPA）：m/e 60，m/e 59

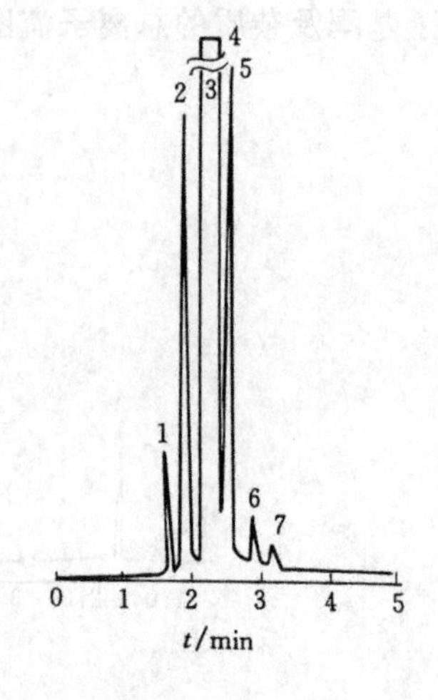

图 8-4　甲基异丁基酮样品在 HP-20M 极性柱中的分离

1—丙酮；2—异丙醇

反应中生成的烃类杂质在 HP-20M 柱上的分离不及 HP-5 柱。峰 2 是丙酮加氢生成的甲基异丁基酮的中间产物，峰 3～6 是甲基异丁基酮与丙酮深度聚合生成少量 9 碳酮再脱水、加氢后产生的杂质。

可见，GC/MS 充分发挥了色谱的高效分离及质谱的定性功能，对甲基异丁基酮产品及其中的杂质进行较为快速准确的分离和定性。不仅如此，当色谱分离不佳时，还可利用质量色谱图对未分离的混合峰进行分析，常规质谱分析则不具有这一功能。

对农药成分的气相色谱-质谱联用技术分析时见报道[7]。

8.2 液相色谱-质谱联用[8]

液相色谱-质谱联用技术是经一种接口（如内喷射式和粒子流式）将液相色谱与质谱仪连接起来的新的分析技术，已成功的用于对热不稳定。相对分子质量较大、难以用气相色谱分析的化合物。具有检测灵敏度高，选择性好，定性、定量同时进行，结果可靠等优点。已广泛用于农药的残留分析，染料，医药等精细化工领域。据统计，液相色谱可以分析的物质占世界上已有化合物的 80%以上。

例如，对保健药品中的褪黑激素的测定。褪黑激素（melatonin）作为动物体内起重要作用的一种激素，在国外已日益受到广泛的关注，用来治疗睡眠障碍，延缓衰老，降低血脂等[9]。采用液相色谱-质谱联用技术测定保健药品中的褪黑激素，取得了有价值的结果。

仪器：HPLC；HP1090，二极管阵列检测器。

① 分析柱：Hypersil ODS，100mm×2.1mm
② 预柱：C18，20mm×5mm
③ 流动相：甲醇-水（70：30）
④ 定量检测波长：275nm
⑤ 流速：0.8mL/min
⑥ 质谱仪：HP5989B
⑦ 离子源：EI，温度 150℃
⑧ 四极杆温度：100℃
⑨ 电子能量：－70eV
⑩ 电子放大器电压：－1.73kV
⑪ 粒子束接口：HP59980B
⑫ 脱溶剂室温度：55℃
⑬ 氦气压力：310kPa
⑭ 真空度：106Pa。

试剂：褪黑激素，Sigma 公司。

样品：口服片或胶囊数颗充分研磨后用甲醇萃取，进样量 5～10μL。

液相色谱-质谱联用测定结果如图 8-5、图 8-6 所示。

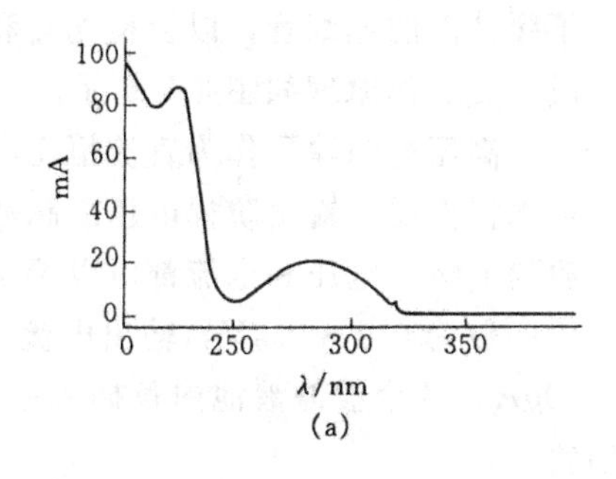

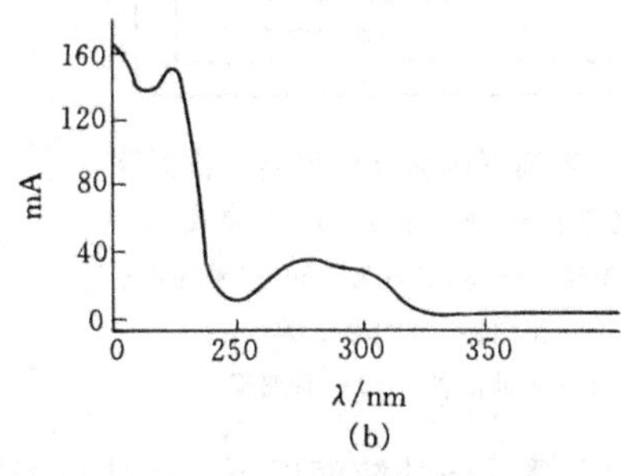

图 8-5 褪黑激素标准品（a）和样品（b）色谱图

得到了满意的色谱图，褪黑激素的保留时间为 2.46min。在此条件下可以使杂质峰完全分离。图 8-6 为样品组分的质谱图及从谱库检测到的对照图。*m/e* 232 为分子离子峰。*m/e* 189、

173、160、145为主要的碎片粒子峰。

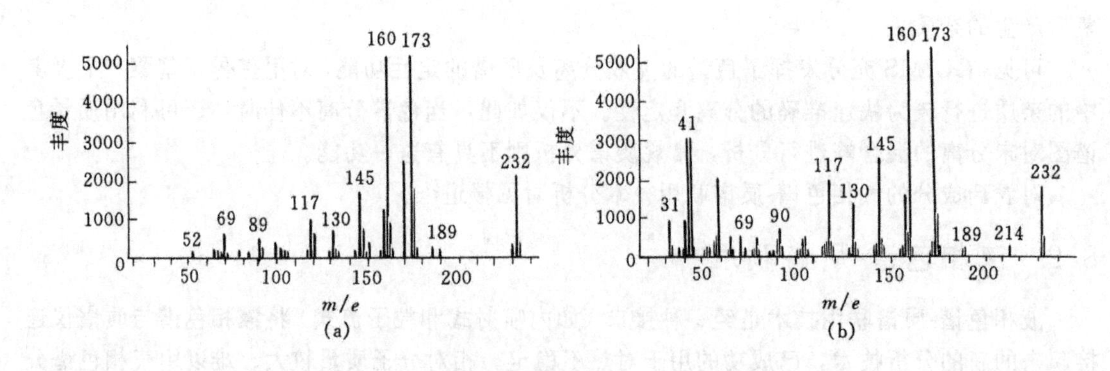

图 8-6 褪黑激素质谱图（a）及对照图（b）

8.3 高效毛细管电泳[10]

高效毛细管电泳（缩写为HPCE）是离子或核电粒子以电场为驱动力，在毛细管中按其淌度或分配系数不同进行高效、快速分离的一种电泳新技术。

毛细管电泳分析是近十年来发展起来的一种新的色谱分析技术，并已进入实用阶段。它的分辨率高，分离速度快，试样需量少，分析成本低，操作简易。“电泳”是在外加电场作用下，带电的组分在介质中作定向移动的一种现象。各个带电的组分在充满缓冲液的毛细管内，经两端加上直流高压电形成电场后，由于电荷/质量以及体积和形状不同而受到不同的力的作用，使各个组分具有不同的迁移能力、迁移速度和不同的“淌度”。从而使各个组分得到分离。当各个组分先后迁移通过毛细管窗口时，产生了来自紫外光检测器的紫外光吸收。光吸收信号由光电池转化成电信号，放大后由记录仪记录成峰形色谱图，就可进行定性和定量分析。

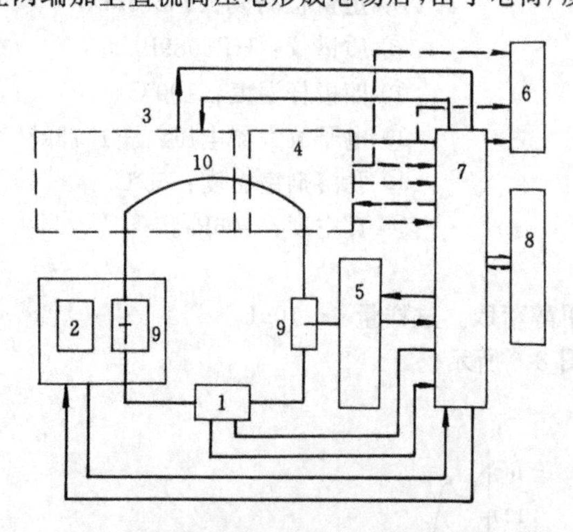

图 8-7 毛细管电泳分析仪器工作原理

1—高压电源；2—样品；3—温控系统；4—检测器；5—真空系统；6—信号输出；7—微电脑；8—面板键盘；9—缓冲液池；10—毛细管

毛细管电泳分析仪器主要由一个高压电源，两个铂电极，两个缓冲液池，一根充满了缓冲液的毛细管，以及检测器和微电脑组成。其工作原理如图8-7所示。

高压电源除了作为直流恒压电源外，还可以根据需要输出阶梯电压或脉冲电压。电源的电极、电压和电流都可以调换。输出电压一般为0.1～30kV，输出电流一般为0～30μA。两个缓冲液池内各插入一个铂电极。毛细管两端插入缓冲池的液面以下，形成电流回路。

常用的检测器为二极管阵列紫外光检测器（diodeariay-detector DAD）。它能提供三维色谱图，并可以转变成二维色谱图，以便观察各个组分的分离情况、谱峰形状以及保留时间。二维电泳图如图8-8所示。

可用多种元素为光源，波长可调（210、214、254、280nm……）。光学聚焦系统使入射光聚焦于内径仅 50μm 的毛细管中心，减少了杂散光，提高了光通量。进样方式有电动进样和真空进样两种。一般使用电动进样，但对于某些淌度较小的样品则必须使用真空进样。

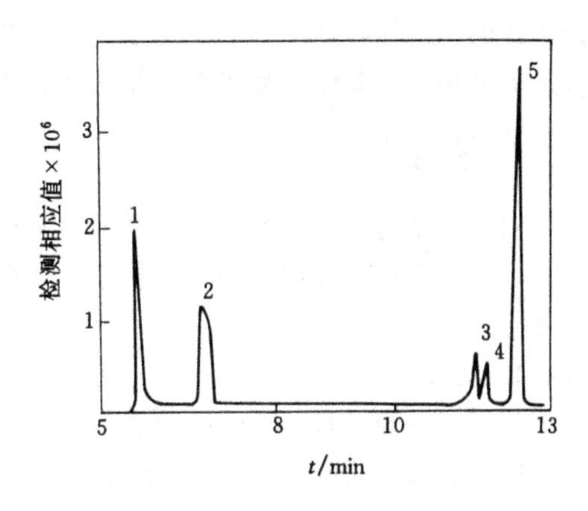

图 8-8 二维电泳图

由于毛细管具有良好的散热效能，允许在毛细管两端加上高至 30 kV 的高电压，分离毛细管的纵向电场强度可达到 400V/m 以上，因而分离操作可以在很短的时间内（多数小于 30min，最快可在几秒钟）完成，达到非常高的分离效率（理论塔板数达到 400000/m 以上，最高达 10^7/m 数量级）。因为毛细管内径很小（一般小于 100μm），对内径 50μm、长度为 50cm 的毛细管，其容积不足 1μL，进样体积在 nL 级，样品浓度可低于 10^{-4}mol/L。因此，HPCE 达到了仪器分析技术所要求的高效、快速、样品用量少等最基本和最优异的特点。此外，HPCE 还具有容易自动化、操作简单、溶剂消耗少、环境污染小等优点。正因为 HPCE 技术具有如此诱人的优点，使它在短短的十几年中，特别是在最近几年，受到分离技术科学家的极大关注，成为生物化学和分析化学中最受瞩目，发展最快的一种分离分析技术。

高效毛细管电泳的分离效率高、速度快、样品用量少、在化学、生命科学、药物学、临床医学、法医学、环境科学、农学、燃料及食品科学等领域有着十分广泛的应用，从小的无机离子到生物大分子、从荷电粒子到中性分子均能用 HPCE 技术进行分离分析，尤其是对样品珍贵、取样极少、基体复杂的生物大分子，HPCE 技术更展示出特有的分离能力于极大的应用前景。

毛细管电泳技术也已用于精细化学品的分析，特别适用于那些难以用传统的液相色谱分离的离子化样品的分离与分析。

例如，用于对致癌芳香胺的定性分析[11]。1998 年德国“消费者保护和兽医学研究院”用美国惠普公司的 HP 30 毛细管电泳仪对一些致癌芳香胺进行检测为例，其检测条件和结果如下：

毛细管长度	56cm
毛细管内径	50cm（用聚乙烯醇涂渍）
电压	30kV
缓冲液	磷酸盐缓冲液 50mmol/L（pH＝2.5）
进样溶液	200ml 加 10ml 0.01mol/L HCl（混匀）
进样时间	4s、5s
检测器	二极管阵列紫外光检测器（DAD），波长 210nm 及 214nm 视实际情况而定

毛细管电泳技术用于医药中间体的分析显示出分离分析效果好。例如，5-氨基水杨酸是治疗胃溃疡和 Crohn 疾病的药物。为了提高其稳定性和药物疗效，最近人们合成了 5-氨基水杨酸锌，采用毛细管电泳的分离方法对 5-氨基水杨酸锌及主要杂质水杨酸，以及可能降解的产物 5-氨基水杨酸与对氨基苯酚等物质进行了分离与测定[12]。结果表明原药中的杂质主要为 5-氨基水杨酸和水杨酸；在室温下 5-氨基水杨酸锌具有较高稳定性；在高温下，5-氨基水

杨酸锌的稳定性降低，主要分解为5-氨基水杨酸和对氨基苯酚以及5-苯偶氮基水杨酸。用此法进行分离，效果好，测定准确并具有较好的实用价值。

8.4 核磁共振波谱中的新技术

对于一个有机化合物，尤其是手性天然化合物而言，单纯的氢碳谱还难以确定化合物的结构。下面再简单介绍几种核磁共振波谱新技术：去偶、nOe和COSY以及多维谱的概念及应用。

8.4.1 去偶

为了进一步获得分子的结构信息，尤其是确定被偶合的核究竟是与哪些核偶合的而发展形成的强有力的技术就是去偶。去偶也可用来移除由自旋-自旋偶合裂分产生的多重峰而简化难以解析的谱图。去偶就是通过以偶合核的共振频率照射待测核，当照射强度足够大、该核从+1/2到−1/2跃迁速率也足够大时，它只能受到偶合核的平均偶合，这样待测核的共振吸收就变成了单峰，如图8-9所示。由于样品是被两个频率照射的，所以去偶又称做双共振技术。当待测核与去偶核是同样时为同类核去偶，不同时为异核去偶。

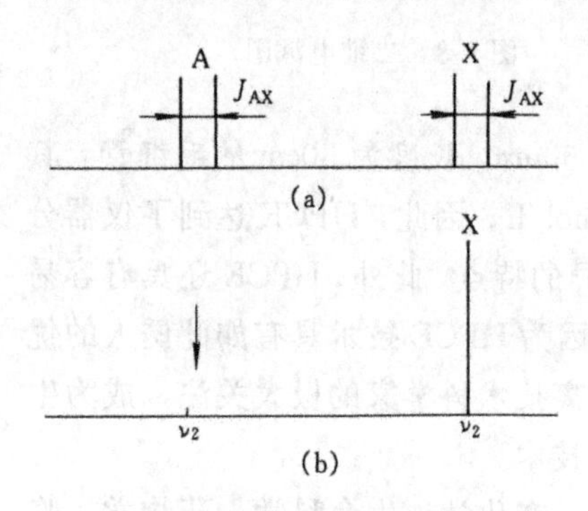

图8-9 去偶示意图

(1) 自旋去偶 当化合物中存在许多J偶合时，谱图会变得十分复杂而很难辨认。自旋去偶的一个主要目的就是为了简化谱图以得到所隐藏的信息。例如，图8-10是甾族化合物(A)的^{1}H NMR谱的一部分[13]。事实上该区域的共振吸收(c)是结构式中示出的除了$H_{6\alpha}$以外四个氢的吸收所致，其一是$H_{7\alpha}$。

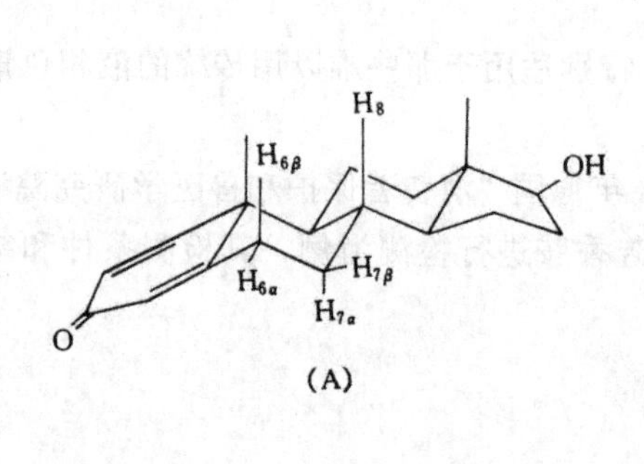

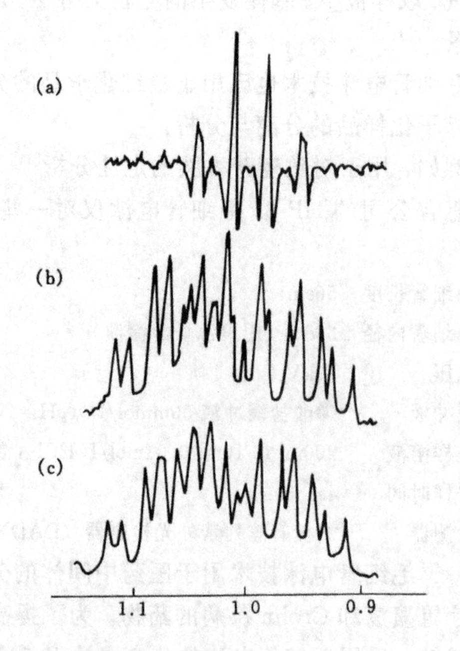

图8-10 甾族化合物(A)的部分^{1}H NMR谱

由图8-10可知，该区域的氢谱是很复杂的，共振吸收的归属是根本不可能的。如对已知共振频率的$H_{6\alpha}$去偶，则得到（b）图。尽管此图也难以解析，但可用图（c）减去（b）而得到图（a）。除了$H_{7\alpha}$外其他三个氢均与$H_{6\alpha}$无偶合，所以图（a）是关于$H_{7\alpha}$偶合和去偶的信息。图中偶合信号向下，去偶信号向上。因此由图（a）可以确定$H_{7\alpha}$与$H_{6\beta}$、H_8、$H_{7\beta}$发生了同等程度的偶合，J=13Hz；再与$H_{6\alpha}$偶合，J=4.3Hz，所以偶合峰型是qd。

由此可以看出，通过去掉不希望的偶合来简化谱图，就使谱图的分析变得非常容易了；而且还可确认复杂谱中哪些核是相互偶合的，并确认吸收峰的归属，所以去偶技术在核磁共振领域得到了广泛的应用。

（2）^{13}C谱中的质子去偶技术（异核去偶） ^{13}C的天然丰度低（1.1%），并且属于弱核（$\bar{\nu}_C=1/4\ \bar{\nu}_H$），因此灵敏度差。但它也有一点好处，即$^{13}C$-$^{13}C$相连的机会只有$1.2\times10^{-4}$，所以很难发现$^{13}C$之间的偶合。只要去掉$^{13}C$与$^1H$的偶合，谱图就会很简单。$^{13}C$与$^1H$的偶合不仅有$^1J_{CH}$，而且还有$^2J_{CH}$和$^3J_{CH}$，甚至远程偶合，所以不去偶的$^{13}C$谱会含有复杂的多重峰线，使谱图的解析很困难。用质子噪声去偶技术（PND）得到的^{13}C谱，所有的^{13}C均为一条单线。异核去偶除了质子噪声去偶技术外，还有单相干去偶技术（SFD）。PND技术是把去偶射频频率设置在质子谱的中央，然后用噪声发生器使其带宽足以覆盖整个质子图谱，使所有质子均受到照射，因此分子中所有质子均被去偶。SFD技术则是用单相干频率照射某个质子峰，这时只能去掉与这个质子有偶合的核，而分子中其他质子的偶合仍未去掉，这样就可以获得哪个氢与哪个碳相连的信息，这对谱图的分析很有帮助[14]。

宽带去偶PND技术的两个重要参数：一是噪声波频的范围要足够宽，以确保所有的偶合均被去掉；二是噪声波频的强度要足够大，以确保跃迁频率（交换）大，而完全去偶。

（3）偏共振去偶 宽带去偶可以使^{13}C谱变得十分简单，灵敏度大大提高；但它同时也丢失了所有的J偶合的信息，使谱线的归属发生困难。因为确定^{13}C谱线的归属往往还需知道它和哪几个^1H相连。克服这个困难的方法之一是偏共振去偶（ORD）[15]。如图8-11是2-己基丙二酸二乙酯的PND和CRD谱。

ORD采用强的单频射频场，把质子去偶频率放在高于四甲基硅烷的1000～2000Hz的范围内，同时关掉噪声调制，得到的就是部分去偶谱。在这种条件下，除了$^1J_{CH}$外，其他的偶合，如$^2J_{CH}$、$^3J_{CH}$和远程偶合均被去掉，而且$^1J_{CH}$的值也被缩小，从原来的100～200Hz缩小到只有30～50Hz。^{13}C谱的多重峰就十分清楚了，即伯碳为四重峰，仲碳为三重峰，叔碳为二重峰，季碳为单峰。所以可以很容易地区别这四类不同的碳。这样对于^{13}C谱就有以下几种谱图：

① 未去偶谱，保留了所有的偶合；

② PND谱，去掉了所有的C-H偶合（宽带去偶谱，质子噪声去偶谱）；

③ ORD谱，部分去偶，仅保留$^1J_{CH}$（偏振去偶谱）；

④ LNEPT谱，通过计算机处理给出的谱；

⑤ SFD谱，部分去偶，仅去掉所关心的某组质子的偶合。

8.4.2 核的Overhauser效应

如前所述，磁性核之间的相互作用产生了通过化学键传递的自旋-自旋偶合，并取决于电子的相互作用，所以衡量其作用大小的偶合常数受到化学键几何位置的较大影响。事实上，磁性核也可以通过空间而相互作用，但此作用不引起偶合裂分。当一个磁性核用它的共振频率照射而对另一个核进行检测时就得到比通常或强或弱的信号。这个现象是由Overhauser先生发现的，所以称作为核的Overhauser效应（nuclear Overhauser effect，nOe）。由于nOe与两核空间距离的六次方成反比，所以随着空间距离的增加，其效应迅速降低，只有在极短的距离

（2～4）才是明显的。在宽带去偶的情况下，碳信号的多重偶合裂分合并为一条单线，其强度似乎应当是这些多重线强度的和，但实际测到的强度要比预期的强度强得多，这种结果就是 nOe 造成的。如图 8-12 是两个核 A 和 X 的 nOe 示意图。

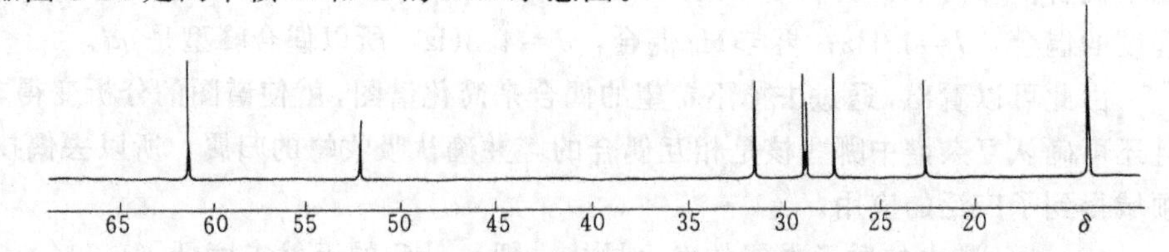

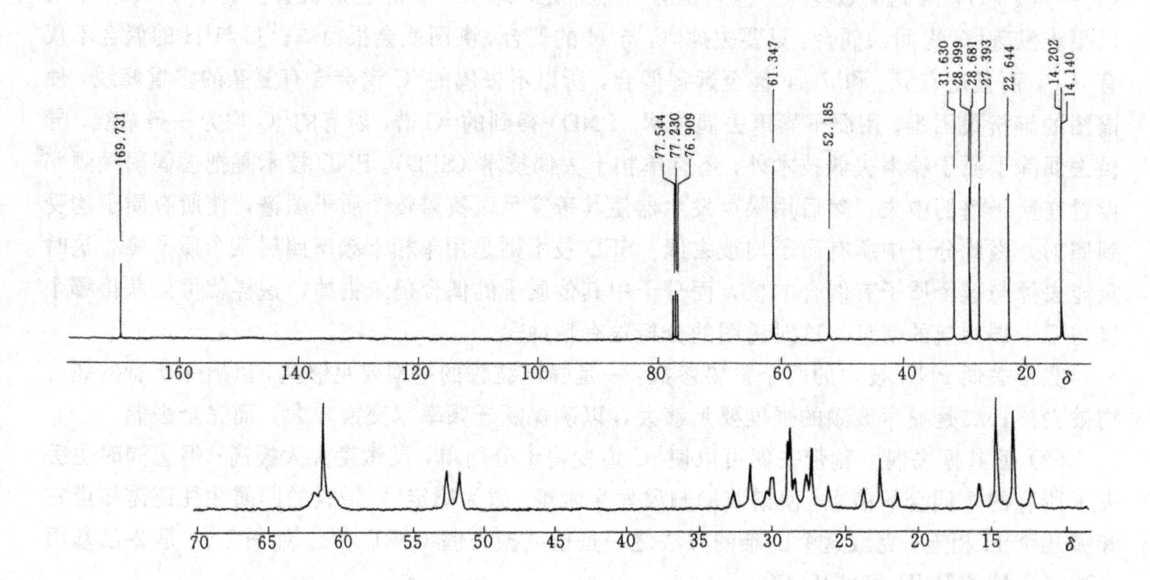

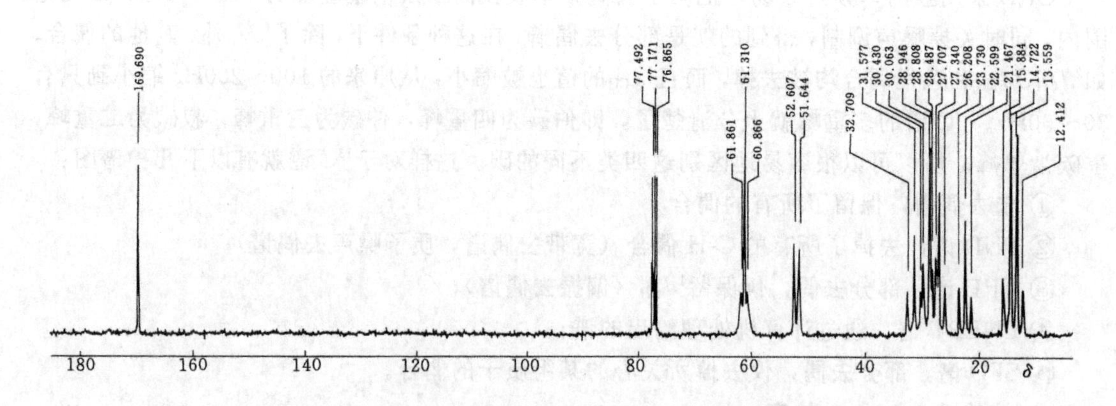

图 8-11　2-已基丙二酸二乙酯的 PND（上）和 ORD（下）谱

事实上，nOe 与有无 J 偶合是无关的，它主要与弛豫过程有关。例如，对于 $N'N$-二甲基甲酰胺而言，由于氮上的孤对电子可与 C ═O 双键发生 p-π 共轭，所以就使得 C—N 键具有部分双键的性质，而使得 C—N 键的旋转在室温下比较慢，所以两个甲基给出了不同的共振信号，两条谱线属于反式甲基和顺式甲基（参见其标准谱图）。如果采用同核质子去偶技术照射高场上的甲基，醛基上氢的吸收峰没有发生变化；同样，照射低场上的甲基则可以发现醛基上氢的吸收谱线强度大大增加了，这就是同核 nOe 效应的一个典型的例子。这样就可以确定哪一条吸收谱线是顺式或反式甲基了。

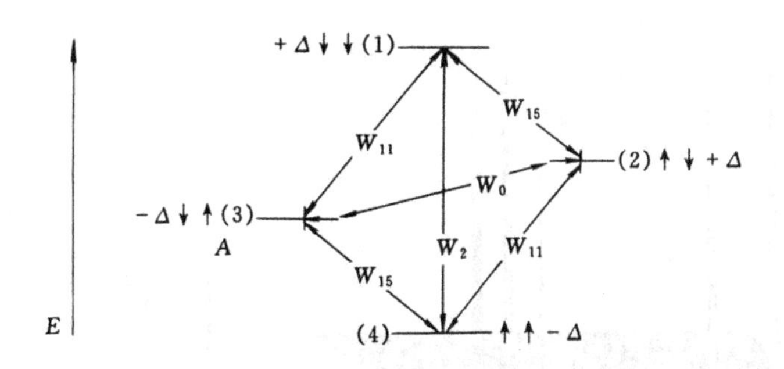

图 8-12　nOe 的示意图

又如 6-甲基孕甾酮，其部分^{1}H NMR 谱及照射 C-19 甲基的 nOe 谱示于图 8-13。照射 C-19 甲基前的谱是难以归属的，而其 nOe 谱的归属就容易的多[16]。

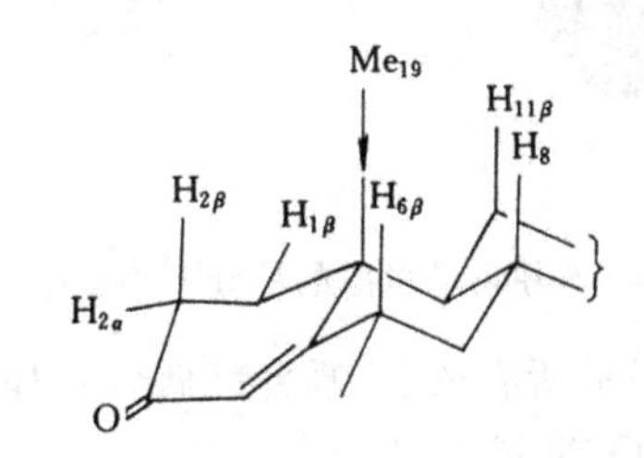

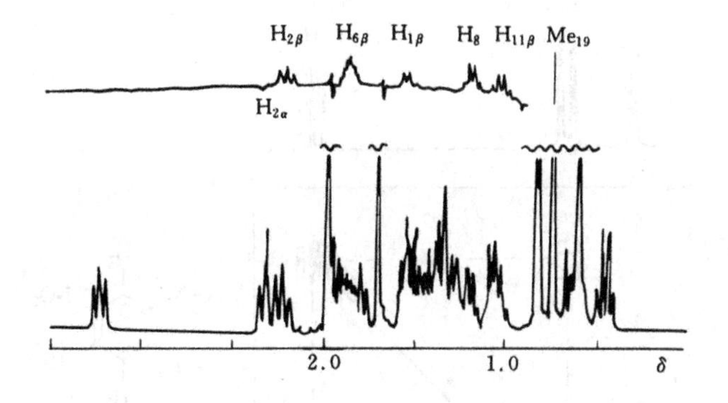

图 8-13　6-甲基孕甾酮的部分^{1}H NMR 谱及照射 C-19 甲基的 nOe 谱

nOe 的特点：① 缩短获取必须的信号/噪声比所需的时间；② 有助于确定化合物的立体化学；③ 有助于确定弛豫过程的机理；④ 不能用于定量分析。

8.4.3　多维核磁共振波谱

以上所讨论的都是一维核磁共振波谱，是以化学位移为横坐标、以吸收强度为纵坐标的核磁共振谱。自 20 世纪 70 年代以来，则开始出现多维核磁共振波谱，包括多维分解谱和多维相关谱。如二维的 NMR 谱。

图 8-13 给出的 6-甲基孕甾酮的部分^{1}H NMR 谱是非常复杂而难以解析的。若以化学位移为 X 坐标、以偶合强度为 Y 坐标、吸收强度为 Z 坐标，则得到图 8-14 (a)，其正视图为 8-14

(b)。图 (b) 消除了所有的质子-质子偶合，所以氢的归属就很容易，而图 (a) 还给出了偶合的信息[17]。

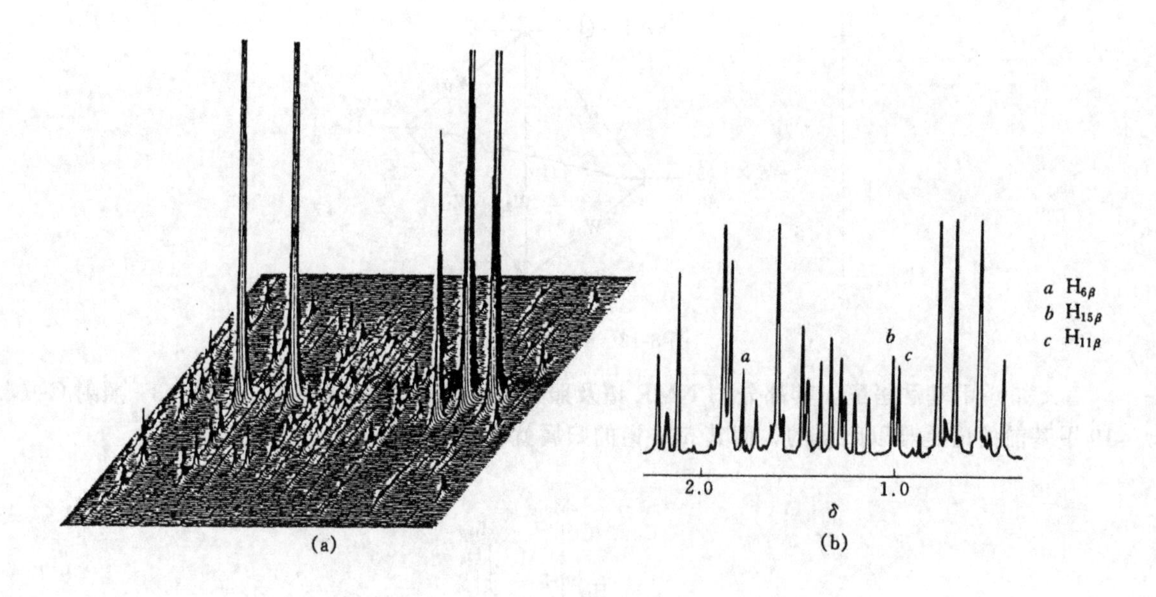

图 8-14 6-甲基孕甾酮的部分^{1}H NMR 二维谱

如果一二维谱能在谱图中揭示所有的氢-氢自旋偶合，那么此谱就称作 COSY 谱（相关谱）。图 8-15 是间二硝基苯的 COSY 谱[18]。

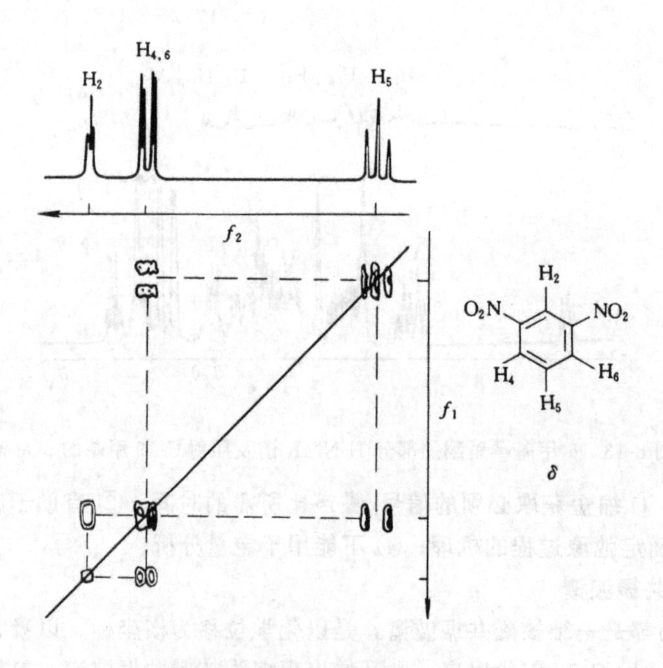

图 8-15 间二硝基苯的 COSY 谱

薄荷醇的^{1}H-^{13}C COSY 谱如图 8-16 所示[19]。

其他的相关谱，如 TOCSY 与 NOESY 等在此就不作介绍了[20]。

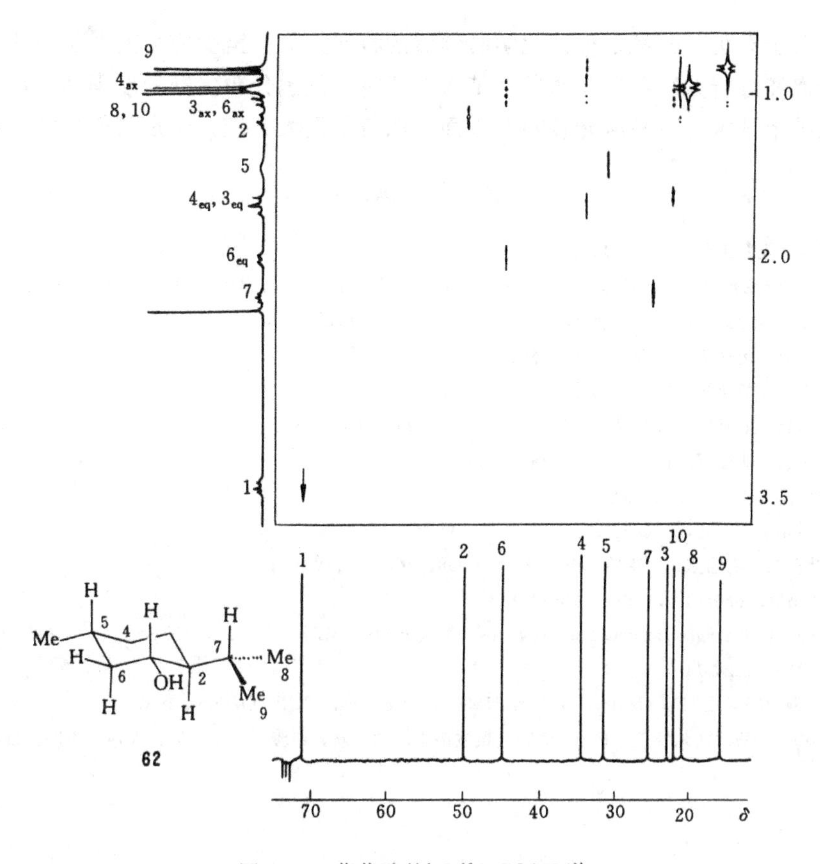

图 8-16　薄荷醇的^{1}H-^{13}C COSY 谱

8.4.4　DEPT 技术

DEPT（Distortionless Enhancementthrough Polarization Transfer）技术是确认 CH_3、CH_2、CH 和季碳的强有力的工具，图 8-17 是运用 DEPT 技术进行^{13}C 归属的典型例子[21]。

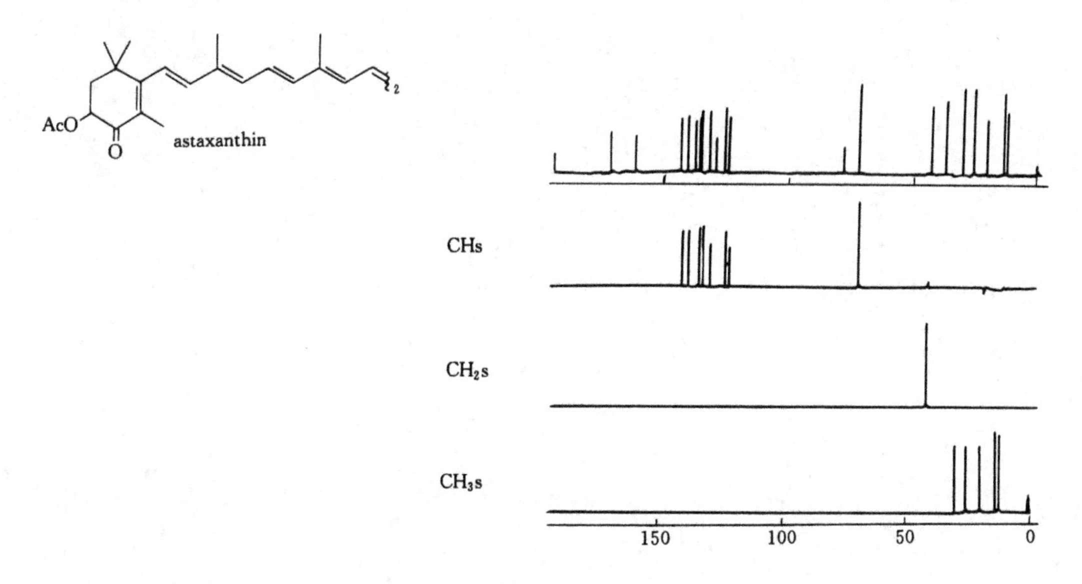

图 8-17　astaxanthin 的 DEPT 谱

由于篇幅所限，本书只能对所介绍的内容作粗浅的介绍。总之，科学和仪器的发展是相辅相成的，对于有机、药物及精细化学品领域的科研人员，至少应清楚对于所研究的课题应采用哪种分离和分析方法，以及对所得结果的解析；熟悉分析仪器的原理和发展也是很重要的。最近在纳米技术、飞秒激光技术等方面均取得了重大突破，这是值得关注的动向。

参 考 文 献

1 孔祥文，张静．染料工业．1997，**34**(1)：38

2 ［美］W. H. 麦克拉登著．周自衡译．气相色谱、质谱联用技术．北京：科学出版社，1983．7

3 梁力，王甲亮，钱抑东，余布谷，魏学军．分析化学．1998，**26**(8)：1004

4 胡永狮，杜青云，汤秋华．色谱．1998，**16**(6)：528

5 陈军，陈正夫．分析化学．1998，**26**(5)：501

6 张生万，何明威，刘轻轻，萧有燮，王琳．分析化学．1996，**24**(7)：809

7 陈文锐，陈永红，胡国冒．色谱．1998，**16**(5)：451

8 刘曙照，钱传范．农药．1998，**37**(6)：11

9 钱崇濂．染料化学．1998，**35**(2)：29

10 张玉霞，叶英植，毛陆原，丁奎呤．分析化学．1998，**26**(10)：1189

11 袁倬斌，张书胜．分析化学．1998，**26**(2)：240

12 D H Williams，I Fleming．Spectroscopics Methods in Organic Chemisty．Mc Graw-Hill Book Co．1995．111，115，117，120，128，129～132，119

13 J. K. M. Sanders，B. K. Hunter．Modern NMR Spectroscopy．OUP．Oxford，1987

14 E. 布里特梅尔，W. 沃尔特著．碳-13核磁共振波谱学．刘立新，田雅珍译．大连：大连工学院出版社，1986

内 容 提 要

本书介绍精细化学品、复合化合物、天然化合物、药物等的常规分析方法，着重介绍了核磁、红外、质谱等分析仪器、气液相色谱、柱色谱等仪器在精细化学品的分离与分析中的应用。该书以丰富的实例为其特色，适合于精细化工、制药工程、有机合成、海洋化学、天然化合物等专业的大学作教材选用，也可供上述领域的博士生、研究生及科研人员参考。